Wie der Mensch seine Welt neu erschaffen hat

Ernst Peter Fischer

Wie der Mensch seine Welt neu erschaffen hat

 Springer Spektrum

Ernst Peter Fischer
Heidelberg
Deutschland

ISBN 978-3-642-34762-7   ISBN 978-3-642-34763-4(eBook)
DOI 10.1007/978-3-642-34763-4

Die Deutsche Nationalbibliothek verzeichnet diese Publikation in der Deutschen Nationalbibliografie; detaillierte bibliografische Daten sind im Internet über http://dnb.d-nb.de abrufbar.

Springer Spektrum
© Springer-Verlag Berlin Heidelberg 2013

Planung und Lektorat: Merlet Behncke-Braunbeck, Bettina Saglio
Lektorat: Regina Schneider
Einbandentwurf: deblik Berlin

Gedruckt auf säurefreiem und chlorfrei gebleichtem Papier

Springer Spektrum ist eine Marke von Springer DE. Springer DE ist Teil der Fachverlagsgruppe Springer Science+Business Media.
www.springer-spektrum.de

Prolog
„Wissenschaft wird von Menschen gemacht"

„Wissenschaft wird von Menschen gemacht" – so beginnt der große Physiker und Humanist Werner Heisenberg (1901–1976) seine von philosophischen und ästhetischen Überlegungen durchzogene Autobiographie *Der Teil und das Ganze* (1969). Und der gebildete Leser darf sich bis in die Gegenwart ruhig darüber wundern, wie wenig dieser einfache und so selbstverständliche Satz von den Intellektuellen im Lande der Dichter und Denker konkret zur Kenntnis und ernst genommen wird, und auch von denen, die in den Feuilletons der Zeitungen das Sagen haben oder in ihren geisteswissenschaftlichen Seminaren die Deutungshoheit über die Zeitläufte beanspruchen. Sie kennen die Menschen nicht, die die Wissenschaft gemacht haben, von deren Erträgen sie leben, und sie zitieren bevorzugt Sozialphilosophen wie Jürgen Habermas, für den die Naturwissenschaften bestenfalls etwas für Ungebildete sind. „Die wissenschaftlich erforschte Natur", so sagte er unter dem Beifall der politischen und gesellschaftlichen Prominenz, als er 2001 den Friedenspreis des Deutschen Buchhandels entgegennahm, „fällt aus dem sozialen Bezugssystem von erlebenden, miteinander sprechenden und handelnden Personen heraus".

Die Intellektuellen der Gegenwart verstehen auf diese Weise viel zu wenig von den historischen Wegen, auf denen tätige Menschen die Gegenwart praktisch gestaltet und für ihre Zeitgenossen bereitet haben. Tatsächlich ist es so, dass sich europäische Gesellschaften – nicht zuletzt die deutsche – im frühen 21. Jahrhundert nahezu vollständig und unumkehrbar in Abhängigkeit von wissenschaftlich-technischen Fortschritten entfaltet haben, wie etwa bei der Ressourcennutzung, der Energiegewinnung, der Krankenversorgung oder im Kommunikationswesen. Und ihre Geschichte – ihr stetes Vorwärtsstreben, das unserer Gegenwart ihre Gestalt verleiht – kann nur verstanden werden, wenn man die dazugehörige Dynamik berücksichtigt. Wenn man also ein waches Bewusstsein hat für die Geschichte der Wissenschaften und die mit ihren Erkenntnissen möglich gewordenen Technik, die in ihrer relevanten und aktuellen Form im frühen 17. Jahrhundert begonnen und den europäischen Sonderweg zum Wohlstand bereitet hat, den viele Millionen Menschen heute so selbstverständlich und in wachsender Zahl genießen, ohne zu fragen, woher er kommt und welchen Ideen er zu verdanken ist. Wissenschaft ist nämlich von Menschen für Menschen gemacht. Und weil dies so ist, bleibt es mir völlig unverständlich, warum unsere Gesellschaft so wenig von den Naturforschern und ihrem persönlichen Beitrag sowohl zu unserer gegenwärtigen Wirklichkeit als auch zu unserem grundlegenden Weltbild weiß oder wissen will.

Dieses Buch stellt ein Angebot dar, diese Situation zu ändern. Es ist entstanden aus einer Vorlesung, die im Jahre 2012 am Historischen Seminar der Universität Heidelberg gehalten wurde und die sich an Zuhörerinnen und Zuhörer richtete, die zwar von der Bedeutung der Naturwissenschaft für Geschichte und Bildung überzeugt waren, die diese Einsicht aber nicht im Schulunterricht vermittelt bekommen hatten und sie nun nachholen wollten.

Die Geschichte der Wissenschaften, die sich methodisch der Natur zuwenden und ihre Gesetzmäßigkeiten zum Nutzen der Menschen erkunden, wird in diesem Buch zunächst wie im Vogelflug betrachtet, um einen Überblick zu gewinnen, um sie dann im Detail zu betrachten und einzelne Forscher kennenzulernen, die in ausreichender Zahl vorgestellt werden, wodurch gezeigt werden kann, womit sie im Einzelnen beschäftigt waren. Das Buch entsteht in der Überzeugung, dass die Schilderung des historischen Werdegangs einer wissenschaftlichen Einsicht oder Theorie einen eleganten Weg bietet, sie allgemeinverständlich darzustellen. Möglicherweise verstehen ja auch Experten das, was sie gefunden haben, erst dann in ausreichender oder ungewohnter Tiefe, wenn sie die Genese des dazugehörigen Gedankens kennen. Sie sollten es einmal probieren.

Inhalt

1
Wissen ist Macht
Ein europäisches Quartett und die Folgen

Es gibt in Europa keinen bestimmten Ort, an dem jene komplexe historische Realität entstand, die wir heute als *moderne Wissenschaft* bezeichnen. Europa selbst ist dieser Ort. Rufen wir uns ruhig eine allgemein bekannte Tatsache in Erinnerung: Kopernikus war Pole, Bacon, Harvey und Newton waren Engländer, Descartes, Fermat und Pascal Franzosen, Tycho Brahe Däne, Paracelsus, Kepler und Leibniz Deutsche, Huygens Holländer, Galilei, Torricelli und Malpighi Italiener. Alle diese Persönlichkeiten trugen dazu bei, eine Welt der Ideen zu schaffen, in der es keine Grenzen gab, eine Gelehrtenrepublik, die sich mühsam einen eigenen Raum schuf inmitten politisch-sozialer Gegebenheiten, die immer schwierig, oft dramatisch, zuweilen tragisch waren.

Das damals neue Thema des Neuen

Mit diesen zugleich einsichtigen und eindringlichen Worten beginnt der italienische Historiker Paolo Rossi sein 1997 erschienenes Buch *Die Geburt der modernen Wissenschaft in Europa*. Diese „Geburt" legt er zeitlich an den Anfang des 17. Jahrhunderts, und sie dauerte noch an, als der Dreißigjährige Krieg (1618–1648) den Kontinent verwüstete und die brutalen Glaubenskämpfe den historischen Blick auf das eigentliche Geschehen dieser umwälzenden Tage versperrten, auf erdgeschichtlicher Ebene vergleichbar den Säugetieren, die sich im Schatten der Dinosaurier zeigten. Was nämlich damals, in jenen ersten Jahrzehnten nach 1600, tatsächlich von den oben genannten und in geisteswissenschaftlichen Seminaren vermutlich kaum bekannten, geschweige denn schriftlich erwähnten Personen mit überragender und bis heute ungebrochener Bedeutung hervorgebracht wurde, lässt sich kurz und knapp als das „Thema des Neuen" bezeichnen. Ein Thema, das seitdem die gesamte europäische Kultur durchzieht. In den Worten von Rossi:

Der Begriff *novus* erscheint in nahezu obsessiver Weise in den Titeln von Hunderten wissenschaftlicher Bücher, die im 17. Jahrhundert gedruckt werden: *Novum Organum* von Bacon, *Nuova de universis philosophia* von Francesco Patrizi (1591), *De mundo nostro sublunari* von William Gilbert (1651), *Astronomia nova* von Kepler (1609), *Discorsi intorno a due nuove scienze* von Galilei (1638), *Novo teatro di machine* von Vittorio Zonca (1607). (Kasten: Die alte Welt vor dem Neuen und in ihm).

Das europäische Quartett

Es waren viele Personen, die zur Geburt der modernen Wissenschaft in Europa beigetragen haben, und die in diesem Rahmen nicht alle ausreichend gewürdigt werden können. Dieser Text konzentriert sich daher auf vier herausragende Persönlichkeiten, die für die Herausbildung der neuzeitlichen Wissenschaft stehen – auf den Briten Francis Bacon (1561–1626), den Italiener Galileo Galilei (1564–1642), den Deutschen Johannes Kepler (1571–1630) und den Franzosen René Descartes (1596–1650). Ihre Schriften zeigen exemplarisch das veränderte und *neue* Verständnis dessen, was *Wissenschaft ausmacht*. Sie zeigen einen neuen Grundgedanken – nützliches Wissen führt zu Fortschritten im irdischen Dasein –, eine neue Überzeugung – Naturgesetze lassen sich mathematisch formulieren –, eine neue Bewertung – empirisch gewonnene Daten können traditionelle Vorstellungen als unbrauchbar erkennen lassen und zu ihrer Ablösung führen – und ein neues methodisches Vorgehen (die Zerlegung eines Ganzen und die Betrachtung seiner Elemente ermöglicht das Verstehen). Und sie zeigen, wie diese neue Wissenschaft in die Geschichte der europäischen Kultur eingeführt und in den nachfolgenden Jahrhunderten zu ihrem größten Exportschlager werden konnte.

Die alte Welt vor dem Neuen und in ihm

Die neue Wissenschaft, die sich im 17. Jahrhundert in Europa herausbildete, kam nicht aus dem Nichts. Ihr vorangegangen waren jahrhundertelange Bemühungen, die sich unter anderem durch Stichworte wie Alchemie und Astrologie kennzeichnen lassen. Historisch ist dabei von besonderem Interesse, dass der große Meister der neuen Astronomie, Johannes Kepler, als Astrologe tätig war, und zwar erstens mehrfach und zweitens sogar sehr erfolgreich, und dass der noch größere Physiker Isaac Newton (1642–1727) fleißig und überwiegend Alchemie getrieben hat, wenn auch nicht so erfolgreich wie mathematische Physik, der wir die Idee eines kosmischen Uhrwerks verdanken. Zwar gibt sich – zumindest auf den ersten Blick – heutzutage kein moderner Forscher mehr eine derartige Blöße, und auch hat es weder die Alchemie noch die Astrologie jemals zu akademischen Ehren gebracht – keine der beiden Disziplinen konnte sich im Verlauf der Geschichte mit einem Lehrstuhl an den Universitäten etablieren –, doch wer daraus den Schluss zieht, dass es nicht lohnt, alchemistische Ansätze oder astrologische Bemühungen zu verfolgen, der irrt, wie im Folgenden deutlich gemacht werden soll. So seltsam es auch erscheinen mag, aber das alchemistische Gedankengut ist – wenn auch nahezu unbemerkt im Hintergrund – ein unübersehbarer Teil der modernen Wissenschaft. Und die Popularität und die öffentliche Neigung vieler Menschen zur Astrologie mit ihren Horoskopen kann nur übersehen, wer das Publikumsinteresse für völlig nebensächlich hält, wer wirklich niemanden kennt, der sich mit Steinböcken, Stieren, Fischen oder Skorpionen beschäftigt und der sich Gedanken darüber macht, welche dieser Sternzeichen gut zueinander passen.

Wer die modernen Wissenschaften verstehen will, ist gut beraten, wenn er ernst nimmt und bedenkt, was der Philosoph Friedrich Nietzsche 1882 in seinem Werk *Die fröhlichen Wissenschaft* niedergeschrieben hat: Dass nämlich die Physik, Chemie und Biologie nicht „entstanden und groß geworden wären, wenn ihnen nicht die Zauberer, Alchimisten, Astrologen und Hexen vorangelaufen wären", die dabei vor allem eine Funktion erfüllten, nämlich „mit ihren Verheißungen und Vorspiegelungen erst Durst, Hunger und Wohlgeschmack an verborgenen Mächten" zu schaffen. Dass zumindest in der Alchemie mehr steckt als die von Nietzsche anvisierten Verführungen, soll im Folgenden beschrieben werden. An dieser Stelle sei noch verwiesen auf die Bedeutung der islamischen Welt für die europäische Wissenschaft, war sie es doch, die das Wissen der Antike bewahrt und das Erbe der griechischen Denker als Schatz erkannt und dem christlichen Mittelalter zurückgegeben hat. Nur dank der vielen Übersetzungen griechisch-arabischer Werke konnte die europäische Wissenschaft im 13. Jahrhundert überhaupt wieder erstarken. Und um einen erneuten Verlust des angesammelten Wissens auszuschließen und damit einen weiteren Niedergang der eigenen europäischen Kultur zu verhindern, schickte man sich an, in rascher Folge Sammelorte des Wissens zu gründen, sogenannte Universitäten. Es waren vor allem die ursprünglich griechisch verfassten und jetzt aus dem Arabischen ins Lateinische übersetzten Werke des Philosophen Aristoteles, die zur Grundlage vieler Studiengänge wurden, obwohl es einige Kritikpunkte von Kirchenseite an dessen Ansichten gab, was aber ohne Folgen blieb. So ging Aristoteles davon aus, das Universum sei ewig, es würde ewig existieren und lasse daher keinen Raum für eine göttliche Schöpfung. Er verstand den Lauf der Dinge im Wechselspiel von Ursache und Wirkung, wodurch dem wunderbaren Eingreifen Gottes Grenzen gesetzt wurden.

Unabhängig davon begann mit der Lektüre der aristotelischen Texte eine mittelalterliche Naturphilosophie, mit der es zum Beispiel bei Albertus Magnus (um 1200–1280) zu einem Konflikt kam zwischen dem, was man wissen *konnte*, und dem, was man glauben *sollte*. Albertus Magnus plädierte dabei vorsichtig für den Vorrang des Wissens, und er wollte als Lehrer vor allem die Wissbegierde der Studenten bedienen, die sich wie er den Kopf über die Frage zerbrachen, was es mit dem bereits in der Antike gewonnenen Wissen einer runden (kugelförmigen) Erde auf sich habe. Wie können sich die Menschen auf der gegenüberliegenden Seite des Erdballs halten, also dort, wo von Europa aus gesehen das heutige Neuseeland zu finden ist, von dem Albertus Magnus und seine Schüler natürlich nichts wussten? Viele Christen mögen vermutet haben, was Dante um 1300 in seiner *Göttlichen Komödie* festhielt: Dass irgendwo auf der Unterseite der Erde die Hölle liege, die örtlich möglichst weit entfernt liegen müsse vom Himmel mit Gott, der über allen Dingen anzusiedeln sei.

Neben der genannten kirchlichen gab es auch eine kinematische Kritik an den Ideen von Aristoteles. Konkret geäußert wurde diese unter anderem von dem in Paris lebenden Gelehrten und Rektor Jean Buridan (um 1295– um 1358), der sich zum einen nicht mit dem antiken Gedanken abfinden wollte, dass eine Bewegung dadurch zustande komme, dass ein Körper seinen natürlichen Ort als Ziel anstrebe (fallende Steine also den Boden), und der sich zum anderen über die aristotelische Behauptung wunderte, eine Bewegung höre auf, wenn die sie bewirkende Kraft verschwinde: Wenn ein Speer geworfen oder eine Kugel abgefeuert wird, dann fliegen die Projektile weiter, auch wenn die Hand den Speer losgelassen oder die Kugel die Kanone verlassen hat. Buridan erkannte, dass eine andere Erklärung notwendig war. Er nahm eine Idee aus dem 6. Jahrhundert auf, die er bei dem aus Alexandria stammenden Philosophen Johannes Philoponos (um 490– um 575) fand. Dieser hatte vorgeschlagen, dass die Kraft, die auf einen Körper ausgeübt wird, diesem Körper einen Impetus verleiht. Der Ausdruck Impetus kommt aus der lateinischen Sprache und bezeichnet so etwas wie einen Vorwärtsdrang, den Philoponos (und später Buridan) in einem bewegten Körper festmachte, um zu verstehen, was mit diesem Körper nach einer Krafteinwirkung passierte. Buridan ging es vor allem darum, bei der Erklärung von physikalischen Abläufen ohne die Ursache eines Ziels oder Zwecks – einer Causa finalis – auszukommen, wie sie Aristoteles noch selbstverständlich eingesetzt hatte. Buridan versuchte sogar, die Idee des Impetus, der so etwas wie eine „Wegzehrung" darstellt, auf die Bewegung der Himmelssphären abzubilden. Damit wollte er loskommen von der Vorstellung eines geheimnisvollen „unbewegten Bewegers", den sich Aristoteles ausgedacht hatte, einer ersten Kraft, die unentwegt tätig ist und alle Bewegung auf der Welt verursacht. Buridan genügte der christliche Gedanke, Gott habe den Dingen bei der Schöpfung einen Impetus gegeben, der die Welt seither bewegt und am Laufen hält und der es dem Schöpfer möglich machte, sich vom siebten Tage an auszuruhen. Das Konzept eines Impetus (Impetustheorie) hielt sich bis in die Tage von Newton, der am Ende des 17. Jahrhunderts als erster Wissenschaftler im modernen Sinne verstand, wie Bewegungen zustande kommen und fortlaufen. Sein Schlüsselbegriff der Trägheit (Inertia) bereitet vielen Menschen bis heute gedankliche Schwierigkeiten. Es scheint eine andere Trägheit zu geben, eine Trägheit – die der Seele oder die des Verstehens –, die der Mensch nur ungern zu überwinden versucht. Man kann nur betonen, dass sich dieser Versuch auf jeden Fall lohnt.

Die genannten unbekannten Naturwissenschaftler der europäischen Moderne brachten damals tatsächlich etwas Neues hervor, nämlich den heute selbstverständlichen Gedanken, dass es so etwas wie Fortschritt geben kann und damit eine Zukunft, die besser werden kann, als es die Vergangenheit war. Und „besser" heißt dabei, „besser für die Menschen", denn „das einzige Ziel der Wissenschaft" besteht darin, „die Bedingungen der menschlichen Existenz zu erleichtern", wie Brecht den Helden in seinem Theaterstück „Leben des Galilei" sagen lässt, und in dieser Formulierung steht nichts von Wahrheit oder einem anderen hehren Ziel. Es ging und geht in der Naturwissenschaft um konkretere Dinge, um bessere Kühlmöglichkeiten zur Aufbewahrung von Nahrung etwa, um bessere Geräte zur Messung von Fieber, um bessere Anwendungen von Energie zum Transport von Gütern und Personen und dergleichen mehr. Natürlich wollte das sich öffnende Denken mit dem neu erworbenen Wissen auch zum Thema Wahrheit beitragen. Und so überprüfte man die Übereinstimmung zwischen den Antworten, die die Natur auf eine experimentelle Befragung gab, und denen, die Forscher in ihren Theorien vorgelegt hatten. Einige Vertreter der aufkeimenden Naturwissenschaft etwa befassten sich nun eingehender mit der Frage, ob das Weltall endlich oder unendlich groß sei, ob sich also der Himmel in offene Weiten erstrecken oder ob er irgendwo seinen Abschluss finden würde, um das vielfach angenommene Dach zu formen, unter dem sich das Leben der Menschen auf einem Planeten namens Erde abspielt, welche es galt, besser zu machen. Einige andere wiederum beschäftigten sich mit der Wärme, fragten sich, wie sie entsteht und woraus sie besteht. Was unterscheidet das Brennen von Pfeffer im Mund vom (Ver)brennen der Sonne auf der Haut? Und wie warm sind die Strahlen des Zentralgestirns im Vergleich zum kühlen Licht unseres Erdtrabanten, des Mondes?

Wissen ist Macht

Wenn man so will und einen Anfangspunkt suchen möchte, kann man sagen, dass die Wissenschaft ihre moderne – also bis heute praktizierte experimentell orientierte – Form mit dem dazugehörigen Sinn einer Lebenserleichterung zuerst durch die Schriften des englischen Philosophen Francis Bacon (1561–1626) bekommen hat. Mit ihm verbindet die Nachwelt den inzwischen vielfach als Sprichwort verstandenen und viel zitierten knappen Satz „Wissen ist Macht", den Bacon wörtlich so nicht formuliert, dem Sinne nach aber meint, wenn er in den Eingangsaphorismen seines grundlegenden Werkes *Novum Organon* sagt:

> Menschliches Wissen und menschliche Macht treffen in einem zusammen; denn bei der Unkenntnis der Ursache versagt sich die Wirkung. Die Natur kann nur beherrscht werden, wenn man ihr gehorcht; und was in der Kontemplation als Ursache auftritt, ist in der Operation die Regel.

Mit anderen Worten, Wissen wird für Menschen zur Macht, wenn sie die Naturgesetze zuerst erfassen und dann anwenden, was konkret heißt, sich ihnen zu unterwerfen. Und wenn diese Wendung auch noch so unscheinbar daherkommt, mit ihr betritt ein neuer Akteur die Weltbühne, auf der die Geschichte spielt, nämlich das menschliche Subjekt. „Unterwerfen" heißt im Lateinischen „subiacere", und der Mensch, der sich der Natur unterwirft, um sie für seine Zwecke zu nutzen, wird zum Subjekt, das einem Objekt – also einem Gegenstand – im Wortsinne gegenübersteht. Ein Mensch tritt der Natur als ein Ich gegenüber und behandelt sie als Gegenstand (Objekt), wobei sich in den Jahrzehnten nach Bacon noch die Idee durchsetzt, dass die dazugehörige Beschreibung der Natur (Welt) so zu erfolgen habe, dass der beobachtende und darstellende Mensch darin nicht vorkommt. Die Welt ohne ein Ich zu erfassen, wird zum großen Ziel der westlichen (europäischen) Naturwissenschaft, das später philosophisch als „objektives Ziel" bezeichnet und dahingehend aufgewertet wird. Die Naturwissenschaft soll objektiv sein und keinerlei subjektives Element enthalten. Die kommenden Jahrhunderte scheinen diesem großen Ziel nah und näher zu kommen, bis sich nach 1900 ein radikaler Umsturz vollzieht und sich ein neues Weltbild zu formen beginnt, das noch zu erläutern sein wird.

Mathematische Prinzipien

Der erste weit ausholende Schritt hin zu einer objektiven Physik gelang dem Briten Isaac Newton (1642–1727) im späten 17. Jahrhundert. 1687 publizierte er sein großes Werk mit dem umständlich klingenden Titel *Philosophiae naturalis principia mathematica*, das in den meisten Fällen kurz als die *Principia* zitiert wird. In diesem – meiner Ansicht nach absichtlich – schwer verständlich gehaltenen Text demonstrierte Newton für seine Zeitgenossen wie auch für die Nachwelt offenbar hinreichend überzeugend, dass die 1623 in einer Art Glaubensbekenntnis formulierte Vermutung von Galileo Galilei (1564–1642) wohl zutrifft. „Das Buch der Natur kann man nur verstehen, wenn man vorher die Sprache und die Buchstaben gelernt hat, in denen es geschrieben ist." Und damit meinte Galilei die Sprache der Mathematik und der Geometrie, der wissenschaftlichen „Weltvermessung" im wörtlichen Sinne, die Galilei für vollständig durchführbar hielt. Er teilte die Dinge in solche ein, die schon vermessen waren, und solche, die noch vermessen werden sollten. Alles sollte also in einer mathematisch relevanten Zahl ausgedrückt werden können, und dieser riskante und damals eher unbegründete Vorschlag des Italieners faszinierte nicht nur Newton, der ihn in seiner *Principia* zur Geltung brachte und das damit verbundene Versprechen weitgehend einlöste (Kasten:

Galileis konkretes Scheitern). Galileis geometrischer Gedanke fasziniert die Forscher bis heute und zieht noch immer viele Beobachter der Wissenschaft in Bann, Historiker wie Philosophen gleichermaßen, und auch die, die Galileis eher aus der Luft gegriffene Vermutung für eine wundersame Wahrheit halten und andere Möglichkeiten übersehen. Wie etwa die, dass Gott weder Mathematiker noch Geometer sei, sondern Dichter und Künstler, wie man spätestens im frühen 19. Jahrhundert vermutete und wie im Verlauf der Geschichte noch zu erörtern sein wird.

Galileis konkretes Scheitern

Galileis Vorschlag, das Buch der Natur sei in der Sprache der Mathematik geschrieben, mutet umso erstaunlicher an, wenn man weiß, dass er selbst keinen einzigen Satz oder Lehrsatz darüber gekannt noch formuliert hat. Galilei versuchte, den freien Fall zu erfassen, der, wie heute jeder in der Schule lernt, dadurch definiert ist, dass die Fallgeschwindigkeit proportional zur Fallzeit zunimmt (solange keine relativistischen Effekte auftreten und sich alles in einem Vakuum abspielt). Jedoch gab es zu Galileis Zeiten nicht einmal Uhren, und man musste den Puls zu Hilfe nehmen, um die Zeit zu messen. Es gehört zu den hübschen Einsichten der Physik der nachfolgenden Jahrhunderte, dass dann, wenn die Geschwindigkeit (v) proportional zur Zeit (t) zunimmt, wenn also $v = g \cdot t$ ist, wie es in moderner Schreibweise mit dem Proportionalitätsfaktor g heißt, der für die Fachwelt Gravitationskonstante heißt und die Beschleunigung einer Masse durch die Erdanziehung erfasst, dass dann die durchfallene Strecke (s) proportional zum Quadrat der Zeit zunimmt, wobei konkret gilt, dass $s = \frac{1}{2} g \cdot t^2$ ist. Und wer diese kleine Formel sieht, wird sich nicht mehr wundern, dass Galilei an ihr scheiterte. Bleibt zum einen die Frage, was ihn außer Keckheit zu der Äußerung veranlasste, nur der könne im Buch der Natur lesen, der mit der Sprache der Mathematik vertraut sei. Und stellt sich zum zweiten die Frage, warum viele Menschen bis heute Galileis Diktum gedankenlos nachbeten, obwohl die Wissenschaftsgeschichte viele Beispiele kennt von Menschen, die sehr viel von der Natur verstanden und auch vermittelt haben, ohne sich dabei mit geometrischen Symbolen oder Beweisen abzugeben.

Chemie und Biologie

Mit Newtons Werk etabliert sich die erste der modernen Disziplinen, die Physik, zu der sich im Lauf der historischen Entwicklungen weitere Bereiche hinzugesellen. Nach der Physik im ausgehenden 17. Jahrhundert kommt im Laufe des 18. Jahrhunderts die Chemie in Gang, deren Ursprünge mit dem Namen des französischen Naturwissenschaftlers Antoine Lavoisier (1743–1794) verbunden werden. Er versteht mit Hilfe von quantitativen

Analysen zum ersten Mal, was bei dem Verbrennen von Stoffen passiert, und er kann auch zeigen, dass das seit der Antike als elementar eingestufte Wasser tatsächlich keine einfache, sondern eine zusammengesetzte Substanz ist, in der sich die beiden Stoffe zusammengefunden haben, die Menschen heute als Sauerstoff und Wasserstoff bezeichnen.

Als das 18. Jahrhundert zu Ende geht, schlägt ein Landsmann von Lavoisier, der Zoologe und Botaniker Jean Baptiste Lamarck (1744–1829) vor, der Untersuchung des Lebendigen einen eigenen Namen zu geben und prägt den Begriff der Biologie, der das moderne Trio der grundlegenden wissenschaftlichen Disziplinen komplett macht. Die Biologie erlebt im 19. Jahrhundert eine grandiose Blüte, als ihre Vertreter zuerst erkennen, dass alles Leben aus Zellen besteht und entsteht, und der Engländer Charles Darwin (1809–1882) danach den Gedanken überzeugend begründen kann, dass es einen natürlichen Mechanismus gibt, der die Vielfalt des Lebens und Mannigfaltigkeit der Organismen verständlich machen kann – die Evolution.

Das 19. Jahrhundert erlebt neben den elementaren Fortschritten in den Bereichen der Wissenschaft auch erste konkrete Anwendungen ihrer Erkenntnisse im großen Stil. Die Industrialisierung, der eine „Industrielle Revolution" vorausgegangen ist, beginnt 1815 mit dem Einsatz von ersten mechanischen Maschinen wie etwa der Dampfmaschine. Im 19. Jahrhundert kommt es ganz allgemein zu einer „Verwandlung der Welt", wie Historiker heute erkennen, und es steht außer Frage, dass vor allem das naturwissenschaftlich orientierte Vorgehen und die dadurch erzielten Erfolge dazu beigetragen haben. Davon wird noch ausführlich die Rede sein.

Exkurs: Die Aktualität der Alchemie und die Verbesserung des Menschen

Wer sich zu den modernen Wissenschaftlern rechnet oder wer ein ernsthafter Anhänger streng rationaler Wissenschaftlichkeit ist, wird alles, was mit dem Namen der Alchemie in Verbindung gebracht wird, bestenfalls als harmlosen Aberglauben und schlimmstenfalls als groben Unfug und Beutelschneiderei betrachten. Die Alchemie wird von vielen Zeitgenossen sehr gerne als „eine verbreitete und hartnäckige Verirrung der Kulturgeschichte" abgetan, die man längst überwunden glaubt, wobei die zitierte Formulierung von Hermann Kopp (1817–1892) stammt, einem der ersten Chemiehistoriker aus dem 19. Jahrhundert. Tatsächlich setzen viele Wissenschaftler (und andere gebildete Menschen) bis heute die Alchemie mit mühsamer und vergeblicher Goldmacherei in dunklen Laboratorien gleich (siehe „Das Wort Alchemie" und „Was ist Alchemie?"). Sie denken, dass die moderne Physik mit ihrer Kenntnis vom Aufbau der Materie und der daraus entwickelten Fähigkeit, Elemente umwandeln zu können, die alte Wunschvorstellung der Alchemisten, unedle Metalle wie Blei in edle Stoffe wie Gold zu verwandeln, sich längst als Phantasmagorie erwiesen habe. Tatsächlich haben Chemiker des 20. Jahrhunderts – zum Beispiel der Deutsche Otto Hahn (1878–1968) oder der Neuseeländer Ernest Rutherford (1871–1937) – von moderner Alchemie gesprochen, nachdem sie in den ersten Jahrzehnten des 20. Jahrhunderts verstanden hatten, wie Elemente durch Beschuss mit Neutronen umgewandelt werden können. Auf diese Fähigkeit der Wissenschaft wird zu passender Zeit noch eingegangen. Auf jeden Fall sollte man nicht annehmen, dass in unseren Tagen niemand mehr sinnlos seine Zeit mit solchen abstrusen Vorhaben vergeudet. Das alchemistische Denken bleibt aktuell, auch wenn die Methoden hoffnungslos veraltet und im Kabinett der Kuriositäten ausgestellt sind.

Das Wort Alchemie

Der Begriff „Alchemie" stammt offenbar aus dem Arabischen: *al-kimiya*
Lateinische Fassung: *alkimia, alchimia*
Klar ist allerdings das Präfix: al- = bestimmter Artikel;
Unklar bleibt die Wurzel.
in der Literatur werden drei Möglichkeiten genannt:
Ägyptisch: *keme, chemi* – die schwarze Erde
Griechisch: *chemeia* – gießen (flüssiges Metall)
Hebräisch: *ki mija* – „was von Gott ist"

Was ist Alchemie?

Alchemisten bemühen sich um die Herstellung von unvergänglichem Gold, und als Mittel zu diesem Zweck dient der Stein der Weisen. Der Stein bewirkt die Transmutation. Als Ausgangsmaterial des alchemistischen Prozesses dient das unedle Blei, das dem Saturn zugeordnet ist. Griechisch steht dafür Kronos, der mit der Zeit in Verbindung gebracht wird und also die Vergänglichkeit darstellt. Damit erklärt sich eine andere Definition der Alchemie. Sie findet sich zum Beispiel in der französischen *Encyclopedia universalis* (Paris 1968), in der es heißt: „Die Alchemie stellt den Menschen die Möglichkeit vor Augen, über die Zeit zu triumphieren, sie ist die Suche nach dem Absoluten. Der Weg dazu ist die Vervollkommnung dessen, was vor dem Menschen geschaffen, aber von der Natur unvollkommen gelassen wurde."

Ist die Alchemie aber tatsächlich überholt und bestenfalls ein Relikt aus der Mottenkiste der Wissenschaftsgeschichte? Oder sollte man etwas vorsichtiger mit ihr umgehen und es sich nicht zu leicht machen mit „der sehr lächerlichen Selbstüberschätzung, mit der viele auf das Zeitalter der Alchemie zurückblicken?"

Die zuletzt zitierte Formulierung geht auf Justus von Liebig (1803–1873) zurück, der wie kein zweiter die wissenschaftlich werdende Chemie des 19. Jahrhunderts geprägt hat und alles andere als ein Traumtänzer war. Seine Frage zeigt die Formulierung seines Zeitgenossen Kopp in einem neuen Licht. Mit Liebigs Hilfe wird der Leser nämlich darauf aufmerksam, dass etwas, das sowohl „verbreitet" als auch „hartnäckig" ist, nicht einfach als Unsinn abqualifiziert werden kann und mehr als eine Eigenschaft verstanden werden sollte, die einen durchgängig humanen Zug aufweist und somit fest zum menschlichen Dasein gehört. Wenn die Alchemie auch längst nicht mehr im warmen Licht der öffentlich geförderten Forschung blüht, so folgt daraus keineswegs, dass sie nicht vielleicht aus tieferen Sphären heraus bemerkbar wird, von denen einige im Folgenden bezeichnet werden sollen.

Es lohnt sich tatsächlich, die Alchemie genauer zu betrachten und ihre Wirksamkeit und Wirklichkeit nicht daran zu messen, ob sich ihre Vorgehensweise einer rein rational definierten Form von Wissenschaftlichkeit einfügt – etwa im Sinne einer Logik der Forschung, die von reproduzierbaren Versuchen und den Schlüssen handelt, die man aus ihnen ziehen kann. Genauso wenig wie die Wirklichkeit selbst logisch ist, muss ein menschliches Tun logisch sein, um wirksam zu werden und etwas Wirkendes und Wirkliches zu ergeben.

Die erste Wirklichkeit

Moderne Zeitgenossen denken, dass wir spätestens seit der Aufklärung die Magie in den Zirkus oder das Varieté verbannt haben, und sie übersehen, dass dieser philosophische Entwurf nicht auf die alltägliche Welt zu übertragen ist – zum Beispiel nicht auf die Sphäre der Wirtschaft. Tatsächlich lässt sich die Ökonomie vielfach nur als alchemistischer Prozess deuten, und ausgebreitet findet man diesen Zusammenhang im zweiten Teil von Goethes *Faust*. Der Dichter versteht die Idee der Alchemie besser als seine wissenschaftlichen Kollegen. Goethe sieht nämlich, dass für einen Alchemisten nicht entscheidend ist, Blei in Gold zu verwandeln, sondern dass es darauf ankommt, aus einer wertlosen Substanz wie Papier eine wertvolle Sache wie Geld zu machen. Mit anderen Worten, die Alchemie hat die Herstellung des künstlichen Goldes nicht aufgegeben, weil sie nicht gelang, sondern weil das mühsame Herumwerkeln in stinkigen Laboratorien nicht mehr nötig war, nachdem die Wertschöpfung in anderer Form viel erfolgreicher zu praktizieren war.

Das ökonomisch vertraute Wort von der Wertschöpfung gewinnt im alchemistischen Rund einen unheimlichen Klang, bemerkt der Leser doch auf einmal den Anspruch des Schöpferischen und damit des Gottähnlichen, der in diesem Ausdruck steckt. Man scheut davor zurück, und muss zunächst doch einsehen, dass Goethe mit seiner im *Faust* explizit vor Augen geführten Behauptung Recht hat, dass der Ursprung des Wohlstands unserer Gesellschaft nicht nur die Leistung arbeitender Hände ist, sondern sich auch der „Magie verdankt, im Sinne der Schaffung von Mehr-Werten, die nicht durch Leistung erklärt werden können."

Dieses Zitat ist dem Buch *Geld und Magie* (1985) von Hans Christoph Binswanger entnommen, einem ökologisch orientierten Volkswirtschaftler. Binswanger hat schon vor mehr als zehn Jahren auf die alchemistische Grundstruktur von Goethes Weltspiel hingewiesen, das in seinem zweiten Teil die Verwandlung von Papier in Geld geschehen lässt und auf diese Weise für die Wiederherstellung der Kaufkraft sorgt. Als Vorbild für Fausts Wirtschaftsmagie mit ihrem schnellen Reichtum diente übrigens ein Schotte namens John Law, der 1715 in Frankreich die Genehmigung zur Gründung einer Notenbank erhielt, und zwar durch den Herzog von Orleans. Gleichzeitig wurden die Hofalchemisten aus dem Dienst entlassen, denn mit der Erfindung der Banknoten – so der Herzog – stand eine bessere und sichere Methode zur Verfügung, mit der an Geld zu kommen war.

Indem Goethe die Wirtschaft als alchemistischen Prozess deutet, gelingt ihm auch die Lösung eines der zentralen Probleme für die Praxis. So klar die Vorgabe für einen Alchemisten auch war – nämlich etwas Wertvolles zu schaffen oder zu schöpfen –, so unklar war, wie dies im Einzelfall gelingen sollte. Das Mittel dazu nannte man den Stein der Weisen, und für seine Herstellung gab es eine Menge komplizierter Vorschriften, die leicht misslingen konnten.

In der Ökonomie gab es dieses Problem nicht, wie Goethe sah. Hier ergab sich ganz von selbst, was der Stein der Weisen war, nämlich das Kapital. Es schafft bekanntlich neues Geld aus sich selbst, ohne eine Leistung zu erbringen.

Es steht somit außer Frage, dass die Wirklichkeit der Wirtschaft voller Alchemie steckt (auch wenn dies niemand gerne zugibt), aber es steht natürlich ebenso außer Frage, dass die magische Vermehrung des Reichtums ohne Leistung im wirklichen Leben nicht ohne Gegenleistung auskommt und zuletzt doch bezahlt werden muss. Goethe nennt im *Faust* drei Verluste, die Menschen erfahren und somit die Münze sind, in der sie bezahlen. Der Preis lässt sich mit den Stichworten Schönheit, Sicherheit und Sorglosigkeit umschreiben, was besagt, dass den Menschen im Verlauf der alchemistischen Wertschöpfung erstens der Sinn für die Schönheit der Welt verloren geht, dass ihnen zweitens kein Gefühl der Sicherheit mehr möglich ist und dass sie drittens – bei aller Wohlhabenheit – sich immer mehr Sorgen über die Zukunft – vor allem ihres Kapitals und seiner möglichen Gewinne – machen und sich dabei als unfähig zum Genuss und zum Glück erweisen.

Es wird ein Mensch gemacht

Der Vorschlag, Goethes *Faust* als „alchemistisches Drama" zu lesen, stammt ursprünglich von dem Psychologen C. G. Jung, der im ersten Teil die Verwandlung von Faust durch den Hexentrank – mit der für den Verlauf des Dramas nötigen Wiederherstellung der gelehrten Manneskraft – und im zweiten Teil die Verwandlung von wertlosem Papier in wertvolles Geld – mit der Wiederherstellung der Kaufkraft – als wesentliche Punkte der Handlung ausmachte. Im zweiten Teil des *Faust* taucht aber noch ein weiteres alchemistisches Meisterstück auf, und zwar im zweiten Akt, wenn „ein Mensch gemacht" wird. So nennt ein Dr. Wagner das, was er in seinem Laboratorium versucht, als ganz zufällig Mephisto und Faust vorbeischauen. Der Wissenschaftler Wagner verwendet die damals traditionellen Methoden der Alchemie, wenn er auf Nachfrage erläutert, wie er konkret im technischen Detail vorgehe:

> Den Menschenstoff gemächlich komponieren.
> In seinen Kolben verlutieren,
> Und ihn gehörig kohobieren,
> So ist das Werk im Stillen abgetan.

Niemand braucht die überholten Verfahren der Alchemisten zu kennen, die uns unter vielen Seltsamkeiten mindestens einen bis heute ergiebigen und zum allgemeinen Wohlgefallen genutzten Prozess hinterlassen haben, und zwar den der Destillation. Was damals „verlutieren" und „kohobieren" hieß und sicher trickreich zu handhaben war, nennen wir heute vielleicht „chromatographieren" und „sequenzieren", und niemand kann sagen, wann diese Wörter und die damit bezeichneten technischen Vorgehensweisen in Vergessenheit geraten werden. Sehr bekannt war zu Goethes Lebzeiten der Arbeitsgang der „Putrefactio", womit auf die Verwesung oder die Fäulnis von mordernden Körpern und organischen Stoffen hingewiesen wurde. In diesem Vorgang sah man vielfach die Trennung von Geist und Körper, der als Rückstand in der Retorte verbleibt.

Die mit genanntem Wort der Putrefaction bezeichnete Scheidung und Läuterung steht im Zentrum einer Anweisung zur Herstellung von „chymischen Menschen", die auf Paracelsus zurückgeht und in einer Schrift von 1666 ausgeführt wird, die Goethe vorlag. Der Autor gibt ganz allgemein für die Umwandlung folgende Anweisung: „Stete feuchte werme bringet putrefacionem und transmutiert alle natürliche ding", unter anderem den Menschen. Es ist nun aufschlussreich, dass Goethe lange den Gedanken in sich getragen hat, das alchemistische Experiment gelingen und ein „chemisch Menschlein" auf die Bühne treten zu lassen. Es soll dies „als wohlbewegliches Zwerglein" tun, nachdem es den Glaskolben zersprengt hat, in dem es erzeugt (und nicht gezeugt) worden ist. An diesem Plan hat Goethe mindestens bis 1826 festgehalten, und die Frage stellt sich, warum der Homunculus in der endgültigen Textfassung von 1829 in der Phiole steckenbleibt und erst noch erkunden muss, „wie man enstehn und sich verwandeln kann".

Die Antwort hat mit einer berühmten und maßgeblichen Entwicklung in der Naturwissenschaft zu tun, über die Goethe genau informiert war. (Nebenbei gesagt hatte er ein großes Netz von Korrespondenten gespannt, die ihm zuarbeiteten; heute würde Goethe natürlich das Internet nutzen.) Gemeint ist ein gelungenes Experiment des Chemikers Friedrich Wöhler (1800–1882), der 1828 im Reagenzglas einen Stoff herstellen konnte, der sonst nur in lebenden Körpern und in deren Organen zu finden war und dessen Entstehung wohl auch nur da möglich sein sollte. Gemeint ist die Synthese von Harnstoff, und zwar ohne Hilfe einer Niere und nur mit ein wenig Wärme (und einem anorganischen Ausgangsmaterial). Nachdem diese wundersame Herstellung eines organischen Stoffes aus anorganischen Vorstufen gelungen war, wandte Goethe seinen Blick von der alten Alchemie weg und mehr zur neuen Chemie hin, die im 18. Jahrhundert erste souveräne Schritte unternehmen konnte. Die Scheidung zwischen der Chemie und der Alchemie, die sich zunächst noch als die würdige und erhabene Form der Stoffverwandlung betrachtete, lässt sich ziemlich genau datieren. 1753 trägt Denis Diderot in seiner *Encyclopédie* beide Stichworte ein und unterscheidet sie gründlich: „Alchimie" ist jetzt nur noch die Kunst, Metalle zu schmelzen und zu wandeln, während „chimie" die Lehre von den Prinzipien ist, nach denen sich Substanzen trennen und verbinden (vereinen) lassen.

Die genannte Zeit erlebt übrigens die erste Großtat der Chemiker, die stark zum Selbstbewusstsein ihrer Vertreter beiträgt. Ihnen gelingt die Herstellung eines beliebten und viel verwendeten Stoffes, der bis dahin von sehr weit her (zum Beispiel von Ägypten) herbeigeholt werden musste. Gemeint ist Soda, das Chemiker als Natriumkarbonat bzw. als kohlensaures Natrium kennen und bis heute als Ausgangssubstanz für die Herstellung von Wasch- und Reinigungsmitteln verwenden. Die Synthese von Soda gelingt erst im kleinen Maßstab – im Reagenzglas – und bald in Riesenmengen, sodass der begehrte Stoff plötzlich in neuer Form erscheint – nämlich billiger, besser und selbst gemacht. Mit Wöhlers Harnstoffsynthese taucht gegen Ende von Goethes Leben der Gedanke auf, dass nicht nur die anorganischen, sondern alle Stoffe – auch die der Natur – den Chemikern zugänglich sind und von ihnen hergestellt – und dann auch angeboten und verkauft – werden können. Tatsächlich nimmt im 19. Jahrhunderts die Zahl der künstlich herstellbaren Substanzen derart rasch zu, dass die chemische Industrie aufgebaut werden kann, die in den kommenden Jahrzehnten und Jahrhunderten umfassende gesellschaftliche und politische Folgen zeitigt (die von naturwissenschaftlich uninformierten und damit ungebildeten Historikern nur am Rande zur Kenntnis genommen und so gut wie nie in den Schulbüchern erwähnt werden und damit der berühmten Öffentlichkeit unbekannt bleiben).

Die Entwicklung der auf wissenschaftlicher Grundlage entstehenden Industrie beginnt nach der Zeit von Goethe. Er spürt nur, dass die Versuche der Alchemie den Erfolgen der Chemie weichen, und er ahnt, dass jetzt Vorsicht geraten ist. Goethe verzichtet – am Ende seines Lebens – also darauf, einen Menschen aus der Retorte steigen zu lassen, und er tut dies auch deshalb, weil er sich insgesamt den Vorstellungen der damaligen Naturforscher anschließt, die – noch bevor die Idee der Evolution weite Verbreitung findet – den Ursprung des Lebens ins Meer legen und annehmen, dass die Reihe der Organismen von den Anfängen bis zur Gegenwart sehr lang ist und es dauert, bevor sie beim Menschen ankommt. „Bis zum Menschen hast du Zeit", heißt es im *Faust*, wobei sich viele Zeitgenossen heute fragen, ob diese Frist überhaupt schon abgelaufen ist und wir aktuell Lebenden nicht eher die Zwischenstufe auf dem Weg dorthin sind.

Im Schattenreich der Wissenschaft

Es wird oft behauptet, dass in dem genannten 18. Jahrhundert die Alchemie dort angekommen ist, wo die Astrologie schon war, nämlich im Schattenreich der Geschichte von Wissenschaft. Natürlich sank damals die Alchemie für viele zum Schimpfwort herab, da sie als „Goldmacherei" jede Würde verloren zu haben schien. Aber selbst wenn einzelne Tätigkeiten oder einzelne Scharlatane einen Berufsstand in Misskredit bringen, können die grundlegenden Ideen im Verborgenen – als Schatten – weiter wirken. Sie taten dies schon bei Newton, der den alchemistischen Grundsatz „Was unten, ist so, wie das, was oben ist" genutzt und mit seiner Hilfe die Idee bekommen hat, dass für den fallenden Apfel auf der Erde („unten") und den kreisenden Mond am Himmel („oben") dieselben Gesetze gelten. Dieser alchemistische Leitsatz geht auf den mythischen Begründer der Alchemie zurück, der unter dem Namen Hermes Trismegistos geführt wird. Drei Schriften werden dem Dreimalgroßen zugeschrieben; eine trägt den Titel *Tabula Smaragdina*, und hier findet sich der zitierte Satz.

Im Übrigen hat Newton mindestens zwölf Jahre lang (zwischen 1678 und 1696) zweimal sechs Wochen im Jahr in seinem Laboratorium versucht, die Rezepte und theoretischen Vorgaben der Alchemisten erst nach ihrer Literatur zu probieren und dann zu verbessern. Er muss dabei stark toxische Substanzen verwendet haben – Blei und Quecksilber vor allem –, die seiner Gesundheit nachhaltig geschadet haben.

Die alchemistischen Ideen wirkten besonders nachhaltig bei Gregor Mendel (1822–1884), auch wenn dies keiner seiner heutigen Verehrer zur Kenntnis nimmt. Vermutlich haben die meisten von ihnen das Original auch gar nicht gelesen. Würden sie dies tun, könnten sie erfahren, dass der Mönch aus

Brünn gar nicht gefunden hat, was in der offiziellen Sprache der Schul- und Lehrbücher die Gesetze der Vererbung genannt wird. Bei seinen Versuchen hatte Mendel nämlich etwas anderes im Sinn. In der Sprache der historischen Tatsachen hat er die Verwandlung einer Pflanze untersucht und beschrieben. Es ging Mendel amtlich um „Hybriden" und „Bastarde", wenn man die ihm geläufigen Worte der Botaniker nutzen will, aber es ging ihm gedanklich mit ihrer Hilfe darum, eine alchemistische Frage zu beantworten, und zwar die Frage, wie in den Erbsen die eigene Natur in eine fremde verwandelt wird, wie ihre Farbe und ihre Form verändert werden können. Ihn interessiert dabei, was zeitlos war und sich gerade nicht entwickelte. Dies nannte er die Stamm-form der Pflanzen, und alle seine Daten sollten mit aller Genauigkeit zeigen, dass sämtliche Varianten immer die Neigung haben, zu diesem für die Ewig-keit geschaffenen Zustand zurückzukehren.

Newtons Koffer und andere Außenseiter

Der Wissenschaftshistoriker Federico Di Trocchio hat in seinem Buch *New-tons Koffer* ausführlich geschildert, wie Newton als Alchemist gedacht hat. Den Koffer hat es dabei tatsächlich gegeben, denn er ist von dem großen Phy-siker bei seinem Tode hinterlassen worden. In dem Koffer befand sich – sehr zum Leidwesen von Newtons Enkelin und Erbin Catherine Barton – kein Geld, sondern nur Papier, das aber nicht nur ausführlich, sondern seltsam beschrieben war. Newton hatte in dem Koffer eine große Menge an Aufzeich-nungen und Notizen hinterlassen, die insgesamt 25 Mio. Wörter umfassen.

Es dauerte zwar sehr lange, bis sich jemand ernsthaft mit Newtons ver-packtem Vermächtnis beschäftigte – nämlich bis in unser Jahrhundert hinein –, doch als dies soweit war, erkannte man, dass nach dem Blick in den Koffer unser Bild von Newton vollständig neu anzulegen war. In den Manuskripten wimmelte es nämlich von alchemistischen Argumenten und theologischen Texten, und im Grunde muss man sagen, dass der wahre Newton weniger ein Mathematiker als vielmehr ein Alchemist und Theologe war. Die Formu-lierung der Physik, die ihn für uns so berühmt macht, ist ihm quasi als ein-fache Anwendung seiner grundlegenderen Ideen gelungen. Newton hat den Kern seiner wissenschaftlichen Methode wahrscheinlich vor allem deshalb ausgearbeitet, um die Sprache der Heiligen Schrift und besonders der Apo-kalypse zu interpretieren, denn mit Di Trocchio lässt sich sagen:

> Newton war überzeugt, dass es nur eine Wahrheit gibt und Gewissheit nur auf einem Weg zu erlangen ist: durch die Beherrschung der Bildsprache der Prophezeiungen. Er fand den Schlüssel dieser Sprache in 70 Definitionen und 16 Regeln, die er … aus einem Logikhandbuch von Robert Sanderson über-

nahm, das er als Student gelesen hatte. Die wissenschaftliche Methode, die in der Physik verwendet wird, ist nichts anderes als eine Vereinfachung und Reduktion dieser Regeln, weil die Welt der Physik für Newton den am leichtesten zu begreifenden Aspekt der Realität darstellte. Komplizierter dagegen war die Chemie, wo seiner Meinung nach eine direktere Verwendung der Bild- und Symbolsprache der Propheten erforderlich war.

Für diese Deutung Di Trocchios ist die Tatsache nicht unerheblich, dass Newton seine für die moderne Physik grundlegende *Principia mathematica* erst geschrieben hat, nachdem er viele Jahre als Magier, Alchemist und Theologe zugebracht hatte. Und an dieser Stelle darf einmal spekuliert werden, dass wir uns jeden Wissenschaftler damit beschäftigt denken müssen, seinen entsprechenden Koffer zu packen – und sei es nur im Kopf.

Solche Koffer spielen solange keine Rolle, solange sie privat und verschlossen bleiben und ihr Inhalt nicht veröffentlicht wird. Schwierig wird es, wenn einige Wissenschaftler es anders als Newton halten und ihre hintergründigen Gedankenspielereien zur Diskussion stellen, mit denen sie die etablierte Forschung in Schwierigkeiten bringen können. Was hätte die Wissenschaft des 18. und 19. Jahrhunderts denn zu Newtons alchemistischen Ansichten sagen sollen? Wie hätten sie mit ihren akzeptierten Methoden und einsichtigen Gedanken etwas dafür oder dagegen vorbringen sollen?

Heute können wir uns aus weiter historischer Distanz relativ risikolos mit Newtons „unphysikalischen" Bemühungen beschäftigen. Wir können seine alchemistischen Bemühungen als unverständliche Spielerei abtun, ohne ernsthaft zu überlegen, an welcher Stelle das aufhört, was wissenschaftlich ist, und das beginnt, was nicht weiter dazu gerechnet werden kann. Eine genaue Unterscheidung scheint in keiner Gegenwart möglich zu sein, und bestenfalls kann ein Historiker bestimmen, ob ein Problem in einem gegebenen Moment der Wissenschaftsgeschichte wissenschaftlich behandelbar war oder nicht: „In jeder Epoche gibt es Probleme, die nicht wissenschaftlich behandelt werden können und folglich unentscheidbar sind. In diesen Fällen müssen sich die Wissenschaftler vor jeder Art von Urteil hüten und sich darauf beschränken, die Grenzen ihrer eigenen Kompetenz zu präzisieren", wie der Autor von *Newtons Koffer* zur Kenntnisnahme empfiehlt.

Dies gilt natürlich auch für unsere Zeit, und was den italienischen Historiker in diesem Zusammenhang ärgert, ist die Tatsache, dass die heutigen Träger großer Namen aus diesem Rahmen ausbrechen und allzu leicht allzu starke Behauptungen aufstellen. Er weist vor allem auf Stephen Hawking (*1946) hin, der behauptet, die Physik stehe kurz davor, eine allumfassende Theorie des Kosmos zu formulieren. Damit machen Hawking und seine Kollegen aber nur deutlich, dass sie noch nicht verstanden haben, „dass ihre eigene immer nur die vorletzte Version der Wahrheit ist", wie der Schriftsteller Jorge Luis Borges es ausdrücken würde. Tatsächlich neigen viele Forscher heute wieder gerne dazu, sich „den Mantel des Magiers und die Stola des Priesters" anzuziehen, um den Wahrheiten, die sie verkünden, den Schein totaler und endgültiger Sicherheit zu geben. Wir sollten sie nicht zu ernst nehmen und stattdessen fragen, was sie in ihren Koffer gepackt haben.

Die Traumsymbole

Ungefähr zu der Zeit, zu der Mendel in seinem Klostergarten an alchemistische Traditionen anknüpfte und die durch Kreuzung neu entstandenen Erbsenhybride mit den Stammformen bilden ließ („Rückkreuzung"), träumte ein Chemiker den wohl berühmtesten Traum der Wissenschaftsgeschichte. Gemeint ist August Kekulé (1829–1896), der sich zwar mit den meisten Verbindungen auskannte, die Kohlenstoff einging, der in den 1860er Jahren aber lange Wochen hindurch nicht wusste, wie er sechs Atome dieser Art in Gemeinschaft mit Wasserstoff so verknüpfen sollte, dass eine stabile Verbindung entstand. Eines Abends muss Kekulé wohl vor einem Kamin eingeschlummert sein, und beim trüben Blick in die bewegten Flammen sah er innerlich plötzlich klar. In seinen eigenen Worten:

> Wieder gaukelten Atome vor meinen Augen. Kleinere Gruppen hielten sich diesmal bescheiden im Hintergrund. Mein geistiges Auge, durch wiederholte Gesichter ähnlicher Art geschärft, unterschied jetzt größere Gebilde von mannigfaltiger Gestaltung. Lange Reihen, vielfach dichter zusammengefügt; alles in Bewegung, schlangenartig sich drehend. Und siehe, was war das? Eine der Schlangen erfasste den eigenen Schwanz und höhnisch wirbelte das Gebilde vor meinen Augen. Wie durch einen Blitzstrahl erwachte ich; auch diesmal verbrachte ich den Rest der Nacht, um die Konsequenzen der Hypothese auszuarbeiten.

Im Zentrum des Traumes windet sich eine Schlange, die zu einem Ring verbogen ist, weil sie ihren eigenen Schwanz in den Mund genommen hat. Diese Figur gehört nun zu den ältesten Symbolen der Alchemie. Sie war schon viele Jahrhunderte vor Christi Geburt bekannt und heißt Ouroboros oder Uroboros. Die in diesem Zusammenhang ausreichende Deutung dieses Symbols weist auf die Kreisform hin, die zugleich auf Vollständigkeit und Trennung hinweist. Ein Kreis ist in sich geschlossen, und er scheidet ein Innen von einem Außen. Aber es gibt noch eine weitere Besonderheit, und zwar die, dass ein Ich – die träumende Person – die Kreislinie gezogen hat. Sie trennt für ihn oder mich, was eigentlich eins ist und was wieder eins werden will. Hier steckt der Grund für das, was oft etwas dunkel das Einheitserlebnis der Alchemie genannt wird und das der modernen Naturwissenschaft leider völlig abhanden gekommen zu sein scheint.

Für uns Menschen am deutlichsten getrennt – und zwar seit den Zeiten von Descartes – sind Körper und Geist. Diese Vorstellung war den Alchemisten fremd. Sie behandeln Körper und Geist gleichwertig oder gleichgewichtig und stellen sich vor, dass der Geist im Inneren von Körpern sitzt und darauf wartet, befreit oder erlöst zu werden (zum Beispiel durch geeignete Erziehung oder Bildung). Überhaupt gilt, dass die Umwandlungsaktionen der Alchemisten nicht darauf abzielten, etwas neu zu schaffen, sondern nur dazu dienten, etwas Vorhandenes zu befreien. Alchemisten folgen der Natur, um sie zu vollenden und dadurch zu befreien. Die moderne Form der Naturwissenschaft – unter der Führung von Bacon – tut etwas anderes. Sie unterwirft sich die Natur, um sie zu beherrschen. Genau an dieser Stelle steckt auch der Unterschied zu der Biotechnologie unserer Tage, die durch genetische Eingriffe nach Wandel strebt. Doch während die Alchemie das Innere befreien wollte, bemüht sich die Biotechnologie, das Innere (genetisch verstanden) zu beherrschen. Die Frage, welche die den Menschen angemessenere Art ist, scheint zwar noch nicht entschieden zu sein, an dieser Stelle soll aber trotzdem versucht werden, eine Antwort zu geben. Sie gelingt am besten, wenn vorausgesetzt wird, dass der russisch-amerikanische Dichter Joseph Brodsky (1940–1996) recht hatte, als er die Menschen dadurch charakterisiert, dass er sie als primär ästhetische Wesen bezeichnet. Wir wissen erst, was schön ist, bevor wir lernen, was gut ist. Das heißt mit anderen Worten, Menschen streben nach Schönheit, und wenn wir an dieser Stelle einen weiteren Poeten zu Rate ziehen – nämlich Friedrich Schiller – und an seine Einsicht erinnern, dass Schönheit Vollkommenheit in Freiheit ist, dann erkennt man das Problem der Biotechnologie, dass die Alchemie nicht hatte. Mit genetischen Manipulationen wird Vollkommenheit in Unfreiheit geschaffen. Existierende Organismen sollen verbessert und auf einen Nutzen hin perfektioniert werden, und zwar durch Vorgaben von außen. Bei solchen Vorgängen wird nichts befreit (und verwandelt), sondern nur alles bestimmt. Vielleicht sollte die Biotechnologie von der Alchemie lernen, wie sie ihre Grundidee an den Menschen bringen kann.

Die zweite Wirklichkeit

Wem die oben gegebene Diagnose moderner und reicher Gesellschaften vertraut vorkommt, ahnt nicht nur etwas von der Aktualität, die Goethes Dichtung auszeichnet, sondern auch etwas von der Wirklichkeit der Alchemie in unseren Tagen bzw. in unserem Alltag. Vielleicht werden unter diesem Eindruck die eingangs zitierten Anhänger strenger Wissenschaftlichkeit bereit sein, den bislang ins Auge gefassten Teil der Realität als alchemistisch durchdringbar zu akzeptieren. Sie werden vermutlich aber immer noch eine Grenze vor ihrem eigenen Territorium ziehen wollen und der Alchemie keinen Bewegungsspielraum im wissenschaftlichen Denken selbst einräumen.

Doch das erwähnte Schattenreich existiert auch hier und die Abwehrmauern lassen sich auf unterschiedlichen Wegen ganz schnell überwinden. Man braucht nur das Modell der Weltentstehung zu nennen, das die Wissenschaft heute bevorzugt und gerne unter dem Namen Urknall (Big Bang) verbreitet. Wenn die Theorien der Physiker zutreffen, wird die materiell gegebene Wirklichkeit durch vier Qualitäten charakterisiert, die als Raum, Zeit, Energie und Masse bekannt sind. Sie hängen sehr eng zusammen, wie seit den Tagen Albert Einsteins (1879–1955) geläufig ist, und zwar so eng, dass es sogar möglich ist, sie gemeinsam aus einer Quelle und in einer Zustandsform entspringen zu lassen. Details erfasst die Theorie des Urknalls, bei der ein Urstoff entsteht, aus dem die Dinge und ihre Kräfte sich so herausbilden, wie sie sich uns heute zeigen.

Anders haben sich die Alchemisten die Wirklichkeit auch nicht vorgestellt. Seit Urzeiten sahen sie die Realität durch vier Gegebenheiten (Elemente) beschrieben, die Feuer, Erde, Wasser und Luft genannt wurden. Sie waren als Zustandsformen einer Ursubstanz zu denken, die in entsprechenden Texten als „prima materia" – als Urmaterie – bezeichnet wurde.

Wer die Welt in Urknall-Kategorien begreift – und sich dabei korrekt auf die physikalischen Theorien beruft – denkt in bewährten alchemistischen Traditionen, in denen sich eine Sehnsucht nach Einheit ausdrückt. Tatsächlich lässt sich vieles von dem, was in alchemistischen Laboratorien geschieht, besser verstehen, wenn man es unter diesem Aspekt des Einheitswunsches betrachtet. Er beschäftigt die Wissenschaft nach wie vor, weil es offenbar zum menschlichen Wesen gehört, in dieser Form zu denken. Unser Denken nimmt diese Form ein.

Wer das Einheitsverlangen der Alchemisten so ernst nimmt wie seinen Willen zur Wissenschaftlichkeit, wird bald bemerken, dass in der immer wieder angeführten Goldmacherei mehr steckt, als sich auf den ersten Blick erschließt. Die Aufgabe des Alchemisten, unvergängliches Gold herzustellen, bedeutet nämlich nicht, das unedle Blei zu ersetzen. Der Gedanke lautet vielmehr, das in dem unvollkommenen Stoff schon vorhandene Gold heranreifen und frei werden zu lassen. Dies nennt man die Transmutation, die der Stein der Weisen ermöglichen soll.

Es geht in der Alchemie also um die Freisetzung einer Qualität, und wer diesen Begriff leicht verändert, wird bald die Sphäre erreichen, um die es den Alchemisten tatsächlich ging. Denn wer statt „Freisetzung" erst „Befreiung" und dann „Erlösung" sagt und dabei nicht an Religion denkt, sondern nach wie vor den alchemistischen Prozess vor Augen hat, versteht besser, was sich die Alchemisten vorgestellt haben: In ihrer Gedankenwelt saß oder sitzt in der Materie ein Geist, der darauf wartet, befreit (erlöst) zu werden, und zwar durch die Verwandlung oder Transmutation.

Genau an dieser Stelle lässt sich übrigens sagen, was falsch war an der Alchemie. Ihre Betreiber verharrten mit ihrem Denken in der konkret sichtbaren Wirklichkeit. Sie trennten den Körper nicht vom Geist, was beiden einen irdischen Charakter verlieh. Genau dies aber hat die moderne Wissenschaft besser verstanden. Denn wenn ein heutiger Biochemiker unedle Stoffe (Rohmaterialien und Homogenate) nimmt, um zum Beispiel wertvolle Arzneimittel daraus herzustellen, dann geht er zwar formal wie sein alchemistischer Vorläufer vor – als Stein der Weisen dient dabei ein Katalysator –, aber er weiß, dass die Moleküle, die er dabei aus dem Rohstoff befreit (herauslöst), keine konkret sichtbare Realität haben, sondern einer sinnlich nicht direkt wahrnehmbaren Wirklichkeit entstammen.

Im Gegensatz zur Alchemie kennt die moderne Wissenschaft eine unsichtbare Wirklichkeit, von der sichtbare Wirkungen ausgehen, und sie kennt diese zweite Wirklichkeit sowohl im physischen als auch im psychischen Bereich. Im ersten Fall sind die Atome gemeint, und im zweiten Fall ist vom Unbewussten die Rede. Zwar wissen wir alle, dass es dieses Schattenreich des Denkens gibt, aber die Anhänger der Wissenschaft tun immer noch so, als ob es in ihrer Sphäre keine Rolle spiele und die wissenschaftliche Erkenntnis unberührt lasse.

Die Wirklichkeit der Alchemie zeigt aber, dass dies nicht zutrifft, und es scheint, dass die wichtigste Verpflichtung der modernen Naturforschung darin bestehen könnte, die Rolle des Unbewussten in der Wissenschaft zu erkunden. Dabei könnte das Glück gewonnen werden, das im ökonomischen Bereich als verloren gemeldet worden ist. Auf diese Konsequenz hat Adolf Portmann (1897–1982) bereits 1949 hingewiesen, als er in seinem Essay „Biologisches zur ästhetischen Erziehung" schrieb: „Unser geistiges Leben wird nur dann eine neue, glücklichere Form finden, wenn der Mensch ebenso sehr erstrebt, stark und groß zu sein im Denken wie im Träumen." Diese Wandlung steht uns noch bevor. Sie ist möglich und nötig – und zwar der Kreativität wegen, auf die wir so angewiesen sind.

2
Die Verwandlung der Wissenschaft
Ein Überblick über ihre erstaunlichen Veränderungen

Die wirksame Geschichte der modernen und die Gegenwart prägenden Wissenschaften von der Natur beginnt – wie geschildert – im frühen 17. Jahrhundert ein kulturelles Phänomen, das nach einer Erklärung verlangt. Was war um 1600 plötzlich so anders und so neu, dass an vielen Orten gleichzeitig die Idee aufkam, es sei nötig, dem Menschen zu helfen und ihm die täglichen Mühen zu ersparen?

Auffällig an dieser Fragestellung ist vor allem, dass die zahlreichen Kulturwissenschaftler, die sich mit geisteswissenschaftlichen Methoden und komplexen Konstruktionen um die Alltagspraxis von menschlichen Bemühungen kümmern, die über den konkreten Lebendbedarf hinausgehen und insofern zur Kultur führen, diese nicht einmal nebenbei zur Kenntnis nehmen. Es ist schon erstaunlich, wie wenig von Physik, Chemie und Biologie die Rede ist, wenn sich das philosophierende Volk der Akademiker seinen Kulturbegriff zurechtlegt. Und so bleibt die Frage nach dem Ursprung der modernen Wissenschaft in den dafür zuständigen universitären Kreisen nicht nur unbeantwortet, sondern auch ungestellt. Dabei müsste sich hier eine aufregende Verbindung herstellen lassen zur Kultur im späten 16. Jahrhundert, als William Shakespeare in England seine Dramen schrieb und damit zustande brachte, was der amerikanische Literaturwissenschaftler Harold Bloom in seinem Buch über Shakespeare „Die Erfindung des Menschlichen" nannte. Der Dichter des *Hamlet* und des *Sommernachtstraums* „erfand den Menschen, so wie wir ihn bis heute, vierhundert Jahre danach, kennen", wie Bloom schreibt und was zur Folge hat, dass es die Zeitgenossen Shakespeares waren, die als erstes überhaupt den Gedanken und in den Blick fassen konnten, dass es so etwas wie Existenzbedingungen des Menschen – im Singular wohlgemerkt – gab. Und die damit verbundene Wahrnehmung zeigte, dass es daran vieles zu verbessern gab, und dies konnte nur durch den Menschen selbst geschehen, zum Beispiel dadurch, dass er nützliches Wissen ansammelte und sinnvoll anwendete.

Ein Gang durch die Jahrhunderte

Es sollte noch einige Zeit dauern, bis es tatsächlich das nutzbare und verwendbare Wissen gab, das dem einzelnen Menschen helfen konnte, ihm Tätigkeiten wie Waschen oder Nahrung beschaffen und haltbar machen zu erleichtern. Und eigentlich musste man bis zum 18. und 19. Jahrhundert darauf warten, als sich nach und nach eine chemische Industrie formierte und erste hilfreiche Produkte für den täglichen Bedarf lieferte. Doch der Glaube an die Erfüllbarkeit der gegebenen Versprechen ließ sich davon nicht beeinflussen, was ebenfalls ein erklärungsbedürftiges Phänomen darstellt, das aber geflissentlich übersehen wird. Doch darum soll es auf den folgenden Seiten nicht gehen, die vielmehr einen Überblick über die Entwicklung der Naturwissenschaften und ihre großen Themen zu geben versuchen.

Wenn man so will, fängt die Suche nach dem nützlichen Wissen mit Überlegungen zum Phänomen der Bewegung an. Galilei und Kepler erkundeten die Bewegungen der Planeten und anderer Himmelskörper. Bacon versuchte unter anderem die Erscheinung der Wärme zu verstehen und kam nach vielen Beobachtungen zu der Einsicht, dass es sich dabei um eine Sonderform der Bewegung handeln muss, ohne dass er Auskunft über die Frage geben konnte, wer oder was sich da bewegt. Und Newton stellte ein allgemeines Gesetz der Bewegung auf, für das er eigens eine eigene mathematische Sprache entwickelte – die Differentialrechnung –, die bis heute der Darstellung und Berechnung von Geschwindigkeit als Änderung des Ortes in der Zeit und der Beschleunigung als Änderung der Geschwindigkeit in der Zeit dient.

Wenn man diesen Gedanken fortsetzt, wenden sich auch die ersten Chemiker im 18. Jahrhundert dem Phänomen der Bewegung zu – und zwar nicht der Bewegung von Körpern, sondern der von Stoffen –, indem sie versuchen, die Reaktionen – Umwandlungen – zu verstehen, die etwa bei der Verbrennung von Substanzen wie Schwefel und Phosphor eintreten. Zu diesem Zweck sehen sie sich gezwungen, einen uralten Gedanken aufzugeben und aus der Luft, die seit der Antike als elementar und einheitliche Größe gedacht war, ein Ensemble aus Gasen zu machen, die allesamt eigene Verbindungen eingehen können und damit beweglich sind. Und was die wissenschaftliche Erkundung des Lebens angeht, die um 1800 den Namen Biologie bekommt, so zeigt sich auch hier das zentrale Element der Bewegung. Jean Baptiste Lamarck (1744–1829) bemerkt als Erster und wagt dies auch öffentlich zu sagen, dass die seit den Tagen Platons und des frühen Christentums als konstant geltenden Tier- und Pflanzenarten in der lebendigen Wirklichkeit Veränderungen ausgesetzt sind und sich entwickeln, sich also in der Dimension der Zeit bewegen. Und sie bewegen sich deshalb, weil die Welt – die Erde – selbst in Bewegung ist, wie die Geologen der damaligen Zeit erkunden und sich daran machen, das Alter des von Menschen bewohnten Planeten zu bestimmen.

Der Gedanke einer durchweg bewegten (dynamischen) Welt festigt sich im 19. Jahrhundert, als der große Charles Darwin auf der Ebene der Biologie erkennt, dass Organismen die Fähigkeit haben, sich ihrer Umwelt anzupassen und diese genetische Flexibilität für ihre Evolution nutzen können. In den Räumen der Physik kommt damals der erfolgreiche Gedanke auf, dass Eigenschaften von Stoffen tatsächlich durch Bewegungen zu erklären sind, wie Bacon es mit der Wärme vermutet hat, nur dass es diesmal eine genauere Festlegung darüber gibt, was sich etwa in einem Gas bewegen soll, um dessen Temperatur und Druck erfassen und vorhersagen zu können. Es sind die seit der Antike vom Wort her bekannten Elementargebilde namens Atome, über deren Aufbau man zu diesem Zeitpunkt noch nicht das Geringste weiß, deren Existenz aber immer konkreter zu postulieren ist und langsam unausweichlich wird.

Mit diesen Atomen kommt ein Element in die Wissenschaft, dass man ihren Teilchencharakter nennen kann und womit die Idee gemeint ist, dass die sichtbaren Dinge aus unsichtbaren Partikeln bestehen und auf diese Weise partikulär verständlich werden. Das systematische Bemühen, das dieses Konzept triumphal um- und einsetzt, handelt von der Vererbung, die der Augustinermönch Gregor Mendel (1822–1884) in seinem Klostergarten am Beispiel von Erbsen untersucht. Seine Kreuzungen von sorgfältig unterschiedenen Exemplaren dieser Pflanze bringen dabei an den Tag, was Schul- und Lehrbücher inzwischen mit gut gemeinten, aber oftmals verwirrenden Skizzen als die Mendelschen Regeln der Vererbung vorstellen, ohne die eigentliche Einsicht zu erwähnen, die sich sehr kurz fassen lässt. Sie besagt, dass Vererbung partikulär vor sich geht, weil bei diesem Vorgang Erbelemente – heute: Gene – neu kombiniert werden, die in den Zellen zu vermuten sind und die „in lebendiger Wechselwirkung" stehen, wie Mendel es selbst genannt hat.

Das 19. Jahrhundert findet aber nicht nur die teilchenartigen (partikulären) Bestandteile der organischen und anorganischen Dinge, die als Atome und Gene die Welt in Bewegung halten und längst zur Alltagssprache gehören. In dieser aufregenden Kulturepoche tritt auch ein Gegenkonzept in das Denken der Wissenschaft ein, und damit ist die Idee des Feldes gemeint, die zuerst durch den Briten Michael Faraday (1791–1867) vorgeschlagen und dann durch den Schotten James Clerk Maxwell (1831–1879) in Gesetze gefasst wird, die von den Zeitgenossen bewundert werden und lange nachwirken.

Um die Wirkung eines elektrischen Stromes auf eine von ihm entfernte Magnetnadel erklären zu können, postuliert Faraday die Existenz eines elektrischen Feldes, das bewegte und unbewegte Ladungen um sich erzeugen, wobei einem veränderlichen elektrischen Feld die zusätzliche Qualität zugesprochen wird, mit seiner Bewegung ein Magnetfeld zu erzeugen. Maxwell zeigt, wie sich die seit dieser Zeit als elektromagnetisch bezeichneten Phänomene berechnen lassen, und seit diesen Tagen gehören kontinuierliche Felder und diskrete Teilchen unabwendbar zum Weltbild, das die Physik entwirft, um den Ausschnitt der Wirklichkeit zu erfassen, für den sie zuständig ist. Das Wechselspiel von diskreten (partikulären) und kontinuierlichen (feldartigen) Elementen zieht sich bis in die Gegenwart, etwa wenn von dem Higgs-Teilchen die Rede ist, das tatsächlich als Higgs-Feld agiert und auf diese Weise seine Wirkung erzielt.

Wer bewegliche und diskrete Elemente in die Diskussion einführt, die zum Beispiel zusammenstoßen können, steht auch vor der Aufgabe, genauer zu sagen, was direkt neben einem Partikel ist und an es anschließt, also dort, wo es aufhört. An dieser Stelle wird die Frage unvermeidlich, ob die Natur (ihre Bestandteile) stetig ist oder ob es Lücken zwischen ihren Bausteinen gibt. Seit dem 17. Jahrhundert galt an dieser Stelle das Diktum des Philosophen Leibniz (1646–1716), demzufolge gilt, „Die Natur macht keine Sprünge". Genau dies macht sie aber doch, wie pünktlich zu Beginn des 20. Jahrhunderts durch Max Planck (1858–1947) erkannt wurde, der die heute im Alltag metaphorisch vielfach gebrauchten Quantensprünge in die Physik und damit in die Welt einführte, um das Licht verstehen zu können, das Körper aussenden, wenn sie erwärmt werden und zu leuchten und zu glühen beginnen. In diesem Licht entdeckte dann Albert Einstein(1879–1955) im Jahre 1905 erneut die eigentümliche Zweiwertigkeit der physikalischen Dinge, die oben als Partikel und Feld vorgestellt wurde. Das Licht kann Einstein zufolge nämlich nur als etwas verstanden werden, dass sowohl Teilchen (diskret) als auch Welle (kontinuierlich) ist, was in konzeptioneller Hinsicht bedeutet, dass man zwar noch herausfinden, aber nicht mehr sagen kann, was Licht ist.

Zwar wird Einstein für seine Bemühungen um das Licht Anfang der 1920er Jahre mit dem Nobelpreis für Physik ausgezeichnet, aber in der Öffentlichkeit wird sein Name mehr mit der merkwürdigen Theorie verbunden, die durch den Begriff der Relativität gekennzeichnet ist und die es in zwei Varianten gibt, einer speziellen und einer allgemeinen. In der speziellen Relativitätstheorie geht es darum, der experimentell bestätigten Tatsache Rechnung zu tragen, dass die Geschwindigkeit von Licht konstant ist und sich nicht ändert, wenn sich die Lichtquelle bewegt. Die Lichtgeschwindigkeit stellt eine obere Grenze dar, und die Gesetze der Physik, die seit den Tagen Newtons bekannt und erweitert wurden, müssen so verändert werden, dass diese Bedingung erfüllt ist. Die Maxwellschen Gesetze für die elektromagnetischen Felder tun dies von Anfang an, weshalb sie nicht nur für Einstein zu der eigentlichen Hervorbringung der physikalischen Wissenschaften zu zählen sind.

Einsteins Theorien

Die Mechanik behandelt Bewegungen in Raum und Zeit. Um sie auf das relativistische Niveau heben und mit den experimentellen Befunden in Einklang bringen zu können, muss Einstein die sonst nebeneinander stehenden Grundgrößen von Raum und Zeit zu einer Raumzeit verbinden, wie er es in seiner speziellen Relativitätstheorie unternimmt. Dies bedeutet konkret, dass die Zeit nicht etwas Absolutes ist, wie Newton noch gedacht hat, sondern nur in Beziehung zu – relativ zu – einem anvisierten Ort zu messen ist und physikalische Bedeutung bekommt. Die Zeit kann zum Raum werden, wie es einstmals raunend in Texten aus dem 19. Jahrhundert hieß und wie jetzt im 20. Jahrhundert in der kubistischen Malerei von Picasso sichtbar wird, wenn Figuren in der eigentlich zeitlosen Raumkunst Malerei so gezeigt werden, wie sie in der Zeit sichtbar werden, etwa wenn ein Betrachter sie umkreist.

In der um 1915 fertig werdenden allgemeinen Relativitätstheorie verbindet Einstein nicht nur Raum und Zeit. Er verknüpft den Raum auch mit der Masse, indem er zeigt, dass die Geometrie des Universums nur dort den Vorgaben des Griechen Euklid folgt, wo es leer ist. Jede Masse, die es beherbergt, verändert die Raumstruktur, indem sie sie krümmt. Das Weltall kann nicht wie eine Ebene durchschritten werden, die sich endlos in alle Richtungen erstreckt. Das Weltall muss man sich eher als Oberfläche vorstellen, die wie die einer Weltkugel positiv gekrümmt ist und kein Entkommen in die Unendlichkeit ermöglicht. Tatsächlich zeigt Einstein, dass seine Theorien mit einer Welt vereinbar sind, die gleichzeitig endlich und unbegrenzt ist, und beide Eigenschaften müssten Menschen gefallen. Wir entwickeln zwar rasch Angst vor einer unendlichen Leere, wollen uns aber zugleich nicht eingeschränkt und eingesperrt fühlen. Beide Möglichkeiten stellt Einsteins Kosmos mit seiner allgemeinen Relativität zur Verfügung, wobei die Relationen ganz generell werden und nichts mehr isoliert (absolut) gesehen werden kann. Raum und Zeit ergeben eine Raumzeit, die Materie (Masse) gibt dem Raum – der Raumzeit – die angemessene Form, und die Energie der Welt hängt an der Masse, die ihr zur Verfügung steht und sich in ihr befindet.

Dass der Raum durch die in ihm vorhandene Materie gekrümmt wird, kann 1919 in einem Experiment nachgewiesen werden, und in der allgemeinen Aufregung und öffentlichen Begeisterung, die sich als Folge seiner Bekanntgabe entfaltet, wandelt sich der bislang eher zurückhaltende Einstein zu einem Medienstar, bei dem bald jeder Piepser zu einem Trompetensolo wird, wie der gefeierte Mann es selbst ausdrückt.

Seine kosmischen Theorien handeln von Feldern, die den ganzen Raum durchweben, und obwohl Einstein als erster auf die diskreten Quanten des Lichts aufmerksam gemacht und dafür auch nobiliert worden ist, bleiben ihm die dadurch möglichen unstetigen Sprünge der Natur sein Leben lang unsympathisch, da sie sich keiner genauen Vorhersage beugen und ihr Eintreten immer nur mit einer gewissen Wahrscheinlichkeit vorhergesagt werden kann. „Gott würfelt nicht", so lautet das berühmte Diktum, mit dem Einstein die inhärente Unbestimmtheit der atomaren Wirklichkeit ablehnt, was ihm seine Kollegen aus den revolutionären Tagen übel genommen haben. Schließlich, so meinten sie, müsse man es Gott selbst überlassen, wie er mit der Welt fertig wird und sie ablaufen lässt. Einstein habe bei dieser Instanz wenig oder eher keinen Einfluss.

Eine beginnende Sozialgeschichte

Mit den Quanten und ihren Sprüngen konnte nicht nur eine neue Physik entstehen, sondern auch der Weg geebnet werden, der es den ihn einschlagenden Wissenschaftlern ermöglichte, eine neue Biologie auf die Beine zu stellen, und zwar in der Form, die seit 1938 den Namen Molekularbiologie trägt und die 1953 ihren ersten Höhepunkt erlebte, als die Struktur des Erbmaterials, die Form der Gene, vorgeschlagen und vorgelegt wurde, die legendäre Doppelhelix aus DNA, dem Stoff, aus dem die Gene sind.

    Spätestens mit der rasanten Entwicklung der neuen Biologie wird auch erkennbar, dass die Geschichte der Wissenschaft mehr und mehr zu einer Sozialgeschichte wird. Während die frühen Arbeiten zur Genetik auf Einzelpersonen zurückzuführen sind, geben sich bald Paare als die Urheber von Einsichten zu erkennen – etwa das Duo aus James Watson (*1928) und Francis Crick (1916–2004), die der Genstruktur auf die Schliche gekommen sind. Heute sind es längst größer werdende Gruppen, die ihre Ergebnisse gemeinsam publizieren und deren Forschung die Öffentlichkeit in Form von Projekten wie etwa dem Humanen Genomprojekt vorgestellt bekommt, das sich im späten 20. Jahrhundert das Ziel gesetzt hatte, die komplette Folge der Bausteine (Sequenz) zu ermitteln, die das Erbgut einer menschlichen Zelle ausmachen. Darüber wird an der passenden Stelle noch ausführlich berichtet.

Die Umwertung aller Werte

Um den Weg der Naturforschung in die aktuelle Gegenwart zu charakterisieren und also ihre Entfaltung im 20. Jahrhundert zu kennzeichnen, lohnt eine Anleihe bei dem Philosophen Friedrich Nietzsche (1844–1900), der 1875 für die Zeiten nach ihm eine Umwertung aller Werte ankündigte. Zwar dachte Nietzsche eher daran, dass der Glaube an einen Gott und damit so etwas wie der Sinn des Lebens verloren gehen würde, aber neben diesem angekündigten Werteverlust lassen sich auch andere Umwertungen feststellen, und zwar höchst konkrete in der sich nach 1900 herausbildenden Naturwissenschaft, wie im Folgenden skizziert werden soll.

Am Ende des 19. Jahrhunderts glaubten die meisten Wissenschaftler – allen voran die Physiker –, in einem nahezu fertigen Gebäude mit vielen wohnlich eingerichteten Zimmern zu leben. Sie fühlten sich wohl in dem Haus der Wissenschaft, das auf mindestens drei soliden Grundpfeilern ruhte. Da war zum einen die Mechanik, deren Bewegungsgesetze seit den Tagen von Newton bekannt waren und die sich auf mannigfaltige Weise bewährt hatten. Da war zum zweiten die Elektrodynamik mit den Maxwellschen Gleichungen, die von der Ausbreitung elektrischer und magnetischer Wellen handelten und in Form von Radiowellen wirksam in die Praxis umgesetzt werden konnten. Und da war zum dritten die Wärmelehre (Thermodynamik), die in ihren Hauptsätzen die Unzerstörbarkeit der Energie ausdrückte und der Zeit eine Richtung gab, wie noch zu berichten sein wird.

Als sich das Jahr 1900 näherte, begannen einige Vertreter der exakten Wissenschaften, das Erreichte zu sichten, um in den Festreden, die beim Jahrhundertwechsel fällig waren, die wenigen Probleme anzusprechen, die in ihren Augen noch verblieben waren, und die man in den nächsten Jahren zu lösen gedachte. Die Wissenschaft fühlte sich auf sicherem Grund, und sie kannte auch ihren gesellschaftlichen und politischen Wert – und zwar vor allem in Deutschland. Bis 1890 hatte zum Beispiel die Forschung im großen Stil Einzug in die Industrieunternehmen gehalten, und dieser Schritt sollte in den kommenden Jahrzehnten die Prosperität der Wilhelminischen Epoche vorbereiten und ermöglichen, die bis zum Ausbruch des Ersten Weltkriegs anhielt und das Selbstbewusstsein der Nation stärkte. Um 1890 war es weiterhin gelungen, eine neue Wissenschaft namens Bakteriologie zu etablieren, die mit bis dahin unbekannter und die Menschen beeindruckender Präzision Krankheitserreger ausfindig machen konnte. Das Cholera-Bakterium wurde ebenso entdeckt wie das Tuberkulose-Bazillus und viele andere pathogene Keime, und diese Befunde erhielten ihre gesellschaftliche Relevanz durch die Einrichtung einer allgemeinen Krankenversicherung, die in einer Reichsversicherungsordnung ihre gesetzliche Grundlage fand.

Mit anderen Worten: Vor rund 100 Jahren stand die Wissenschaft nach innen und außen glänzend da, und sowohl ihre Vertreter als auch die Rezipienten (das Publikum) sahen der Zukunft voller Optimismus und im Glauben an weitere Fortschritte mit Freuden entgegen. Der Stolz auf das Erreichte war unübersehbar, und jeder Wissenschaftler hätte sofort die Frage beantworten können, welche Werte für ihn wichtig waren. Sie hießen nach innen hin zum Beispiel Objektivität und Universalität der Gesetze, Eindeutigkeit der

Beschreibung und Beweisbarkeit der physikalischen Aussagen, und sie hießen nach außen hin Nützlichkeit (für alle Menschen) und Autonomie (für einzelne Staaten, die mit Hilfe der chemischen Industrie unabhängig von Rohstoffeinfuhren werden wollten). Völlig selbstverständlich ging zudem jeder Wissenschaftler von der Annahme aus, dass die Natur sich so verhielt, wie es Leibniz einmal ausgedrückt hat, als er (ursprünglich auf lateinisch) sagte, die Natur mache keine Sprünge. Und ebenso klar war für jeden Forscher, dass eine Theorie der realen Welt mit Größen zu operieren hatte, die in der Wirklichkeit ihre präzise Entsprechung hatten und messbar waren, also mit Längen, mit Geschwindigkeiten, mit Massen und ähnlich konkreten Qualitäten der materiellen Dinge. Doch alle diese Überzeugungen und Werte mussten in den ersten Jahrzehnten des 20. Jahrhunderts mehr oder weniger rasch aufgegeben werden. Die Physiker wurden – zumeist gegen ihren Willen – zu der Entdeckung gezwungen, dass es Fragen gibt, die ohne Antwort bleiben – die Frage nach der Natur des Lichts zum Beispiel oder die Frage nach dem Ort, den ein Elektron einnimmt. Sie mussten im Anschluss daran nicht nur erleben, wie das Haus der klassischen Physik zusammenstürzte, sondern auch erkennen, dass sich kein neues an seine Stelle setzen ließ. Das angestrebte Ziel eines abgeschlossenen Ganzen namens Naturwissenschaft mit einem dazugehörigen fertigen Weltbild erwies sich als unerreichbar. In diesem Sinne und mit dem Verständnis von einem Wert als dem Bestimmungsgrund menschlichen Handels lässt sich sagen, dass es mit dem Beginn des 20. Jahrhunderts tatsächlich zu einer massiven Umwertung von Werten in der Naturwissenschaft gekommen ist. Das Vorbild gibt dabei die Physik an, wie weiter oben bereits angedeutet werden konnte.

Der Einzug der Subjektivität

Die Umwertung der Werte hatte unbemerkt bereits im ausgehenden 19. Jahrhundert begonnen, und zwar waren erste Andeutungen davon in den Diskussionen ans Tageslicht gekommen, die sich um ein zentrales Ergebnis der Physik drehten. Gemeint ist der Zweite Hauptsatz der Thermodynamik, der um 1870 formuliert worden war und ausdrückte, dass die Zeit gerichtet verläuft und keine Umkehrung zulässt. Technisch sprechen die Wissenschaftler von den irreversiblen Vorgängen der Natur, die sich zum Beispiel in der Ausbreitung eines Tintentropfens in einem Glas Wasser beobachten lassen können. Niemals werden die Tintenmoleküle den Rückweg antreten, um sich erneut als Tropfen zu zeigen – jedenfalls nicht ohne Hilfe von außen –, sie werden sich immer nur weiter verteilen, bis sie überall gleichmäßig vertreten sind und eine homogene Lösung entstanden ist.

Im Mittelpunkt der thermodynamischen Analysen stand eine experimentell bestimmbare Größe namens Entropie, die von Ingenieuren der Energie an die Seite gestellt worden war, und zwar in der Absicht, die Wirkungsweise von Maschinen erst zu verstehen und dann zu verbessern. Im Verlauf vieler Versuche war deutlich geworden, dass nicht alle Energie, die einer Maschine zur Verfügung steht, in Arbeit umgewandelt werden kann. Um die für diese Zwecke freie Energie zu charakterisieren, führten die Physiker den Parameter der Entropie ein, der durch Wärmemengen und Temperaturen messbar wird. Das eigens geschaffene Wort wurde dabei nach einem griechischen Vorbild gewählt, und zwar so, dass es vom Klang her an Energie erinnert. Die Entropie erfasst interne Unregelmäßigkeiten und weist letzten Endes darauf hin, dass Systeme dazu neigen, von Zuständen mit kleiner Wahrscheinlichkeit in Zustände mit größerer Wahrscheinlichkeit überzugehen, wie der Tintentropfen im Wasser verdeutlicht. Dabei wird zuletzt der Zustand mit der größten Wahrscheinlichkeit verwirklicht. Es kommt höchst selten vor, alle Tintenmoleküle in einem Tropfen zu finden, und es passiert viel häufiger, dass etwas, das sich selbst überlassen ist, seine Ordnung verliert. Der Zweite Hauptsatz der Thermodynamik konstatiert nun, dass die Entropie eine Größe ist, die im Verlauf der Zeit nur zunehmen (und nicht kleiner werden) kann, und die Physiker begründeten dies mit dem Hinweis, dass jedes System spontan in einen Zustand mit größerer Wahrscheinlichkeit übergeht.

Rudolf Clausius (1822–1888), der Physiker, der den Zweiten Hauptsatz als erster formulierte und der auch das Wort „Entropie" vorgeschlagen hat, gab dem Gesetz um 1870 eine universale Form: „Die Entropie der Welt nimmt zu", heißt es bei ihm, der im vollen Einverständnis seiner Kollegen handelte, als er auch dem Ersten Hauptsatz der Thermodynamik eine weltumfassende Form gab. Was ursprünglich im Jahre 1847 als Prinzip von der Erhaltung der Energie in einem geschlossenen System erkannt worden war und der möglichen Verwandlung etwa von Bewegungs- in Wärmeenergie Rechnung tragen wollte, bekam bei Clausius eine globale Dimension: „Die Energie der Welt ist konstant", lautete sein Vorschlag, der allgemein akzeptiert wurde und auf diese Weise deutlich macht, wie sicher sich die Physiker bei ihren Gesetzen fühlten.

Einige wagten sich nun sogar an den Versuch, die Hauptsätze aus ersten Prinzipien heraus zu beweisen, nämlich aus der atomaren Konstitution der Materie. Der Wiener Physiker Ludwig Boltzmann (1844–1906) nahm sich den Zweiten Hauptsatz vor, und er glaubte um 1890, den eindeutigen Beweis für ihn gefunden zu haben. Doch einige Kollegen erhoben Einwände und wiesen auf Lücken in der Kette der Argumente hin, wobei die größte gleich am Anfang in Erscheinung trat. Da der Zweite Hauptsatz – wie erklärt – universale Gültigkeit beanspruchte, konnten Boltzmanns Rechnungen nur Gültigkeit haben, wenn sie Annahmen über das Weltall als Ganzes enthielten. Die wichtigste bestand darin, dem Universum ein thermodynamisches Gleichgewicht zuzuschreiben. Solch ein Zustand ist durch die Möglichkeit von Schwankungen um die Gleichgewichtslage charakterisiert, und sie können – wie bei einem Seiltänzer – in zwei Richtungen erfolgen. Die Änderung der Entropie – und damit die Richtung der Zeit – hängt nun von der Schwankung ab, die den Teil des Universums auszeichnet, in dem wir uns aufhalten. Der Zweite Hauptsatz gilt damit aber nur für den Teil, in dem wir uns aufhalten. Er gilt nur für unseren Ort. Wenn er aber von mir abhängt – von meiner Position –, dann verliert der Hauptsatz seine Objektivität. Er wird – mit anderen Worten – subjektiv, also genau das, was die klassische Physik nie zulassen wollte.

So triumphierte kurz vor der Wende zum 20. Jahrhundert mit Boltzmann zwar die Qualität der mathematischen Physik, indem sie aus ersten Prinzipien heraus ein bekanntes und erlebbares Phänomen – die Gerichtetheit der Zeit – ableiten konnte. Aber der Preis dafür war ungeheuer hoch. Boltzmanns Beweis musste mit dem Einlass von Subjektivität in die Physik bezahlt werden, und der Wiener Physiker scheint darunter sehr gelitten zu haben. Der ebenfalls aus Wien stammende Philosoph Karl Popper (1902–1994) hat einmal die Ansicht geäußert, dass Boltzmanns Freitod im Jahre 1906 seine Ursache in dieser Einsicht hat.

Die Entdeckung der Unstetigkeit

Als Boltzmann sich als über 60jähriger umbrachte, war er nicht nur über den Wertverlust der Objektivität verzweifelt. Er war auch zermürbt von vielen Kämpfen, die er mit anderen Physikern – allen voran mit Ernst Mach (1838–1916) – über die Frage ausgefochten hatte, ob es Atome wirklich gibt oder ob es sich dabei nur um (heuristische) mathematische Hilfsvorstellungen handelt, die dazu dienen, die Eigenschaften von Gasen – etwa deren Temperatur oder Druck – berechnen zu können. In der Mathematik kannte man seit Leibniz und Newton die Integralrechnung, die dadurch erfolgreich wurde, dass sie eine gegebene Strecke erst in kleine Bestandteile zerlegte, nur um deren Länge später gegen Null gehen zu lassen. Warum sollte dieser raffinierte Grenzübergang nicht auch in der Physik funktionieren? Man brauchte nur anzunehmen, dass Gase oder Flüssigkeiten aus kleinen Einheiten (Atomen) aufgebaut waren, deren Ausdehnung zuletzt vernachlässigt bzw. auf einen Punkt zusammengezogen wurde.

Zwar funktionierte dieser Trick – was Boltzmanns Position sehr erschwerte, der davon überzeugt war, dass es Atome nicht nur in der Mathematik, sondern in der Wirklichkeit gab –, doch ganz so einfach ließ sich die physikalische

Realität doch nicht verstehen. Tatsächlich bekamen die Atome Ende des 19. Jahrhunderts so etwas wie ein Gesicht. Man konnte nämlich unter anderem ihre Masse und ihre Ladung bestimmen und immer mehr von ihnen in einem Periodischen System anordnen. Um 1900 war klar, dass Materie aus Atomen mit konkreten physikalischen Qualitäten und Ausdehnungen zusammengesetzt war und ihre Eigenschaften aus dieser Grundvoraussetzung abgeleitet werden mussten.

Eine damals im Mittelpunkt des wissenschaftlichen Interesses stehende Erscheinungsweise von Materie betraf die Farben, die ein fester Körper (ein Stück Stahl zum Beispiel) annimmt, der so lange erhitzt wird, bis er schmilzt. Seit den Tagen von Robert Kirchhoff (1824–1887) wussten die Physiker, dass es einen allgemeinen Zusammenhang zwischen der Temperatur eines Festkörpers und der Wellenlänge des Lichts gibt, das er ausstrahlt, und nun bemühten sich viele darum, das dazugehörende Strahlungsgesetz zu finden. Die Lösung gelang Max Planck im Oktober 1900, und zwar genau mit dem Trick, der oben beschrieben worden ist. Planck begann seine Ableitung mit der Annahme, dass die Energie, die von Atomen abgegeben wird und als Licht erscheint, nicht kontinuierlich fließt, sondern in diskreten Päckchen abgegeben oder ausgetauscht wird. Er hatte vor, diesen mathematischen Mohren später gehen – das heißt, die Energie kontinuierlich fließen – zu lassen, und zwar dann, wenn er seine Schuldigkeit getan hatte und die Form der gesuchten Strahlungsformel erkennbar wurde. Tatsächlich erreichte Planck sein Ziel, und er konnte das heute nach ihm benannte Gesetz finden. Doch als er soweit war, musste er eine Überraschung erleben. Der Mohr hatte sich nämlich schlicht und einfach unentbehrlich gemacht. Nach sorgfältiger Überprüfung aller experimentellen Befunde wurde nämlich bald unwiderruflich klar: Die Wechselwirkung zwischen Licht und Materie konnte nur verstanden werden, wenn eine Unstetigkeit zugelassen wurde. Was Planck wirklich entdeckt hatte, waren diskrete Übergänge der Natur und Lücken in ihrem Geschehen. Sie heißen heute Quantensprünge, und die wesentlich unstetige Quantität, die ihre Größe bestimmt, nennen die Physiker das Quantum der Wirkung. Das Wort „Wirkung" meint im wissenschaftlichen Rahmen das Produkt aus Energie und Zeit – es ist also eine zusammengesetzte Größe –, und ihre kleinste – von Null verschiedene – Einheit trägt den Namen h und heißt Plancksches Wirkungsquantum.

Sehr revolutionär

Als Planck seine Entdeckung publizierte, freute man sich vor allem über die Ableitung des Strahlungsgesetzes. Noch beunruhigte niemanden die dazugehörende Unstetigkeit, und Planck selbst war sicher, sie eines Tages abschütteln und unsichtbar machen zu können. Er sah keinen physikalischen Sinn in diesen Sprüngen, und es sollte noch einige Jahre dauern, bis die tiefe Bedeutung der Entdeckung erkennbar wurde. Den ersten wesentlichen Schritt vollzog der damals noch junge und unbekannte Albert Einstein, der die Idee ernst nahm, dass die Energie des Lichts paketförmig auf die Materie trifft bzw. von ihr erzeugt wird, weil er damit eine Reihe von physikalischen Messungen und Beobachtungen erklären konnte. Einstein ging dann in einer von ihm selbst als „sehr revolutionär" bezeichneten Arbeit im Jahre 1905 so weit, dem Licht eine partikuläre Natur zuzuschreiben. Es bestand seinem Vorschlag zufolge aus Quantenpartikeln, die heute Photonen heißen. So einfach dieser Schritt heute aussieht, so schwer war er ursprünglich zu vollziehen. Einstein setzte sich damit nämlich in Widerspruch zu einem „heiligen Grundsatz" der Physik, wie Planck es empfand. Er und seine Kollegen meinten seit mehr als einhundert Jahren zu wissen, dass sich Licht wellenartig ausbreitet und auch wie eine Welle um Hindernisse herumkommt, also dabei zum Beispiel gebeugt und gebrochen wird.

Mit anderen Worten: Einstein nahm dem Licht – genauer: seiner Beschreibung durch die Physik – die Eindeutigkeit. Er erkannte dessen duale Natur und bekam dabei das Gefühl, dass ihm damit nicht nur jeder Boden unter den Füßen weggezogen wurde, sondern dass dies zu einem Zeitpunkt passierte, als weit und breit noch kein neuer Grund zu erkennen war, auf dem die Physik stehen (und möglicherweise ein neues Haus bauen) konnte. Es sollte tatsächlich noch fast zwei Jahrzehnte dauern, bis die Physik wieder einigermaßen sicher zum Stehen kam. Zunächst hatten die Physiker zum ersten Mal in der Geschichte ihrer Wissenschaft eine Frage vor sich, die sie nicht eindeutig beantworten konnten, nämlich die Frage nach der Natur des Lichts. Es trat sowohl als Welle als auch als Teilchen in Erscheinung, und die einzige Möglichkeit, damit umzugehen, bestand offenbar darin, diesen offensichtlichen Widerspruch auszuhalten.

Die Stabilität der Materie

Mit Einsteins ungewöhnlichen – später vielfach experimentell bestätigten und zuletzt auch mit Nobelpreiswürden geadelten – Einsichten hatten die Quanten ihren ersten physikalischen Sinn bekommen. Ihre Unentbehrlichkeit wurde den Physikern kurz vor dem Ersten Weltkrieg klar. In den Jahren nach 1910 hatten Wissenschaftler um den Neuseeländer Ernest Rutherford (1871–1937) durch Streuversuche an extrem dünnen Goldfolien erste Hinweise darauf gefunden, dass Atome eine duale Struktur hatten. Es musste erstens einen Atomkern geben, in dem der größte Teil der Masse versammelt ist – in Form positiv geladener Partikel, die man Protonen nannte –, und es musste zweitens eine Hülle geben, in der die negativ geladenen Elektronen sich bewegten. Rutherford entdeckte den Atomkern durch die Beobachtung, dass der Beschuss einer Goldfolie durch radioaktive Strahlen es nach sich zieht, dass einige Strahlen direkt zu ihrer Quelle zurückkommen. Sie werden nicht gestreut, sondern zurückgeschleudert. Irgendwo in den Goldatomen musste es eine Ansammlung von Masse geben, die dies bewirken konnte, und diese Masse schätzte Rutherford als Atomkern ein. Er entwarf, was er das „Saturnmodell" des Atoms nannte, aber nur, um seine Kollegen zu bitten, ihm zu erklären, wie solch ein Gebilde stabil sein konnte. Nach den Gesetzen der klassischen Physik musste ein kreisendes Elektron kontinuierlich Energie abstrahlen und folglich in den Kern stürzen. Stabile Atome waren nur zu erreichen, wenn entweder das Modell oder die klassische Physik aufgegeben wurde.

Während nahezu jeder Physiker in solch einem Fall die Vorstellung eines Atoms als Miniaturausgabe eines Planetensystems aufgegeben hätte, entschied sich ein junger Däne damals anders. Er hieß Niels Bohr (1885–1962) und vertraute den Ergebnissen der Streuversuche, die doch ohne einen Atomkern keinen Sinn machten. Bohr suchte und fand einen Weg, um dem Saturnmodell Stabilität zu verleihen, das seitdem unter dem Namen Bohrsches Atommodell bekannt ist. Die entscheidende Hilfe lieferte ihm dabei das Quantum der Wirkung, mit dem die klassische Theorie überrumpelt werden konnte. Sie sagte doch nur etwas über einen kontinuierlichen Verlust an Strahlungsenergie aus, und so etwas konnte es mit den Quanten nicht mehr geben. Die Energie musste sich unter dieser Vorgabe sprunghaft ändern, wenn überhaupt etwas passieren sollte, und wie sollte dies ohne äußere Störung vor sich gehen? Bohr sah, wie das Quantum der Wirkung eine Erklärung für die Stabilität der Materie erlaubte und die Möglichkeit lieferte, sich das Atom als zweigeteiltes Gebilde aus Kern und Hülle vorzustellen.

Damit war die Unstetigkeit an die zentrale Stelle der Physik gerückt, ohne allerdings verstanden worden zu sein. Klar war nur, dass es möglich sein musste, Elektronen und andere Bestandteile der atomaren Ebene durch diskrete Zahlenwerte zu beschreiben, in denen sich die Sprunghaftigkeit der Natur ausdrückte. Bald ging man dazu über, Elektronen, Photonen und ihresgleichen durch sogenannte Quantenzahlen zu charakterisieren, und tatsächlich gelang es eine Zeitlang auf diese Weise, den meisten experimentellen Befunden theoretisch Rechnung zu tragen. Bis zum Beginn der 1920er Jahre kamen die Physiker mit drei Quantenzahlen aus, die sich durch die Gemeinsamkeit auszeichneten, anschauliche Qualitäten zu beschreiben, wie man sie aus der klassischen Physik kannte, also zum Beispiel die Geschwindigkeit oder die Stärke der Wechselwirkung mit einem elektromagnetischen Feld (magnetisches Moment). Doch nach und nach wurden in zahlreichen Versuchen zahlreiche physikalische Effekte beobachtet, die in diesem Schema nicht zu verstehen waren und zur Erklärung etwas anderes verlangten, und zwar etwas, das klassisch nicht mehr beschreibbar war.

Der Verlust der Anschaulichkeit

In dieser Situation schlug im Jahre 1924 der Wiener Wolfgang Pauli (1900–1958) vor, den Elektronen (und anderen elementaren Partikeln) eine vierte Quantenzahl zuzuordnen, die zwei Werte annehmen konnte. Sie sollte eine klassisch nicht verständliche Zweideutigkeit der Materie erfassen, die zur Erklärung der experimentellen Ergebnisse benötigt wurde. Pauli riet von jedem Versuch ab, die damit erfasste Eigenschaft von Atomen anschaulich beschreiben zu wollen. Paulis (später mit dem Nobelpreis ausgezeichneter) Vorschlag funktionierte glänzend, wobei es viele Lehrbücher und andere Darstellungen der neuen Physik bis heute nicht lassen können, dem Verlangen nach einfachen und einsichtigen Modellen doch nachzugeben. Was Pauli als nichtklassische Qualität der Materie vorschlug, nennt man heute den Spin der Elektronen, und diese Größe wird gerne als ein Drehen eines Teilchens um die eigene Achse (Eigendrehimpuls) gedeutet, wie man es zum Beispiel bei Tennisbällen beobachten kann, denen ein entsprechender Spin mit auf den Weg gegeben worden ist. Das ist zwar einfach, es ist aber auch falsch – für die Elektronen –, wie jeder Student weiß, der sich mit der dazugehörigen mathematischen Sprache vertraut gemacht hat. Der philosophisch zugängliche Hauptgrund für die Unanschaulichkeit der Elektronen liegt darin, dass man sich in letzter Konsequenz nicht mehr vorstellen darf, dass auf der atomaren Bühne Dinge agieren. Vielmehr treten dort Kreationen unserer Phantasie auf, die wir erschaffen und betrachten.

Der Spin eines Elektrons oder Atoms ist weniger eine konkrete Drehung und mehr die abstrakte Form für die Freiheit, die einer Drehung offensteht, sich nämlich für die eine oder andere Richtung zu entscheiden. Der Spin – die vierte Quantenzahl für die atomare Ebene – stellt eine klassisch nicht beschreibbare Zweideutigkeit dar, die sich in ihren Auswirkungen messen lässt. Wer immer noch versucht, ein Elektron als ein rotierendes Kügelchen zu erfassen, verkennt, was tatsächlich mit der Einführung des Spins und den nachfolgenden Entwicklungen passiert ist, nämlich der Abschied von der Anschaulichkeit (die von vielen als Wert verstanden wurde). Es gibt keine Elektronen, die sich drehen, und es gibt auch keine Elektronen, die auf Bahnen unterwegs sind und einen Atomkern umkreisen. Diese Qualitäten werden von uns an die Elektronen heran getragen, die sich selbst ganz anders fassen lassen, als man es seit den Zeiten der klassischen Physik gewohnt war. Elektronen oder Photonen sind unbestimmt, solange sie unbeobachtet als Potential existieren, und sie nehmen ihre spür- und messbaren Formen erst an, wenn sie von einem Subjekt darauf festgelegt werden.

Die entscheidende Entwicklung hin zu einer völlig neuen Physik begann mit Paulis Hinweis auf eine vierte Quantenzahl ohne anschauliche (makroskopische) Entsprechung, und sie setzte sich fort mit dem Vorschlag des Franzosen Louis der Broglie (1892–1987) aus dem Jahre 1924, nicht nur dem Licht, sondern auch der Materie eine duale Natur zuzuerkennen. Dass ein Elektron mit bekannter Masse nicht nur als Partikel, sondern auch als Welle in Erscheinung treten konnte, galt zwar zunächst als unsinnig und absurd, wurde trotzdem aber bald im Experiment bestätigt. Mit diesen Vorgaben dauerte es nicht mehr lange, bis man nicht nur über eine Quanten*theorie* verfügte – also über eine physikalische Theorie, in der die Quanten vorkamen –, sondern auch eine weitergehende Quanten*mechanik* formulieren konnte, also etwas vorzulegen hatte, das in der Lage war, die Stelle der alten (klassischen) Mechanik einzunehmen. Mit der 1925/26 formulierten Quantenmechanik bekamen die Physiker endlich wieder den festen Boden unter den Füßen, den sie über zwanzig Jahre vermissen mussten. Allerdings sah der Boden völlig anders aus, als sie erwartet hatten. Er lag nämlich nicht im gewohnten dreidimensionalen Raum der Anschauung, sondern in einem seltsam mehrdimensionalen Raum mit komplexen Koordinaten.

Die beiden für diesen Erfolg hauptsächlich verantwortlichen Physiker waren Werner Heisenberg (1901–1976) und Erwin Schrödinger (1887–1961), die – ganz im Sinne der Dualität von Licht und Materie – zwei sowohl unabhängige als auch äquivalente Formen der neuen Mechanik erschaffen haben. Die eine betont mehr den Teilchencharakter, und die zweite mehr den Wellencharakter der atomaren Ereignisse. Gemeinsam ist beiden mathematischen Darstellungen, die in den Lehrbüchern als Heisenberg-Bild bzw. Schrödinger-Bild vorgestellt werden, dass sie maßgeblich von Größen handeln, die es in der konkret sichtbaren Wirklichkeit nicht gibt. Ein Elektron oder ein Lichtteilchen (Photon) wird durch eine sogenannte Zustandsfunktion beschrieben, die nur in einem abstrakten Raum definiert ist. Die entsprechenden mathematischen Größen müssen zudem alle neben einem realen einen imaginären Anteil haben. Die grundlegende Theorie der realen Welt kann nicht ohne imaginäre Zeichen und Zahlen auskommen. Das wirklich Gegebene – gemeint ist das im Experiment Messbare – lässt sich durch eine wohldefinierte mathematische Operation berechnen, die den Imaginärteil zum Verschwinden bringt. Dafür muss aber ein Preis gezahlt werden, nämlich der, dass das Ergebnis keine bestimmte Größe mehr ist, sondern nur noch eine Wahrscheinlichkeit bezeichnet. Atome sind keine Wirklichkeit mehr in einem konkret anschaulichen Sinn, sondern Möglichkeiten in ihrer abstrakten Form. Was die Welt im Innersten zusammenhält sind Unbestimmtheiten voller Potential und Möglichkeit.

Aus Tatsachenfragen werden Wertefragen

Es hat im betrachteten Zeitraum viele maßgebliche Entwicklungen in der Naturwissenschaft gegeben, wobei die Relativitätstheorien von Einstein am bekanntesten sind. Sie stehen aber nicht alleine, und die Anfänge der Genetik, die Entwicklung in der Mathematik, das Aufkommen der physikalischen Chemie, die Grundlegung der Astrophysik, die Beschreibung der chemischen Bindung, die Entdeckungen der Physiologie und ähnlicher Fächer hätten mindestens ebenso eine ausführliche Erwähnung verdient. Die Aufmerksamkeit soll hier aber vor allem der Quantentheorie bzw. Quantenmechanik gehören, die noch vor 1930 ihren vorläufigen Abschluss in dem Sinne gefunden hat, dass die grundlegenden Gleichungen bekannt waren und sich bereits in schwierigen Anwendungen bewährt hatten. Mit dem Aufkommen dieser physikalischen Beschreibung der Wirklichkeit vollzieht sich der massivste Umsturz im wissenschaftlichen Weltbild, und an diesem Beispiel lässt sich am besten zeigen, welche alten Werte den neuen Ideen weichen mussten. Dabei ist es natürlich wichtig, dass die Quantenmechanik sich in experimentellen Situationen millionenfach bewährt hat und es keine Erfahrung gibt, die der quantenmechanischen Beschreibung von Wirklichkeit widerspricht. Wir können der Theorie vertrauen und müssen sie ernst nehmen und verstehen.

Wenn man – unter dieser Vorgabe – mit einem Satz ausdrücken will, worin die Besonderheit der wissenschaftlichen Entwicklung nach 1900 bestand, kann man sagen: Im Bereich der exakten Forschung wurde entdeckt, dass es Fragen gibt, die ohne eindeutige Antwort bleiben. Weder die Natur des Lichts noch der Ort eines Elektrons lassen sich als einfache Tatbestände ermitteln, was zum Beispiel konkret heißt, dass sich nicht sagen lässt, wo die Elektronen in einem chemischen Molekül sitzen und zu welchem Atom sie zu rechnen sind. Ihre Position muss offen dargestellt – offen gelassen – werden, was in Lehrbüchern zum Beispiel durch die „Beweglichkeit" bzw. Verschiebbarkeit einzelner Striche angedeutet wird (Abb. 2.1).

Damit ist ein fundamentaler Wert verloren gegangen, denn wenn die Naturwissenschaften durch eine Überzeugung geleitet wurden, dann durch die Vorstellung, dass ihre Fragen Tatsachenfragen waren und folglich unmissverständliche Antworten – in Form von nachprüfbaren oder ermittelbaren Informationen – erlaubten. „Was ist der Schmelzpunkt von Eisen?" oder „Wo

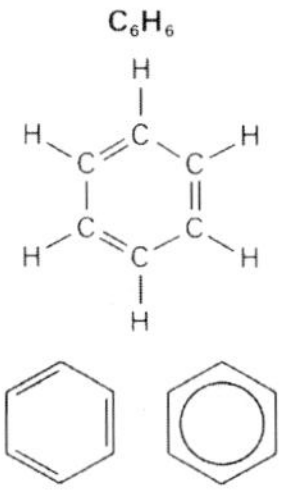

Benzol

b076B1.Tif

Abb. 2.1 Die ringförmige Struktur des Benzols kann auf verschiedene Weise gezeichnet werden, weil die elektronischen Bestandteile des Moleküls mit der Strukturformel C_6H_6 keinen festen Ort einnehmen und ihren Platz wechseln können. Man kann auch sagen, dass ein Benzolmolekül kein Aussehen im gewöhnlichen Sinn hat und daher als eine erfundene Form zu zeigen ist.

befindet sich im Gehirn der Transmitter Dopamin?" sind Fragen dieser Art, und die meisten Forscher verbringen auch heute noch ihre Zeit mit der Suche nach den dazugehörigen Antworten. Viele glaubten lange Zeit hindurch, dass alle Fragen an die Natur diese Qualität hätten und zwei oder mehrere verschiedene Wissenschaftler letztlich immer zu übereinstimmenden Antworten kommen würden.

Die eigentliche Entdeckung der Wissenschaft nach 1900 bestand darin, dass es diese Eindeutigkeit durchgängig nicht mehr gab. Ort und Impuls (oder Energie und Zeit) eines Elektrons wurden zu unbestimmten Größen, was nicht nur heißt, dass ihre gleichzeitige Ermittlung nur mit Ungenauigkeiten („Unschärfen") zu erkaufen ist, sondern was in letzter Konsequenz vor allem heißt, dass ein Elektron gar keine bestimmte Eigenschaft hat, solange sie nicht gemessen wird. Es ist nicht so, dass ein Atom zwar einen genauen Ort hat und nur ich nicht in der Lage bin, ihn zu messen. Es ist vielmehr so, dass es den Ort gar nicht gibt, solange ich ihn nicht bestimme. Der Beobachter bestimmt, was von Natur aus unbestimmt ist. Oder anders ausgedrückt: Ein Subjekt bestimmt, was als Objekt unbestimmt ist.

Damit wird deutlich, dass die Ergebnisse der Wissenschaft als Ausdruck menschlichen Handelns (und nicht als Resultat, objektiver Gegebenheiten) zustande kommen, was natürlich nicht heißt, dass sie beliebig oder gar willkürlich sind. Ergebnisse des wissenschaftlichen Bemühens können sich sogar widersprechen – etwa wenn Licht als Welle oder als Teilchen interpretiert oder registriert wird –, weil in ihnen ein Stück freien Handelns enthalten ist. Das experimentierende Subjekt kann sich nämlich aus sich heraus entscheiden, ob es das Licht nach seinen Wellen- oder seinen Teilcheneigenschaften fragt.

Allerdings: Nachdem er oder sie sich entschieden hat, gibt es keine Möglichkeit mehr, das Ergebnis zu beeinflussen. An dieser Stelle meldet dann die Natur bzw. das Ding an sich seinen bzw. ihren Anspruch an und gibt die gewohnte objektive Antwort.

Dieser Wandel in der Wissenschaft bzw. in der Wissenschaftsphilosophie erinnert an die Epoche, als sich im europäischen Denken ein grundlegender Wandel im Menschenbild bzw. in der dazugehörenden politischen Philosophie vollzog. Gemeint ist der Beginn des 19. Jahrhunderts, als die traditionelle Überzeugung – der zufolge man (etwa mit den Mitteln der Ethik) herausfinden kann, was die menschliche Natur ist, um ihr anschließend (etwa mit den Mitteln der Politik) Rechnung tragen zu können – zunächst kritisiert und dann aufgegeben wurde. Genau in dieser Zeit der Romantik vollzogen einige Intellektuelle die entscheidende Umkehrung im Denken, die zu der korrekten Ausgangsposition führt, dass Fragen nach dem rechten Handeln ohne eindeutige Antwort bleiben können und es weder objektive noch subjektive Gründe für entsprechende Entscheidungen gibt. Die Romantiker erkannten, dass sich sittliche Werte widersprechen können, ohne dass dabei Alternativen zu erkennen wären, und die Übereinstimmung mit der Situation in der Quantenmechanik ist unübersehbar.

Zu den Geburtshelfern der skizzierten romantischen Wende gehört Immanuel Kant, der in seinen Schriften fragte, was der Mensch tun soll und ihm die Freiheit der Wahl gab. Kant machte den Menschen auf diese Weise zum Urheber seiner Wertvorstellungen und damit wertvoll. In seiner Philosophie ist ein Wert etwas, dass sich ein Mensch vorgibt, und nicht etwas, über das er zufällig stolpert. Wertvorstellungen sind – dem Ideenhistoriker Isaiah Berlin (1909–1997) zufolge – keine Naturprodukte, die eine Wissenschaft (wie etwa die Ethik oder die Soziologie) studieren könnte, sondern Ausdruck freien Handelns und damit des menschlichen Schöpfertums.

Diesen letzten Schluss hat aber nicht Kant gezogen, sondern erst die Denker der Romantik. Ihre philosophischen Vertreter erhoben die Sittlichkeit zum schöpferischen Vorgang, und sie orientierten sich bei diesem Vorgehen am Modell der Kunst. Kreatives Tun – Schöpfung – ist in den Augen der Romantik die einzige ganz und gar selbstbestimmte Aktivität des Menschen. Nur auf diese Weise gelingt ihm die Selbstbefreiung von den kausalen Gesetzen der Physik und den Mechanismen der äußeren Welt. Indem die Romantiker – Berlin zufolge – den Blick auf die Kunst richteten und das Wesen des Menschen in seiner selbstbestimmten Tätigkeit sahen, zerstörten sie die alten Werte der europäischen Sittlichkeit. Ich bin nicht dadurch ich selber, dass ich logisch agiere oder mich der Natur füge. Ich bin erst dann ich selber, wenn ich etwas kreiere. Die Natur ist – in diesem Modell – nicht mehr Mutter oder Gebieterin, sondern das Gegenstück zu meinem Tun und Denken. Ich kann der Natur meinen Willen aufzwingen. Sie ist der Gegenstand, den ich gestalten, dem ich Form verleihen kann.

Genau dies passierte zu Beginn des 20. Jahrhunderts in der Entwicklung der Quantentheorie. Der Physiker gibt einem Elektron die Bahn, auf der es sich bewegen kann. Er berechnet (formt) seinen Weg und entwirft auf diese Weise erst die Gestalt eines Atoms und dann die aller Elemente, die das Periodische System ausmachen. Der Wissenschaftler bestimmt sogar deren Bindung, und zwar mit Hilfe der vierten Quantenzahl, die Pauli vorgeschlagen hatte, wie oben erläutert worden ist. Ein Wissenschaftler entwirft die Natur, die er selbst ist. Er ist *natura naturata* (geschaffene Natur) und *natura naturas* (schaffende Natur) in einem, ganz so, wie es die Denker der Romantik vorhergesehen haben.

Wertfreie Wissenschaft?

Gerade weil in den vorhergehenden Abschnitten die Ansicht vertreten worden ist, dass es in der Wissenschaft um Werte wie Objektivität, Universalität und Eindeutigkeit geht, muss es seltsam erscheinen, dass jemals der Begriff einer wertfreien Wissenschaft aufkommen konnte, den der Soziologe Max Weber im Jahre 1909 vorgeschlagen hat. Und es muss noch seltsamer erscheinen, dass sich diese Idee allgemein durchgesetzt hat. Das Konzept einer wertfreien Wissenschaft erfasst weder die theoretische Dimension der Wissenschaft – wie oben erläutert –, noch ihre praktische Umsetzung. Wenn für diesen Zweck unter Werten ganz allgemein die Bestimmungsgründe oder Zielvorstellungen menschlichen Handelns verstanden werden, dann würde die Idee der wertfreien Wissenschaft die Vorstellung ausdrücken, dass sich ein Wissenschaftler nicht mit der Frage zu befassen braucht, ob die von ihm untersuchten Gegenstände oder die dabei erzielten Ergebnisse Heil oder Unheil in sich tragen, ob sie ethisch angemessen oder unangemessen (wertwidrig) sind. Wichtig ist nur der wissenschaftliche genaue Umgang mit den untersuchten Dingen und das unmittelbare Bemühen, etwas für andere Menschen Nützliches zu erreichen.

Mir scheint, dass es weder in der theoretischen noch in der praktischen Sphäre jemals so etwas wie wertfreie Wissenschaft gegeben hat – mit Sicherheit nicht im 20. Jahrhunderts. Für den konkreten Betrieb von Wissenschaft in dieser Zeit kann der physikalische Chemiker Fritz Haber (1868–1934) als Beispiel dienen, der in den Jahren des Ersten Weltkriegs das Ziel seiner wissenschaftlichen Arbeit durch den Hinweis charakterisiert hat, dass er im Krieg dem Vaterland und im Frieden der Menschheit dienen will. Er hat chemische Verbindungen entwickelt, die im Krieg als gasförmige Kampfstoffe und im Frieden als Mittel zur Schädlingsbekämpfung eingesetzt werden konnten.

Haber hatte vor den Kriegsjahren einen Weg entdeckt, den Stickstoff der Luft so in Molekülform (Ammoniak) zu binden, dass er für die Landwirtschaft nützlich wurde. Doch indem er das „Brot aus der Luft" geholt hatte, wie es damals hieß, trug er nicht nur zur Ernährung der deutschen Bevölkerung bei. Er bereitete zugleich auch den Weg zur Herstellung von Sprengstoffen und Schießpulver, und es braucht nicht betont zu werden, wer welchen Nutzen aus dieser Tatsache ziehen konnte.

Es ist sinnlos, in diesen und anderen Fällen von wertfreier Wissenschaft zu reden, und dieser Begriff hilft auch nicht in der neueren Debatte um die Auswirkungen der Forschung, selbst wenn sich ein so prominenter Philosoph wie Hans Jonas (1903–1993) zu der Frage der Wertfreiheit von Wissenschaft geäußert hat. Jonas unterscheidet dabei einen methodologischen von einem ontologischen Aspekt. Die Bedingung der Wertfreiheit erfordert ihm zufolge von einem Forscher auf der einen Seite, als „unparteiischer, neutraler Beobachter" zu agieren und somit objektiv zu sein. Und es erfordert von einem Wissenschaftler auf der anderen Seite, den Erkenntnisgegenstand selbst – also etwa die Natur – als neutral bzw. wertindifferent anzusehen.

Beides ist aber nicht durchführbar, wie die an- und ausgeführten Beispiele gezeigt haben. Ich schlage deshalb vor, den Begriff der wertfreien Wissenschaft aufzugeben und sich dazu zu bekennen, dass Wissenschaft wertvoll ist. Erforschte und andere Dinge haben doch einen wahrnehmbaren Wert, den man spätestens dann bemerkt, wenn etwas als schön verstanden wird und von Schönheit die Rede ist. Sie ist es, die uns anzeigt, dass es etwas gibt, das wert ist, erhalten zu werden. Wir müssen lernen, die Natur (die Welt) so anzusehen (wahrzunehmen), dass sich ihre Schönheit zeigt. Mit Hilfe dieser so erkannten Schönheit wandelt sich die Wirklichkeit in eine Werttatsache um, in etwas Wertvolles, das unsere Achtung verdient und von uns geschätzt wird. Eine solche ästhetische Realität würde präzisieren, welchen ethischen Rahmen das freie, selbstbestimmte, schöpferische Handeln des Menschen bekommen kann. „Die Ästhetik ist die Mutter der Ethik", wie es der bereits erwähnte Dichter Joseph Brodsky einmal formuliert hat. Aus diesem Grund ist die wertfreie Wissenschaft gescheitert. Es ist Zeit für die ästhetische Wende hin zu einer wertvollen Wissenschaft, die ihren Objekten – der Natur – nicht gleichgültig gegenübersteht, sondern sie für bewahrenswert hält, weil sie schön ist und damit Wert für die Menschen erkennen lässt.

3
Wege der Wissenschaft
Historische Entwicklungen, logische Vorgehensweisen und Abenteuer auf der Nachtseite

Was im frühen 17. Jahrhundert in Europa im Bereich des wissenschaftlichen Denkens passiert, haben britische Historiker nach dem Zweiten Weltkrieg als Revolution bezeichnet. Dabei spielt vor allem das Buch von Herbert Butterfield eine wichtige Rolle, dessen erste Auflage 1949 auf den Markt gekommen ist und das *The Origin of Modern Science* erläutert, also die Ursprünge der modernen Wissenschaft. Die maßgebliche Einschätzung von Butterfield lautet in der Sprache des Originals und der Ausgabe von 1957:

> Considering the part played by the sciences in the story of our Western civilization, it is hardly possible to doubt the importance which the history of science will sooner or later acquire both in its own right and as the bridge which has been so long needed between the Arts and the Sciences. It is the so-called scientific revolution ... outshines everything since the rise of Christianity and reduces the Renaissance and Reformation to the rank of mere episodes, mere internal displacements, within the system of medieval Christendom.
>
> It might be said that the course of the 17th century represents one of the great episodes in human experience, which ought to be placed amongst the epic adventures that have helped to make the human race what it is.
>
> The scientific revolution we must regard, therefore, as a creative product of the West – depending on a complicated set of conditions which existed only in Western Europe.

Zum Konzept einer Revolution

Offensichtlich versteht der Historiker Butterfield den Begriff einer Revolution in etwa so, wie ihn die Philosophin Hannah Arendt einmal präzisiert hat, als sie in der Mitte der 1960er Jahre ihre (politischen und philosophischen) Ideen *Über die Revolution* beschreibt und dabei meint:

Der moderne Revolutionsbegriff ist unauflöslich mit der Vorstellung verbunden, dass der Lauf der Geschichte plötzlich neu beginnt, dass eine gänzlich neue Geschichte sich zu entwickeln im Begriff ist.

Dies traf nicht immer zu, denn auch die Idee einer Revolution hat ihre Geschichte, was niemanden überraschen sollte, vor allem nicht im politischen und sozialen Bereich. Darum geht es hier zwar nicht, aber da sich das Konzept eines revolutionären Geschehens trotz vieler anderer Vorschläge hartnäckig hält, um die Entwicklung der Naturwissenschaft zu verstehen, soll an dieser Stelle eine knappe Darstellung seiner für die Wissenschaften relevanten Entwicklungen versucht werden.

Das Wort „Revolution" als Substantiv stammt aus dem Spätlateinischen und leitet sich ab von dem Verbum „re-volvere", mit dem vieles gemeint sein kann – zurückrollen, wiederholen, entwickeln (auswickeln), durchdenken, wiederkehren und manches mehr.

Die Verwendung des Substantivs „revolutio" als Fachausdruck beginnt in der Astronomie oder Himmelskunde und wird insbesondere bekannt durch das Hauptwerk des Nikolaus Kopernikus (1473–1543), der ihm die Bedeutung einer Umwälzung von Sphären und damit der Umdrehung der Planeten gibt, von denen er und seine Zeitgenossen vermuten, dass sie an den himmlischen Sphären haften, wodurch ihr Kreisen zustande kommt. Sphären rotieren und kehren dabei immer wieder zu ihrem Ausgangspunkt zurück – sie *re*-voltieren.

Die schrittweise Einführung der himmlischen Umwälzungen in die irdische Politik erfolgt in der Absicht, hier ein Auf und Ab der Lage oder einen zyklischen Wandel zu benennen, der letztlich zu bereits bestehenden Verhältnissen zurückkehrt. Alles dreht sich und bleibt, wie es am Ausgangspunkt war.

Der Ausdruck „Revolution" in Verbindung mit dem Vorgang eines Umsturzes und damit einer grundlegenden Veränderung ohne zyklische Konnotation erklärt sich aus der *Glorious Revolution* von 1688, deren radikale Neuerung in der Deklaration bestand, dass dem (englischen) König die Macht nicht mehr durch göttliches Recht verliehen, sondern ihm von den Regierten (also vom Parlament) übertragen wurde.

Die positiven Erfahrungen, die England – und später im 18. Jahrhundert die angelsächsische Welt in den Vereinigten Staaten von Amerika – mit dem Eintreten einer Revolution machen konnten, haben es Historikern in diesem Kulturraum leicht gemacht, solche Umwälzungen auch in der Entwicklung der Wissenschaft zu konstatieren. Die Erfassung der fabelhaften Vorgänge im frühen 17. Jahrhundert als Revolution findet sich zum ersten Mal bereits im Jahre 1926, als der britische Gelehrte John Herman Randall *The Making of Modern Mind* aus seiner Sicht darstellt und einen mutigen Vergleich riskiert:

„Es waren weder der Humanismus noch die Reformation, die die bedeutendste Revolution im menschlichen Denken auslösen sollte, so bedeutsam sie jahrhundertelang auch erscheinen mochten; es waren die Naturwissenschaften", wie auf den folgenden Seiten am Beispiel des europäischen Quartetts in einigen Details vorgestellt und erzählt wird.

„Eine gänzlich neue Geschichte"

Die gänzlich neue Geschichte, von der Hannah Arendt spricht, beginnt mit zwei Ideen von Francis Bacon, der später einmal als „Philosoph der Industrialisierung" bezeichnet worden ist, weil er gesellschaftlichen Fortschritt im Sinne von Wohlergehen forderte und dazu den Einsatz rational ausgedachter Techniken mit wissenschaftlichem Hintergrund forderte. Bacons erste Idee bestand darin, dass Menschen die Zukunft besser machen können als die Vergangenheit es war, und seine zweite Idee besagte, dass man dazu Wissenschaft betreiben und folglich auch Experimente anstellen müsse.

Heute verstehen viele Menschen Wissenschaft als den Versuch, die Welt unter der erschwerten Bedingung des Experiments zu erklären, und treten damit das Erbe Bacons an, der allerdings auch ein Problem sah, das damit einherging. Gemeint ist das Problem, dass ein Experiment nur ein einzelnes Ergebnis liefert, das die Überlegung nach sich zieht, wie aus diesem speziellen Befund *die* allgemeine Aussage werden kann, um die es letztlich geht. Woher will man wissen, dass sich alle Gegenstände bei Erwärmung ausdehnen und bei Abkühlung zusammenziehen, wenn man diese Vorgänge zum Beispiel an einer Quecksilbersäule beobachtet hat, mit der ein Thermometer operiert, um die Temperatur anzuzeigen?

Natürlich kannte Bacon weder ein Thermometer noch den Begriff der Temperatur, aber er erkannte das Problem, das die Wissenschaft vor die Frage stellte, wie aus einer Einzelbeobachtung ein allgemeines Gesetz abgeleitet werden kann. Fachleute sprechen hier von der induktiven, der „herbeiführenden" Logik (Induktion), mit der sich bereits Aristoteles beschäftigt hatte, der sich aber bevorzugt dem Gegenbegriff widmete, der Deduktion, der Schluss vom Allgemeinen auf das Besondere, also von einer allgemeinen Voraussetzung auf einen speziellen Fall. Wenn alle Menschen irren können, dann kann auch Francis Bacon irren – das ist eine einfache Deduktion, die allerdings keine Entsprechung in einer ebenso einfachen Induktion findet. Denn selbst wenn Bacon Recht hat, können immer noch viele Menschen im Irrtum sein, und dies selbst dann, wenn sie als Experten auftreten.

Experten der Wissenschaftstheorie äußern im Allgemeinen die Ansicht, dass Bacons Problem der induktiven Logik durch den Philosophen Karl Popper im 20. Jahrhundert gelöst worden ist, und zwar in seinem Buch *Logik der Forschung*, das 1934 erstmals erschienen ist. Popper schlägt vor, dass wissenschaftliches Vorgehen mit der Formulierung einer Hypothese beginnt – etwa der Vermutung, dass sich Gegenstände bei Erwärmung ausdehnen oder dass Schwäne weiß sind –, die dann anschließend in einem Experiment oder einer Beobachtung überprüft wird. Eine Hypothese gilt dann als wissenschaftlich, wenn sie auf die erwähnte Weise getestet werden kann, wobei bei einem Experiment zwei Ergebnisse möglich sind. Bei der durchzuführenden Messung stellt man nämlich entweder fest, dass die Hypothese zutrifft („Verifikation"), oder man muss einsehen, dass sie nicht zutrifft („Falsifikation"). So schön der erste Fall ist, er hilft nicht wirklich weiter, denn der Wissenschaftler bleibt hier auf seiner Hypothese sitzen (etwa wenn er ermittelt, dass sich die Luft tatsächlich ausdehnt, wenn es wärmer wird). Denn erst wenn seine Messung zeigt, dass die Hypothese nicht stimmt – was zum Beispiel bei Gummi der Fall ist oder bei gefrierendem Wasser, das sich bekanntlich ausdehnt, wenn die Temperatur in einen bestimmten Bereich sinkt –, erzielt die Forschung einen Fortschritt, denn nun dürfen ihre Repräsentanten eine neue Hypothese aufstellen und weiter experimentieren.

So sehen viele Wissenschaftler selbst gerne die Festlegung von „wissenschaftlich" ohne sich zu fragen, ob darin auch nur ein kleines Stück Wahrheit zu finden ist. Einem Historiker scheint diese Definition allerdings nahezu vollständig an jeder Sache vorbeizugehen. Zum einen sind kaum Forscher bekannt, die ihre Hypothesen geändert haben, nur weil bei einem Versuch einmal etwas anderes herausgekommen ist. Viel häufiger kommt es vor, dass sie nach Unstimmigkeiten im dazugehörigen technischen Ablauf suchen, so wie es zum Beispiel der Nobelpreisträger Robert Millikan (1868–1953) getan hat, als er mit seinem berühmten „und in Stockholm ausgezeichneten Öltröpfchenversuch" in den 1920er Jahren die Größe der Elementarladung bestimmen wollte. Alle Messungen, die zu weit von seinem erwarteten Wert entfernt lagen, hat Millikan nicht berücksichtigt, und zwar nicht durch sachliche Hinweise auf konkrete Umstände („Staubkorn"), sondern weil er das Gefühl hatte, mit der Messung sei etwas nicht in Ordnung, wie der amerikanische Wissenschaftshistoriker Gerald Holton in seinem Buch *The Scientific Imagination* deutlich macht. Vermutlich hatte Millikan als erfahrener Experimentator erstens allen Grund und zweitens jedes Recht dazu, und beides sollte ihm weder ein Philosoph noch ein Historiker streitig machen.

Millikan vertraute neben seiner Erfahrung auch seiner Ahnung, dass es so etwas wie eine Elementarladung gibt, was in seinen Versuchen konkret hieß, dass sich der dazugehörige Zahlenwert auch bestimmen lassen musste. Ähnlich verhielt sich Albert Einstein, der in jungen Jahren – neben der Relativitätstheorie – auch eine Gleichung für die Diffusion von Partikeln angab, mit deren Hilfe sich Auskünfte über Atome einholen ließen. Als ihm der französische Nobelpreisträger Jean Perrin (1870–1942) schrieb, dass seine zu diesem Zweck ausgeführten Messungen nicht mit Einsteins Theorien übereinstimmten, antwortete der damals noch weitgehend unbekannte Angestellte im Berner Patentamt, Prof. Perrin solle doch bitte noch einmal nachprüfen, was genau er da gemessen und gefunden hätte. In dem im fünften Band von Einsteins *Gesammelten Schriften* abgedruckten Brief vom 12.01.1911 vermutet Einstein etwaige Fehler nicht auf Seiten der Theorie, sondern auf Seiten des Experiments. Einstein war in den meisten Fällen nach Aufstellung seiner Theorie „vollkommen befriedigt", wie er am 10.03.1914 seinem Freund Michele Besso schreibt, und er zweifelte nicht an der Zuverlässigkeit und Richtigkeit des Systems, das er entwickelt hatte. Tatsächlich hatte Perrin sich vertan und ungenau gemessen, wie sich bald herausstellen sollte und wie der französische Nobellaureat dem jungen Einstein gegenüber auch einräumte.

Neben diesen Schwachstellen bringt Poppers Schema der Wissenschaftlichkeit viele andere Probleme mit sich. Es fällt zum Beispiel extrem schwer (wenn es überhaupt möglich ist), eine nicht-triviale Hypothese zu formulieren, die in einem Experiment falsifiziert werden kann. So etwa, wenn man behauptet, Schwäne seien weiß oder die Samen von Männern mit schwarzer Hautfarbe seien schwarz. Aber wie sehen die experimentellen Chancen aus, wenn man behauptet, „Die Welt setzt sich aus Atomen zusammen" oder „Es gibt Gene für Aggressivität" oder „Die Krankheit AIDS wird von einem Virus verursacht"?

Das vorgestellte Konzept von leicht reproduzierbarer und rein logischer Wissenschaftlichkeit gerät noch weiter ins Wanken, wenn man sich klarmacht, dass es weite Zonen der Erkenntnissuche gibt, in denen man entweder gar nicht experimentieren kann (zum Beispiel bei schwarzen Löchern oder im Falle des Urknalls) oder auf keinen Fall experimentieren darf (etwa mit dem Ozonloch oder mit El Niño). Die Philosophen der Wissenschaft sollten nicht länger die Augen verschließen vor der Tatsache, dass die Wissenschaft nicht so kalt ist wie der Lehrgegenstand, der den Studenten und Schülern vorgeführt wird. Der französische Nobelpreisträger François Jacob (*1920) hat in seiner Autobiographie *Die innere Statue* empfohlen, zwei Seiten einer im Entstehen begriffenen Wissenschaft zu unterscheiden. Er nennt sie Tag- und Nachtwissenschaft, wobei die helle Seite das Räderwerk der Logik und die dunkle Seite das Ahnen, Fühlen, Verzweifeln und viele andere Regungen des Gemüts meint, das die Forscher befällt und heimsuchen kann. Auf diese Irrationalitäten soll hier näher hingewiesen werden, weil sie mit zur Kreativität der Menschen beitragen, denen die Welt die wissenschaftlichen Erkenntnisse verdankt.

Die Bilder in der Seele

Bleibt die Frage, was der Begriff „wissenschaftlich" genau meint. Das tiefe und grundlegende Problem steckt weniger in einer bestenfalls randständigen Logik der Forschung als vielmehr in einer ganz anderen Frage, die zu klären sucht, wie der Schritt nicht nur hin zu einer neuen, sondern hin zu irgendeiner verständigen Hypothese gelingen kann. Wie kommt man jemals hin zu den Ideen (von Atomen etwa) und den Theorien (von Quantensprüngen etwa), an denen die Menschen, die Wissenschaft betreiben, letzten Endes allein interessiert sind?

> Ich hoffe, dass niemand mehr der Meinung ist, dass Theorien durch zwingende logische Schlüsse aus Protokollbüchern abgeleitet werden, eine Ansicht, die in meinen Studententagen noch sehr in Mode war.

Dieser unmittelbar einsichtige und zugleich grundlegende Satz stammt von Wolfgang Pauli (1900–1958), einem der großen theoretisch arbeitenden Physiker des 20. Jahrhunderts, der 1945 mit dem Nobelpreis für sein Fach ausgezeichnet worden ist (Stichwort „Pauli-Prinzip"). Mit seinen „Studententagen" meint Pauli zwar die frühen 1920er Jahre, aber viel geändert hat sich an den schlichten Vorstellungen vom wissenschaftlichen Vorgehen nicht. Immer noch denken die meisten, dass hier rationale Schritte in logisch anmutender Weise unternommen werden, um die Erkenntnisse voranzubringen. Dabei hatte Pauli 1957 schon einen viel besseren Vorschlag, als er den oben zitierten Text schrieb, der sich in einem Text mit dem Titel „Phänomen und physikalische Wirklichkeit" findet sowie in ähnlicher Form in einem seiner vielen (von Karl von Meyenn glänzend edierten) Briefe, die seit einigen Jahren — als *Wissenschaftlicher Briefwechsel* im Springer Verlag erscheinen. Pauli schrieb vor gut vierzig Jahren:

> Theorien kommen zustande durch ein vom empirischen Material inspiriertes Verstehen, welches … als zur Deckung kommen von inneren Bildern mit äußeren Objekten und ihrem Verhalten zu deuten ist.

Bemerkt hatte Pauli dieses Zusammenpassen und Übereinstimmen nicht nur im Verlauf seiner eigenen wissenschaftlichen Entdeckungen, sondern vor allem bei einer Analyse der Entdeckungen von Johannes Kepler, der sich dem Vorschlag des Kopernikus, die Sonne in die Mitte der Welt zu setzen und die Erde darum kreisen zu lassen, nicht aus wissenschaftlich nachprüfbaren Gründen anschloss, sondern allein deshalb, weil er den Himmel mit dem *Bild* des drei-einigen Gottes ansah und diese Trinität im heliozentrischen Welt*bild* perfekt gespiegelt bzw. repräsentiert fand. Entsprechend hatte Kepler im frühen 17. Jahrhundert geschrieben:

Erkennen heißt, das äußerlich Wahrgenommene mit den inneren Ideen zu-
sammenzubringen und ihre Übereinstimmung zu beurteilen, was man sehr
schön ausgedrückt hat mit dem Wort ‚Erwachen' wie aus einem Schlaf. Wie
nämlich das uns außen Begegnende uns erinnern macht an das, was wir vorher wussten, so locken die Sinneserfahrungen, wenn sie erkannt werden, die
intellektuellen und innen vorhandenen Gegebenheiten hervor, so dass sie dann
in der Seele aufleuchten.

Es ist vermutlich nicht zu weit hergeholt, wenn man annimmt, dass dieses
Aufleuchten der Seele zu einem Gefühl der Zufriedenheit bzw. Ruhe in dem
betroffenen Menschen führt, und es ist wahrscheinlich genau diese Befrie-
digung und Sicherheit, die Einstein, Millikan und viele andere nicht weiter
zweifeln lässt über das, was sie wissen. Es ist daher an der Zeit, den so erzeugten Gefühlen einen Beitrag zur Erkenntnis zuzutrauen und dem „Cogito,
ergo sum" das schönere und lebendigere „Amo, ergo sum" an die Seite zu
stellen. Vielleicht gibt es ja wissenschaftlich wertvolle Einsichten über oder
in die Natur, die ohne Gefühl überhaupt nicht möglich sind. Auf jeden Fall
spüren viele Forscher, wenn sie etwas wissen.

Die ganzheitliche Sicht

Die Frage, die in dem dargestellten Zusammenhang aufscheint und die diesen
emotionalen Aspekt eher umgeht, hat damit zu tun, *wie* die Verbindung zwischen Innen und Außen hergestellt wird. Wer hierauf eine Antwort zu geben
versucht, wird auf Schwierigkeiten stoßen. Denn die Antwort wird alle ausschließlich rational argumentierenden Theorien der Erkenntnis kaum berühren und sie als unwissenschaftlich verwerfen. Es geht ja um den Anfang des
Erkennens, um die Stelle, die Rationalität ermöglicht, ohne selbst von dieser
Qualität berührt zu werden oder betroffen zu sein. Es geht um die irrationale
oder imaginative Herkunft der Rationalität.

Pauli selbst spricht vom Vorhandensein „regulierender typischer Anordnungen, denen sowohl das Innen wie das Außen des Menschen unterworfen
ist". Wer sich im Sprachgebrauch der Psychologie auskennt, wird merken,
dass damit die kollektive, archaische Quelle des Denkens gemeint ist, die als
Archetypus bezeichnet wird, wobei die Schwierigkeit des sprachlich-logischen
Umgangs mit diesem schwierigen Konzept darin liegt, dass der Archetypus
sich nicht der rein rationalen Unterscheidung fügt, der wir dank René Descartes seit fast 400 Jahren alles unterwerfen, nämlich der Unterscheidung zwischen Körperwelt und Geisteswelt, die auch als Physis bzw. Psyche oder als *res
extensa* bzw. *res cogitans* bezeichnet wird.

Die oben erwähnten inneren Bilder – Imaginationen – kann man sich als
psychische Manifestationen der Archetypen vorstellen, deren äußeres Auf-

treten in Form der physikalischen Gesetze spürbar wird. Beide zusammen schaffen eine ganzheitliche Verbindung, die im Falle des Fehlens einer Seele vermisst wird, weil die Seele der Ort ist, an dem sich – einer poetischen Einsicht des romantischen Dichters Novalis zufolge – Innen und Außen begegnen. Unzufriedenheit und Unbehagen sind die vorhersagbaren Folgen, wie wir sie heute spüren.

Die Vorstellung von Erkenntnis, die sich auf Archetypen einlässt, hat den Vorteil, eine ganzheitliche Sicht zu liefern – und zwar ausgehend von der Ebene der Archetypen selbst –, die vielleicht zu guter Letzt den oben genannten Schnitt zwischen Körper und Geist reparieren kann, sodass auf diese Weise auch im materialistisch-naturwissenschaftlichen Rahmen erneut die Frage nach dem Sinn gestellt werden kann, die in unseren Tagen voller Ethikdebatten immer schmerzlicher vermisst wird. (Ohne Sinne können wir nicht leben, und ohne Sinn wollen wir nicht leben.)

Der Nachteil dieses Modells liegt in der Schwierigkeit, dass damit der Boden der Rationalität verlassen wird, was hierzulande deshalb ein großes Risiko darstellt, weil zum einen das Rationale vielfach immer noch mit dem Guten gleichgestellt wird (das die rationale Wissenschaft bringen sollte), und weil zum zweiten die Quelle des Denkens unserer Willkür (Macht) entzogen wird.

Alle Philosophie basiert – spätestens seit der Aufklärung – auf dem unerschütterlich scheinenden Glaubenssatz, dass nicht nur alles Denken rational ist, sondern dass dessen Voraussetzungen und dessen Anfänge ebenso rational sind. Gerade Immanuel Kant (1724–1804) entdeckt oder erfindet überall Rationalität, sogar vor aller wirkenden Verstandeskraft. Seit seinen Tagen zieht sich die westliche Wissenschaft in die sterile und seelenlose Kammer des Rationalismus zurück, die leider dadurch nicht erträglicher und lebhafter wird, dass man ihr das Beiwort „kritisch" voranstellt. Die allgemeine Unzufriedenheit mit diesem Zustand drückt sich unter anderem in vielen dunklen und mystisch verklärten Bemühungen um Erkenntnis aus, die oft nur durch ihre Banalität auffallen und den traditionellen Bemühungen der Wissenschaft kaum das Wasser reichen können.

Wissenschaft kommt weder rein rational noch meditativ mystisch voran. Wer verstehen will, was sich in der Welt des Wissens wissenschaftlich ereignet, muss eine sorgfältig balancierte Passage finden, die zwischen der Skylla des trockenen Rationalismus und der Charybdis des schwärmenden Mystizismus hindurchführt. Nur wenn auch irrationale Quellen wie Träume und Visionen akzeptiert werden, denen ein logisch–rationales Vorgehen zu folgen hat, kann die Durchfahrt gelingen. Und die haben wir übrigens längst geschafft. Der Weg, den wir suchen, liegt bereits hinter uns. Die erlebte Geschichte der Wissenschaft – nicht ihre rationale Karikatur – ist dieser Weg. Die großen Forscher und Forscherinnen sind nie einen anderen gegangen.

Das Unbewusste in der Wissenschaft

Die Verbindung der Wissenschaft mit Archetypen – so es sie gibt – erlaubt es, mehrere auffällige Aspekte der Wissenschaftsgeschichte zu verstehen. Gemeint ist zum Beispiel die Tatsache, dass grundlegende Begriffe der Wissenschaft nie aufgegeben wurden, obgleich sie ihre Bedeutung vielfach vollständig verändert haben und im Grunde nicht mehr präzise zu definieren sind. Zu diesen fundamentalen Konzepten gehören Begriffe wie Atom, Feld, Energie, Evolution, Gen, Welle, um nur ein paar Beispiele zu nennen. Wie sehr die alten Begriffe mit neuen Bedeutungen belegt worden sind, zeigt am besten das „Atom", das trotz seines Namen nicht nur längst teilbar geworden, sondern so genau von der Physik analysiert ist, dass von einem teilbaren Ding überhaupt nicht mehr die Rede sein kann. Trotzdem spricht man von Atomen, wie man von Genen spricht, die ebenfalls längst aufgehört haben, dinghafte Strukturen mit festem Ort in Zellen zu sein.

Die hartnäckige Vorliebe der Forscher für diese Begriffe kann man erklären, wenn man jeweils einen archetypischen Hintergrund postuliert, vor dem sich das bewusste Erkennen abspielt. In diesem Zusammenhang hat Wolfgang Pauli den Hinweis gegeben, dass ihm eine wissenschaftliche Methode darin zu bestehen scheint, „eine Sache immer wieder vorzunehmen, über den Gegenstand nachzudenken, sie dann wieder beiseite zu legen, dann wieder neues empirisches Material zu sammeln, und dies, wenn nötig, Jahre fortzusetzen. Auf diese Weise wird das Unbewusste durch das Bewusstsein angekurbelt, und wenn überhaupt, kann nur so etwas dabei herauskommen."

Mit anderen Worten, erst wenn es gelingt, die Teile unseres Inneren, das nicht im Licht des Bewusstseins erkennbar ist, zu aktivieren, kann Erkenntnis gelingen. Das Glück des Findens setzt eine Balance zwischen der Tag- und der Nachtseite des Menschen voraus, so wie es das uralte chinesische Yin-Yang-Symbol erfasst. Die beiden Zeichen bedeuten ursprünglich einen Berg in der Sonne (Südseite) und einen Berg im Schatten (Nordseite). Wichtig ist dabei die Einsicht, dass es nur *ein* „Berg" ist, den man betrachtet, dass es also nur um *einen* „Inhalt" und *eine* „Realität" geht, der bzw. die in Abhängigkeit von den Lichtverhältnissen in unserem Bewusstsein auftritt.

Faszination Wissenschaft

Wichtiger noch als die Frage, wie wissenschaftlich die Wissenschaft ist, scheint ein anderes Problem zu sein, das mit dem Stichwort Faszination angesprochen wird. Wissenschaft mag nicht immer so wissenschaftlich sein, wie es im Buch der Philosophie steht. Doch faszinierend für diejenigen, die sie ausüben, ist sie allemal. Viele Forscher sind besessen von ihrem Gegenstand. Wissenschaft wird von kreativen Köpfen obsessiv betrieben, und wenn dies auch gerne akzeptiert wird, so bleibt es nicht problemlos. „Die Besessenheit durch archetypische Inhalte ist eine der Hauptgefahren der modernen Naturwissenschaft", wie es Hans Primas von der ETH Zürich in einem Vortrag einmal formuliert hat, „denn *Faszination ist intellektuell unangreifbar.*"

Diese schlichte Tatsache wirkt sich nun in der westlichen Gesellschaft besonders deutlich aus, da wir „kein Ritual für den Umgang mit Fascinosa entwickelt" haben, wie Primas bemerkt. Heute steht uns zum Beispiel kein Rückgriff auf Gott mehr offen, wie es in früheren Zeiten noch möglich war.

Eine Folge davon ist, dass viele Forscher aufgeblasen umherlaufen und verkünden, die Rätsel der Welt gelöst zu haben. Und eine zweite Folge drückt sich in der Gesellschaft aus, in der viel zu schnellen Akzeptanz neuer und noch unerprobter Ideen. Zum Beispiel redet von einem bestimmten Zeitpunkt an plötzlich jeder vom „Chaos" und meint, die Gesetze der Natur damit verstanden zu haben. Und alle Menschen scheinen heute zu wissen, dass es die individuelle und kollektive Besessenheit gibt, vor allem wenn sie in einer Gesellschaft leben, die sich nur zu gerne informiert und aufgeklärt gibt. In ihrer rationalen Beschränkung übersieht diese Gesellschaft möglicherweise das Wichtigste, das in ihr wirkt, das also – wörtlich – das Wirkliche ist und ihre Wirklichkeit ausmacht. Darin liegt eine Gefahr, vor allem im Zeitalter der Wissenschaft, vor allem dann, wenn dieses Abenteuer ausschließlich rational gesehen und vorangetrieben wird.

4

Verständnis für die Welt als Ganzes
Frühe Erklärungen des Himmels
von der Erde aus

Zwei Dinge erfüllen das Gemüt mit immer neuer und zunehmender Bewunderung und Ehrfurcht, je öfter und anhaltender sich das Nachdenken damit beschäftigt: *der bestirnte Himmel über mir und das moralische Gesetz in mir.*

Mit diesen schwärmerischen Worten aus der *Kritik der praktischen Vernunft* drückt Immanuel Kant aus Königsberg, der sonst eher rational wirkende und preußisch geprägte Philosoph der Aufklärung im 18. Jahrhundert ein großes Bedürfnis aus – nämlich das Bedürfnis, den Himmel mit seinen Sternen zu verstehen, und das wissenschaftliche Treiben von Menschen beginnt in der Antike mit dem Blick nach oben. Zwar kann es dabei passieren, dass die Beobachter dabei „einem bloßen Punkt im Weltall" schrumpfen, wie es bei Kant im Anschluss an die zitierten Sätze heißt, aber das hat niemanden mit einem Forscherherz daran gehindert, über die sich den Augen darbietende Sternenpracht zu staunen.

Wie vieles in der Geschichte des Denkens fängt auch das Verstehen himmlischer Gefilde bei dem griechischen Philosophen Aristoteles (ca. 384–322 v. Chr.) an, auf dessen Vorgänger aber wenigstens hingewiesen werden soll, deren Himmelskunde sich zum Beispiel in uralten Hügelgräbern niedergeschlagen hat. In ihnen zeigen verlängerte Erdwälle eine Richtung, die sich moderner Einschätzung zufolge an Punkten orientiert, an denen helle Sterne auf- und untergehen, wie man sieht und sagt. Es gibt zudem kreisförmige Monumente wie die im britischen Stonehenge, mit deren Hilfe Menschen im 2. Jahrtausend vor Christus die Umkehrpositionen der Sonne – die Sommer- und Wintersonnenwende – markierten, die dann vermutlich den Lebensrhythmus der Erbauer prägten. Und die Ägypter haben den aus zwölf Konfigurationen bestehenden Tierkreis eingeführt, und zwar nachdem Alexander der Große das Land der Pyramiden erobert hatte. Das heißt, die Ägypter übernahmen von den Griechen, was bis heute viele Menschen interessiert und fasziniert, nämlich die Sternbilder am Himmel – wobei es genauer heißen müsste: die Sternbilder an dem Teil des Himmels, der von der Nordhalbkugel der Erde aus sichtbar wird, die wir bewohnen.

Wer in unseren Tagen lieber Sternbilder deutet und sich weniger um Sternphysik kümmert, betreibt das, was man damals wie heute Astrologie nennt. Bei diesem Bemühen geht es mehr um den Sinn (Logos) der Sterne – um das, was sie uns sagen – und weniger um die Gesetze (Nomos), die ihre Entstehung und Bewegung bedingen. Es ist verständlich, dass die Astrologie mit ihren einfachen Bildchen sehr beliebt ist und es auch bleiben wird, und es gilt ernst zu nehmen, dass sie uns Menschen schon seit Jahrtausenden beschäftigt und nach wie vor ihre Anhänger hat und sie zufrieden stellt. Es gilt aber ebenso deutlich zu betonen, dass viele der Ansprüche, die aktuell tätige Astrologen erheben – Zukunftsvorhersagen etwa – unsinnig sind, und man war spätestens bereits zu Goethes Zeiten gelangweilt vom ewig gleichen und meist unverbindlichen Gemurmel der astrologischen Zunft. Vermutlich teilen uns die Sterne auf direktem Wege gar nichts mit, selbst wenn uns werbeaufwändige Horoskope das Gegenteil vorgaukeln. (Die Sterne kennen uns wahrscheinlich gar nicht, und wir sind ihnen vollkommen schnuppe.) Wenn überhaupt, dann sagen uns die Sterne indirekt etwas über die dramatische Dynamik einer weiten Welt, die an mindestens einem winzigen Punkt menschliches Leben ermöglicht und hervorgebracht hat, das auf diese Weise mit dem Kosmos zusammenhängt. Seine Geschöpfe gehören zu ihm und blicken zu ihm auf, um zu erfahren, woher sie denn da gekommen sind.

Wenn es zutrifft, dass die Zeit, die der Mensch gebraucht hat, um die Erkenntnisstrukturen und Denkfähigkeiten seines Gehirns zu entwickeln, sich sehr viel länger hingezogen hat als die wenigen Jahrtausende, in denen er mit den ihm zur Verfügung gestellten Denkwerkzeugen Himmelskunde betreibt und Sterne beobachtet, dann ist anzunehmen, dass die heute lebenden Exemplare unserer Art Zugang zu den astronomischen Grundmustern unserer Vorgänger haben. Unser Erkenntnisapparat hat sich im Grunde nicht wesentlich verändert. Er wird nur mit neuen Daten und Bildern gefüttert, und er kann natürlich lesend oder studierend erfahren, was vorher über den Kosmos und seine Körper gedacht oder vermutet worden ist.

Es kann deshalb auf keinen Fall überraschen, dass die ältesten Modelle des Himmels und die jüngsten Theorien des Universums vergleichbare Strukturen – Tiefenstrukturen – haben, die dann als etwas betrachtet werden können, das zum Menschen gehört.

Der antike Himmel mit christlicher Aufladung

Wer heute zu einem wolkenlosen Himmel aufblickt, sieht dort tagsüber neben der gelblichen Sonne die Farbe Blau und nachts ein Sternengefunkel vor einem schwarzen Hintergrund, wobei sich sowohl tagsüber als auch nachts der Mond in das Bild schiebt und uns sein oftmals fahles Licht zeigen kann.

Der Blick in den Kosmos ist von Beginn der abendländischen Geschichte an in wissenschaftlicher Absicht unternommen worden, aber die Menschen im antiken Griechenland haben in der Fülle des am Himmel Sichtbaren immer auch Ausschau nach Schönheit und Vernunft gehalten und dort oben nach einem Maßstab für ihr eigenes Leben gesucht. So gesehen könnte man von einer frühen griechischen „Kosmologie" sprechen und damit das Wort benutzen, das in der modernen Gelehrtensprache die wissenschaftliche Erkundung des Himmels beschreibt, wobei es offenbar niemanden stört, dass durch den Gleichklang am Ende eine Nähe zu der ansonsten verpönten Astrologie entsteht. Das Wort Kosmologie jedoch hätten die Griechen in Bezug auf ihre Tätigkeit trotz der Wortherkunft nicht verstanden. Was sie interessierte und beschäftigte, war vielmehr das, was man etwas spröde Kosmographie (in analoger Wortbildung zum Begriff Geographie) oder mutiger noch Kosmogonie nennen könnte, wobei mit letzterem Begriff das Entstehen des Kosmos gemeint ist. Die Griechen wollten ja nicht nur wissen, woraus der Kosmos *be*steht. Sie wollten immer auch wissen, wie er *ent*standen ist, wie er das Aussehen bekommen hat, mit dem er sich uns darbietet.

Bekanntlich fangen die Menschen in solch einem Fall erst einmal damit an, Schöpfungsgeschichten zu erzählen. Das heißt, alles Begreifen des Kosmos – alle Kosmologie – beginnt mythisch, wobei anzunehmen ist, dass diese Phase der menschlichen Geistesgeschichte bereits hinter uns liegt. Sie ist spätestens durch Aristoteles überwunden worden, dessen naturphilosophische Schriften über die Jahrtausende hinweg einflussreich geblieben sind, auch wenn sie in physikalischer Hinsicht manche grotesken Fehler enthalten und mitunter auch völlig unverständliche Dinge konstatieren. Wie konnte Aristoteles zum Beispiel zu der Ansicht kommen, dass eine Bewegung aufhört, wenn die Kraft nicht mehr wirkt, durch die sie zustande kommt? Schließlich fliegt jeder Stein, der geworfen wird, weiter, nachdem er die Hand, die ihn schleudert, verlassen hat.

Aristoteles stammt aus Stageira auf der Halbinsel Chalkidike. Er ging für seine Ausbildung nach Athen und trat hier der von Platon gegründeten Akademie bei. So sehr die heutigen Historiker Aristoteles loben für seine empirischen Beiträge etwa in der Biologie (für die er zunächst erst Baupläne von zahlreichen Tieren studiert und anschließend versucht hat, alle vergleichbaren Formen in einer Stufenleiter anzuordnen), so wenig lassen sich seine kosmischen Überlegungen durch spezielle Erfahrungstatsachen begründen. Aristoteles weiß sehr wohl, dass es am Himmel zu unterscheiden gilt zwischen Sternen und Planeten, wobei das dem griechischen Original nachgebildete Wort „Planet" auf Deutsch „Wanderer" heißt und damit ausdrückt, worin der Unterschied besteht. Die Planeten ziehen zügig am Himmel umher, während die Sterne dort relativ feste Positionen einnehmen – also so etwas wie

Fixsterne sind, wie man auch sagen kann. Wer sich damals über den Kosmos Gedanken machte, konnte also die Sterne zunächst lassen, wo sie waren. Er musste zuerst und vor allem die Bewegungen der Planeten verständlich machen und sie in ein System bringen, was Aristoteles – unter anderem – in seiner Schrift *Über den Himmel* versucht.

Er geht dabei – was soll er auch sonst tun? – von der Erde selbst aus, von der man in seinen Tagen bereits wusste, dass sie die Gestalt einer Kugel hat. Das heißt, die Griechen wussten, dass die Erde keine flache Schale oder Scheibe ist, die auf einer Art Urozean treibt (und die Menschen haben dieses Wissen nicht vergessen; sie haben es auch noch im Mittelalter gehabt, selbst wenn es bis heute Schulbücher gibt, die uns das Gegenteil einreden wollen). Allerdings: Wie es oft passieren kann, bringt eine Erkenntnis nicht nur Antworten, sondern vor allem neue Fragen mit sich. Eine von ihnen ist in diesem Fall ziemlich diffizil, denn wer die Erde als Kugel präsentiert, schafft damit das Problem, auf ihr den genauen Ort anzugeben, an dem sich die Menschen aufhalten. Noch ist nichts von einer Schwerkraft bekannt, die uns auch dann festhält, wenn wir uns von Europa aus gesehen auf der anderen Seite der Erdkugel befinden, also dort, wo heute Neuseeland ist, und somit quasi auf dem Kopf stehen. Dann müssten wir doch eigentlich – jedenfalls ohne gravitätische Hilfe – von der Erde herunter- und ins Universum hinein- oder hinausfallen.

In seiner Schrift dehnt Aristoteles die Kugelgestalt der Erde aus, um eine Himmelskugel zu entwerfen, die uns umgibt und die als Sternendach sichtbar wird. Aristoteles füllt zudem das Universum mit Kugeln oder Kreisen aus und auf, deren geometrische Form er selbst und seine Zeitgenossen als vollkommen und somit als angemessen betrachten. Und wenn heute von Himmelssphären die Rede ist, dann klingt in diesem Wort die antike Kugelkonstruktion immer noch durch. Dies gilt zum Beispiel auch für das Englische, wo eine Kugel durch das Wort „sphere" bezeichnet wird. Die „Sphären" oder die Idee von kugelförmigen Strukturen des Universums halten sich bis in die Neuzeit hinein, und noch Nikolaus Kopernikus wird 1453 die moderne Erneuerung der Astronomie ankündigen in seinem Buch *De Revolutionibus*, das von der „Umwälzung der Sphären" spricht.

Für uns heute im 21. Jahrhundert gilt es allerdings, eine Besonderheit zu beachten. Wer heute von den Bewegungen und Umläufen am Himmel spricht, meint die Bahnen der Himmelskörper. Aristoteles und Kopernikus dachten anders. Vor dem 17. Jahrhundert redete niemand von der Bewegung der Himmelskörper. Bis um 1600 sind es nicht die (sichtbaren) Planeten, die sich bewegen, sondern die (unsichtbaren) Sphären, und die Fokussierung auf diese geometrischen Gebilde bringt einen riesengroßen Vorteil mit sich, nämlich den, dass nun niemand nach einer Erklärung für deren rotierende

Bewegungen fragt. Wenn ein physikalisches Objekt seinen Ort wechselt, muss man einen Grund (eine Ursache) dafür finden. Wenn sich (himmlische) Sphären drehen, kann man das den Göttern überlassen. Man ist aus dem Schneider und kann sich weitere Konstruktionen ausdenken, die erklärungsfrei das Universum bevölkern – sie müssen nur geometrisch vollendet sein und sowohl den Menschen als auch den Göttern gefallen.

Es sei an dieser Stelle ein Hinweis gestattet, der weniger mit der Himmelskunde und mehr mit unserem wissenschaftlichen Verstehen allgemein zu tun hat. Der Philosoph Karl Popper hat einmal darauf hingewiesen, dass wir immer dann zufrieden sind, wenn wir etwas, das wir mit den Sinnen unmittelbar erfahren – das Fallen eines Gegenstandes, die Temperatur einer Flüssigkeit –, durch etwas erklären können, das wir nicht sehen – das Schwerefeld der Erde bzw. die Geschwindigkeit von Molekülen. Indem Aristoteles die der Beobachtung zugänglichen Planetenbahnen auf eine der menschlichen Phantasie entsprungene Sphärenrotation zurückführt, praktiziert er – sicher unbewusst – das Grundverfahren des wissenschaftlichen Verstehens, was uns vielleicht besser begreifen lässt, warum er ein so berühmter Philosoph werden konnte. Er dachte als erster, was alle denken und worüber alle nachdenken können.

Die sublunare Sphäre und darüber hinaus

Als Aristoteles das Weltall mit Sphären füllte, nahm er zugleich eine maßgebliche Trennung des Kosmos vor, und zwar mit Hilfe des Mondes, der natürlich eine eigene Kugelschale bekam und mit dieser kreisförmig rotieren konnte. Aristoteles unterschied nun mit Hilfe des Erdtrabanten zwischen der (irdischen) Welt unterhalb der Mondbahn – das ist die sublunare Sphäre – und der (himmlischen) Welt oberhalb der Mondbahn – das ist die supralunare Sphäre – und er machte es damit unmöglich, das Wort „Universum" für den Kosmos zu benutzen, wie wir es bis heute tun. Die Welt des Aristoteles war mehr ein „Duoversum" mit zwei Weltbereichen, zwischen denen eine gewaltige Differenz bestand, oder zwischen denen Aristoteles eine solch gewaltige Differenz angelegt hatte.

Dazu einige Details: Während in der sublunaren und von uns Menschen bewohnten Welt die bekannten vier Elemente zu finden sind, mit denen das griechische Philosophieren den Aufbau und die Zusammensetzung der gewöhnlichen Dinge erklären wollte – also das berühmte Quartett aus Feuer, Erde, Wasser und Luft –, setzt sich der Himmel über unserem Trabanten aus einfachen und unvermischten Körpern zusammen. Diese Gebilde der höheren Sphäre bestehen definitiv nicht aus den vier genannten Elementen, sondern aus einem besonderen fünften Stoff, der sogar als unvergänglich angesehen wird und deshalb als wesentlich (essentiell) gilt. Aristoteles gibt dieser Substanz einen Namen, der als „quinta essentia" ins Lateinische übersetzt wurde – eine Bezeichnung, die in unserem Sprachschatz als Quintessenz überlebt hat.

Ebenso überdauert hat das zweite Wort, das Aristoteles für das geheimnisvolle und für uns irdische Menschen unerreichbare fünfte Element am Himmel eingeführt hat. Es heißt Äther und wird uns bis zu Albert Einstein (1879–1955) beschäftigen. Dabei interessiert uns nicht der Äther, der flüchtige Stoff aus den Laboratorien der Chemiker, der sich im medizinischen Bereich (als Betäubungsmittel) und im kosmetischen Sektor (mit ätherischen Ölen) als segensreich und nützlich erweist. Hier interessiert also nicht der Äther aus den Fläschchen, sondern der Äther als Füllmaterial des Universums, mit dem man bis in unsere Tage hinein gerungen hat, um den Kosmos so zu modellieren, dass er sich in die Theorien von Einstein und seinen Nachfolgern fügen ließ.

Aristoteles hat mit seiner Quintessenz tatsächlich etwas in die Welt, sprich an den Himmel, gesetzt, das zum Wesen sowohl des Menschen als auch des Kosmos gehört, und es gilt zu verstehen, was die Qualität des Äthers ausmacht, die ihm diese Möglichkeit einräumt. Unmittelbar klar ist, dass das fünfte Element keine Basis in der beobachtbaren Außenwelt hat und folglich aus der Innenwelt der Menschen stammen muss, weshalb dieses Konstrukt nicht zuletzt solch einen Anklang gefunden hat. Vielleicht handelt es sich bei dem Äther um etwas, das Psychologen als archetypisches Konzept bezeichnen, womit sie Urformen des Denkens meinen, die allen Menschen zugehören und sich in unserem kollektiven Unbewussten befinden. Einsichten gelingen, wenn Menschen – entweder durch eigenes Bemühen oder durch die Anleitung anderer – an diese Muster herankommen und einen Weg finden, sie ihrem Bewusstsein zugänglich zu machen.

Wie immer steckt bei großen Gedanken der Teufel im Detail. Und eines davon steckt in der genauen Anzahl der Sphären, die benötigt wird, um die Welt als Ganzes modellieren zu können. Aristoteles erkennt, dass sich die Astronomen, wenn sie „all die Sphären zusammengenommen" erklären wollen, auf ziemlich komplizierte Konstruktionen einlassen und zum Beispiel zurückrollende von tragenden und anderen Sphären unterscheiden müssten, da bisweilen auch Rückwärtsbewegungen der Planeten beobachtet werden. Er konstatiert, dass Zeitgenossen mit Mengen von etwa 30 Sphären derlei Versuche angestrengt haben. In einigen Modellen wurden Planeten wie Saturn, Jupiter, Mars, Venus und Merkur sogar unterschiedliche Sphärenzahlen zugewiesen, um alle ungewöhnlichen Beobachtungen unter Dach und Fach zu bringen. Und Aristoteles setzt dieses mühsame Spiel ein wenig lustlos fort, um zuletzt mit 55 Sphären zu hantieren, ohne dass man den Eindruck gewinnt, dass er solche Versuche wirklich ernst meint. Er übergeht vieles und erfreut sich an der grundsätzlichen Aussicht, mit Hilfe von beständigen Kreisbewegungen die universalen Abläufe im Kosmos verstehen zu können. Der Begriff „Kosmos" war inzwischen gebräuchlich, weil die sphärischen Kreisbahnen die Vorstellung einer himmlischen Harmonie beförderten, was die Griechen mit dem Wort für Schmuck – eben Kosmos – anerkannten.

Nach Aristoteles ist Aristarch (ca. 320 – ca. 250 v. Chr.) zu erwähnen, von dem eine Schrift mit dem Titel *Über die Größen und Abstände von Sonne und Mond* überliefert ist, in deren Verlauf der Autor verschiedene Methoden und Rechenverfahren entwickelt und vorstellt, um Entfernungen am Himmel sowie Durchmesser der dort zu findenden Körper zu bestimmen.

Was dabei eher harmlos klingt, stellt tatsächlich eine heroische Anstrengung dar, deren erfolgreicher Abschluss höchste Bewunderung und Aufmerksamkeit verdient. Die quantitative Ermittlung der „Größen und Abstände" am Himmel, die dem rein philosophischen Denken lapidar erscheinen mag, kann den Menschen durchaus schaudern lassen, sollte ihn aber gleichwohl zum Staunen bringen. Schließlich geht es nicht um die Entfernung zwischen Städten oder Dörfern, sondern um die Distanzen zwischen der Erde und der Sonne, die selbst heute noch alle unsere irdischen Maße sprengt – und dabei nehmen die Quantitäten eine neue Qualität an, die staunenswert sind, auch wenn dies vielfach unbemerkt bleibt.

Aristarch hatte anfänglich sicher keine Vorstellung davon, auf welche Dimensionen er am Himmel treffen würde, und vermutlich hätte ihn der Mut verlassen, hätte er auch nur geahnt, auf welches Abenteuer er sich da einließ. Doch muss ihn die Aussicht verlockt haben, das bloße qualitative Spekulieren über das Universum mit präzisen Angaben erfüllen und bereichern zu können. Aristarch stellt ein wunderbares Beispiel dafür dar, wie die Wissenschaft mit ihren Ergebnissen schließlich faszinierende Einsichten ermöglicht, wenn sie nur die geeignete Frage findet, um deren Klärung sie sich dann hartnäckig bemüht. Die geeignete und bis heute spannende Frage lautet, wie groß die Sonne ist, die doch – aller griechischen Rationalität zum Trotz – nach wie vor das lebenserhaltende und wärmespendende Gestirn am irdischen Himmel ist. Da lohnt es sich wahrlich zu wissen: Ist die Sonne größer als die Erde? Oder stimmt der Augenschein, der uns weismachen will, die Sonne sei kleiner? Und was ist mit dem Mond? Wir groß ist dieses kleine Himmelslicht? Und wie weit sind Lebewesen auf der Erde von diesem unserem nächsten Landeplatz im All entfernt?

Die vier Schritte zur Größe der Sonne

Wer diese Fragen heute stellt oder gestellt bekommt, schaut einfach nach in einem Lexikon (oder im Internet etwa bei Google) oder fragt einen Lehrer oder anderen Experten (Tab. 4.1). Für Aristarch bestanden diese

Tabelle 4.1 Die heute bekannten Größenordnungen

Himmelskörper	Durchmesser	Faktor
Mond	3476 km	1
Erde	12.756 km	Knapp 4
Sonne	1,4 Mio. km	Rund 400

Möglichkeiten nicht. Er musste sie selbst ergründen, und man kann die Phantasie und den langen Atem nur bewundern, mit denen er sich ans Werk machte.

Aristarch ging Schritt für Schritt vor. Zunächst versuchte er etwas über die Größe des Mondes herauszufinden, und die Mondfinsternis bot hierfür eine gute Gelegenheit. Beobachtet man eine Mondfinsternis genau, kann man zwei Zeiten unterscheiden (wobei wir jetzt einmal annehmen, dass Aristarch technisch und instrumentell in der Lage war, Zeiten messen und vergleichen zu können). Da ist zum einen die Spanne, die der Mond braucht, um in den Erdschatten einzutreten, und da ist zum anderen die Dauer, die der Mond danach im Erdschatten verbleibt. Die erste Zeit stellt ein Maß für den Durchmesser unseres Trabanten dar, und die zweite liefert ein Maß für den Durchmesser der Erde selbst. Da Aristarch die Größe der Erde bekannt war, konnte er aus dem Vergleich der beiden bestimmbaren Zeiten das Verhältnis der Größen von Erde und Mond berechnen – und damit die Ausmaße des Mondes kennen. Der Mond war, wie dem Augenschein nach zu vermuten war, deutlich kleiner als die Erde.

Mit diesem Schritt konnte die quantitative Erkundung des Kosmos beginnen, und sie sollte bald ein Ergebnis hervorbringen, mit dem viele luftige Spekulationen der philosophischen Art überfordert werden.

Kaum hatte Aristarch die Größenordnung des Mondes bestimmt, suchte er nach einem Weg, die Entfernung zu dem Planeten zu ermitteln, der die sublunare Sphäre definierte und begrenzte. Was dabei überraschen muss: Dieser Weg begann mehr oder weniger unmittelbar vor seinen Augen. Er musste nur seine Hand ausstrecken, und zwar soweit, bis die Spitze eines Fingers den Mond vollständig verdeckte, wenn man mit nur einem Auge auf ihn blickte. Zieht man jetzt vom offenen Auge (als Ausgangspunkt, geometrisch verstanden) eine Linie zur Fingerspitze und eine Linie zum Mond, so ergeben sich zwei Dreiecke, die zeigen, dass sich der gerade ermittelte Durchmesser des anvisierten Himmelsköpers so zu der gesuchten Entfernung verhält, wie dies der Durchmesser der Fingerspitze zur Länge des ausgestreckten Armes tut, die uns beide bekannt sind. Mit anderen Worten, nach der geschilderten Messung lässt sich einfach ausrechnen, wie weit der Mond entfernt ist, und diese Erkenntnis gehört von da an zum menschlichen Wissen.

Mit dem Mond fest im quantitativen Griff riskierte Aristarch den Sprung in die supralunare Sphäre hinein, und zwar bis zur Sonne hin, wobei er die Phase des Halbmondes als Sprungbrett nutzte. Er stellte sich (ziemlich zutreffend) vor, dass sich diese Konstellation mit einem halb beleuchteten Mond durch ein rechtwinkliges Dreieck darstellen ließ, das er sich zwischen den Mittelpunkten von Sonne, Mond und Erde dachte, wobei der rechte Winkel am Mond anzusiedeln war. In diesem gedanklichen Gerüst galt es, den Winkel zu bestimmen, unter dem die Sonne zu beobachten war, denn mit dieser Information – und den Grundkenntnissen der Euklidischen Geometrie – ließ sich bei bekanntem Abstand Erde-Mond die Entfernung zur Sonne berechnen.

Damit lag der Weg frei, um das eigentliche Ziel anzuvisieren, nämlich die Größe der Sonne abzuschätzen. Wie zuvor beim Mond, so wird auch hierfür eine besondere Konstellation am Himmel benötigt, in diesem Falle eine Sonnenfinsternis. Für den irdischen Beobachter solch einer Himmelserscheinung spielt der Mond die Rolle, die die Fingerspitze zur Ermittlung der Größe unseres Trabanten übernommen hat. So wie zuvor die Fingerspitze den Mond verdeckte, so verdeckt jetzt der Mond die Sonne. Und so lassen sich zwei Linien von der Stelle der Finsternis ziehen, die das kleine und große Licht am Himmel (den Mond und die Sonne) umfassen, und dabei entstehen erneut zwei Dreiecke, in dem drei der vier Bestimmungsstücke bekannt sind – die Entfernungen zu Sonne und Mond und dessen Größe. So war es abermals möglich, mit Hilfe geometrischer Konstruktionen und Kenntnissen, die vierte Zahl zu berechnen – den Durchmesser der Sonne. Und damit hatte Aristarch sein angestrebtes Ergebnis erreicht.

Der Ort der Sonne

Das Resultat seiner Bemühungen ließ Aristarch erkennen, dass die Sonne viel größer als die Erde war. Und aus dieser Erfahrungstatsache zog er einen sensationellen Schluss, der in einer Schrift namens *Sandmesser* zu finden ist, die Archimedes (287–212 v. Chr.) verfasst hat, also der Mann, der nackend durch die Straßen gelaufen war, weil ihm durch einen Geistesblitz beim Einstieg in die Badewanne plötzlich kam, wie er den Goldgehalt der Krone des Herrschers ermitteln kann, ohne sie zu beschädigen – durch ihren Auftrieb nach dem Eintauchen in Wasser. Die Vermessung des Universums, die Aristarch vorgenommen hat, brachte Archimedes zu der Hypothese, „dass die Erde sich um die Sonne auf der Umfangslinie eines Kreises bewegt, wobei sich die Sonne in der Mitte dieser Umlaufbahn befindet."

Mit anderen Worten, Aristarch schlug fast 2000 Jahre vor Kopernikus die Idee einer heliozentrischen Welt vor. Er ließ die Sonne in der Mitte der Welt

„stehen" und formulierte diesen kühnen Gedanken trotz der für die Augen unübersehbaren Tatsache, dass die Sonne nach wie vor „geht" – nämlich morgens auf und abends unter. Offenbar schien ihm ein Planetensystem mit einer riesigen Sonne und einer winzigen Erde leichter zu betreiben, wenn man den großen Klotz ruhen und dafür das kleine Ding rotieren lässt. Wer ein Klavier und einen Schemel zusammen bringen will, wird das Klavier „stehen" lassen, wo es ist, und den Schemel „bewegen".

Unabhängig davon traf der heliozentrische Vorschlag des Aristarch auf wenig Zustimmung. Er schien von Anfang bis Ende nicht zu stimmen. Am Anfang widersprach ihm der Augenschein, denn der zeigte eine Sonne, die am Himmelszelt wanderte. Und am Ende scheiterte er an der Konsequenz, dass eine sich drehende Erde dazu führen müsse, zu verschiedenen Zeiten die Sterne unterschiedlich angeordnet zu sehen. Wer etwa durch einen Wald geht, der kann beobachten, wie sich weiter entfernte Bäume gegenüber denen in der näheren Umgebung scheinbar verschieben (ohne dass sie dabei ihren Ort tatsächlich ändern). Von einer kreisenden Erde aus müssten solche Umordnungen für Fixsterne ebenfalls festzustellen sein. Und als dies trotz emsiger Beobachtung nicht bestätigt werden konnte, musste Aristarch – sicher schweren Herzens – einsehen, dass seine Hypothese einer heliozentrischen Welt gescheitert war. Es sollte dauern, bis sich ein anderer erneut mit dieser Wahrheit vorwagte.

Die Neuzeit beginnt

Gemeint ist natürlich Nikolaus Kopernikus (1473–1543), dessen revolutionäres Werk über die Umwälzungen der Himmelssphären mit einem neuen heliozentrischen Standpunkt 1543 erscheint. In den Jahrhunderten zwischen Aristarch und Kopernikus gab es viele wunderbare Fortschritte und Erkenntnisse, was die Vermessung der Bewegungen am Himmel betrifft, die seit den Tagen der Renaissance und bis in die jüngste Zeit hinein als „Ptolemäisches Weltbild" zusammengefasst werden.

Der Ausdruck geht zurück auf Claudius Ptolemäus (um 100–160 n. Chr.), der im ägyptischen Alexandria gewirkt und dabei ein umfangreiches Werk geschaffen hat, das der Nachwelt mehr als ein Jahrtausend als Darstellung der kosmischen Relationen diente. In seinen Schriften fasst Ptolemäus das Wissen seiner Zeit zusammen, was ihm besonders erfolgreich (und folgenreich) gelingt in seiner Abhandlung zur Astronomie, die als *Almagest* bekannt geworden ist. Doch Ptolemäus hat darin mehr als nur kombiniert und kompiliert, was Vorläufer oder Zeitgenossen beobachtet und berechnet hatten. Er konnte eine Menge eigener Daten zum wissenschaftlichen Korpus seiner

Tage hinzufügen, und er entwickelte sogar ein erstes Bewegungsmodell, das sowohl den bekannten Positionen der Planeten Rechnung tragen als auch die akzeptierten physikalischen Theorien übernehmen konnte. Es ist daher nicht verfehlt, den *Almagest* des Ptolemäus als erstes Beispiel für das zu nennen, was die Wissenschaft der modernen Jahrhunderte als Handbuch kennt und anstrebt. Es ist ein Text, in dem verlässlich Fakten und Theorien nachzulesen und nachzuschlagen sind und sich ein dynamisches Verständnis der ins Auge gefassten Phänomene gewinnen lässt.

In seinem *Almagest* begründet Ptolemäus, warum er sich an der Physik des Aristoteles hält, die man mit guten Gründen als die Physik des gesunden Menschenverstandes bezeichnen kann. Sieht man denn nicht, dass schwere Körper schneller fallen als leichte? Und kommen die Bewegungen der Dinge nicht dadurch zustande, dass sie ihrem natürlichen Ort zustreben – ein Stein fällt nach unten, während Dampf aufsteigt?

Ein Vorteil der aristotelischen Physik besteht darin, dass sie die kosmischen Sphären oberhalb der Mondbahn davon befreit, sich an die Naturgesetze zu halten, die in der vergänglichen unteren Welt gelten, in der wir uns (auf der Erde) befinden. So ist Ptolemäus allein damit beschäftigt, in der himmlischen Welt Geometrie betreiben und der Frage nachgehen zu können, wie die vielen sonderbaren Beobachtungen der Astronomen mit den von Aristoteles geforderten Kreisbahnen in Einklang zu bringen sind. Ptolemäus greift zu diesem Zweck auf die Idee der exzentrischen Kreise zurück und wendet sein Hauptaugenmerk auf die Konstruktion sogenannter Epizyklen, wie es vor ihm schon geschehen ist. Ptolemäus versucht in seinem Werk, zum einen die Mondbahnen und zum anderen die Bewegungen der damals fünf bekannten Planeten – Saturn, Jupiter, Mars, Venus und Merkur – zu erfassen und verständlich zu machen. Er muss einige eigens ersonnene Tricks einsetzen, um die von der Erde aus mit jeder Beobachtung ungleichförmiger erscheinenden Bewegungen des Mondes und der Planeten als raffiniertes Resultat von sich überlagernden oder zusammengehörenden gleichförmigen Kreisbahnen darstellen zu können, was hier aber nicht weiter ausgeführt werden soll, vor allem, weil selbst der legendäre Nikolaus Kopernikus im 15. Jahrhundert Schwierigkeiten mit der Darstellung hatte. Dabei war es gerade das ptolemäische Chaos, das ihn schließlich dazu brachte, einmal ganz anders vorzugehen, um Ordnung in und an den Himmel zu bringen. Doch so ganz anders vorgegangen ist Kopernikus denn doch nicht. Immerhin zeigt sich das versessene (oder gar besessene) Festhalten an Kreisbahnen, in dem auch Ptolemäus niemals nur ein kleines bisschen wankt, und sind die Schwierigkeiten noch so groß, auch bei Kopernikus (und wartet auf eine gründliche psychologische Erklärung).

Mit und dank Kopernikus passiert etwas Besonderes, das die Nachwelt als die Kopernikanische Revolution bezeichnet und das zu den wichtigsten

Ereignissen der Geistesgeschichte zählt. Sein Name steht wie kein anderer für die dramatische Umwälzung im Verständnis des Himmels und seiner Körper, und doch verbindet (fast) jeder etwas anderes mit den Leistungen des Mannes, der aus Thorn stammt, das 1466 an Polen abgetreten worden war. Kopernikus hatte während eines Italienaufenthalts gegen Ende des 15. Jahrhunderts die erste gedruckte Ausgabe des *Almagest* studieren können. Und so reagierte er verwundert, als eine für das Jahr 1503 erwartete (berechnete) Konjunktion von Planeten sehr viel später zustande kam, als die Astronomen vorhergesagt hatten. Er kam zu dem Schluss, dass vielleicht doch etwas mit der seit mehr als einem Jahrtausend akzeptierten Beschreibung der Himmelsbewegungen nicht stimmen konnte – wie auch Martin Luther bemerkte, als er in seinen damaligen *Tischreden* die „Unordnung" am Firmament beklagte.

Die heliozentrische Idee

Kopernikus will diese Unstimmigkeiten beseitigen, ohne sich zu übereilen, und die kosmischen Gedanken reifen in aller Stille mehr als ein Jahrzehnt in ihm heran. 1514 riskiert Kopernikus, einen kleinen Kommentar – einen „Commentariolus" – zu verfassen, in dem es unter anderem kurz und bündig heißt:

> Alle Sphären drehen sich um die Sonne, die im Mittelpunkt steht. Die Sonne ist daher das Zentrum des Universums.

In diesen Sätzen zeigen sich neue und alte Gedanken, die es beide zu beachten gilt. Das Alte steckt in den Sphären, die Kopernikus nach wie vor als die bewegten Elemente des Himmels betrachtet. Das Neue zeigt sich in der Position der Sonne, auch wenn diese– wie erwähnt – schon einmal vorgeschlagen worden war. Der Hauptgrund, der Kopernikus veranlasst, das geozentrische System des verehrten Ptolemäus durch ein heliozentrisches Modell zu ersetzen, besteht ganz sicher in dem geschilderten Versagen der überlieferten Astronomie. Daneben muss es aber noch andere Beweggründe gegeben haben, von denen einige vermutlich ästhetischer Natur sind. Es ist einfach schöner, die strahlende Sonne ins Zentrum der Welt zu stellen, und zudem bestand mit diesem Schritt die Hoffnung, „eine vernünftigere Art von Kreisen zu finden", wie Kopernikus in seinem kleinen Kommentar schrieb, um damit anzudeuten, dass ihm die vielfach verschachtelten und höchst künstlich wirkenden Zirkelkonstruktionen des Ptolemäus mit all ihren ausgleichenden Kreisen (Epizyklen) ein Graus waren, den es abzuschaffen galt. Es musste einfacher und eleganter möglich sein, den Lauf der Planeten darzustellen, und so schlug

Kopernikus eine neue Ordnung am Himmel mit der Sonne in der Mitte vor, was wir bis in unsere Tage als heliozentrische Revolution feiern.

Irrtümer

An dieser Stelle ist es unumgänglich, auf drei Grundirrtümer hinzuweisen, die mit dieser Wende verbunden sind, und die höchst ärgerlicherweise auch beim besten Willen nicht aus der Welt zu schaffen sind. Die Öffentlichkeit bleibt stur:

Da ist zum einen die Mär, dass Kopernikus in seinem Schema mit weniger Hilfskonstruktionen als Ptolemäus auskommt und zugleich genauer als sein antiker Vorgänger die zahlreichen Himmelsbewegungen vorhersagen kann. Tatsächlich bleibt das heliozentrische System quantitativ ebenso unbefriedigend wie sein geozentrischer Vorläufer. Und signifikant reduzieren kann Kopernikus die Zahl der Kreisbewegungen nicht, die auch im heliozentrischen System einzuführen sind, um die beobachteten Positionen und vielfach merkwürdigen Verläufe der Planeten berechnen zu können.

Wir wollen uns auf diese technischen Details nicht weiter einlassen, um auf einen zweiten – viel schlimmeren – Irrtum zu sprechen zu kommen. Wir meinen damit die – vor allem seit den Tagen und in den Schriften von Sigmund Freud – verkündete Behauptung, Kopernikus habe mit seinem Modell den Menschen aus der Mitte vertrieben und an den Rand der Welt verdrängt. Freud redet gar von einer der großen Beleidigungen für die Menschheit, und niemand merkt oder will zur Kenntnis nehmen, wie unsinnig diese Darstellung des Selbstdarstellers aus Wien ist, der sich selbst für die Mitte der Welt hält.

Die Behauptung, Kopernikus habe die Menschen erniedrigt, kann nur aufstellen, wer das Zentrum für einen bevorzugten und erstrebenswerten Ort ansieht. Das mag heute so sein, es war damals aber gerade nicht der Fall. Im Gegenteil: Die Mitte wurde als der tiefste Punkt angesehen, auf den man hinabsinken kann. Im Zentrum der Welt war man so weit wie möglich von den Göttern entfernt, deren Platz außen war, wie wir gesehen haben. Indem Kopernikus den Menschen aus der Mitte holt und in eine Umlaufbahn um die Sonne bringt, rückt er ihn näher an die Götter heran. Mit anderen Worten: Kopernikus erniedrigt uns nicht. Er erhöht den Menschen vielmehr und befreit ihn aus einer demütigenden Lage, nämlich der Bodensatz – der Abtritt – der Welt zu sein. Der französische Essayist Michel Montaigne (1533–1592) drückt dies in deutlichen Worte aus. Er sagt, der Mensch – vor Kopernikus – war untergebracht „im Schlamm und Kot der Welt, … im niedrigsten Stock des Hauses, am weitesten von Himmelgewölbe entfernt", bis ihn das heliozentrische Schema in engere Tuchfühlung mit den Göttern brachte, die sich vielleicht nun sogar großzügig dazu herablassen, auf ihn aufmerksam zu werden.

Mit diesen Bemerkungen erledigt sich der dritte Irrtum um Kopernikus schon fast von selbst, der mit dem kirchlichen Verbot zu tun hat, das untersagte, sein Werk in den Seminaren der Hochschulen zu lesen. Dieses Verbot gibt es zwar (es wurde tatsächlich 1616 ausgesprochen), aber es hat nichts damit zu tun, dass die Lehre des Kopernikus eine Gefahr für irgendein Dogma darstellen würde. Die päpstlichen Hüter der Lehre waren berechtigterweise über etwas ganz anderes besorgt, nämlich die unvorstellbar große Zahl der Fehler, die sich in dem Buch fanden – „innumerabilis errores", wie sie es ausdrückten. Es ging also um Fehler, nicht um Irrtümer. Und die Fehlermenge des legendären Buches lässt sich leicht erklären: Kopernikus erhielt nämlich das erste Exemplar erst in dem Moment, als er selbst auf dem Totenbett lag, wo er auch beim besten Willen keine Korrekturfahnen mehr lesen konnte und wollte. Als 1620 endlich eine verbesserte Ausgabe der *Revolutiones* fertig war, durfte sie selbstverständlich wieder im kirchlichen Lehrbetrieb benutzt werden. Das Buch enthielt jetzt weniger Fehler – und immer noch keine Irrtümer.

Die zweite Drehung des Kopernikus

Die heliozentrische Wendung, mit der Kopernikus die Erde in Bewegung setzte, brachte eine Konsequenz mit sich, die wenig auffiel (und auch heute kaum bemerkt wird), die lange übersehen wurde und vielleicht auf diese Weise einen festen Platz im allgemeinen Denken gefunden hat. Gemeint ist die Tatsache, dass unser Planet durch die kopernikanische Verschiebung ganz nebenbei zu einem Himmelskörper unter anderen wurde, wodurch die tradierte antike Unterscheidung zwischen irdischer und himmlischer Materie hinfällig wurde. Es gab jetzt nicht mehr die zwei Welten, die Aristoteles eingeführt hatte und die sich an der Mondsphäre schieden. Es gab fortan nur noch eine Welt, in der es überall physikalisch zuging. Und diesen neuen Kosmos würde man bald mit dem neuen Wort Universum bezeichnen.

Das allein ist aufregend genug. Doch bei Kopernikus gibt es etwas, das noch mehr Spannung in die Geschichte des Himmels bringt, und das ist eine zweite Bewegung, die der polnische Domherr unserer kosmischen Heimat zumutete oder zutraute. Sie betrifft die Drehung der Fixsterne am Firmament, die bekanntlich leicht zu beobachten ist. Kopernikus kommt auf die wahrhaft wunderbare und erstaunliche Idee, die Kreisbewegung der Fixsterne als etwas zu betrachten, das es in Wirklichkeit gar nicht gibt, das vielmehr durch unseren

Standpunkt als Beobachter auf der Erde bedingt und wahrgenommen wird. Nicht die Fixsterne drehen sich, schlägt Kopernikus vor, sondern die Erde, und dieses Rotieren um eine Achse (die wir heute vom Nor- zum Südpol laufen lassen) lässt uns die kreisförmigen Bewegungen am Himmel beobachten, die nur scheinbar stattfinden und uns von unseren Sinnen vorgespielt werden. Dies drückt er im fünften Satz des bereits zitierten *Commentariolus* so aus:

> Alles, was an Bewegung am Fixsternhimmel sichtbar wird, ist nicht von sich aus so, sondern von der Erde aus gesehen. Die Erde also dreht sich mit den ihr anliegenden Elementen in täglicher Bewegung einmal um ihre unveränderlichen Pole. Dabei bleibt der Fixsternhimmel unbeweglich als äußerster Himmel.

Leider lässt Kopernikus keinen Einblick in den tieferen Grund zu, der ihn zu dieser Umkehrung geführt hat. Eine Überlegung, die ihn geleitet haben könnte, ging vielleicht von den seit dem Spätmittelalter nachweisbaren Bemühen aus, die Distanzen zwischen der Erde und den Fixsternen abzuschätzen. Man war dabei zu dem Ergebnis gekommen, dass die Entfernungen für den menschlichen Geist unfassbar groß sind – was die Anmerkung erlaubt, dass dies bis heute der Fall ist, denn wer kann es wirklich fassen, wenn von Millionen Lichtjahren die Rede ist?

Wie dem auch sei – wenn die Abstände so immens sind, dann mussten es gigantische Körper sein, da sie sichtbar waren, und diese Riesen mussten zudem unvorstellbare Wege für ihre Drehbewegungen bewältigen. All das war unfassbar. Wenn hingegen wir selbst es waren, die sich drehten, dann war alles nicht nur einfacher vorstellbar. Dann konnte Kopernikus zudem ein die damalige Kirche ärgerlich bedrängendes Problem sehr viel besser lösen und das Datum des Osterfestes genau bestimmen. Wie Kopernikus seinerzeit zu seinem Verdruss feststellte, wurde die Auferstehung des Herrn bereits neun Tage später gefeiert, als es von den Kirchenvätern auf dem Konzil von Nicäa (im Jahre 325) beschlossen worden war. Kopernikus wollte den kirchlichen Festkalender reformieren, und dazu diente ihm die tägliche Drehung der Erde, die wir Menschen zwar nicht wahrnehmen, die wir aber trotzdem als Bewegung der Fixsterne sinnlich registrieren können, wenn wir dem Vorschlag des Frauenburger Domherrn folgen.

Die philosophische Wende

Viele Zeitgenossen sind Kopernikus gefolgt, dessen zweite festgestellte Drehbewegung im 18. Jahrhundert durch den Philosophen Immanuel Kant (1724–1804) ihre eigentliche Bedeutung bekam. Kant wollte, wie sein astronomischer Vorgänger, einen Standortwechsel vollziehen, und zwar in der Philosophie der Erkenntnis. Kant ging davon aus, dass die Naturgesetze von uns Menschen erdacht sind und der Natur gewissermaßen vorgeschrieben werden, dass sie also nicht in der Natur selbst liegen und dort von uns Menschen gefunden werden. Es heißt in seiner *Kritik der reinen Vernunft* aus dem späten 18. Jahrhundert:

„Es ist hiermit ebenso als mit den … Gedanken des Kopernikus bewandt, der, nachdem es mit der Erklärung der Himmelbewegungen nicht gut fortwollte, wenn er annahm, das ganze Sternenheer drehe sich um den Zuschauer, versuchte, ob es nicht besser gelingen möchte, wenn er den Zuschauer sich drehen und dagegen die Sterne in Ruhe ließ. In der Metaphysik kann man nun, was die *Anschauung* der Gegenstände betrifft, es auf ähnlich Weise versuchen", nämlich wie oben angedeutet, indem man sagt, dass die Gesetze der Natur nicht aus ihr, sondern aus uns Menschen kommen. Wir machen sie. Wir erfinden die Form, durch die wir die Natur verstehen.

Es ist dieser Gedanke aus der *Kritik der reinen Vernunft*, der in der Philosophie als kopernikanische Wende bezeichnet wird (und der überhaupt nichts mit dem heliozentrischen Umbau zu tun hat). Und die Frage lautet, ob dies eine passende Beschreibung ist. Das Verrückte besteht darin, dass in den meisten Fällen eine kopernikanische Wende darin besteht, den Menschen aus einer Mitte zu entfernen. Kant unternimmt aber das Gegenteil. Er setzt den Menschen erneut in das Zentrum des Geschehens. Er führt also eher so etwas wie eine ptolemäische Gegenrevolution aus, die man dann umdeuten kann, wenn eingeräumt wird, dass der Mensch seine Erkenntnisfähigkeit zunächst in Anpassung an die Natur – von ihr – bekommen hat. Dies gelingt im Rahmen einer evolutionären Epistemologie, die den Menschen erneut aus der zentralen Position herausnimmt, die Kant ihm zugewiesen hat, um ihn zu einem Teil des gesamten kosmischen Geschehens zu machen. Kopernikus hätte diese Wendung gefallen, und man will sich ihm gerne anschließen – in der Hoffnung, bei dem vielen Hin und Her nicht schwindlig zu werden. Kopernikanische Wenden haben es in sich.

5

Der Blick durch das Fernrohr
Die Entstehung der modernen Kosmologie

Wenn im letzten Kapitel erwähnt wurde, dass Kopernikus die antike Trennung des Weltalls in zwei mondgetrennte Sphären aufgehoben hat, um uns das eine Universum zu schenken, von dem heute die Rede ist, dann muss ergänzt werden, dass er diesen Gedanken nur sanft eingeführt und mitgedacht, nicht aber explizit ausgesprochen hat. Konkret verworfen wird die aristotelische Spaltung erst bei Johannes Kepler (1571–1630), der auf diese Weise den Kosmos vollständig der Physik zugänglich macht – und damit der menschlichen Fähigkeit zur Erklärung, die sich nun herausgefordert sieht.

Als der knapp 30jährige Kepler bei dem über 50jährigen Tycho Brahe (1546–1601) um 1600 in Prag war, bekam er die begehrten Messergebnisse der Marsbahn, die noch ohne Fernrohr ermittelt worden waren. Kepler erfuhr damals auch von der Idee des britischen Arztes William Gilbert (1544–1603), die Erde könne ein riesiger Magnet sein (was sie auch ist, wie wir heute wissen). Gilbert hatte genau analysiert, wie Kompassnadeln durch den Ort beeinflusst werden, an dem man sich befindet und sie betrachtet, und er hatte ziemlich umfangreiche kugelförmige Magneten gebaut, um seine Theorie mit ihrer Hilfe durch Experimente zu untermauern.

Kepler gefiel das Konzept. Zum einen konnte man die magnetischen Kräfte gut im kopernikanischen System mit seinen Erdbewegungen verstehen, von denen Kepler ebenso überzeugt war wie Gilbert, und zum anderen fand die Physik, mit der man sich zurechtfinden und quantitativ orientieren konnte,auf diese magnetische Weise immer mehr Eingang in den Weltraum. Er bekam damit noch mehr Grund, die Mars-Daten aus Brahes Schatz unter diesem Aspekt zu betrachten, obwohl sein alter Lehrer aus Tübingen, Michael Mästlin, dringend dazu riet, „die Physik aus dem Spiel zu lassen" und alle Berechnungen „mit den Mitteln der Geometrie" durchzuführen, wie es noch die Astronomie der Renaissance vorgegeben hatte.

An dieser Stelle kann verdeutlicht werden, worin – langfristig – eine von Keplers phantastischen Leistungen besteht, nämlich erst den Mut zu entwickeln, die Bewegungen am Himmel nicht nur zu beschreiben, sondern durch Rückführung auf physikalische Ursachen (Kräfte) auch zu erklären, und dann auch noch die Ausdauer zu entwickeln, den entsprechenden Weg zu gehen. Kopernikus hatte die kosmische Welt neu geordnet, aber er hatte dies unternommen, ohne eine Spur von Physik zu verwenden. Bei ihm drehten sich Sphären, ohne dass er fragte, wer die Kraft dafür lieferte oder welche Zeit dabei verging. Bei Kopernikus drehte sich auch die Erde, ohne dass eine physikalische Ursache in den Blick genommen wurde. Kepler konnte im 17. Jahrhundert so nicht mehr vorgehen. Jetzt musste er versuchen, die Ordnungen am Himmel mit physikalischen Erklärungen verständlich zu machen, und als Startpunkt wählte er die Marsbahn, weil der rote Planet eigentlich nicht so recht in das gesamte Planetensystem passte. Er ging damit genau so vor, wie das in der Wissenschaft bis heute passiert, wenn Forscher versuchen, das Regelmäßige dadurch zu erfassen, dass sie kleine Abweichungen von der Norm analysieren, die genau dokumentiert sind.

Die Marsbahn war bestens dokumentiert, und Kepler dachte zuerst, er brauche eine Woche oder zwei, um sich Klarheit über die Bewegung dieses Planeten zu verschaffen. Er ahnte nicht, auf was er sich da eingelassen hatte. Mehr als 900 Seiten musste er mit mühsamen Berechnungen anfüllen, und mehr als einmal packte ihn dabei der Überdruss, wie er selbst schreibt. Trotz aller Mühe kam und kam Kepler lange Monate und Jahre mit den Daten nicht zurecht, wobei ihn zusätzlich ärgerte, dass seine Frau Barbara inzwischen ganz anders war, als zur Zeit der Heirat, nämlich „einfältig im Geist und fett am Leib". Dabei bot die Stadt Prag ein reiches Angebot an Künsten und zeigte sich zudem gesellschaftlich reizvoll.

Die Gesetze der Marsbahn

Erst nach einigen konzentrierten Jahren des Rechnens kam Kepler auf eine Idee, die sein Gedankengebäude schlagartig veränderte und zur Geburtsstunde der modernen Astronomie wurde. Er erinnerte sich an eine Bemerkung des Kopernikus, dem aufgefallen war, dass die Erde im Winter der Sonne etwas näher kommt als zu anderen Zeiten im Jahreslauf. Wenn, so überlegte Kepler, die Erde mal mehr und mal weniger nah an die Sonne herankommt, und wenn, so vermutete er in seinem physikalischen Rahmen weiter, die Sonne der Erde die Energie gibt, die sie für ihre Umlaufbewegung braucht, dann könnte es durchaus sein, dass sie sich in diesem Falle und an dieser Stelle schneller bewegt. Die Historiker Heather Couper, Nigel Henbest, Frank Auerbach und Werner Kügler beschreiben in ihrer *Geschichte der Astronomie* (2008) sehr anschaulich, was ihrer Ansicht nach dann im Detail passiert ist:

Kepler setzte sich sonach hin „und rechnete aus, wie sich die Geschwindigkeit der Erde auf ihrer Bahn um die Sonne änderte". Dann entwickelte er

Diagramme aus geometrischen Formen, die diesen verblüffenden Vorgang am Himmel anschaulich machten. Dabei setzte er den Kreismittelpunkt der Erde ein Stückchen neben den Mittelpunkt des Planetensystems, die Sonne (das hatte Kopernikus bereits als Möglichkeit erwogen). Um die Position der Erde für jeden Tag des Jahres zu bestimmen, zog er Verbindungslinien von der Erde zur Sonne – wie bei einer in keilförmige Segmente geschnittenen Pizza. Wenn der Abstand zwischen Erde und Sonne groß war, fielen die Segmente spitz und dünn aus; sechs Monate später, wenn sich die Erde der Sonne näherte, wurden sie breiter und kürzer. Kepler fiel es wie Schuppen von den Augen. Obwohl die Pizzastücke an jedem Tag eine andere Form annahmen, blieb deren Flächeninhalt immer gleich. Die Veränderungen in Entfernung zur Sonne und Geschwindigkeit der Erde hoben sich gegenseitig auf. „Kepler hatte sich aus den Ketten befreit, in denen Astronomen seit dem Altertum gefangen waren: von der Vorstellung, dass sich Planeten auf geometrisch exakten Kreisbahnen mit gleichbleibender Geschwindigkeit bewegten."

Jetzt wandte er sich erneut der Marsbahn zu, und er versuchte das, was offenbar keinen Kreis ergab, erst nur zusammenstauchen, „wie eine Wurstscheibe", wie er es selbst drastisch ausdrückte. Doch da zerquetschte Kreise ein schlechtes Hilfsmittel darstellen, versuchte es Kepler nach einigen frustrierenden Jahren mit der Ellipse, und zu seinem grenzenlosen Erstaunen passte jetzt alles zusammen. Planeten bewegen sich nicht auf Kreisbahnen, vielmehr laufen sie ellipsenförmig um ihr Zentralgestirn, wie Kepler feststellte und schließlich als erstes Planetengesetz formulierte. Ihm war damit zwar eine großartige Entdeckung gelungen – er hatte den „Schlüssel zum Universum entdeckt", wie manchmal zu lesen ist –, denn die eigentliche Aufgabe stand der Wissenschaft noch bevor. Es galt, die Kraft aufzuspüren, die diese Ellipsen bewirkt. Kepler wusste das, aber er schrieb trotzdem erst einmal alles auf, was er herausgefunden hatte, und seine *Neue Astronomie*, die *Astronomia Nova*, erschien 1609. Sie ist so dicht gepackt mit Daten, dass man kaum bemerkt, dass Kepler Gesetze gefunden hat, nach denen die Bewegungen der Planeten ablaufen (Kasten: Die Keplerschen Gesetze).

Die drei Keplerschen Gesetze

1. Die Umlaufbahnen der Planeten haben die Form einer Ellipse.
2. Eine Linie, die von der Sonne zu einem Planeten gezogen werden kann, überstreicht in gleichen Zeiten gleiche Flächen.
3. Bei der Bewegung eines Planeten ist das Quadrat seiner Umlaufzeit proportional zur dritten Potenz der großen Halbachse.

Das heißt, das dritte – und höchst kompliziert klingende – Gesetz taucht bei Kepler erst später auf und wird an einer ganz anderen Stelle publiziert, nämlich im fünften Buch seines Hauptwerkes, das den schönen Titel von der *Harmonie der Welt* trägt, *Harmonices mundi*, und erst 1619 erscheint. Kepler versteckt die nur noch in der mathematischen Sprache fassbare Beziehung zwischen messbaren physikalischen Größen zwar so tief in seiner Schrift (er führt sie im dritten Kapitel des fünften Buches aus und listet sie als achten von dreizehn Hauptsätzen), dass es eines anderen Genies bedurfte, um sie zu finden und für die Nachwelt zu retten, nämlich Isaac Newton. Dass es eben diese Proportionalität war, die ihn in einen rauschhaften Zustand versetzte, als er sie erkannte und sie ihm klar und einsichtig wurde, ist weithin bekannt. Kepler brachte hernach Tage in „heiliger Raserei" zu, so dankbar war er Gott dafür, dass er ihm diese Erkenntnis und dieses Erlebnis beschert hat.

Wer sich fragt, was so umwerfend an dem dritten Gesetz ist, kann zwei Antworten bekommen. Zum einen beweist der Befund, dass Planeten tatsächlich nicht auf Kreisbahnen unterwegs sind, sondern auf Ellipsen. Zum anderen zeigen die Gesetze zusammen, dass der Weltraum endgültig ein Terrain der Naturwissenschaft geworden ist und ein philosophisches Spekulieren über vollkommene Bahnen ausgedient hat. Konkrete Ursachen sind am Himmel nun ebenso gefragt wie die quantitativen Beweisführungen, um die sich das alte Denken gerne gedrückt hat.

Zu dieser rationalen Antwort gesellt sich eine unbewusste Dimension hinzu, die bei Kepler noch anderer Stelle ausfindig gemacht werden kann – und die von Wissenschaftshistorikern gerne übergangen, gleich aber noch erläutert wird. Zunächst zu einem rein physikalischen Punkt:

Was Kepler in seinem 3. Gesetz entdeckt hat, nennen wir eine Proportionalität. Mit diesem Begriff erfasst man das Gleichbleiben des Verhältnisses von zwei Größen, wenn beide sich ändern. Was sich bei Kepler nun ändert, sind keine gleichartigen, sondern verschiedenartige Größen – die eine erfasst den Raum (die Länge der Achsen), die andere die Zeit (des Umlaufs). Raum und Zeit hängen offenkundig zusammen, wie hier früh sichtbar und erst vierhundert Jahre später mit Einsteins Relativität auf- und eingelöst wird. Kepler muss geahnt haben, dass er mit der proportionalen Relation zwischen Raum und Zeit etwas Fundamentales über die Welt entdeckt hat, ohne dass er damals bereits in der Lage gewesen wäre, dies in sein Bewusstsein zu verlagern und symbolisch auszudrücken.

Die unbewussten Vorgaben

Wer Kepler und seine Einsichten verstehen will, muss sich auf die Religion einlassen, der der Astronom anhing, denn sein Vertrauen in das Kopernikanische System ist nicht empirisch, sondern religiös bedingt. Kepler sieht in dem heliozentrischen System die Trinität, denn „das Abbild des drei-einigen

Gottes ist in der Kugel(fläche) – nämlich des Vaters im Zentrum, des Sohnes in der Oberfläche und des Heiligen Geistes – im Gleichmaß der Bezogenheit zwischen Punkt und Zwischenraum (oder Umkreis)".

Anders gesagt: Die vom Mittelpunkt zur Oberfläche verlaufende Ausdehnung der Kugel wird zum Sinnbild der Schöpfung, und die Oberfläche symbolisiert das ewige Sein Gottes. Und das alles kann man im Kopernikanischen System machen, wenn die Sonne im Zentrum steht.

Spätestens an dieser Stelle muss eine psychische Deutung ins Spiel kommen, denn wie sonst lässt sich verstehen, wie aus einer rationalen Einsicht ein emotionales Entzücken wird? Leider scheuen Wissenschaftsphilosophen vor solchen spirituellen oder seelischen Deutungen bis heute zurück. Dabei hat der große und mit dem Nobelpreis für sein Fach geehrte Physiker Wolfgang Pauli (1900–1958) bereits in den frühen 1950er Jahren auf diese irrationale Dimension des Erkennens im Rahmen seiner Kepler-Studie hingewiesen, die in dem gemeinsam mit Carl Gustav Jung verfassten Band *Naturerklärung und Psyche* erschienen ist. In seiner Darstellung von Kepler konstatiert Pauli zunächst, was damals noch ungewohnt war, heute aber von jedem akzeptiert wird, dass nämlich jeder Forscher in einem bestimmten Paradigma verfangen argumentiert und sich an einen bestimmten Denkstil hält. Bei Kepler handelt es sich um unbewusste Vorgaben, die Pauli als „Urbilder der Seele" deutet und die man auch als Archetypen verstehen kann. Sie liegen bei Kepler klar vor Augen, nämlich die Dreieinigkeit Gottes bzw. die Trinität, und so erklärt sich zwar zwanglos und überzeugend, aber trotzdem überraschend, was ihn an der Kopernikanischen Ordnung fasziniert. In Paulis Worten (und mit seiner Betonung):

> *Weil er [Kepler] Sonne und Planeten mit diesem archetypischen Bild [der Trinität] im Hintergrund anschaut, glaubt er mit religiöser Leidenschaft an das heliozentrische System* – nicht etwa umgekehrt, wie eine rationalistische Auffassung annehmen könnte. Dieser heliozentrische Glaube, dem [der Protestant] Kepler seit seiner frühen Jugend treu ist, veranlasst ihn, nach den wahren Gesetzen der Proportion der Planetenbewegung als dem wahren Ausdruck der Schönheit der Schöpfung zu suchen.

Tatsächlich war Kepler „fasziniert von der alten pythagoräischen Idee der Sphärenmusik", wie Pauli weiter schreibt, und der gläubige Astronom „suchte in der Bewegung der Planeten nach denselben Proportionen, die bei den harmonischen Klängen der Töne und bei den regulären Polyedern vorkommen". Alle Schönheit liegt ihm als echtem geistigem Nachkommen der Pythagoräer in der richtigen Proportion, denn ‚Geometria est archetypus pulchritudinis mundi', wie seine eigenen Worte in der lateinischen Sprache lauten, die man mit „Die Geometrie ist das Urbild der Schönheit der Welt" übersetzen kann.

Kepler verwendet die Begriffe Archetypus und Geometrie häufig zusammenhängend. Pauli zitiert seinen Satz, „Die Spuren der Geometrie sind in der Welt ausgedrückt, wie wenn der Geometrie gleichsam der Archetypus des Kosmos wäre", und er findet in Keplers Hauptwerk *Harmonices mundi* genau die Auffassung der Erkenntnis, der er selber anhängt. Es heißt bei Kepler (wobei an einigen Stellen das lateinische Original mit angegeben wird):

> Erkennen heißt, das äußerlich Wahrgenommene mit den inneren Ideen zusammenbringen und ihre Übereinstimmung (congruum) beurteilen, was Proclus [der Keplers Lieblingsautor war] sehr schön ausgedrückt hat mit dem Wort ‚Erwachen' wie aus einem Schlaf. Wie nämlich das uns außen Begegnende uns erinnern macht an das, was wir vorher wussten, so locken die Sinneserfahrungen, wenn sie erkannt werden, die intellektuellen und innen vorhandenen Gegebenheiten (ante intus praesentia) hervor, so dass sie dann in der Seele aufleuchten (reluceant in anima), während sie vorher wie verschleiert in potentia dort verborgen waren.

Was Kepler als Aufleuchten der Seele bezeichnet, kann man auch als das Entzücken oder Glücksempfinden bezeichnen, wie es der zitierte Astrophysiker getan hat, und es muss vielen Forschern als das wunderbare Gefühl der Zufriedenheit bekannt sein, das sich als Folge eine gelungenen Entdeckung einstellt. Leider haben die dazugehörigen Philosophen diese emotionale Dimension nicht mitbekommen. Sie suchen stattdessen immer noch nach der kalten Logik der Forschung. Sie aber kann keinesfalls die Wärme erfassen, die der Wissenschaftler fühlt, dessen Seele aufleuchtet, wenn die geeigneten Bilder zur Deckung gekommen sind und eine der Art Erkenntnis gelungen ist, wie wir es bei Kepler erlebt haben.

Keplers Universum

Sehr vieles fehlt noch, um ein umfassenderes Bild von Johannes Kepler zu bekommen, der trotz häufiger Krankheit und oft ausbleibender Gehalts- und Honorarzahlungen es geschafft hat, insgesamt 17 Kinder aus zwei Ehen großzuziehen. Kepler hat nicht nur über den Himmel gearbeitet, sondern sich zudem Gedanken gemacht über das Auge, mit dem wir zu ihm aufblicken. Dabei ist ihm als erstem aufgefallen, dass die Linse des Auges dafür sorgt, dass das Abbild auf der Netzhaut auf dem Kopf steht, woraus zumindest folgt, dass das Auge allein nicht für das Bild der Welt zuständig ist, das uns bewusst wird. Kepler ahnt, dass es beim Vorgang des Sehens einen Beitrag durch uns selbst gibt, nämlich durch die inneren Bilder, von denen oben die Rede war.

1615 wagt sich Kepler an die Aufgabe, einen „Bericht vom Geburtsjahr Christi" zu geben, indem er versucht, das Erscheinen des berühmten Sterns von Bethlehem, von dem babylonische Astrologen Kunde gegeben haben, genauer zu bestimmen. Diese Astrologen berichten über eine Konjunktion von Saturn und Jupiter, bei der die beiden Planeten erst zu verschmelzen und sich dann rückwärts laufend zu trennen scheinen. Solch eine komische Konstellation meint Kepler zeitlich genau lokalisieren zu können. Als ihm dies gelingt, kommt es zu einer nicht unbeträchtlichen Verschiebung des wichtigsten aller Geburtsjahre: In seinen Worten und der damaligen Rechtschreibung zeigt Kepler „das unser Herr und Hailand Jesus Christus nit nur ein Jahr vor dem anfang unserer heutige tags gebreuchlichen Jahreszahl geboren sey, sondern fünf gantzer Jahre davor."

Und so könnte man immer weiter von Kepler erzählen, der Wissenschaft als Gottesdienst verstand, der es albern fand, in der Bibel ein Lehrbuch der Astronomie zu sehen, und der die Welt vielfach mit seinen Einsichten überraschte und einmal mehr von ihr überrascht wurde. Im Jahre 1609 klopfte ein Freund in heller Aufregung an seine Tür, um ihm mitzuteilen, dass ein italienischer Astronom namens Galileo Galilei (1564–1642) vier neue Planeten entdeckt habe. Kepler traute seinen Ohren nicht. Vier neue Planeten. Wo sollten die in seinem Weltenplan Platz finden? Zum Glück hatte der Berichterstatter geirrt. Was Galilei entdeckt hatte, waren vier Monde bei Jupiter. Das Zeitalter des Fernrohrs hatte begonnen, und an dessen Anfang steht Galileo Galilei.

Der erste Blick durch ein Fernrohr

Keine Frage – Galileo Galilei hat Großartiges geleistet und Geniales zustande gebracht. Zu bewundern ist sein Gedankenexperiment, mit dem er einen alten Irrtum des Aristoteles entlarvte, der behauptet hatte, schwere Körper fallen schneller zur Erde als leichte (was viele Menschen heute noch glauben). Galilei konnte diesen Fehler des gesunden Menschenverstandes widerlegen, ohne dass er eigens deswegen den schiefen Turm von Pisa besteigen musste. Er zeigte, wie man allein durch Nachdenken herausfinden kann, dass alle Körper gleich schnell fallen. Es scheint nämlich nur so, als ob ein Stein, den die Hand loslässt, schneller den Boden erreicht als ein Blatt, das die Hand zur gleichen Zeit loslässt. Aber das liegt nicht am unterschiedlichen Gewicht der beiden Gegenstände, sondern an dem unterschiedlichen Einfluss, den die Luft jeweils darauf ausübt. Ein Blatt schwebt mehr als dass es stürzt, und die Wissenschaft interessiert sich seit Aristoteles primär allein für den freien Fall und nicht für den Auftrieb. Wenn man sich jetzt zwei verschieden schwere

Körper vorstellt, die fallen – so das geniale Gedankenexperiment des Galilei –, und sich dann fragt, was passiert, wenn man sie zusammenklebt und loslässt, dann gibt es zwei Möglichkeiten: Entweder fällt das kompakte Duo gleich schnell wie das jeweils einzelne Teil, dann erreichen beide die gleiche Geschwindigkeit; oder das kompakte Duo fällt schneller als ein jeweils einzelnes Teil, dann aber ergibt sich das Problem, die Kraft anzugeben, die für die Zunahme der Geschwindigkeit sorgt. Nun gibt es solch eine Kraft nicht, wie Galilei klar machte, woraus folgt, dass alle Körper – im luftleeren Raum – gleich schnell fallen, und zu dieser Widerlegung von Aristoteles' sinnlich bedingten Irrtum braucht es das öffentlichkeitswirksame Experiment nicht, von dem die Legende erzählt.

Galileis Größe

Zu den wirkungsmächtigen Ideen von Galilei gehört die Behauptung, dass sich mathematisch formulierbare Naturgesetze finden lassen, weil das Buch der Natur in der Sprache der Mathematik geschrieben ist – wobei die Geometrie dazu gerechnet wird.

Das berühmte geometrische Glaubensbekenntnis findet sich in Galileis Werk *Il Saggiatore* und lautet wörtlich: „Das Buch der Natur kann man nur verstehen, wenn man vorher die Sprache und die Buchstaben gelernt hat, in denen es geschrieben ist. Es ist in mathematischer Sprache geschrieben, und die Buchstaben sind Dreiecke, Kreise und andere geometrische Figuren, und ohne diese Hilfsmittel ist es menschenunmöglich, auch nur ein Wort davon zu begreifen".

Merkwürdig an dieser Vision ist zum einen, dass Galilei sie aufstellt, ohne selbst solch ein Gesetz zu kennen, und er ist bekanntlich bei seinen Versuchen gescheitert, die Strecke, die ein Körper beim freien Fallen zurücklegt, mit der Zeit zu verknüpfen, die dabei vergeht. Heute lernt man im Physikunterricht, dass sich die bewältigte Strecke s aus der benötigten Zeit t mit Hilfe einer Konstanten g (der berühmten Gravitationskonstante, die Newton entdeckt hat und beschreibt) berechnen lässt, und zwar dank der keineswegs simplen Formel $s = 1/2\ gt^2$, die Galilei aber verborgen geblieben ist (was einen nicht wundert, wenn man sich klarmacht, dass es zu seiner Zeit kaum möglich war, Zeiten ausreichend genau zu messen; es gab keine Chronometer, und man musste Pulsschläge zählen).

Merkwürdig ist zum zweiten, dass wir Galileos Vision sofort akzeptiert haben und bis heute für die Verkündigung einer Wahrheit halten. Dabei ist es in den vierhundert Jahren, die seit Galileis Reden vom Buch der Natur vergangen sind, bestenfalls in der Physik – genauer: in einigen ihrer Bereiche – gelungen, mathematische Formeln mit Gesetzescharakter aufzustellen. Die

Biologie kann selbst im molekularen Bereich so nicht erfasst werden, und von der Psychologie und den Wissenschaften mit noch komplexeren Objekten muss sicherlich dasselbe gesagt werden. Und abgesehen davon gibt es Physiker, die die Natur sehr wohl verstanden haben, auch wenn sie Schwierigkeiten mit der Mathematik hatten. Als historisch überragendes Beispiel sei hier auf den Briten Michael Faraday (1791–1867) verwiesen.

Galileis Durchblick

Galilei war ein mutiger Mann, und es ist diese Qualität, die ihn – nicht sofort, aber früh genug – mancherlei Widerständen zum Trotz bewog, ein neues Instrument zu ergreifen und zu benutzen, das ihm vermutlich bereits im Sommer 1609 in die Hände fiel, als ein Händler aus Paris in Italien eintraf. Im Gepäck hatte er ein Gerät aus Holland, das zwei Linsen hatte, und das bald die Bezeichnung Fernrohr (Teleskop) bekam. Ein Jahr zuvor hatte ein Brillenmacher namens Hans Lipperhey zwei Linsen – eine konkav und eine konvex geformt – so in einer Röhre angeordnet, dass beim Durchschauen ferne Gegenstände näher (größer) schienen.

Galilei erkannte sofort, dass das Teleskop mehr war als ein schönes Spielzeug. Es war zum Beispiel auch von militärischem Nutzen, um feindliche Schiffe früher erblicken zu können. Es wird spekuliert, dass es genau dieser Aspekt ist, mit dem Galilei bei seinen Dienstherren Aufsehen erregen und seine Bezüge verbessern konnte. Er lehrte damals an der Universität Padua, die als wissenschaftliches Zentrum der Republik Venedig galt. Unter Verwendung des hervorragenden Glases, das auf der Insel Murano hergestellt wurde, und dank seiner technischen Begabung, gelang es Galilei, bessere Teleskope als die bisher angebotenen herzustellen. So konnte er den venezianischen Honoratioren mit einem ausreichend großen Vergrößerungsfaktor und mit großem Vergnügen vorführen, wie man damit möglichen Feinden (aus dem osmanischen Reich etwa) voraus sein und sie früher erspähen könne. Galileo unternahm all dies, um neben seinen Bezügen auch seinen Rang zu verbessern, denn beides befand er als viel zu niedrig.

Erst nach dieser militärisch-politischen Vermarktung fiel es Galilei ein, das Instrument der Fernsicht auch zu wissenschaftlichen Zwecken einzusetzen. Und kaum hatte er sich angeschickt zu tun, was ihn aus heutiger Sicht so berühmt macht, purzelte es schöne und gefährliche Entdeckungen über den Himmel.

Nachdem er das erste Fernrohr in Händen gehalten hatte, besorgte sich Galilei Glas für Linsen sowie Bleirohre, um daraus ein wohl außerordentlich taugliches Instrument zu konstruieren, mit dem er das damals größte Teleskop gen Himmel richten konnte. Die vom Herbst 1609 an folgenden Monate erlauben es Galilei, eine neue Welt „wie im Rausch zu erobern", wie der Historiker Albrecht Fölsing einmal geschrieben hat. Neun Monate nach dem ersten Blick durch das neue Gerät fertigt Galilei den ersten Bericht über seine weitreichenden Einsichten an. Das fertige Buch trägt den Titel „*Sidereus Nuncius*", was sich sowohl als „Sternenbote" als auch „Botschaft von den Sternen" lesen lässt. Galileis selbstbewusste Keckheit legt es natürlich nahe, dass er sich als Sternenbote versteht, und er hat uns eine Menge mitzuteilen aus diesen himmlischen Sphären, die uns umgeben.

Wie nicht anders zu erwarten, widmet sich Galilei zuerst dem Mond, von dem er herrliche Zeichnungen anfertigt. Es sind nicht nur die Blätter selbst, die Galilei als Künstler erscheinen lassen; es sind auch die Einsichten, die das Gesehene ergeben, die auf einen künstlerischen Geist verweisen, und der erkennt etwas für die damalige Welt Sensationelles. Galilei deutet die gezackten Linien, die der teleskopische Blick auf den Mond dem Auge liefert, nämlich als Schatten. So etwas kennt ein Landschaftsmaler, der zudem sofort weiß, dass Schatten dieser Ausmaße von Gebirgen kommen. Und diese teleskopische Wahrnehmung lässt nur einen Schluss zu, nämlich den, „dass der Mond keineswegs eine sanfte und glatte, sondern eine raue und unebene Oberfläche besitzt und dass er, ebenso wie das Antlitz der Erde selbst, überall mit ungeheuren Schwellungen, tiefen Mulden und Krümmungen überall dicht bedeckt ist".

So schreibt Galilei selbst als „Sternenbote". Und diese Worte und die in ihnen ausgedrückte Einsicht überwinden (erneut) die Zweiteilung des Kosmos und bringen das Universum zuwege, in dem keine vollkommen und perfekten göttlichen Kreationen versammelt sind, sondern in dem sich unvollkommene und physikalisch formbare Körper auf Trab halten, deren Kausalmechanismen es nun zu erkunden gilt.

Galilei möchte dieselben Einflüsse physikalischer Kräfte gerne auch bei den Fixsternen erkennen können, aber sein Instrument reicht dazu nicht aus. Es zeigt ihm beim Betrachten dieser weiten und hohen Sphären trotzdem etwas Neues, nämlich dass das Band der Milchstraße dort überhaupt kein kontinuierliches Gebilde ist. Im Teleskop löst sich das galaktische Band vielmehr in zahlreiche Punkte auf, und Galilei ist sicher, dass er ein Universum mit sehr viel mehr Einzelsternen betrachtet, als wir uns träumen lassen.

Als nächstes wendet sich Galilei den Planeten zu. Er sieht (entdeckt), dass der Saturn einen Ring hat, wobei wir genauer sagen sollten, dass das damals verfügbare Fernrohr ihm nur gestattete, etwas Irreguläres an der Oberfläche von Saturn zu orten. Die spannendsten Beobachtungen gelingen Galilei mit seinen Beobachtungen der vier Jupitermonde, die den Kollegen Kepler sehr verwirren. Galilei nennt sie zunächst noch nicht so, vielmehr bezeichnet er sie als Satelliten – ein Wort, das in die Umgangssprache eingeht und unseren modernen Ohren in vielen Kontexten vertraut ist. Die Existenz der Satelliten (Monde) des Jupiters (und damit das Vorhandensein eines Sonnensystems im Kleinen bei diesem Planeten) liefern Galilei das deutlichste Argument dafür, dass das kopernikanische Modell des Universums etwas taugt. Er hat ja funktionierend vor Augen, dass der größte Körper zentral positioniert zu sein hat – also die Sonne im Fall des großen Systems, von dem unsere Erde ein planetarer Teil ist.

Bei dieser Sonne bemerkt Galilei 1613 – er ist inzwischen in Florenz tätig – die Erscheinung, die wir heute immer noch als Sonnenflecken bezeichnen, ohne damit zu meinen, dass die Sonne schmutzig ist und gereinigt werden müsse. Genau auf solch einen Schmutz aber wollte Galilei hinweisen, um auf diese Weise unüberhörbar zum Ausdruck zu bringen, dass die von der Kirche erfahrungsfrei verbreitete Ansicht, die Sonne sei rein und vollkommen, damit als Unfug entlarvt war.

Der Kampf mit der Kirche

Eine Kontroverse mit der kirchlichen Autorität wird unausweichlich. Formal geht es um Galileis Bekenntnis zum heliozentrischen System und damit um die Frage, ob die Wissenschaft das Modell eines Universums, in dem die Erde nicht im Mittelpunkt der Welt steht, sondern sich auf einer Umlaufbahn um die Sonne befindet, beweisen kann, oder ob sie damit eine Hypothese anbietet, deren Evidenz noch fraglich und zu erbringen ist. Galilei hat sich lange Zeit zurückgehalten, aber es hat ihn auch niemand gefragt, was denn nun richtig sei. Er war Hofmathematiker fern vom Zentrum der kirchlichen Autorität und also kaum für astronomische Fragen mit theologischer Bedeutung zuständig.

Die Lage ändert sich mit der *Botschaft der Sterne*, die Galilei berühmt macht und ihm den Titel „Erster Mathematiker und Philosoph des Großherzogs der Toskana" einbringt. Er zieht dazu nach Florenz (ohne Marina, die Mutter seiner Kinder) und findet von nun an offenbar Gefallen daran, die Autoritäten zu ärgern. Im Fall Galilei geht es immer auch um persönliche Eitelkeiten, was aber hier nur angemerkt werden soll, da in dem sich entspinnenden Streit ein grundsätzliches Thema steckt, das uns bis heute zu schaffen macht. Es geht bei der Auseinandersetzung zwischen Galilei und der Kirche um das Verhältnis von Glauben und Wissen.

In Galileis Welt und Zeit dominiert deutlich der Glauben, der sich nicht nur auf einen Gott bezieht, sondern sich aufschwingt, auch dort das Sagen zu haben, wo man Wissen durch Erfahrung sammeln könnte, wenn man sich nur daran machte. Und Galilei macht sich an die Arbeit. Er will den Glauben in seine Schranken verweisen und überschätzt dabei (weder als erster noch als letzter), was man wissen kann und was sich als tatsächlich beweisen lässt. Er steht einem klugen Papst gegenüber, der ein Jungendfreund von ihm ist und der zum einen wohl weiß, wie exakt Mathematiker etwas beweisen können, und der darüber hinaus klar erkennt, wie wenig die Mathematik letztlich mit der Wirklichkeit zu tun hat, um die es Galilei geht.

Galilei versucht mit der Kirche das, was Kopernikus mit der Erde gelungen ist, sie nämlich in Bewegung zu versetzen. Aber die klerikalen Institutionen erweisen sich als träge und widerspenstig. Als er sich in den 1630er Jahren offen für das heliozentrische Weltbild ausspricht, geht die Kirche zum Gegenangriff über, indem sie eine obskure Aktennotiz von 1616 zitiert, die es Galilei angeblich verboten hat, das kopernikanische System zu lehren. Er darf es erwähnen – als eine nette Hypothese –, aber als akademischer Lehrer darf er es der Welt nicht als tatsächliches Modell vorstellen.

Inzwischen ist klar, dass es sich bei der erwähnten Notiz um eine der vielen Lügen und Fälschungen handelt, die in kirchlichen Kreisen und mit päpstlicher Zustimmung an der Tagesordnung sind und über die die Öffentlichkeit mit einem Achselzucken hinweggeht. Vielleicht kann man in Kirchenkreisen deshalb so gerne und bedenkenlos lügen und betrügen, weil man zum einen glaubt, damit einem höheren Zweck zu dienen, und weil es zum anderen möglich ist, für die Vergebung dieser Sünden inständig zu beten.

Die gefälschte Notiz kommt 1632 ins Spiel, als Papst Urban VIII., der einstige Freund, sich über den *Dialog über die beiden Weltsysteme* ärgert, in dem seine Position von einem Simpel namens „Simplicio" vertreten wird, was vom Autor vielleicht etwas zu dick aufgetragen ist. Der Ärger des Papstes ist vom menschlichen Standpunkt aus verständlich. Galilei wird vor die Heilige Inquisition zitiert, wo es bekanntlich nicht fair zugeht, sondern mit Fälschungen und Folterdrohungen und zuletzt mit Hinweisen auf den Scheiterhaufen gearbeitet wird, auf dem Giordano Bruno 1600 qualvoll gestorben ist – alles natürlich im christlichen Auftrag aus reiner Menschenliebe und zur Rettung unschuldiger Seelen (oder so ähnlich). Auf diese Weise gelingt es im Juni 1633, Galilei in und auf die Knie zu zwingen und der kopernikanischen Lehre förmlich abzuschwören. Doch dass er dies tatsächlich tut, bringt bekanntlich nichts, da die kopernikanische Überzeugung in seinem Herzen bewahrt bleibt. Hier im unverfügbaren Innen denkt und empfindet er ganz sicher, was dann als realiter ausgestoßener Ruf kolportiert wurde – „Und sie bewegt sich doch!" – die Erde nämlich, und zwar dann, wenn sie die Sonne umkreist und die Jahreszeiten ermöglicht, die auch der Papst genießt, ohne sie anders erklären zu können.

Natürlich bleibt das große Galilei-Thema trotz aller Urteile offen. Fragen der Art, was wir glauben müssen und was wir wissen können oder was wir durch Glauben wissen können und was wir von unserem Wissen nur glauben, werden nicht durch Urteile eines Inquisitionsgerichts beantwortet. Es sind unlösbare, das heißt, im menschlichen Rahmen offen bleibende und darüber hinaus weisende Fragen. Die Debatte darüber hat lange vor Galilei begonnen, wurde lediglich durch ihn pointiert und nur auf seine Person und sein Leben gerichtet, und sie geht noch lange nach dem Tod des „Sternenboten" weiter. Vielen der heutigen Zeitgenossen ist bekannt, wie zuletzt Papst Johannes Paul II. mit dem Fall Galilei gerungen hat. Es ist sicher zu begrüßen, dass der Pontifex Maximus – der größte Brückenbauer – im Jahre 1992, und damit 350 Jahre später, die Verdammung Galileis aufgehoben und der Wissenschaft die Hand der Versöhnung gereicht hat. Aber es hilft wenig, wenn dabei festgelegt wird, Galileis Verurteilung sei das Ergebnis „eines tragischen wechselseitigen Unverständnisses zwischen dem Pisaner Wissenschaftler und den Richtern der Inquisition" gewesen. Es gilt, die Quellen für dieses Unverständnis zu finden. Sie liegen tiefer, als viele meinen.

Das Newtonsche Uhrwerk

Zeitlich merkt man den jetzt folgenden Übergang in die moderne Physik kaum, denn Isaac Newton wird in dem Jahr geboren, in dem Galilei stirbt.[1] Aber was der Engländer in seinem Lebenswerk zustande bringt, ergibt eine völlig neue Qualität der Wissenschaft von der Natur, wobei sich der Begriff Natur zu Newtons Lebzeiten immer noch auf die Sterne und den Weltraum bezieht, was für uns heute schwer vorstellbar ist. Newtons großer und wahrlich umwerfender (revolutionärer) Beitrag zur menschlichen Kultur gelingt ihm bereits als junger Mann im Jahre 1665, als er sich am Trinity College in Cambridge aufhält, wohin er über seinen Onkel kam. Der kleine Isaac wuchs ohne seinen Vater auf, einen Farmer, der drei Monate vor der Geburt seines Sohnes starb. Der kränkliche Knabe wächst zunächst bei seiner Mutter in Woolsthorpe (Lincolnshire) auf, die ihn alleine groß zieht. Dann wird der Zwölfjährige auf eine Lateinschule in Grantham geschickt, wo er beim örtlichen Apotheker wohnen kann. Newton kehrt nie wieder nach Hause zurück. 1661 – im zarten Alter von 19 Jahren – trifft er in Cambridge ein, wo er die nächsten 35 Jahre bleiben wird. Als er nach vier Jahren sein Studium der Naturwissenschaften abschließt, erfährt er in kürzester Zeit einen kreativen

---

[1] An dieser Stelle ist eine Fußnote nötig, da seit 1582 in Europa zwei Kalender in Gebrauch sind, der julianische und der gregorianische, an den wir uns heute halten. England zählt bis 1752 julianisch, und hiernach kommt Newton am Weihnachtstag 1642 zur Welt. Gregorianisch gezählt ist Newton am 4. Januar 1643 geboren worden. Ähnlich kompliziert wird es mit dem Sterbedatum. Im julianischen Kalender – also im England Newtons – begann das Jahr am 25. März. Nun ist Newton in diesem Monat gestorben, julianisch gezählt am 20. März 1726. Gregorianisch ist das der 31. März 1727. Es wäre also zu schreiben: Newton (1642/1643–1726/1727). Auf jeden Fall und in jeder Zählung ist das Genie 85 Jahre alt geworden.

Schub, der in der Geschichte der Menschheit seinesgleichen sucht. Newton selbst hat dargelegt, wie er zu den Einsichten gelangte, die der Physik das Gesicht geben, das sie bis heute trägt – auch wenn sich dies beim ersten Lesen seiner Worte nicht gleich erschließen mag. Dennoch lohnt es, sie in einem Zug und ohne Beachtung der Details zu lesen, wobei die wichtigen Einsichten etwa von der Mitte an zu finden sind:

> Zu Beginn des Jahres 1665 fand ich die Methode der Reihenapproximation und die Regel, nach der eine beliebige Potenz eines beliebigen Binominialausdrucks auf eine solche Reihe zurückgeführt wird. Im Mai des gleichen Jahres fand ich die Tangentenmethode, und im November hatte ich die Methode der Ableitungen, und im nächsten Jahr im Januar hatte ich die Theorie der Farben und im folgenden Monat erhielt ich Zugang zur Integralrechnung. Und im gleichen Jahr begann ich darüber nachzudenken, dass sich die Gravitationswirkung bis zur Mondbahn erstreckt, und (nachdem ich herausgefunden hatte, wie die Kraft zu berechnen ist, mit der ein kugelförmiger Körper, der innerhalb einer Kugelschale umläuft, auf die Kugelschale drückt) ausgehend von Keplers Regel [gemeint ist das dritte Gesetz], nach der sich die Umlaufzeiten der Planeten verhalten wie die 1,5te Potenz ihrer Abstände vom Zentrum ihrer Bahn, leitete ich ab, dass die Kräfte, welche die Planeten auf ihrer Umlaufbahn halten, sich umgekehrt proportional zum Quadrat des Abstands zum Zentrum, um das sie umlaufen, verhalten. Dabei verglich ich die Kraft, die nötig ist, um den Mond auf seiner Umlaufbahn zu halten, mit der Gravitationskraft auf der Erdoberfläche, und ich fand sie in recht guter Übereinstimmung,

so konstatiert Newton höchst befriedigt, fügt eine weitere allgemeine Bemerkung über die Leistungsfähigkeit von Forschern an und charakterisiert damit die Zeit, in der er der Welt dieses Geschenk beschert:

> All das war in den beiden Pestjahren 1665–66. Denn in diesen Tagen war ich in meinem besten Alter für Entdeckungen und kümmerte mich mehr um Mathematik und Philosophie als zu irgendeiner anderen Zeit danach.

Das heißt, rund zwei Jahrzehnte später konzentriert sich Newton erneut auf die exakten Naturwissenschaften, um im Jahre 1687 sein Hauptwerk mit dem Titel *Mathematische Prinzipien der Naturphilosophie – Naturalis philosophiae principia mathematica* in der Originalfassung – vorzulegen, das gerne und zutreffend als das wichtigste Einzelwerk bezeichnet wird, das sich in der Geschichte der exakten Naturwissenschaften finden lässt. Mit einer genialen Festlegung (Definition) löst Newton darin ganz am Anfang auf, woraus ihm „alle Schwierigkeiten der Physik" zu beruhen scheinen, nämlich „aus den Erscheinungen der Bewegung die Kräfte der Natur zu erforschen und hierauf durch diese Kräfte die übrigen Erscheinungen zu erklären". Die Festlegung besteht darin, die Änderung des Bewegungszustandes (Beschleunigung), die ein Körper erfährt, durch die Kraft auszudrücken, die auf ihn ausgeübt wird, wobei die alltägliche Beobachtung berücksichtigt wird, dass die Beschleunigung eines Gegenstandes abhängig von seiner Masse erfolgt und mit ihrer Größe unterschiedlich ausfällt.

Mit anderen – genial konzipierten – Worten, die heute als Newtonsches Bewegungsgesetz bekannt sind: Kraft ist gleich Masse mal Beschleunigung, was sich in der mathematischen Sprache mit den Anfangsbuchstaben der benutzten Begriffe der Alltagssprache als $K = m \cdot b$ äußerst verkürzt formulieren lässt. So steht es bei Newton. Und diese Formel hat er im Buch der Natur gelesen, soweit man Galilei vertraut (Kasten: Newtons Uhrwerk).

Newtons Uhrwerk

Wenn Newton schreibt, Kraft ist gleich Masse mal Beschleunigung, dann versteht er dies als Definition der Kraft. Dass dies gleichzeitig als Bewegungsgleichung dienen kann, zeigt, dass physikalische Gesetze Schöpfungen des menschlichen Geistes sind. Es handelt sich nicht um Entdeckungen, wie vielfach gemeint wird, sondern um Erfindungen. Kant wird dies später so verallgemeinern, dass er sagt, die Gesetze der Natur finden wir nicht in der Natur, wir schreiben sie der Natur vielmehr vor (wobei dieses „Vorschreiben" etwas von einem preußischen Kasernenton an sich hat).

Newtons Bewegungsgleichungen gelten nicht nur auf der Erde, sie erstrecken sich vielmehr auf das Ganze, eben auf das Universum. Dass die Welt von Gleichungen erfüllt ist, hat manch einen zu der Ansicht geführt, im Kosmos gehe alles wohlbestimmt – determiniert – vonstatten. Dieses physikalisch funktionierende und nach den Bewegungsgleichungen ablaufende Universum bekam den Namen „Newtons Uhrwerk". Nach Newton befinden wir uns in einer Konstruktion, die so präzise und so vorhersehbar abläuft wie eine Uhr – womit Gott lediglich die Aufgabe zufällt, sie ab und zu einmal aufzuziehen.

Stimmt das? Ist das Universum jetzt determiniert und festgezurrt? Natürlich nicht. Was Newton geliefert hat, sind Gleichungen. Was wir suchen, sind Lösungen. Wie sich bald herausstellt, gibt es mehr Unbekannte im Universum als Gleichungen, in welchem Falle sich keine eindeutigen Lösungen finden lassen, wie wir in der Schule gelernt haben. Das Universum läuft nicht wie ein Uhrwerk ab, es verhält sich eher wie eine Wolke am Himmel, die natürlich auch physikalischen Gesetzen unterliegt, die aber weder daran denkt, immer gleich zu sein, noch vorhat, immer gleich zu erscheinen.

Ansichten zu und Einsichten von Newton

Einige Sachverhalte sind unbestritten: Newton war sowohl ein überragendes Genie als auch ein großer Angeber, was beides im Text seines Hauptwerks, den *Mathematischen Prinzipien der Naturlehre* von 1687 deutlich wird, in dem er überhaupt keine Rücksicht auf seine Leser nimmt. Newton war vermutlich auch ein Ekel, der generell rücksichtslos gegen eventuelle Konkurrenten vorging. Aber all das mag in eine umfangreiche Biographie gehören, die hier nicht geschrieben werden soll. Jedoch wollen wir näher auf den zitierten autobiographischen Text eingehen und uns dabei von unten nach oben vorarbeiten. Das Mathematische, das ganz am Anfang steht, übergehen wir dabei, da es für die Himmelskunde nicht relevant ist. Nicht vorbei aber kommen wir an den Farben, die wenigstens ein wenig am Himmel zu finden sind, und zwar als Regenbogen.

Dass sich Newton nach 1666 kaum noch mit der Physik beschäftigt, trifft leider zu, wie man insgesamt konstatieren muss. Newton nämlich war, bezogen auf sein ganzes Leben, weniger ein moderner Wissenschaftler als vielmehr ein sonderbarer Alchemist. Jedenfalls hat er sehr viel mehr alchemistische als wissenschaftliche Schriften hinterlassen, was Historiker zum einen noch nicht so lange wissen und zum anderen noch immer nicht ohne Mühe und Widerwillen zur Kenntnis nehmen. Dabei kann man recht einfach erklären, warum sich Newton nach seinem jugendlichen Geniestreich an den überlieferten Schriften der Alchemisten orientierte. Er hoffte hier – wo auch sonst? – eine Antwort auf die Frage zu finden, woher die Schwerkraft eigentlich kommt und entspringt? Newton hoffte, in dem geheimen Wissen fündig zu werden, das Gott den Verfassern alchemistischer Texte offenbart haben musste. Für den streng gläubigen Newton lag es auf der Hand, dass es „Gottes große Alchemie" war, die aus einem Urchaos die Ordnung der Welt geschaffen hatte, wie wir sie heute wahrnehmen, und in der die Gravitation und andere Kräfte wirken. Diese Kräfte führen zu einem dynamischen Wachsen und Wandeln, was Newton auf einen „vegetativen Geist" zurückführte, den er sich als „außerordentlich feine und unvorstellbar kleine Materiemenge" vorstellte, die alle Stoffe durchdringen kann und von Gott geschaffen worden ist.

Pest und Farben

In den Jahren der Pest von 1665 bis 1666 spielt Newton auch mit einem Prisma. Er beobachtet, wie ein weißer Lichtstrahl der Sonne in farbige Komponenten zerlegt wird, die selbst nicht weiter ausgespalten werden können. Mit der anschaulichen Vorgabe des Lichtspektrums entwickelt er eine Theorie der Farben, mit der sich auch der Regenbogen erklären lässt – also *das* Zeichen des ewigen Bundes zwischen Gott und den Menschen. Indem Newton die Farben dabei auf ein physikalisches Phänomen reduziert, zieht er sich den Ärger Goethes zu, der mehr als ein Jahrhundert später an die psychischen Dimensionen des Farberlebnisses erinnert.

Doch die Farben machen Newton nicht nur stolz, sie machen ihm auch Sorgen, und zwar dann, wenn man ein Fernrohr mit Linsen bauen will. Wer Galileis Teleskop technisch verbessern und eine höhere Vergrößerung erreichen will, der braucht mehr Linsen, läuft aber Gefahr, sogenannte Farbfehler zu begehen, wie es in der Wissenschaft heißt. Solche Fehler entstehen durch die unterschiedliche Ablenkung, die die von Newton entdeckten unterschiedlichen Farbkomponenten des Lichts erfahren, wenn sie Glas durchlaufen, ohne senkrecht aufgetroffen zu sein. Linsen, die weißes Licht wie eine Lupe auf einen Fokus hin sammeln, erzeugen im Grunde nicht einen, sondern viele Brennpunkte, nämlich für jede Farbkomponente einen. Abbildungen von bunten Objekten können also rasch unscharf werden, wenn man viele Linsen einsetzt, und Newton dachte darüber nach, wie sich dies vermeiden lasse. Die Lösung liegt im Verzicht auf Linsen. Und so baute er 1668 ein erstes Spiegelteleskop. Solche Teleskope werden heute stetig verbessert und erlauben Amateuren Beobachtungen, die ihnen sehr viel mehr Himmelskörper nahe bringen, als sie Galilei und Newton zusammen zugänglich waren.

Die Schwerkraft

Den gesamten Weltraum konnte Newton gedanklich erobern, und zwar durch seine wunderbare Idee der Schwerkraft oder Gravitation. Die Legende weiß dabei von einem Apfel zu berichten, der Newton auf den Kopf fällt und seinen Geistesblitz auslöst. Die Geschichtsschreibung hat in der Person des Nachlassverwalters John Conduitt, der mit Newtons Nichte verheiratet war, tatsächlich eine Quelle gefunden, die diesen Vorfall bestätigt. Dabei ist hinzuzufügen, dass Newtons Apfelerlebnis seine historische und wissenschaftliche Bedeutung deshalb bekommen konnte, weil der Physiker zur rechten Zeit einen alchemistischen Gedanken unter dem Schädeldach hatte, das von dem Obststück getroffen worden ist. Dieser Gedanke stammt aus der „Tabula smagdarina" des ausschließlich legendären Hermes Trismegistos und formuliert ein kosmisches Prinzip: „Die Dinge unten sind wie die Dinge oben."

Das heißt, wenn der Apfel auf den Boden fällt, muss man fragen, warum der Mond dies nicht auch tut. Und die Antwort Newtons darauf lautet: Weil er durch seine Umlaufbewegung eine Fliehkraft entwickelt, die als Gegenkraft in Aktion trifft und die Balance mit der Kraft hält, die den Mond wie den Apfel zur Erde hin zieht – physikalisch gesprochen: beschleunigt. Newton tauft diese Wirkung der Erdanziehung „Schwerkraft" oder „Gravitation", und er erkennt in seinen Wunderjahren nicht nur, „dass sich die Gravitationswirkung bis zur Mondbahn erstreckt", wie er schreibt, sondern er bemerkt zudem, dass die Gravitation nicht nur von der Erde, sondern von jeder Masse ausgeübt wird. Es klingt zwar kurios, aber es ist nicht nur die Erde, die einen Apfel anzieht. Es ist auch der Apfel, der die Erde anzieht (auch wenn das nicht sofort sichtbar wird). Die Gravitation ist ein universales Phänomen. Sie ist die große Kraft, die sich in alle Ecken des einen Universums findet.

Die Idee der Gravitation liefert gute Lösungen und Probleme zugleich (Was sonst? Jede gute Antwort bringt bekanntlich neue Fragen mit sich!) Die Schwerkraft zum Beispiel löst endlich das uralte irdische Rätsel, wieso Menschen auf einer runden Erde sowohl in Europa als auch am gegenüberliegenden Ort, in Australien, leben können. Wieso fallen die Neuseeländer nicht einfach von der Erde herunter und stürzen in den Weltraum? (Wobei die Neuseeländer sich umgekehrt natürlich fragen, warum wir Europäer dies nicht tun?) Die Antwort ist in beiden Fällen die gleiche: Wegen der Schwerkraft. Sie sorgt dafür, dass wir fest auf der Erde stehen(was sich vor allem dann als hinderlich erweist, wenn wir den Hochsprung üben).

Die Schwerkraft liefert zudem die Antwort auf die Frage, inwiefern sich all die Himmelskörper – Planeten, Sterne, Kometen – gegenseitig beeinflussen und anziehen. Und das besondere Wunder besteht darin, dass Newton in der Lage war, die Schwerkraft in eine geschlossene mathematische Form zu fassen. Diese Form – diese Formel – wird in den kommenden Jahrhunderten zum Vorbild und Traum aller Wissenschaftler und jeder Disziplin. Sie alle fangen an, wie Kant es ausdrückt, von einem „Newton des Grashalms" zu phantasieren, der analog zur Schwerkraftformel andere Formeln zu Papier bringt über das, was in der jeweiligen Wissenschaft im Zentrum steht, wie etwa eine „Wachstumsformel" oder eine „Reaktionsformel". Das Buch der Natur, so hatte Galilei einst gesagt, sei in der Sprache der Mathematik geschrieben, und Newton hat uns gezeigt, wie wir diese Sprache lesen und verstehen können.

Bei allen Triumphen aber hat Newton nicht übersehen, dass er sich mit der neuen Gravitation auch neue Probleme eingehandelt hatte, Probleme, die in der Tiefe ebenso wie an der Oberfläche liegen. An der Oberfläche konnte man jetzt fragen, wie die Schwerkraft es eigentlich schafft, durch den Raum zu kommen. Übt die Natur da eine Fernwirkung aus? Oder benutzt sie Zwischenträger? Oder irgendein Medium? „Wie kommt der Spinat auf das Dach?", könnte man kindlich fragen. Newton wusste es nicht. Und auch die Fragen, die in der Tiefe lagen, wusste er nicht zu beantworten: Was kann der Ursprung der Gravitation sein? Wie können eine Masse und die Kraft, die von ihr ausgeht, überhaupt entstehen?

Es bleibt bis heute rätselhaft, auch wenn darüber dicke Bücher geschrieben werden. Und auch, obwohl man seit dem 19. Jahrhundert davon spricht, dass es ein Gravitationsfeld gibt, das sich im Raum ausbreitet und die Massenanziehung als Nahwirkung gelingen lässt. Der Meister auf diesem Gebiet zeigt sich im 20. Jahrhundert in der Person des Albert Einstein, der vor allem dadurch berühmt wird, dass er die Grundgrößen Raum und Zeit, die Newton noch trennte und jeweils als absolute Größen sah, in Relation zueinander setzte und zu einer Raumzeit verwob.

Raum und Zeit

Newtons Leistungen stellen eine unendliche Geschichte dar, zu der auch seine Einsicht gehört, dass eine Bewegung, die einmal begonnen hat, so lange weitergeht, bis eine Kraft in Erscheinung tritt, die sie beeinträchtigt oder verändert. Es ist also gerade umgekehrt als bei Aristoteles, der geschrieben hat, dass eine Bewegung aufhört, wenn die Kraft zum Erliegen kommt, die für sie zuständig ist. Newton nannte den Grund für das mechanische oder dynamische Beharrungsvermögen „Trägheit" – vom Lateinischen „inertia", was im Englischen noch so ähnlich klingt und auch genau so geschrieben wird. Diese Trägheit stellt den Grund für die Bewegung der Planeten dar, die irgendwann einmal in Gang gekommen ist und jetzt einfach weiterläuft – wobei erneut diese schöne Lösung das neue und alte Problem mit sich bringt, wer denn die Bewegung ganz am Anfang – als erster unbewegter Beweger – angestoßen hat.

Für Newton war das keine Frage. Er vertraute einem – seinem – Gott. Und er dachte auch, dass Er es war, der durch seine Ausströmungen (Emanationen) die Grundvoraussetzungen dafür geschaffen hat, dass es ein Bewegen all dieser Körper geben kann, und diese Vorbedingungen von allem Treiben und Sein nennen wir seit alters her Raum und Zeit. Der Raum erlaubt mit seinen drei Dimensionen, dass sich Dinge vor-, neben- oder/und übereinander befinden können, und die eindimensionale Zeit erlaubt, dass etwas nacheinander passiert und abläuft. Materielle Dinge benötigen Raum und Zeit, mentale Phänomene kommen mit der Zeit aus, wie es scheint, was wir hier aber nicht präzisieren wollen. Literatur – und auch dieser Text – entfaltet sich vor allem in der Zeit, ein Gemälde (oder eine Skulptur) hingegen im Raum.

Newton schreibt es einem Gott zu, der Schöpfer von Raum und Zeit zu sein, von zwei Größen, die auf diese Weise beide absolut gesetzt werden, und die „ohne Beziehung" für sich sind und bleiben, wie Newton gleich am Anfang seiner *Principia* unmissverständlich bestimmt:

> Der absolute Raum ist unvergänglich und bleibt vermöge seiner Natur ohne Beziehung auf einen anderen Gegenstand stets gleich und unbeweglich. Und die absolute, wahre und mathematische Zeit fließt vermöge ihrer Natur ohne Beziehung auf einen anderen Vorgang gleichförmig ab.

Das klingt klar, das wirkt schön und klug, das erscheint sinnvoll. Aber all das gelingt in dieser Form nur, weil Newton, damals Mitte zwanzig, dem gesunden Menschenverstand erliegt, und weil Menschen manchmal geradezu bedingungslos bereit sind, ihm zu folgen. Zeit und Raum – sie scheinen überhaupt nichts miteinander zu tun haben, außer dass sie beide berechenbar und messbar zu sein scheinen und sich einfachen Rechenoperationen fügen. Newton ist auch sicher, die Geometrie des Raumes zu kennen, nämlich diejenige, die der Grieche Euklid fast 2000 Jahre zuvor aufgeschrieben hat und die auch von den Künstlern der Renaissance benutzt wurde, um mittels der Zentralperspektive den dreidimensionalen Raum auf einer flächigen (zweidimensionalen) Leinwand korrekt wiederzugeben.

Dieser Hinweis auf die Geometrie ist bei Newton deshalb wichtig, weil ein Blick in seine *Principia* zeigt, dass seine physikalischen Theorien als geometrische Sätze – als Sätze mit geometrischen Elementen wie Punkten und Linien – formuliert sind. In seiner Bewegungsgleichung bewegt sich ein Punkt (ein Massenpunkt) entlang einer berechenbaren Linie. Newton hielt die Geometrie (wörtlich „Weltvermessung") für eine göttliche Wissenschaft, deren Gegenstände wie der Raum keineswegs durch säkulare Eigenschaften, sondern als sakrale Qualitäten zu verstehen waren – der Raum zum Beispiel als „tamquam effectus emanativus", als die schon erwähnte Ausströmung Gottes also. Newton verehrt Raum und Zeit, darinnen Gott anwesend ist, wie er in der *Principia* schreibt: „Indem Er immer und überall ist, schafft Er Dauer und Raum", und das muss Er unentwegt leisten, wie der sarkastische Zeitgenosse Einsteins, der Physiker Wolfgang Pauli, 1947 in einem Brief an seinen Kollegen Markus Fierz schreibt:

„Dass Newtons Gottheit sich in 24stündigem Arbeitstag damit abmüht, die Zeit und dazu auch noch den absoluten Raum zu produzieren (für schlechten Lohn; ein paar schmeichlerische Lobsprüche und auch noch ein paar Flüche dazu), bloß um des zweifelhaften Vergnügens willen, allgegenwärtig sein zu können – nun, das ist nicht nur ein Anthropomorphismus, das ist einigermaßen grotesk!" Es sei denn, so fährt Pauli fort, man hat „soeben den absoluten Raum und die absolute Zeit in die Mechanik eingeführt", wie es Newton ja tatsächlich gerade gemacht hat. So paradox es am Ende auch klingen mag: Zwar hat Newton viel erreicht, aber oftmals das Gegenteil von dem, was seine Absicht gewesen sein muss, und insgesamt hat sein Beitrag das Studium des Universums nicht erleichtert, sondern erschwert, und zwar enorm.

Er hat zum einen mit seiner mathematischen Naturbeschreibung genau den materiellen Vorstellungen und Kräften Auftrieb gegeben, denen er als gottesfürchtiger Mensch persönlich ablehnend gegenüber stand. Und er hat zum anderen dafür gesorgt – in Paulis Worten von 1947 –, dass „Raum und Zeit quasi zur rechten Hand Gottes gesetzt [worden sind] und zwar auf den leer gewordenen Platz des von dort vertriebenen Gottessohnes". Es hat „dann einer ganz außerordentlichen Anstrengung bedurft, um Raum und Zeit aus diesem Olymp herunterzuholen", nämlich der von Einstein. Doch es wird noch viel Zeit in den Raum fließen müssen, bis dies soweit ist und zu sehen ist, dass beide ganz einfach miteinander zusammenhängen: Denn wer sich im Raum bewegt, braucht dafür Zeit. Und dasselbe gilt für den, der in den Raum blickt. Den Raum gibt es nicht ohne die Zeit – und diesen Text auch nicht.

Die Raumzeit und die Relativität

Der Mann, der hauptverantwortlich zeichnet für das moderne Bild des Kosmos, erfreut sich großer Popularität, die vermutlich der Tatsache entspringt, dass sich alle Menschen für sein Studienobjekt interessieren, nämlich für den Raum und die Zeit, die den Aufenthaltsort der Menschen im Kosmos ergeben und ihren Platz in der Welt schaffen. Wer will nicht verstehen, wie das Universum aussieht, dessen Kinder wir sind? Und Einstein hat es herausgefunden, und zwar ohne Maschinen, allein durch hartnäckiges Nachdenken, das sich auch durch erfolglose Jahre hindurch nicht bremsen ließ.

Wenn es heißt, dass (fast) niemand versteht, was Einstein sagt, müsste es genauer auch heißen, dass (fast) niemand versteht, was er in seinen Theorien über die Krümmung des kosmischen Raums und seine Verbindung mit der Dimension der Zeit sagt. Denn wenn sich Einstein von der Wissenschaft ab- und seinem zweiten Lieblingsthema zuwendet und er über Gott oder Götter spricht, dann versteht man sehr wohl, was er sagt (oder meint es auf jeden Fall). Einstein äußert sich hier fast naiv wie ein pfiffiger Konfirmand, etwa wenn er wissen will, an welchen Schräubchen im Himmel gedreht wird, um das Universum in Gang zu halten, oder wenn er der Welt seine Überzeugung mitteilt, dass der Herrgott zwar raffiniert, aber nicht bösartig ist.

Wie Newton kennt auch Einstein ein Wunderjahr, und in seinem *Annus mirabilis* von 1905 revolutioniert der damals 26jährige Angestellte III. Klasse am Patentamt in Bern die Physik und unser Weltbild nicht zuletzt durch eine neue „Auffassung vom Wesen von Raum und Zeit". Einsteins Gedanken sind so ungewohnt und geraten so sehr mit dem gesunden Menschenverstand in Konflikt, dass die offizielle Wissenschaft ein paar Jahre braucht, bis sie ihren künftigen Star entdeckt. Erst 1909 wird er als Professor nach Zürich berufen – und dann auch nur als ein außerordentlicher. Den Sprung zum Ordinarius schafft Einstein erst 1911, und zwar dank der Deutschen Universität Prag, wo er aber nicht lange bleibt. Bereits 1912 kehrt er in die Schweiz zurück, die er zwar liebt, die ihn aber oft peinlich genau beargwöhnt. Am Vorabend des Ersten Weltkriegs folgt (der einer breiten Öffentlichkeit nach wie vor völlig unbekannte) Einstein dem Ruf von Max Planck (1858–1947) und wechselt in die deutsche Hauptstadt. In Berlin wird er Direktor des Kaiser-Wilhelm-Instituts für Physik ohne Lehrverpflichtung und hauptamtliches Mitglied der Preußischen Akademie der Wissenschaften.

1915 stellt Einstein auf einer Sitzung der Preußischen Akademie der Wissenschaften die kosmische Fassung seiner Vorstellungen von Raum und Zeit vor, die als allgemeine Relativitätstheorie bekannt geworden sind und ein merkwürdiges Bild des Weltalls zeigen. Einstein zeigt erneut, dass es ein Universum ist, in dem wir leben. Er macht eins aus zwei, indem er Raum und Zeit zu einer Einheit zusammenfügt, die er Raumzeit nennt. Und er zeigt, dass wir uns auf der gekrümmten Oberfläche dieser vierdimensionalen Struktur aufhalten.

Das hört sich für Laien zwar völlig unverständlich an, aber die dazugehörigen physikalischen Ideen sind präzisen Messungen zugänglich und damit quantitativ überprüfbar. Als die geeigneten Experimente 1919 unter Leitung des britischen Astrophysikers Arthur Eddington (1882–1944) unternommen werden und offiziell bestätigen, dass Einsteins Ideen das Universum besser beschreiben als die Vorstellungen von Isaac Newton, an die man sich seit Jahrhundert orientiert hatte, ist ein neuer Star geboren. Einstein kommt auf die Titelseiten der Tageszeitungen, und die Relativitätstheorie wird zum Stadtgespräch. Von nun an wächst er in die Rolle des Weltweisen, und sein Gesicht entwickelt sich nach und nach zu einer Ikone.

Die Relativität von Raum und Zeit

Es gibt zwei Relativitätstheorien, eine spezielle, die Einstein 1905 vorlegen konnte, und eine allgemeine, für die er zehn Jahre länger gebraucht hat. Die Bezeichnung „Relativität" kommt dabei von der Ausgangsfrage her, wie zwei Menschen die Welt erfahren, die sich relativ zueinander bewegen. Als Beispiel kann man sich einen Beobachter am Hafen und einen zweiten in einem vorbeifahrenden Schiff vorstellen, wie dies schon Galilei getan hat. Als erste Möglichkeit wird dem Schiff erlaubt, mit konstanter Geschwindigkeit Kurs zu halten. Es vollzieht also eine gradlinige gleichförmige Bewegung, wie man sagt, wobei klar ist, dass sich auch ein Beobachter an Bord als ruhend betrachten und den Kollegen an Land als relativ zu ihm bewegt betrachten kann. Beide Sichtweisen sind äquivalent, sie müssen zu den gleichen physikalischen Gesetzen führen, und die spezielle Relativitätstheorie bringt dies zustande.

Nach diesem Erfolg fragt sich Einstein, ob „das Prinzip der Relativität auch für Systeme gilt, welche relativ zueinander beschleunigt sind". Die entsprechende Situation kann sich leicht vorstellen, wer an ein Segelboot denkt, das den Kräften des Windes ausgesetzt ist und dauernd beschleunigt oder abgebremst wird. Da wir im kosmischen Rahmen auf einem Planeten unterwegs sind, auf den mehr Kräfte einwirken als auf ein Segelboot und der deshalb auf keinen Fall gradlinig bewegt ist und vielfach beschleunigt wird, will (und muss) Einstein seine Relativitätstheorie nun auf beliebige Systeme ausweiten. Als konkreter Ausgangspunkt dient ihm dabei die Frage, ob und wie sich Beschleunigungen von den Wirkungen unterscheiden lassen, die Schwerefelder auf einen Körper ausüben. Die Antwort darauf ist schwieriger als auf die Frage, wie sich die Leute auf dem Schiff und die Leute im Hafen darüber einigen können, ob zwei Ereignisse gleichzeitig stattgefunden haben. Einsteins frühe und nachhaltige Erkenntnis, die ihm offenbar eines frühmorgens beim Aufwachen gekommen ist, besteht darin, dass dem, was wir Gleichzeitigkeit nennen, keine absolute Bedeutung zukommen kann. Sie ist nur relativ zu haben.

Gleichörtlichkeit

Das eher schwierige Konzept der Gleichzeitigkeit hat Einstein einmal dadurch zu erläutern versucht, dass er das räumliche Gegenstück einer „Gleichörtlichkeit" eingeführt hat. In einem um 1917 herum entstandenen Text, in dem er „Die hauptsächlichen Gedanken der Relativitätstheorie" für ein breiteres Publikum formuliert hat, schlägt er (in uralter Rechtschreibung) vor, sich den Sinn der folgenden beiden Aussagen zu überlegen:

> Zwei Ausbrüche des Vesuv finden zu verschiedener Zeit, aber an demselben Orte statt (nämlich am Krater des Vesuv). Das Aufleuchten zweier entfernter ‚neuer Sterne' findet zu derselben Zeit aber an verschiedenen Orten statt.

Wer dies tut, kommt zu folgendem Ergebnis: „Seit langem weiß man, dass die Aussagen der ersten Art (über die Gleichörtlichkeit) keinen Sinn haben. In der That dreht sich ja die Erde um die Achse, bewegt sich dabei um die Sonne, und bewegt sich mit dieser noch obendrein nach dem Sternbilde des Herkules hin. Man kann also doch nicht ernsthaft behaupten, dass beide Ausbrüche des Vesuv an demselben Ort des Weltalls stattgefunden hätten."

„Man sieht an diesem Beispiele leicht", fährt Einstein dann fort, „dass wir derartigen Aussagen über die Gleichörtlichkeit überhaupt keinen Sinn beimessen können. Wir können nur sagen: die beiden Ausbrüche des Vesuv finden an demselben Orte *inbezug auf die Erde* statt." Die Erde spielt in dieser Aussage die Rolle eines „Bezugskörpers"; örtliche Aussagen haben nur dann einen Sinn, wenn sie auf einen Bezugskörper bezogen werden.

Dann vollzieht Einstein den Schritt zur Gleichzeitigkeit, was problematisch ist, weil man zunächst geneigt ist, wie er es formuliert, „einen Menschen für geisteskrank zu erklären, der behauptet, die Aussage vom gleichzeitigen

Aufleuchten zweier Sterne hätte keinen bestimmten Sinn, wenn man nicht einen Bezugkörper aufweise, auf den sich die Aussage über Gleichzeitigkeit beziehen solle. Und doch ist die Wissenschaft durch die überzeugende Gewalt von Erfahrungsthatsachen dazu gezwungen worden, dies zu behaupten."

Es geht dabei um die Erfahrungen, die mit der Ausbreitung des Lichts im Kosmos gemacht worden sind und die in dem „Relativitätsprinzip" zusammengefasst werden können, in dem konstatiert wird, dass die Naturgesetze unabhängig vom Bewegungszustand eines Bezugskörpers sind. Um diesen Gedanken widerspruchfrei anwenden zu können, muss die Hypothese von einem absoluten Charakter der Zeit aufgegeben werden. Zeit muss relativ zu einem Bezugskörper (eine Uhr) definiert werden, und zwar so, „dass inbezug auf ihn das Gesetz von (der Konstanz) der Lichtgeschwindigkeit gültig ist".

Gleichzeitigkeit

„Definition der Gleichzeitigkeit" – so ist der erste Abschnitt von Einsteins berühmter Arbeit über die „Elektrodynamik bewegter Körper" überschrieben, die im Wunderjahr erscheint. Ihm ist bei seinen dazugehörigen Überlegungen aufgefallen, „dass alle unsere Urteile, in welchen die Zeit eine Rolle spielt, immer Urteile über gleichzeitige Ereignisse sind." Denn „wenn ich z. B. sage: ‚Jener Zug kommt hier um 7 Uhr an', so heißt dies etwa: ‚Das Zeigen des kleinen Zeigers meiner Uhr auf 7 und das Ankommen des Zuges sind gleichzeitige Ereignisse'.

Das, was wir Zeit nennen, kann nur für den Ort festgelegt werden, an dem sich die Uhr befindet, mit der gemessen wird. Ihre Zeiger können zwar überall im Universum eine bestimmte Stellung einnehmen. Aber es braucht Zeit, bis die Information über die Zeit, die sie damit anzeigen, bei einem anders positionierten und relativ bewegten Beobachter angekommen ist. Schließlich kann nichts schneller als Lichtgeschwindigkeit vorankommen. Das herkömmliche Verständnis von Gleichzeitigkeit gilt nur für den Ort der Uhr selbst. Um „an verschiedenen Orten stattfindende Ereignisreihen miteinander zeitlich zu verknüpfen", benötigt man ein Verfahren, um die Zeiten zu ordnen, die mit räumlich getrennten und relativ zueinander bewegten Uhren gemessen wurden. Einstein schlägt im Verlauf des Textes einen mathematisch befestigten Weg zur Synchronisation vor, an dessen Ende eine Symmetrie steht. Jetzt ist nicht nur der Ort, den ich einnehme, von der Zeit abhängig. Jetzt ist auch die Zeit, die ich dort messe, von dem Ort abhängig, an dem ich bin. Anders und höchst wissenschaftlich ausgedrückt – die Zeit wird die vierte Dimension eines Kontinuums aus Raum und Zeit, das den Namen Raumzeit bekommt und unser Universum *ist*.

Raumzeit und mehr

Was ein Zeitraum ist, wissen wir alle ohne Schwierigkeiten zu sagen, auch ohne Kenntnisse der Physik. Was aber eine Raumzeit ist, scheint nur mit Mühe verständlich zu sein. Das mag an der Tatsache liegen, dass die Idee ursprünglich von einem Mathematiker stammt, von Hermann Minkowski (1864–1909), der Einsteins physikalischen Ideen die elegante Form gab, die sie in den Lehrbüchern der Physik nach wie vor hat. In ihr wird unsere Welt als ein kontinuierliches Gebilde mit drei räumlichen und einer vierten Dimensionen präsentiert, in der die Zeit auftaucht. Damit kommt in der Sprache der Mathematik zum Ausdruck, was Einstein erkannt hat und einem schlichten Verständnis der Wirklichkeit zu widersprechen scheint. Naiv denken wir, dass Raum und Zeit nichts miteinander zu tun haben und nebeneinander herlaufen. Doch nach und mit der Relativitätstheorie wissen wir es besser. Zeit und Raum hängen eng zusammen, was Dichtern übrigens nie fremd gewesen ist. Wenn etwa Thomas Mann die Brüder im gleichnamigen Roman *Joseph und seine Brüder* lange Wüstenreisen unternehmen lässt, spricht er davon, dass dabei irgendwann die Zeit den Raum besiegen kann.

Die Verbindung von Raum und Zeit als Raumzeit erkennt Einstein bereits in der speziellen Relativitätstheorie. Wenn er ihr später ihre allgemeine Form gibt, verweben sich dabei auch Raum und Masse, die ihrerseits – wie erwähnt – in Energie umgerechnet werden kann. Damit hängen plötzlich alle Grundformen des physikalischen Seins zusammen: Raum, Zeit, Energie und Masse bzw. Materie. Das heißt, sie können aus einem Punkt – in einem Urknall gemeinsam entstanden sein und werde wahrscheinlich zusammen vergehen. Damit lässt sich die wohl tiefste Einsicht Einsteins in unser Raumzeit-Universum in seinen eigenen Worten ausdrücken:

> Früher hat man geglaubt, wenn alle Dinge aus der Welt verschwinden, so bleiben noch Raum und Zeit übrig; nach der Relativitätstheorie verschwinden aber Zeit und Raum mit den Dingen.

Die Welt als Ganzes

In seinem erstmals 1917 erschienenen und bis heute aufgelegten Buch *Über die spezielle und die allgemeine Relativitätstheorie* gibt es einen dritten Teil, der mit „Betrachtungen über die Welt als Ganzes" überschrieben ist und der auf „die Möglichkeit einer endlichen und doch nicht begrenzten Welt" hinweisen will. Einstein hat nämlich gefunden, wie „man an der *Unendlichkeit* des Raumes zweifeln kann, ohne mit den Denkgesetzen in Kollision zu geraten." Und zwar so:

„Wir denken uns zunächst ein zweidimensionales Geschehen. Flache Geschöpfe mit flachen Werkzeugen, insbesondere flachen Meßstäbchen seien in einer *Ebene* frei beweglich." Wenn diese Wesen nur das Geschehen in ihrer Ebene beobachten, werden sie finden, dass ihre ganze Welt eben ist, und damit können wir einen Schritt weitergehen:

„Wir denken uns nun abermals ein zweidimensionales Geschehen, aber nicht auf einer Ebene, sondern auf einer Kugelfläche. Was passiert, wenn die flachen Geschöpfe mit ihren Maßstäben … genau in dieser Fläche", die sie nicht verlassen können, den Versuch unternehmen, „eine Gerade zu realisieren"? Können sie das?

Die Antwort lautet Nein, denn – so Einstein –, bei dem Bemühen würden sie „eine Kurve erhalten, welche wir ‚Dreidimensionalen' als größten Kreis bezeichnen, also eine in sich geschlossene Linie von bestimmter endlicher Länge, die sich mit einem Stäbchen ausmessen lässt."

„Der große Reiz, den die Versenkung in diese Überlegung bereitet", besteht für Einstein in der Erkenntnis, die er kursiv setzen lässt: *„Die Welt dieser Wesen ist endlich und hat doch keine Grenzen."*

Nun gibt es zu der eben geschilderten zweidimensionalen Kugelwelt ein Analogon im Raum unserer Erfahrung. Der Mathematiker Bernhard Riemann hat im 19. Jahrhundert die Geometrie für den entsprechenden dreidimensionalen Kugelraum entworfen, in dem wir so stecken, wie die Zweidimensionalen auf ihrer Oberfläche. Damit kann Einstein die uralte Frage, ob wir in einer endlichen oder einer unendlichen Welt leben, auf höchst elegante und zugleich äußerst befriedigende Weise beantworten. Der Raum, in dem wir leben, ist endlich, ohne Grenzen zu haben. Das Weltall ist damit, wie es sich Menschen wünschen, die sowohl Angst vor einer unendlichen Leere als auch vor eine Einschränkung ihres Bewegungsraumes haben. Beides hat Einstein von den Menschen ferngehalten. Deshalb bleibt es uns nah.

6

Der Verlust einer Vorsilbe

Die ersten Erfolge der Chemie im Jahrhundert nach Newton

Als Alchemie ist die Chemie uralt, wie in den ersten Kapiteln erzählt worden ist. Aber es dauerte auch bei dieser Wissenschaft ohne einen Namen, die keinen eindeutig griechischen Ursprung wie die Physik und später die Biologie erkennen lässt, bis zum 17. Jahrhundert, bis das dazugehörigen Tun und Treiben tatsächlich den Rang einer Wissenschaft im modernen Sinne bekam, die sich dabei ihrer Vorsilbe entledigte und von nun an nur noch Chemie hieß. Als erstes Buch, das Notizen nicht mehr über alchemistisches Probieren in Rauchlöchern, sondern über chemisches Experimentieren mit Reagenzgläsern in Laboratorien enthielt, gilt die Schrift *Tyrocinium chymicum*, die der Franzose Jean Béguin verfasst und 1610 in Paris vorgelegt hat. Eine Buchausgabe der heute besser als pharmazeutisch zu klassifizierenden Mitteilungen ist 1634 in Wittenberg erschienen. In dieser Zeit lenkten die Wissenschaftler so nach und nach ihren Blick auf die bekannten Salze und Säuren, auf den vertrauten Schwefel und die verfügbaren Metalle, um die dazugehörigen Substanzen oder Körper „durch sichtbare Operationen in bestimmte grobe und mit Händen greifbare Prinzipien aufzulösen", wie der Franzose Bernard le Bovier de Fontenelle (1657–1757) um 1699 schrieb, den man heute als Intellektuellen oder Essayisten einschätzen und bezeichnen würde. Fontenelle verglich damals die sich neu etablierende Wissenschaft der Chemie mit ihrer bereits erfolgreichen Schwester, der Physik, indem er notiert:

> Der Geist der Chemie ist undeutlicher, verborgener; er ähnelt mehr den Gemischen, deren Prinzipien verworrener sind; der Geist der Physik ist einfacher, entwickelter; schließlich geht er bis auf die ersten Ursprünge zurück, während der andere nicht bis zum Ziel gelangt.

Ein vielleicht zu hartes Urteil, das sich ebenso in einem damals zirkulierenden Diktum wiederfindet, dem zufolge man die Physik begreifen kann, während man die Chemie erlernen muss. Dabei gab es seit 1661 das große Werk *The Sceptical Chymist* von Robert Boyle (1626–1691). In Form von Dialogen erörtert der britische Wissenschaftler darin die Frage, ob man die Materie und ihre Substanzen durch die Annahme verstehen kann, dass sie aus kleinsten Elementargebilden – aus Atomen und ihren Gruppierungen – zusammengesetzt sind, und ob sie ihre greifbaren und anschaulichen Eigenschaften dadurch bekommen, dass diese gedachten Bausteine beweglich sind und ab und zu zusammenstoßen. Diese Überlegungen finden Eingang in ein Forschungsprogramm der Physik, das im 19. Jahrhundert erfolgreich umgesetzt wurde und heute unter dem Namen einer kinetischen Gastheorie bekannt ist. Sie funktioniert aber erst, seit die Wissenschaft mit Wahrscheinlichkeiten umgehen und statistisch argumentieren kann, was Boyle noch nicht möglich war. Der britische Begründer der Chemie schlug in Verbindung und als Folge seiner Gedanken über grundlegende Bausteine mutig vor, die uralte Lehre der Antike von den vier Elementen Feuer, Erde, Wasser und Luft nicht allzu wörtlich zu nehmen, und er erinnerte an den bereits seit Beginn des 17. Jahrhunderts zirkulierenden und erprobten Gedanken, dass die Luft, die wir Menschen atmen, überhaupt keine elementare – sprich: einheitliche – Größe darstellt und vielmehr als ein kombiniertes Element zu denken ist, zusammengesetzt aus flüchtigen Stoffen, für die 1603 der Name „Gas" erfunden und vorgeschlagen worden war, und zwar von dem belgischen Naturforscher Johan Baptista von Helmont (1580–1644). Von Helmont suchte primär einen besonderen Begriff für den aufsteigenden Dunst, den man, wenn es kalt wird, über einer Wasseroberfläche etwa in Flusstälern beobachten kann. Bei seiner Wortfindung ging er von dem griechischen Wort „Chaos" aus, das in seiner Muttersprache ähnlich klingt, und so fand das knappe Wort „Gas" als Begriff auf eher willkürliche Weise Eingang in die Wissenschaft und die Welt: „In Ermangelung eines Namens", so schrieb von Helmont zu Beginn des 17. Jahrhunderts, „habe ich mir die Freiheit zum Ungewöhnlichen genommen, diesen Hauch Gas zu nennen, da er sich vom Chaos der Alten nur wenig unterscheidet", wie nicht unbedingt jedem einleuchten muss und eher amüsiert zur Kenntnis genommen werden kann.

Die Kräfte der Körper

Wie dem auch sei: Mit diesem neuen Begriff bestand die bislang elementare Luft plötzlich aus mehreren Gasen, was weitere Fragen aufwarf: Woraus bestehen die Gase selbst? Wie unterscheiden sich verschiedene Formen dieses materiellen Hauches oder Dunstes? Woraus bestehen flüchtige Stoffe? Und wie vermischen sie sich etwa zu den verschiedenen Formen von Luft, die es beim Ein- und Ausatmen gibt, oder wie agieren sie auf andere Weise miteinander? Überhaupt – was hält Stoffe und Substanzen zusammen? Und wie wandeln sie sich um, wenn es zu dem kommt, was heute als chemische Reaktion verstanden und untersucht wird, und was damals sicher in Abertausend Beobachtungen von Alchemisten mit ihren Scheidekünsten und Destillationen verfolgt und genutzt wurde?

Es war abermals ein Franzose, der sich mit einer Hypothese vorwagte. Der auch als Arzt tätige Claude-Louis Berthollet (1748–1822), propagierte im 18. Jahrhundert die Ansicht,

> Die Kräfte, welche die chemischen Phänomene hervorrufen, gehen sämtliche auf jene wechselseitige Anziehung der Moleküle zurück, der man den Namen Affinität gegeben hat, um sie von der astronomischen Anziehung zu unterscheiden. Es ist wahrscheinlich, dass beide nur ein und dieselbe Eigenschaft sind.

Die letzte Vermutung geht bekanntlich in die Leere, denn die chemische Bindungskraft zwischen Molekülen hat nichts mit der physikalischen Anziehungskraft zwischen Massen zu tun, die Newton entdeckt hatte und deren erfolgreiche Anwendung in der Physik natürlich hinter dem Konzept der Affinität steht, das Berthollet benennt und zwischen Molekülen in Aktion sieht. Wobei das damals neue Wort „Molekül" – anfangs auch noch „Molekel" – vom lateinischen „molecula" abgeleitet wurde, was eine „kleine Masse" meint. Wenn sie auch klein gedacht waren, so ging es doch um Massen, und zwischen denen hatte das große Vorbild aller Forschung, Isaac Newton, eine anziehend wirkende Schwerkraft bemerkt. Die Chemiker versuchten von diesem Gedanken zu profitieren, um die Bindung zwischen den Molekülen etwa eines Gases verstehen oder wenigstens begründen zu können.

Die chemische Anziehung (von Molekülen) musste anders funktionieren als die physikalische Anziehung (von Massen), und so kam die Zunft auf die Idee der Affinität, wobei das Wort aus dem Arsenal der Alchemie stammte und auf seine „verschwommene und unbestimmte" Weise die verborgene Eigenschaft erfasste, „dank welcher sich verschiedene Körper mehr oder weniger leicht vereinigen", wie 1776 in der berühmten *Encyclopédie* zu lesen war, die Denis Diderot zu verdanken ist.

Das Komplizierte an der Chemie zeigte sich im Vergleich zur Physik unter anderem darin, dass es neben der Bindung (Anziehung) auch das Gegenstück der „Verdrängung" gab, wie es damals ohne psychologischen Hintergedanken hieß, zu der es kommt, wenn ein Körper (eine Substanz, ein Molekül) an die Stelle einer anderen in seiner Verbindung mit einem dritten tritt. Newton selbst bemühte sich um diese chemische Erweiterung seiner Kraftvorstellungen, und er untersuchte die Verbindungen und Trennungen chemischer Körper am Beispiel von Kupfer-, Quecksilber und Silberlösungen, die er mit „Scheidewasser" vermischte, was in der Sprache der heutigen Chemie Salpetersäure heißt. Aber die Mathematisierung, die beim Himmel gelungen war und mit deren Hilfe sich alles auf eine universale Kraft, auf die Gravitation, zurückführen ließ, wollte mit den irdischen Stoffen nicht gelingen. Newton selbst führte dies auf die Lösungsmittel zurück, die eine Art von Vermittlerrolle am chemischen Horizont übernahmen, wie sie im Weltall nicht benötigt wurde.

Konkreter gesagt: Alle Bemühungen um die chemische Anziehung der kleinen Massen ließen immer deutlicher erkennen, dass sich die Wissenschaft von den Stoffen im Unterschied zur Physik von den einzelnen Körpern (den Himmelskörpern) abwenden und den Kombinationen der Moleküle zuwenden musste. Chemie musste die Wissenschaft der Verbindungen werden und die Kräfte vergleichen, die zwischen ihren Objekten agierten, statt nach der einen Kraft zu suchen, die es nur für die Physik gab. So fingen Chemiker an, Tabellen der Affinität aufzustellen. Zu den eifrigsten Bauern in diesem wissenschaftlichen Weinberg zählte der Schwede Torbern Olof Bergman (1735–1784), der um 1780 die Ergebnisse von mehreren Zehntausenden von chemischen Reaktionen zusammenstellte, in denen er die vielfältigen Affinitäten natürlicher Stoffe erkunden wollte, die er mit dem schönen und eingängigen Wort der „Verwandtschaft" versah und so allgemeinverständlich machte.

Bei diesem Begriff fällt dem gebildeten Leser unweigerlich der Titel von Goethes Roman *Wahlverwandtschaften* ein, der 1809 erschienen ist und in dem ein Hauptmann seine Vorstellungen von chemischen Wirkungen (Reaktionen) so beschreibt:

> Man muß diese tot scheinenden und doch zur Tätigkeit innerlich bereiten Wesen wirkend vor seinen Augen sehen, mit Teilnahme schauen, wie sie einander suchen, sich anziehen, ergreifen, zerstören, verschlingen, aufzehren und sodann aus der innigsten Verbindung wieder in erneuter, neuer, unerwarteter Gestalt hervortreten: dann traut man ihnen erst ein ewiges Leben, ja wohl gar Sinn und Verstand zu, weil wir unsere Sinne kaum genügend fühlen, sie recht zu beobachten, und unsere Vernunft kaum hinlänglich, sie zu fassen.

In Goethes Roman werden nicht chemische, sondern menschliche Körper – Personen – miteinander in Berührung gebracht, und das Ergebnis der entsprechenden Begegnungen bleibt unvorhersehbar, wie etwa eine Frau namens Charlotte feststellt, die mit einem Grafen Eduard verheiratet ist. Charlotte meint nämlich, dass alle Einladungen mit dem dazugehörigen Zusammenführen von Menschen „Wagestücke" sind. Und „was daraus werden kann, sieht kein Mensch voraus." In ihrem Haus sind vier Menschen zusammengekommen, das genannte Ehepaar, der erwähnte Hauptmann und eine junge Frau mit Namen Ottilie, die auf beide Männer – den verheirateten und den unverheirateten – Eindruck macht. An dem handelnden Quartett möchte Goethe die verwandelnde Kunst des Trennens und Vereinigens beschreiben, und er benutzt dazu die Chemie mit ihren bindenden und lösenden Reaktionen, die konkret durch die Beschreibung des Vorgangs ins Spiel kommt, mit der verdünnte Schwefelsäure Kalkerde angreift, um den Kalk daraus zu lösen und selbst als „zartes, luftiges" Gebilde zu entfliehen.

In den Gesprächen beginnt Charlotte zu begreifen, „dass die Chemie keine Wissenschaft der Gesetze, sondern die Kunst der Umstände ist", wie es die Historikerin Isabelle Stengers ausdrückt, um Charlottes Gedanken wie folgt fortzusetzen:

> Sie muß freilich noch lernen, dass die Verbindung zweier Wesen – von den Gesetzen der Ehe sanktioniert, von der Harmonie der Gesinnungen, der Interessen und der Vernunft bekräftigt – wider alle Vernunft durch die zufällige Einwirkung eines Dritten zerstört werden kann. Charlotte, mit Eduard „so schön verbunden", fühlt sich verdrängt durch dessen Komplizenschaft mit dem Hauptmann, wie die zarte Säure der Parabel. Und Ottilie, die man kommen zu lassen beschließt, um Charlotte über ihre Entfernung von Eduard hinwegzutrösten, wie ein vierter Körper, der sich mit dem verlassenen dritten verbindet, wird eine ganz andere Wirkung haben. Sowenig wie die chemischen Verbindungen und Trennungen sind die menschlichen Leidenschaften rationaler Voraussicht zugänglich.

Im Anschluss an Goethes Roman stellen sich nach Ansicht der genannten Wissenschaftshistorikerin Fragen der Art, ob die Chemie nicht eine Wissenschaft werden kann oder muss, die nach dem Vorbild der Newtonschen Himmelsmechanik mathematisch formulierte Gesetze hervorbringt? Oder sollte sie als eine Art Kunst in den Händen von tätigen Chemikern gesehen werden und ihre Nähe zur handwerklichen Tätigkeit bewahren? Wie kann rationaler Fortschritt in der Chemie möglich und organisiert werden, wenn es mehr um experimentelles Vermögen und weniger um mathematisch geprägte Theorien beim Umgang mit den Objekten der Begierde geht?

Die chemische und andere Revolutionen

Seit die Chemie sich zu einer eigenständige Form von Naturwissenschaft zu entwickeln begann, sah sie sich mit dem großen Vorbild der Physik konfrontiert, obwohl deren Vertreter sich wenig um die intrinsischen Eigenschaften von Körpern und Stoffen kümmerten und bevorzugt an deren Oberfläche blieben. Was der Chemie lange fehlte, war so etwas wie einheitliches Gesetz, an das sich ihre Betreiber halten konnten, aber dies sollte ihr in den Jahren zukommen, in denen zwei große politische Revolutionen ihre historische Wirkung entfalteten, und zwar die Geschehnisse in der neuen Welt namens Amerika und der Umsturz in einem Land der alten Welt namens Frankreich. Die Idee von Revolutionen lag im späten 18. Jahrhundert offenbar so deutlich in der Luft, dass sie selbst Einzug in die Laboratorien hielt, und so kam es, dass Antoine Laurent Lavoisier (1743–1794) seinen Beitrag zu der aufkeimenden Wissenschaft der Chemie kühn und selbstbewusst als revolutionär bezeichnete.

Die Wissenschaftsgeschichte gibt ihm heute fraglos und gerne recht, wobei das Spektrum von Lavoisiers Leistungen viele Aspekte aufweist, die alle beachtenswert sind. Seine historische Tat bestand zunächst und vor allem darin, seinem wissenschaftlichen Tun eine exakte Grundlage zu geben, indem er die Waage in die Chemie einführte und genaue Messungen der Menge von Substanzen vor und nach dem Eintreten chemischer Reaktionen unternahm. Auf diese Weise bemerkte und konstatierte Lavoisier das, was Lehrbücher heute als allgemeines „Prinzip der Massenerhaltung" kennen oder als „Erhaltung der Materie" bezeichnen. In einer chemischen Reaktion, so ermittelte Lavoisier, bleibt das Gesamtgewicht erhalten, das heißt, die Masse aller reagierenden Stoffe ist identisch mit der Masse aller gebildeten Substanzen. Natürlich wurde diese Einsicht nicht sofort umgesetzt und für alle Chemie bindend, und im Laufe des 20. Jahrhunderts wurden einige Ausnahmen von dieser Regel entdeckt, die sich mithilfe der von Einstein erkundeten Gleichwertigkeit von Masse und Energie verstehen lassen. Aber Lavoisiers Einsatz der Waage erlaubte bald eine ungewöhnliche und bleibende Einsicht, die dem gesunden Menschenverstand widersprach und eine neue Theorie der Verbrennung erforderte.

In den damals akzeptierten, inzwischen aber als veraltet geltenden Vorstellungen zeigte das Feuer mit seiner aufsteigenden Flammen, dass bei Verbrennungen etwas entwich. Und weil man dabei an einen austretenden Stoff dachte, gab man ihm den Namen Phlogiston, der aus dem Griechischen stammt und „verbrannt" bedeutet. Als Lavoisier dann aber bemerkte, dass etwa verbrannter Schwefel nicht weniger wog, sondern im Gegenteil mehr als das Ausgangsprodukt, entschloss er sich mutig, den anschaulich geförderten Gedanken umzukehren und in der Verbrennung umgekehrt das Einströmen eines Stoffes zu sehen, der sodann eine Verbindung mit dem brennenden Material eingeht, es also anders werden lässt, ihm eine andere Qualität verschafft. Der neue „Brennstoff" musste aus der Luft kommen, er musste als Gas ein Bestandteil des alten Elements sein. Und so entschied Lavoisier nach umfangreichen Analysen und Untersuchungen, es als ein Gas zu bezeichnen, das während der Verbrennung gebunden wird (Kasten: Lavoisiers Mitteilung). Dieses Gas heißt heute Sauerstoff.

Lavoisiers Mitteilung

Als Lavoisier die Rolle der Luft beim Prozess der Verbrennung erkannt hat und sicher ist, die Wirkung von Feuer verstanden zu haben, will er seine Priorität an dem Gedanken sichern. Am 1. November 1772 schreibt er daher an die Akademie der Wissenschaften einen versiegelten Brief, der am 5. Mai 1773 geöffnet wird. In der geheimen Mitteilung schreibt Lavoisier:

Vor ungefähr acht Tagen habe ich entdeckt, dass der Schwefel beim Verbrennen, weit davon entfernt, sein Gewicht zu verlieren, im Gegenteil schwerer wird; das heißt, dass man aus einem Pfund Schwefel viel mehr als ein Pfund Vitriolsäure [Schwefelsäure] herausziehen kann, ohne Rücksicht auf die Feuchtigkeit der Luft; ebenso verhält es sich mit dem Phosphor: diese Gewichtszunahme kommt aus einer gewaltigen Menge Luft, die sich bei der Verbrennung fixiert und die sich mit den Dämpfen verbindet. Diese Entdeckung, die ich in Experimenten festgestellt habe, die mir entscheidend dünken, hat mich auf den Gedanken gebracht, dass das, was sich bei der Verbrennung von Schwefel und Phosphor beobachten lässt, auch bei all denjenigen Körpern stattfinden könnte, dir durch Verbrennung an Gewicht zunehmen. … Diese Beobachtung scheint mir eine der merkwürdigsten Entdeckungen … zu sein. Daher glaube ich, mir das Eigentum daran sichern zu müssen.

Die Ansicht, dass sich die Verbrennung vor allem und im Wesentlichen als die chemische Verbindung mit einem gasförmigen Bestandteil der Luft verstehen lässt, vertrat Lavoisier seit den frühen 1770er Jahren. In dieser Zeit gab er auch seiner Überzeugung Ausdruck, eine Revolution in der Chemie auslösen zu können, was ihm nicht zuletzt dadurch gelang, dass er auf den Rat des Philosophen Étienne Bonnot de Condillac (1714–1780) hörte, der zu der Ansicht gekommen war, dass „das Denkvermögen von einer wohlgeformten Sprache" abhängt. Lavoisier machte sich daran, die bereits existierenden und vielfach verwirrenden Namen von chemisch bearbeiteten Substanzen und Stoffen systematisch zu verändern, sprich zu vereinheitlichen. Seine Vorgehensweise erläutert er in einem Dokument, das den Titel „Méthode de la nomenclature chimique" trägt und die moderne Sprache der Chemiker begründet. So etwa sind Sulfate und Sulfite genau zu unterscheiden, weil es sich dabei um Salze handelt, die von verschiedenen Säuren ausgehend gebildet wurden. Verbindungen mit dem Sauerstoff nennt Lavoisier Oxide – zum Beispiel Kaliumoxid –, und bald sehen alle Kollegen „die Notwendigkeit [ein], die chemische Nomenklatur zu reformieren und zu verbessern", wie Lavoisier erneut in einer Abhandlung aus dem Jahre 1787 betont (Tab. 6.1).

Einige Jahre zuvor – ab 1783 – hatte sich Lavoisier daran gemacht, das antike Element Wasser als etwas Zusammengesetztes nachzuweisen, um der klassischen Lehre der vier Elemente endgültig den Garaus zu machen, nachdem sich die Luft und das Feuer philosophisch aufgelöst hatten und die

Tabelle. 6.1   Alte und neue Bezeichnungen

Virtriolsäure	Schwefelsäre
Weingeist	Alkohol
Eisenglanz, Rötel	Eisenoxid
Salzgeist	Salzsäure
Gelbglas	Arsentrisulfid
Säureprinzip	Sauerstoff
Ätzkali	Ammoniak

Erde längst in viele mineralische Stoffe mit metallischen Beigaben unterteilt werden konnte. Das Wasser erwies sich als hartnäckig, aber dann gelang es Lavoisier, zwei getrennte Gase in eine geschlossene Glocke zu leiten, in der sie dann explosionsartig Wasser bilden. Mit der heute als Knallgasreaktion im Schulunterricht vorgeführten Zusammenleitung von den inzwischen als Wasserstoff und Sauerstoff bezeichneten Gasen zeigte Lavoisier, dass „Wasser keine einfache Substanz", sondern vielmehr „Gewicht für Gewicht zusammengesetzt" ist, und zwar „aus brennbarer Luft und Lebensluft" ist, wie er 1783 geschrieben hat, wobei es sich bei den beiden zuletzt genannten Komponenten der Luft in heutiger Sprechweise um die oben genannten Elemente handelt, die unter diesem Namen längst vertraut erscheinen, auch dem, der nicht viel von ihnen wissen mag.

Elementares und Elemente

So einleuchtend sich das Vorgehen und die praktische Beweisführung von Lavoisier im Hinblick auf das Wasser im Rückblick aus heutiger Sicht präsentieren, so mühsam war es, den theoretischen Schritt vom elementaren Wasser hin zu seinen konstituierenden Elementen zu vollziehen, der sehr erfolgreich war und vielfach übernommen wurde. Mit diesem Wandel tritt nämlich eine umfassende Änderung in der Blickrichtung der vielen Forscher ein, die inzwischen zu der Disziplin namens Chemie beitragen. Während sie vorher unter „Natur" die rohe Materie verstanden, die sich ihnen in der freien Natur – in der Welt da draußen – anbot und die auf mannigfaltige Weise eingesetzt und umgeformt werden konnte, konzentriert sich das wissenschaftliche Arbeiten im Verlauf das 18. Jahrhunderts auf die chemischen Gegebenheiten namens Elemente, die als Ergebnis einer ausführlichen Labortätigkeit erst durch den tätigen Menschen – und seine handwerklichen Eingriffe (wörtlich: Manipulationen) – in die sichtbare Welt gesetzt werden. Anders ausgedrückt: Seit den Tagen von Lavoisier schafft sich die Chemie ihre Objekte, sie fabriziert und manipuliert ihr Gebiet und macht es so der analytischen Vernunft zugänglich und für sich einsichtig. Tatsächlich legt Lavoisier mit seiner Autorität fest, er und seine Kollegen erfassten „mit dem Ausdruck Element oder Grundstoff der Körper den Begriff des höchsten Ziels, das die Analyse erreicht". Die einfache – elementare – Substanz wird seit seinen Tagen zum Ausgangspunkt sowohl der Operationen im Laboratorium als auch der Namensgebung. Die Elemente ergeben damit so etwas wie ein Alphabet der Chemie, und sowohl die Tragfähigkeit als auch die Notwendigkeit dieser sich bis heute haltenden Konzeption zeigt sich an dem, was Historiker als „demographische Explosion" der chemischen Elemente bezeichnet haben, zu der es im Verlauf 19. Jahrhunderts kommt:

Gegen Ende des 18. Jahrhunderts kannten Wissenschaftler auf dem Terrain der Chemie etwas mehr als dreißig einfache Körper, zu denen nicht nur die schon seit 17. Jahrhundert bekannten Metalle Blei, Eisen, Gold, Kupfer, Schwefel, Silber und Zinn gehörten, sondern zu denen sich bis dahin auch Stoffe wie Chlor, Chrom, Kobalt, Nickel, Platin, Titan, Uran, Sauerstoff, Wasserstoff und andere mehr hinzugesellen konnten. Es ziemt sich an dieser Stelle, den Namen des deutschen Chemikers Martin Heinrich Klaproth (1743–1817) zu erwähnen, der heute im Guinness-Buch der Rekorde als der Mann aufgelistet würde, der die meisten Elemente entdeckt oder zumindest mitentdeckt hat – unter anderem die gerade erwähnten Metallen Chrom und Titan. Und falls sich jemand wundert: Ja, der Name Chrom leitet sich von dem griechischen Wort „chroma" für Farbe ab, da das Element in fester Form silbrig glänzend erscheint und viele Verbindungen mit ihm intensiv gefärbt aussehen.

In der ersten Hälfte des 19. Jahrhunderts kamen zu den genannten weitere 24 Elemente hinzu. Zu den am besten bekannten und im Alltag vertrauten gehören zum Beispiel Aluminium, Barium, Jod, Kalium, Lithium, Magnesium, Silizium und Vanadium. Zwischen 1850 und 1900 erhöhte sich die Zahl der Elemente noch einmal um 24 Stück, unter anderem um Argon, Gallium, Germanium, Helium, Indium, Neon, Rhodium, Thallium, Xenon und Ytterbium, wobei sie alle ihre eigene Geschichte wert sind. (Vergleiche dazu die Abbildung: Periodensystem der Elemente). Damit kletterte die Gesamtzahl der Buchstaben im chemischen Alphabet der Naturstoffe langsam in Richtung der 100, die mittlerweile überschritten werden konnte (aber nur dank künstlicher Elemente, zu deren Herstellung die Physiker beigetragen haben, wie noch zu erläutern sein wird). Das 1952 durch den amerikanischen Nobelpreisträger Glenn Seaborg (1912–1999) produzierte 100. Element heißt Fermium und trägt damit den Namen eines Physikers, des Italieners Enrico Fermi (1901–1954), der zu den ganz Großen seiner Zunft zählt. Übrigens, der genannte Seaborg konnte in den 1950er Jahren auch die künstlichen Elemente Nr. 101 und 102 produzieren, die Mendelevium und Nobelium heißen, womit ein genetisch tätiger Mönch namens Gregor Mendel und der Stifter des Nobelpreises geehrt werden (Abb. 6.1).

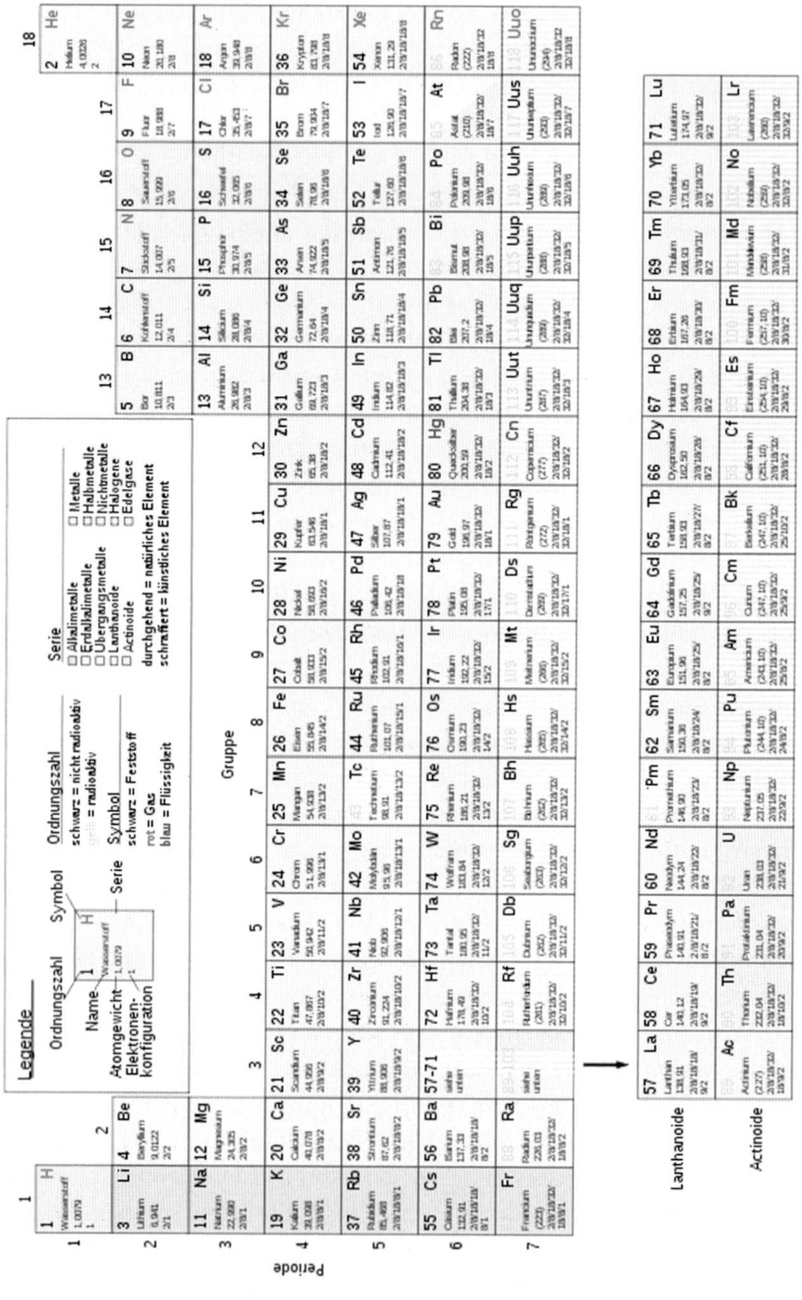

Abb. 6.1 Das Periodensystem der Elemente.

Wer heute einen Hörsaal betritt, in dem naturwissenschaftliche Vorlesungen gehalten werden, wird an einer der Wände von einer farbigen Karte begrüßt, die das Periodensystem der Elemente darstellt, auf dessen wunderbare Erfindung und geniale Konstruktion das Kapitel gerade zusteuert. Im Zeitalter von iPads und iPhones kann sich jeder ein solches mit einer App selbst vor Augen führen, in seiner Hosentasche mit sich tragen und jederzeit anschauen. Besonders geeignet und empfehlenswert erscheint mir das entsprechende Periodensystem, das die in Darmstadt gegründete Firma Merck für iPad- und iPhone-Nutzer anbietet (Marginalie: Merck) und das durch einfaches Berühren viele Detailinformationen bietet. Wer beispielsweise das Element Xenon und Neon antippt, erfährt, dass diese Wörter sich jeweils aus dem Griechischen ableiten, -„xenos" bedeutet „Gast" oder „Fremder", und „neos" bedeutet „neu". Xenon und Neon wurden 1898 von dem schottischen Chemiker Sir William Ramsay und seinem englischen Kollegen Morris William Travers zum ersten Mal beschrieben. Beide Elemente sind Edelgase und dienen heute als Füllgas für Hochdrucklampen oder als Leuchtmaterial in den bekannten Neonröhren. Der erwähnte Sir Ramsay, der später den Nobelpreis für sein Fach erhalten hat, wird für das Jahr 1895 auch als Entdecker des Edelgases Helium genannt, das leichter ist als Luft und damit in Luftschiffen und Ballons verwendet werden kann. In der Kältetechnik dient flüssiges Helium zur Erzeugung sehr tiefer Temperaturen in der Nähe des absoluten Nullpunkts, was komisch klingt, weil das Helium ursprünglich als Bestandteil der Sonne entdeckt worden ist und von daher an Hitze denken lässt. Durch die geeignete Analyse von Sonnenlicht (eine sogenannte Spektralanalyse) haben Chemiker im Jahr 1868 das Helium als damals neues Element gefunden, das sie als auf der Erde vorhandenes Element bislang übersehen hatten. Der Fundort erklärt leicht den Namen des Edelgases, der sich vom griechischen Wort „helios" für „Sonne" ableitet, und er sorgte für einige Aufregung, da sich der Verdacht regte, es könne im Weltall andere Elemente geben als auf der Erde und wir Menschen lebten möglicherweise eher in einem *Duo*versum als in einem *Uni*versum. Wie gesagt, zu den Elementen des Periodensystems gehören immer auch die Personen, die sie dargestellt und benannt haben, und heute sind diese Elemente mit einer entsprechenden App jederzeit als allzeit verfügbares Wissen abrufbar.

Marginalie: Merck

Die Merck KGaA bzw. das Unternehmen Merck & Co. gehören zu den ältesten pharmazeutischen Unternehmen der Welt. Begonnen hat die Geschichte mit dem Kauf einer Apotheke in Darmstadt durch Friedrich Jacob Merck im Jahre 1668. Im 18. Jahrhundert übernahmen Neffen und andere Familienangehörige, die sich nebenbei als Sammler von pflanzlichen Naturstoffen betätigten, das immer noch bescheidene Geschäft. 1816 übernahm Heinrich Emanuel Merck die Apotheke, der er ein Laboratorium hinzufügte, um in ihm mit chemischen Verfahren „Novitäten" herzustellen und zum Kauf anzubieten. Heinrich Emanuel Merck legte damit den Grundstein für die chemisch-pharmazeutische Fabrikationsstätte, die von der Mitte des 19. Jahrhunderts an viele hundert Produkte anbieten und damit nach und nach zu einem Weltunternehmen werden konnte.

Wer in den Jahren um 1860 Chemie betrieb oder unterrichtete, musste mit der zunehmenden Fülle von elementaren Stoffen zurechtkommen und sich unter anderem fragen, wie man Studenten die Erkenntnisse über die vielen Elemente und die riesige Zahl von daraus abgeleiteten Substanzen und Verbindungen präsentieren sollte, sofern das eigene Verständnis weit genug gediehen war. Bei den Versuchen, Ordnung in die zunehmende Fülle der Grundbausteine zu bringen, lehnte sich die Zunft mehr und mehr an eine Hypothese an, die der britische Chemiker John Dalton (1766–1844) bereits zu Beginn des 19. Jahrhunderts vorgestellt und die das antike Konzept des Atoms aufgenommen hatte, was im Blick von heute als selbstverständlich erscheint, damals und noch lange Zeit später aber auf Skepsis stieß, hatte doch niemand je ein Atom zu Gesicht bekommen.

Wie dem auch sei: Dalton versuchte mit Hilfe seiner Atomhypothese die kleinste Einheit in chemischen Verbindungen zu identifizieren, die sich in den dazugehörigen Vorstellungen Atom für Atom aufbauen sollten, wobei es offen völlig blieb, wie die Atome selbst auszusehen hatten und sich zusammenfügten. Auf diese eher unkonventionelle Weise gelang es Dalton nach und nach, quantitative Deutungen der bekannten chemischen Verbindungen zustande zu bringen. Dies stachelte seine Bemühungen an, die Atome zu unterscheiden, und zwar durch ein System von Atomgewichten, von dessen Existenz er überzeugt war und das er konstruieren wollte, da die experimentellen Erfahrungen seiner Kollegen zeigten, dass sich Elemente in einfacher (konstanter) oder mehrfacher (multipler) Proportion miteinander verbinden konnten – (also zum Beispiel ein Wasserstoffatom mit einem oder mehreren Sauerstoffatomen oder ein Kohlenstoff mit vielen Wasserstoffatomen). Da es nicht möglich war, das Gewicht eines einzelnen Atoms zu messen, das es im Denken der damaligen Wissenschaft aber geben musste, entschied sich Dalton, ein System zu erfinden, in dem sich die Atomgewichte willkürlich auf eine konventionelle Einheit beziehen ließen, und er entschied sich für den Wasserstoff als Maßeinheit, der damit das relative Atomgewicht 1 bekam. Mit dieser sich im Rückblick als goldrichtig erweisenden Vorgabe konnte Dalton die relativen Atomgewichte von Schwefel, Phosphor, Kohlenstoff und Stickstoff nach ihren Wasserstoffverbindungen bestimmen, und zwar unter der –

heute als erweiterungsfähig bekannten und erklärbaren – Annahme, dass sich ein Wasserstoffatom mit einem Atom eines anderen Stoffes verbindet. Chemische Verbindungen, so meinte Dalton, stellen sich Atom für Atom her, wobei das antike Konzept nicht mehr als letzter Bestandteil der physikalischen Materie, sondern als kleinste Einheit einer chemischen Verbindung verstanden wurde, was auch funktionierte, wenn auch die ersten Gewichte, die Dalton berechnete, daneben lagen.

Das neue atomare Denken des frühen 19. Jahrhunderts wurde bestätigt und begünstigt durch zwei Beobachtungen, die heute als Gay-Lussac-Gesetz und als Avogadro-Gesetz bekannt sind und zum allgemeinen Lehrstoff gehören. 1808 bemerkte Joseph Louis Gay-Lussac (1778–1850), dass die Volumina zweier Gase, die miteinander reagieren, sich wie ganze Zahlen verhalten, was den Schluss erlaubte, dass sich die dazugehörigen Elemente durch numerische Merkmale fassen ließen, also durch die hypothetischen Atome, aus denen sie bestanden. Und 1811 zeigte Amadeo Avogadro (1776–1856) mit schönen Experimenten und raffinierten Argumenten, dass gleiche Gasvolumina bei gleicher Temperatur und gleichem Druck die gleiche Anzahl von Molekülen enthalten. Mit diesen beiden Einsichten akzeptierten die Chemiker nach und nach den Vorschlag, dass das Atomgewicht ein Begriff ist, der nicht nur helfen kann, die vielen neuentdeckten Elemente zu charakterisieren, sondern der dafür sogar unentbehrlich ist und eine Ordnung erkennen lässt. Sie zeigte sich bald in Form des gefeierten Periodensystems.

Klarheit in Karlsruhe

Das heißt, es gab einige Zeit lang noch ein Verwirrspiel. So zum Beispiel um die Verwendung der uns heute so vertraut erscheinenden Begriffe Atom und Molekül, wobei etwa bei Avogadro noch das heute ungebräuchliche Wort „Molekel" zu lesen ist. Avogadro unterscheidet „integrierende" und „elementare" Molekel, die sich in die heutigen Begriffe Atom und Molekül übertragen lassen. Eine andere Verwirrung kam durch die Chemiker zustande, die Daltons Atomgewicht mit seiner Festlegung auf hypothetische und altertümlich wirkende Atome durch den neutraleren und weniger willkürlich wirkenden Begriff des „Äquivalentgewichts" ersetzten, und damit zum Ausdruck brachten, dass jedes Element äquivalent (seinem chemischen Wert nach) in einer Verbindung vertreten sei. In den so denkenden Kreisen zählten die numerischen Verhältnisse wenig, und Avogadros Gesetz erkannten sie einfach nicht an. Der italienische Chemiker hatte ja keine Mengen von abzählbaren Bestandteilen gemessen, sondern nur Gasdichten bestimmt, wobei die Ergebnisse allerdings mit der nach der Atomhypothese zu berechnenden Summe der Gewichte in Einklang standen.

Als die Chemie im frühen 19. Jahrhundert auf der Suche nach der Ordnung ihrer Elemente war, zerfiel sie noch in die beiden Teile, die als organisch und anorganisch unterschieden wurden, wobei das erste Attribut schlicht darauf verwies, dass es hier um Stoffe ging, die in Organismen zu finden sind, und nicht um Metalle wie Eisen und Nichtmetalle wie Schwefel, die sich im anorganischen (mineralischen) Erdreich zeigten. Bis spätestens 1828 war aber klar geworden, dass diese Unterscheidung nicht grundsätzlich war, Friedrich Wöhler (1800–1828) gelang es, einen als anorganisch geltenden Stoff mit Namen Ammoniumcyanat in Harnstoff umzuwandeln, also in die chemische Verbindung, die ansonsten in den Nieren entsteht und im Urin ausgeschieden wird. Mit anderen Worten, die organische und die anorganische Palette der Moleküle unterlag vergleichbaren chemischen Prinzipien, und man konnte aus beiden Bereichen der Wissenschaft lernen.

1853 erschien in erster Auflage das *Lehrbuch der organischen Chemie* Es ist für den historischen Weg zum Periodensystem deshalb so relevant, weil sich der als eigenwillig eingestufte Charles Gerhardt (1816–1856) darin zum einen weigerte, das Avogadro-Gesetz fallen zu lassen, und weil er sich zum anderen der Kenntnisse über organische Stoffe bediente, um eine neue Bestimmung der Atomgewichte vorzunehmen mit der Folge, dass in seinem Werk zum ersten Mal die uns heute vertrauten Zahlen zu lesen sind, die dem Kohlenstoff das Atomgewicht 12 und dem Sauerstoff das Atomgewicht 8 zuweisen. Gerhardts Vorgehen zwang die Chemiker zudem, sich für die Idee der Atomgewichte oder das Konzept von Äquivalentgewichten zu entscheiden, und er ließ keinen Raum für eine Versöhnung.

In den kommenden Jahren trafen dann unter anderem der Russe Dmitrij Mendeleev (Mendelejew) (1834–1907) und der Italiener Stanislao Cannizzaro (1826–1910) ihre Wahl, indem sie das System von Gerhardt benutzten. Die Gemeinde der Chemiker organisierte damals ihren ersten internationalen Kongress, der 1860 in Karlsruhe stattfand und auf dem man sich über Atome, Moleküle und Äquivalente und ihre Tragfähigkeit verständigen und über ihre Verwendung einigen wollte. Zwar einigten sich die anwesenden Chemiker zum Ende der Karlsruher Tagung nicht auf einen offiziellen Beschluss, der sich zu der Realität von Atomen und Molekülen geäußert oder bekannt hätte. Aber die meisten der anwesenden Wissenschaftler übernahmen in den folgenden Jahren das System von Avogadro und Gerhardt so, wie es Mendeleev im Anschluss an die Tagung formulierte, der im Avogadro-Gesetz „die wichtigste Grundlage für das Studium der Naturphänomene" sah:

Mit der Anwendung des Avogadro-Gerhardtschen Gesetzes ist die Konzeption des Moleküls und damit des Atomgewichts vollständig definiert. Man nennt Partikel oder chemische Partikel oder Molekül die Quantität an Substanz, die in chemische Reaktion mit anderen Molekülen eintritt und die im gasförmigen Zustand das gleiche Volumen einnimmt wie zwei Gewichtsteile Wasserstoff. … Die Atome sind die kleinsten Quantitäten oder die unteilbaren chemischen Massen der Elemente, welche die Moleküle der einfachen und zusammengesetzten Körper bilden.

Das Periodensystem

Die Vermutung, dass die ganze Vielfalt der einfachen Körper, also der chemischen Elemente, aus dem Wasserstoff hervorgeht, wurde im 19. Jahrhundert vielfach ausgesprochen. Historiker verweisen hier gerne auf den Beitrag des Engländers William Prout (1785–1850) und sprechen daher von der Prout-Hypothese, in der ein „Sinn für die Harmonie der Dinge" zum Ausdruck kommen soll. Die gesuchte Ordnung der Elemente benötigte aber mehr als einige arithmetische Beziehungen und lokale Verwandtschaften. Die entscheidenden Fortschritte hierzu kamen in Folge des Karlsruher Kongresses zustande, auf dem das vielen immer noch ungewohnt erscheinende System der Atomgewichte von Gerhardt und Cannizaro vorgestellt und gebilligt worden war, womit sich viele Dutzend Elemente charakterisieren und über die Zuweisung eines Atomgewichts auch Ordnungen erkennen ließen. Der erste, der diese Ordnungen bemerkte, war der Brite John Alexander Newlands (1837–1898), der eine periodische Wiederkehr von Qualitäten erkannte und so im Jahre 1865 auf die Idee kam, ein „Oktavengesetz" aufzustellen. Ihm war aufgefallen, dass sich die chemischen Eigenschaften von Elementen, wenn sie ihrem Gewicht nach aufgereiht werden, nach jeweils sieben davon zu wiederholen beginnen, so wie bei einer musikalischen Tonleiter. Merkwürdigerweise fällt dieser richtige wie geniale Gedanke bei den Kollegen entweder nicht auf oder mit Pauken und Trompeten durch, wie etwa die süffisante Frage eines Kollegen nahelegt, der von Newlands wissen wollte, ob die alphabetische oder eine andere willkürliche Anordnung der Elemente nicht auch etwas von Interesse zeigen würde.

Unabhängig davon kommt trotzdem immer deutlicher zum Vorschein, dass in der Anordnung der Elemente nach dem Atomgewicht definierte Gruppen auszumachen sind, deren jeweilige Mitglieder Eigenschaften aufweisen, die denen der Mitglieder anderer Gruppen genau entsprechen. Mendeleev sieht darin 1869 das Motiv der Periodizität, wobei erzählt wird, dass dabei zum einen der Gedanke an die Musik und zum anderen der Gedanke an einen Traum eine Rolle gespielt haben. Das musikalische Vorbild bleibt dabei das

Oktavengesetz, so wie es Newlands meinte, das Mendeleev aber in einem Traum erschienen sein soll. Nach einem Mittagsschläfchen soll es ihm gelungen sein, eine erste Periodentafel aufzustellen. Und der Blick auf diese erste Anordnung festigte ihn in seinen weiteren Überlegungen über die Bestandteile der Natur in dem Glauben an ein harmonisches Periodengesetz. Mendeleev hat dies in seinen Schriften wie folgt begründet:

> Das Periodengesetz hat die Tatsachen für sich und ist bestrebt, das philosophische Prinzip zu ergründen, das die mysteriöse Natur der Elemente beherrscht. Dieses Bestreben teilt es mit dem Gesetz von Prout, mit dem wesentlichen Unterschied jedoch, dass das Proutsche Gesetz arithmetisch ist, während der Geist des Periodengesetzes der Verkettung mechanischer und philosophischer Gesetzt entspringt, die dem gegenwärtigen Vordringen der exakten Naturwissenschaften sein besonderes Gepräge und seinen Glanz verleihen.

Mendeleev legt eine erste Fassung seines Periodensystems 1869 unter dem Titel „Die Beziehungen zwischen den Eigenschaften der Elemente und ihren Atomgewichten" vor, wobei in seiner Darstellung vieles noch ungenau ist und auf wackeligen Beinen steht. Doch der Grundgedanke ist zuverlässig erfasst, wie auch das Periodensystem erkennen lässt, das der deutsche Chemieprofessor Lothar Meyer (1830–1895) dem Vernehmen nach bereits 1868 konzipiert hat, das aber durch Verzögerungen in der Drucklegung erst 1870 erscheint (also nach der Arbeit von Mendeleev, der emsig auf seine Priorität bedacht ist und dafür vehement kämpft). Unabhängig von solchen Quisquilien ist Meyer der erste, der die Darstellung der anorganischen Chemie von 1872 an auf das Periodensystem umstellt und seine Vorlesung mit ihm beginnt. Das individuelle Element wird dadurch zum einzigen Erklärungsprinzip einer vielgestaltigen Chemie, oder in den Worten von Mendeleev:

„Die Eigenschaften der einfachen und zusammengesetzten Körper hängen von einer periodischen Funktion der Atomgewichte der Elemente ab, einzig deshalb, weil diese Eigenschaften ihrerseits die Eigenschaften der Elemente sind, aus denen sich diese Körper herleiten." Mendeleev wird nicht nur nicht müde, die Individualität der Elemente zu verkünden. Er tut dies auch mit philosophischen Höhenflügen, zum Beispiel so:

> Kant glaubte, es existieren im Universum zwei Dinge, die im Menschen Bewußtsein und Ehrfurcht wecken: „der bestirnte Himmel über uns und das moralische Gesetz in uns". Mit der Ergründung der Natur der Elemente und der Periodengesetzes muß ihnen ein drittes hinzugefügt werden: „die Natur der elementaren Individuen, die sich um uns herum äußert", insofern wir ohne diese Individuen keine Vorstellung vom bestirnten Himmel machen können,

während der Atombegriff die Einzigartigkeit der Individualitäten, die unendliche Wiederholung der Individuen und zugleich ihre Unterordnung unter die harmonische Ordnung der Natur erweist.

Natürlich gab es eine Menge Fragen und viele schwierige Punkte, als sich das Periodensystem in den kommenden Jahren erst des 19. und dann des 20. Jahrhunderts der Erweiterung der chemischen Kenntnisse als gewachsen erweisen musste – etwa dann, als immer mehr „seltene Erden" beschrieben wurden, die besser „Metalle der seltener Erden" heißen müssten und zu denen etwa die Elemente Neodym und Yttrium gehören. Es wurde auch knifflig, als sich inerte Edelgase zeigten, mit denen Mendeleev nicht gerechnet hatte und die ihm und seinen Kollegen anfangs Probleme bereiteten, bevor sie sich schließlich aber doch einordnen ließen. Gegen Ende des 19. Jahrhunderts stand das Periodensystem gut gefestigt als Grundgerüst der Chemie da, mit dem sich sowohl die Komplexität der chemischen Elemente als auch die Einheitlichkeit einer Naturordnung zeigte. Die Schöpfer dieser übersichtlichen Tafel zeigten sich überzeugt von der Individualität der Atome. Und wenn man ihnen gesagt hätte, dass sich diese Grundbausteine der materiellen Welt umwandeln lassen und Transmutationen der Art unterliegen, wie es die alten Alchemisten angenommen haben, sie hätten es weder verstanden noch geglaubt. Aber die ersten Entdeckungen in diese Richtung waren mit der Radioaktivität schon gemacht. Danach dauerte es nicht mehr lange, bis das Atom nahe genug in den Fokus der Chemie wie auch der Physik rückte, um im 20. Jahrhundert nach und nach eine völlig neue Sicht der Dinge zu verlangen.

7

Elektrizität und Evolution
Die großen Themen im 19. Jahrhundert

Im 19. Jahrhundert kommt es nach Ansicht von Historikern zu der „Verwandlung der Welt". Und wie es sich gehört, gelingen auch umfassende Transformationen mit und in der immer stärker technisierten und anwendungsorientierten Wissenschaft von der Natur. Einige der entscheidenden Konzepte, die in das Denken und Handeln von Physikern, Chemikern, Geologen und anderer Forschern einfließen und ihr weiteres Vorgehen beeinflussen, können dadurch – mnemotechnisch nützlich – gekennzeichnet werden, dass die vier maßgeblich dazugehörenden Begriffe mit dem Buchstaben E beginnen, wie der Name des Elektrons, dieses seltsamen Elementarteilchens, dessen Existenz kurz vor Ende des 19. Jahrhunderts nachgewiesen werden kann. Damit ist die Epoche der Atomphysik endgültig als eröffnet zu betrachten, für die im Verlauf des 20. Jahrhunderts ein anderer Anfangsbuchstabe maßgeblich wird, nämlich das U, wie an späterer Stelle noch ausgeführt werden wird. Genauer gesagt, handelt es sich sogar um eine Silbe – nämlich um die erste im Wort *Un*sinn, die Wissenschaftler nach 1900 in den Vordergrund rücken müssen, als sie sich gezwungen sehen, unter anderem von Unstetigkeit, Unbestimmtheit und Unentscheidbarkeit zu künden.

Im 19. Jahrhundert wirkt alles noch edel und erklärbar, und die entscheidenden Konzepte mit dem großen E lauten in der Reihenfolge ihres historischen Erscheinens Elektrizität, Energie, Evolution und Entropie. Mit der Elektrizität und ihren ersten Batterien beginnt im Jahre 1800 der Strom zu fließen, von dem die zivilisierte Welt heute nahezu vollkommen abhängig ist. Mit der Energie versteht die Wissenschaft zum einen, wie Maschinen wirkungsvoll betrieben werden können, und es gelingt ihr um 1847 zum anderen, für die Größe, nach der die Welt im 21. Jahrhundert lechzt, ein universelles Erhaltungsgesetz zu formulieren. Als es verstanden wird, bekommt spätestens 1859 das alte Wort von der Evolution seine neue und dynamische Bedeutung, die der jungen und aufkeimenden Wissenschaft von der Biologie eine erste theoretische Grundlage geben kann. Den Viererreigen beschließt das Kunstwort Entropie, das 1865 in die Wissenschaft eingeführt wird und den Physikern mit Hilfe statistischer Überlegungen die Möglichkeit gibt, der

Zeit eine Richtung zu geben und das Entstehen und Vergehen von Ordnungen und Mustern in den Blick zu nehmen.

Wer das kleine Vergnügen an dem großen Buchstaben weiterführen möchte, kann neben den genannten E-Wörtern noch auf die Erbgesetze oder Erbregeln verweisen, denen ein Augustinermönch in den 1860er Jahren in seinem Klostergarten nachspürt, und er kann die zur gleichen Zeit erfolgende besondere Umformung der Mathematik benennen, die sich um unendlich kleine Intervalle und mit ihnen um die Stetigkeit ihrer Objekte (Kurven und Funktionen) bemüht und dabei eine Epsilontik zustande bringt, wie man sagt, die vor allem auf den Mathematiker Karl Weierstraß (1815–1897) zurückgeht. Die Epsilontik heißt so, weil die immer kleiner gedachten Intervalle, mit denen Grenzwerte von Zahlenfolgen ganz genau gefasst werden sollen, mit dem griechischen Buchstaben Epsilon bezeichnet wurden, wobei es auf diese Weise gelungen ist, den Begriff eines Grenzwertes exakt zu fassen und die dazugehörigen Eigenschaften von mathematischen Objekten beweisbar zu machen.

Vorgeschichten

Eben wurde davon gesprochen, dass Physiker und Ingenieure sich um die Energie von Maschinen bemühten. Was heute selbstverständlich klingt, musste damals erst in die Wege geleitet werden. Und dies bedeutet, dass der Physik des 19. Jahrhunderts Bemühungen vorangegangen waren, im Laufe derer Menschen erste Maschinen bis hin zu Eisenbahnen bauten – und zwar ohne besondere Beachtung der Wissenschaft und der von ihr aufgedeckten Gesetze –, um von diesen Maschinen Arbeit verrichten zu lassen. Gemeint ist die Industrielle Revolution, die reichlich in der Literatur bedacht ist, da sie seit ihren Anfängen in der zweiten Hälfte des 18. Jahrhunderts zu tiefgreifenden und bleibenden Änderungen der Erwerbs- und Sozialbedingungen geführt hat. Von England aus griffen diese Veränderungen, die durchgängige Transformationen weg von agrarischen Lebensweisen hin zur Industriegesellschaft bewirkten, rasch auf ganz Europa über und bald auch auf Amerika und Asien. In der Literatur wird die Industrielle Revolution, die ihren Namen in Analogie zu der politischen Französischen Revolution von 1789 in der ersten Hälfte des 19. Jahrhunderts bekommen hat, gewöhnlich durch drei markante Änderungen dargestellt:

Die erste zeigte sich darin, dass in den Fabriken, die traditionelle Güter wie Kleider produzierten, immer mehr Menschen durch Maschinen ersetzt wurden. Das bekannteste Beispiel hier ist der mechanische Webstuhl, der im Laufe der Jahre immer zuverlässiger funktionierte und sehr viel besser zu kontrollieren war. Erste Spinnräder gab es seit dem Mittelalter, die anfänglich durch ein Fußpedal ergänzt wurden, bevor sie um 1780 immer weiter mechanisiert und bis 1830 vollautomatisch konstruiert wurden. Auffallend ist, dass der genannte Zeitraum, in dem die Maschinen die Oberhand gewinnen, auch das Erblühen der Romantik erlebt, in deren Denkrahmen es mehr um menschliche Sehnsüchte als um maschinelle Wirkungsrade ging. Die Frage, wie beides miteinander zusammenhängt und sich vielleicht auch gegenseitig bedingt, muss an dieser Stelle offen bleiben, denn der eingeschlagene Blick richtet sich hier auf die Tatsache, dass die geschilderten industriellen Transformationen zum einen die Produktion erhöhten und die Kosten senkten, während sie zum anderen aber auch eine Fülle von sozialen Problemen mit sich brachten, auf die zum Beispiel die Literatur empfindlich reagierte, wie sich etwa im Gedicht „Die schlesischen Weber" von Heinrich Heine (1844) oder im Drama *Die Weber* von Gerhart Hauptmann (1893) feststellen lässt.

In diesem Buch geht es weniger um soziale als vielmehr um wissenschaftliche Aspekte. Die neuen Maschinen brauchten viel Energie, was eine eigene Quelle erforderte, die unabhängig von natürlichen Gegebenheiten (wie Wasserfällen) oder natürlichen Bedingungen (wie Wind für den Mühlenbetrieb) operieren und an dem Ort eingesetzt werden konnte, an dem die Produktion stattfinden sollte. Die Antwort auf diesen offensichtlichen gesellschaftlichen Bedarf stellt die berühmte Dampfmaschine dar (Kasten: Dampfmaschine), die ihren Erfinder James Watt (1736–1819) berühmt machte, und mit der deutlich wird, wie Wissen (Wissenschaft) und Wirtschaft gemeinsam gewachsen sind und zugenommen haben.

Diese erfolgreiche Verbindung zeigt sich auch in der dritten Charakteristik der Industriellen Revolution, in deren Verlauf ständig neue Materialien auftauchen und zum Einsatz kommen, wobei die naturgegebenen Stoffe mehr und mehr durch künstlich hergestellte (synthetisierte) Varianten abgelöst werden, die eine sich rasch ausweitende chemische Industrie mit ihren Laboratorien und Retorten in zunehmendem Maße bereitstellt.

Die Dampfmaschine

Die Idee, Dampfkraft einzusetzen, stammt aus dem 17. Jahrhundert, als man zum ersten Mal versuchte, Pumpen dadurch zu betreiben, dass durch erhitzten Dampf entweder direkt Druck ausgeübt wurde oder indirekt dadurch, dass der Dampf weggeblasen wurde und eine Art Vakuum hinterließ, das dann eine Saugwirkung entfaltete. Im frühen 18. Jahrhundert gelang es Thomas Newcomen (1664–1729), eine erste Maschine zu bauen, mit der das Wasser aus Kohlebergwerken gepumpt werden konnte, aus denen sich in England schon länger ausreichend und bequem Brennstoffe gewinnen ließen – Kohle und Koks. Es dauerte dann bis 1768, bis es Watt gelang, seine moderne Version der Dampfmaschine vorzustellen, in der der Vorgang, bei dem der Dampf kondensiert wird, um anschließend seine Kräfte freizusetzen, in einen separaten Kondensator verlegt wird, wozu ein aufwendiges Gestänge entworfen werden musste. Fünfzehn weitere Jahre dauerte es dann noch, bis es Ingenieuren 1783 gelang, die Kraft des Dampfes zum Antrieb von Räderwerken einzusetzen, wodurch die Maschine unmittelbar für die Dampfschifffahrt von Interesse wurde und dem Seehandel eine neue Dimension gab. Richtig gut und effizient funktionierten Dampfmaschinen seit etwa 1884, als die alten Kolben durch neue Turbinen ersetzt wurden und alle Bewegung durch Drehung zustande kommen konnte. Mit anderen Worten: Es hat rund 200 Jahre gebraucht, um Dampfmaschinen erst zu konzipieren und dann allgemein einsatzfähig zu bekommen. Gut Ding will eben Weile haben, und die Zeit, die es braucht, sollten sich alle Menschen zu allen Zeiten nehmen.

Weltreisen

Es gehört zum Vorlauf der Umwälzungen im 19. Jahrhundert, dass die Menschen beginnen, Reisen zu unternehmen – auf der Erde, rund um den Erdball sowie tief in die Erde hinein, um in geologischen Erkundungen die Schichten des Erdreichs zu vermessen und so das Alter des Planeten bestimmen und seine Naturgeschichte verfolgen zu können. Auf die genannten Reisetätigkeiten soll nur kurz eingegangen werden. Doch einige Expeditionen berühmter Forscher seien genannt: Um 1730 bricht der schwedische Naturforscher Carl von Linné (1707–1778) zu einer Reise nach Lappland auf, auf der die Idee in ihm reift, den Organismen eine systematische Ordnung zu ihrer Beschreibung und Wiedererkennung zu geben. Sein bis heute als Vorbild dienendes Werk *Systema Naturae* erscheint Mitte des 18. Jahrhunderts. Seitdem wird jedes Lebewesen mit zwei Namen bezeichnet – der Mensch etwa als *Homo sapiens,* die Hausmaus als *Mus musculus* und ein einzelliger Pilz als *Phycomyces blakesleanus.*

In dem Zeitraum, in dem diese Namensgebung entworfen wird, halten sich erste europäische Entdeckungsreisende in Südamerika auf, in jenem fernen Kontinent also, der ab 1799 in großem Stil von dem Universalgelehrten Alexander von Humboldt (1769–1859) bereist und zusammen mit Aimé Bonpland (1773–1858) umfassend wissenschaftlich erkundet wird.

Die berühmteste und bis heute intensiv nachwirkende Reise unternimmt der englische Naturforscher Charles Darwin (1809–1882), der zwischen 1831 und 1836 die ganze Welt umrundet und dabei das Material sammeln konnte, das ihm nach seiner Rückkehr nach England die Möglichkeit gab, den Gedanken der Evolution des irdischen Lebens systematisch zu fassen und mit ihm die Abstammung der Arten durch eine natürliche Selektion zu erklären, wie an späterer Stelle noch thematisiert wird.

Portrait: Alexander von Humboldt

Alexander von Humboldt wurde 1769 in Berlin geboren und starb neunzig Jahre später eben dort. Seinen größten Triumph aber feierte er in Paris. Als er 1804 nach seiner Südamerikareise in der französischen Hauptstadt eintrifft, wird er so gefeiert wie Napoleon, der daraufhin, so Humboldt, mit „Haß gegen mich" reagiert.

Ihn stört das nicht. Er verfolgt die Idee sich bis auf rund 800 m dem Gipfel des 6267 m hohen Vulkans Chimborazo (im heutigen Ecuador) zu nähern, der damals für einen der höchsten Berge der Erde gehalten wurde. Es sind diese Abenteuer, die bereits damals zu Humboldts Bewunderung und Ruhm beitrugen, der als Mann der westlichen Welt stets den preußischen Gehrock trägt.

Gereist ist Alexander von Humboldt schon in jungen Jahren. Er besaß den Trieb, „eine wilde, großartige, an mannigfaltigen Naturprodukten reiche Natur zu sehen", ihn lockte „die Aussicht, Erfahrungen zu sammeln, welche die Wissenschaften förderten."

1790 trifft der 21jährige Humboldt im revolutionären Paris ein und ist schlagartig begeistert von den Idealen der politischen Bewegung. Für ihn gehören Freiheit und Gleichheit untrennbar zusammen, was auch heißt, dass ihm jeglicher Rassismus als unsinnig erscheint. Schließlich gibt es keine „edleren Volksstämme, alle sind gleichmäßig zur Freiheit bestimmt". Für die Freiheit will und wird Humboldt kämpfen, dem jede Verfolgung und erst recht jede Sklaverei aus tiefer Seele verhasst ist, wobei ihm nicht verborgen bleibt, dass es ausgerechnet Mitglieder christlicher Gesellschaften sind, die sich in der Unterdrückung anderer Menschen besonders hervortun und als besonders brutal erweisen. Die Themen Kolonialherrschaft und Sklaverei werden Humboldt viele Jahre beschäftigen und ihren Höhepunkt in einem *Politischen Essay über die Insel Kuba* erfahren, der 1827 erscheint. Humboldt schreibt darin den verstörenden Satz, „Alles Unrecht trägt den Keim der Zerstörung in sich".

Die Idee der Freiheit wird sich in seinem Denken mit der Weite der Meere verbinden, die er durchquert, und der Unbegrenztheit des Blicks, den die Aussichten von den Gipfeln bieten, die er ersteigt. Noch am Ende seines Lebens wird Humboldt diese Sehnsucht betonen: „Was mir am teuersten ist und was man mir nicht rauben kann, ist das Gefühl der Freiheit, das mich bis zum Grabe begleiten wird."

Stufen einer Karriere

Natürlich gibt es die Freiheit nicht umsonst, und erst muss etwas gelernt werden. Humboldt studiert zunächst an einer Bergakademie, wird dann Oberbergmeister, Bergrat und zuletzt sogar Oberbergrat. Als seine Mutter 1796 stirbt, scheidet Humboldt aus dem Staatsdienst aus, um sich auf Forschungsreisen zu konzentrieren. Er will in die Tropen und bereitet sich ausgiebig vor: Er erwirbt astronomische Kenntnisse, er übt geographische Ortsbestimmungen, er unternimmt botanische Exkursionen mit Übungen, er führt Versuche mit Muskel- und Nervenfasern durch, und er analysiert die chemische Zusammensetzung der Luft. Als er in Paris 1798 den Botaniker Bonpland kennenlernt, wird der große Plan für das folgende Jahr gefasst. Alexander von Humboldt ist dreißig Jahre alt, als er sich auf das erste große Abenteuer seines Lebens einlässt, die *Reise in die Äquinoktial-Gegenden der Neuen Welt*.

Vom Kosmos

Er lebt lange Zeit in Paris, von 1807 bis 1827, und hat dann wieder einen festen Wohnsitz in Berlin. Hier hält er seine Vorlesungen über den Kosmos, die er von 1834 an in sein großes, gleichnamiges Werk einarbeitet. Im *Kosmos* heißt es:

„Ich habe den tollen Einfall gehabt, alles was wir heute von den Erscheinungen der Himmelsräume und des Erdenlebens, von den Nebelsternen bis zur Geographie der Moose auf dem Granitfelsen wissen, alles in einem Werk darzustellen, und in einem Werk, das zugleich in lebendiger Sprache anregt und das Gemüt ergötzt. Das ganze ist nicht, was man gemeinhin physikalische Erdbeschreibung nennt; es begreift Himmel und Erde, alles Geschaffene." In den Bemühungen um seinen *Kosmos* zeigt Humboldt, dass er sich zugleich bemüht, ein engagierter Vermittler der Naturwissenschaft zu sein. Er betont, dass jede Popularisierung wissenschaftlicher Ergebnisse von dem Vortragenden Humanität bis in die sprachliche Formulierung hinein erfordert, um das Erleben deutlich zu machen, das in jeder Beschäftigung mit der Natur steckt (oder wenigstens stecken sollte). Vermittlung von Wissenschaft muss den „Hauch des Lebens" erkennbar machen, der in der Natur selbst zu finden ist und den der Forschende in seiner Arbeit zu spüren bekommt.

Naturgemälde

Humboldt wollte eine Naturforschung, eine Naturkunde begründen, die weder auf das Sinnliche verzichtet noch vom Gemüt des Forschers absieht. Humboldt wollte die wissenschaftliche Natursicht „um die Dimension der ästhetischen Vernunft erweitern und bereichern". Er strebte eine „Synthese von Wissenschaft und Ästhetik, von Begriff und Anschauung" an, so wie es Kant in seiner *Kritik der reinen Vernunft* zwar vorgeschlagen, aber selbst nie umgesetzt hat. Solch eine ästhetisch angelegte Wissenschaft würde ihre Ergebnisse in Form von „Naturgemälden" vorstellen.

Der Ausdruck „Naturgemälde" geht auf Humboldt selbst zurück, der mit diesem Begriff ein schwieriges Ziel bezeichnete. Er hoffte, langfristig eine Verbindung zwischen Wissenschaft und Kunst herstellen und so das wissenschaftliche Vorgehen um die ästhetische Dimension der Wahrnehmung erweitern zu können. Nur auf diese Weise sah er den humanen Charakter des Unternehmens Naturwissenschaft gewahrt. Für Humboldt stellte der Dreiklang „Humanität, Kunst und Wissenschaft" den Ton dar, den die Kulturwelt erklingen lassen und den sie für alle Menschen hörbar machen musste. Diese Aufgabe ist uns immer noch aufgegeben.

Für Humboldt erschließt sich der Zugang zur Natur über zweierlei Möglichkeiten. Ästhetischer Naturgenuss und wissenschaftliche Naturerkundung gehören für ihn zusammen. Es geht Humboldt nicht nur um die vom Menschen genutzte, sondern um die vom Menschen erlebte Natur, also um die Einheit der menschlichen Seele. In seiner Naturbeschreibung steht deshalb auch die Morphologie im Mittelpunkt, und die Verwandtschaft der Gestalten spielt eine wesentliche Rolle. Er schreibt konkret:

> Die Außenwelt existiert nur für uns, indem wir sie aufnehmen, indem sie sich in uns zu einer Naturanschauung gestaltet. So geheimnisvoll unzertrennlich als Geist und Sprache, der Gedanke und das befruchtende Wort sind, ebenso schmilzt, uns gleichsam unbewußt, die Außenwelt mit dem Innersten im Menschen, mit dem Gedanken und der Empfindung zusammen.

Humboldt beschreibt die Natur wie ein Dichter und Maler – in poetischer Sprache und in lebendigen Bildern. Er bezieht die Spiegelung der Natur in die menschliche Seele ein und redet von Genuss, Gefühl, Furcht, Bewunderung und Erlebnis.

Der innere Zweck und die äußere Wahrnehmung

Zumindest diesen Gedanken sollten wir heute von Alexander von Humboldt übernehmen, der nicht nur den Begriff der „vergleichenden Erdkunde" erfindet, sondern immer auch weiß, wo die oft romantische Naturbetrachtung vieler Zeitgenossen ihr Ende findet, nämlich da, wo es auf exakte Messungen und mathematische Grundlegungen ankommt. Humboldts Bemühungen, diese Aspekte des wissenschaftlichen Tuns mit den ganzheitlichen Naturbetrachtungen zu verbinden, die zum Beispiel Goethe so liebte, könnten erste

Hinweise sein auf die Moderne, die sich schwer tut mit der Grundlagenforschung. Dabei hat Humboldt das Wesentliche dazu gesagt:

„In einem Zeitalter, wo man Früchte oft vor der Blüte erwartet und vieles darum zu verachten scheint, weil es nicht unmittelbar Wunden heilt, den Acker düngt, oder Mühlräder treibt, vergißt man, dass Wissenschaften einen inneren Zweck haben und verliert das eigentliche Interesse, das Streben nach Erkenntnis, als Erkenntnis, aus dem Auge. Die Mathematik kann nichts von ihrer Würde einbüßen, wenn sie als bloßes Objekt der Spekulation, als unabwendbar zur Auflösung praktischer Aufgaben betrachtet wird." Denn, „alles ist wichtig, was die Grenzen unseres Wissens erweitert und dem Geist neue Gegenstände der Wahrnehmung oder neue Verhältnisse zwischen dem Wahrgenommenen darbietet".

Nur wer die Welt wahrgenommen und sich persönlich um ihre Anschauung bemüht hatte, wurde von Humboldt als wissenschaftlicher Gesprächspartner akzeptiert. Seine zugleich deutliche und sarkastische Warnung vor einer anderen Weise des Vorgehens kann nicht oft genug zitiert werden: „Die gefährlichste Weltanschauung ist die Weltanschauung der Leute, die die Welt nie angeschaut haben."

Zeitreisen

Darwins Gedanke der Evolution und andere Ideen des 19. Jahrhunderts konnten nur reifen, nachdem Forscher zuvor wenigstens in den richtigen Größenordnungen herausfinden und angeben konnten, wie viel Zeit für die anvisierten Prozesse zur Verfügung gestanden hat, in denen etwa Gebirge entstehen und das Leben seine Vielfalt bekommen konnte. Die Fragen lauteten schlicht und einfach: Wie alt ist die Erde? Wie alt ist die Welt? Und auch wenn die moderne Wissenschaft diese Fragen inzwischen zuverlässig beantworten kann (Tab. 7.1 und 7.2) und die Erdgeschichte sogar in definierte Perioden mit umständlichen Namen einteilen kann, so machen die angegebenen Zahlen schnell deutlich, wie unvorstellbar groß die dafür nötigten Zeiträume sind (Kasten: Tiefenzeit). Und sie machen zudem deutlich, wie mühevoll es für die Pioniere der Erdzeitalter gewesen sein muss, auf solche immensen Dimensionen zu kommen und sie überdies mit wissenschaftlichen Mitteln und Akribie zu beweisen.

Tabelle 7.1 Die Erdzeitalter und einige Besonderheiten

Millionen Jahre vor der Gegenwart	Zeitalter	Perioden	Besonderheiten
	Quartär	Holozän	Der Mensch erscheint
1,64		Pleistozän	Eiszeiten, besonders auf der Nordhalbkugel; Anpassung der Säugetiere
5,2	Tertiär	Pliozän	Verwandte des Menschen
25,3		Miozän	
35,4		Oligozän	Evolution auf getrennten Kontinenten
56,5		Eozän	und periodische Migrationen
65		Paläozän	Säugetiere und Vögel diversifizieren Massenaussterben der Dinosaurier
145,6	Mesozoikum	Kreide	Ablagerung von Kreide
208		Jura	Dinosaurier zu Lande
245		Trias	Moderne Ozeane verbreitern sich
290	Ober-Paläozoikum	Perm	Massensterben, Superkontinent Pangäa
362,5		Karbon	Kohlensümpfe
408,5		Devon	Fische und Amphibien
438,1	Unter-Paläozoikum	Silur	Besiedlung des Festlandes
505		Ordovizium	Größte Ausdehnung des Urozeans
545		Kambrium	Trilobiten und andere marine Tiere
2500	Präkambrium	Proterozoikum	Vielzelliges Leben
2300		Archaikum	Leben – Spuren im Gestein

Tabelle 7.2 Das Alter der Dinge

Weltall	13,7 Mrd Jahre
Erste Sterne	12,3 Mrd Jahre
Unser Planetensystem	4,5 Mrd Jahre
Leben auf der Erde	4 Mrd Jahre

Tiefenzeit

Als der amerikanische Paläontologe und Evolutionsbiologe Stephen J. Gould (1941–2002) die wissenschaftlich erkundete „Geschichte unserer Erde" 1987 in seinem Buch Die Entdeckung der Tiefenzeit allgemeinverständlich dargestellt hat, ist er auf die Frage nach der Unvorstellbarkeit der erforschten Daten mit den vielen Millionen Jahren eingegangen. Gould meinte, in der aufgeführten Dimension der Tiefenzeit eine mögliche Kränkung für den „Narzissmus der Moderne" zu entdecken, denn es könnte tatsächlich sein, dass die Wissenschaft den Menschen an dieser Stelle verliert oder zumindest beleidigt. Früher hatten viele gedacht, die Zeit sei leicht zu verstehen, denn „sie ist nur fünf Tage älter als wir", wie Gould einen theologischen Autor (Thomas Browne) aus dem 17. Jahrhundert zitiert, der sich dabei ganz auf die Schöpfungsgeschichte verlässt. Inzwischen entziehen sich die Zeit und ihre Dauer dem Verstehen, und zwar gerade weil und indem Menschen ihr mit Mitteln der Wissenschaft auf den Leib rücken.

„Wo aber Gefahr ist, wächst das Rettende auch", wie bei Friedrich Hölderlin nachzulesen ist, und tatsächlich – wo die Gefahr besteht, den Menschen zu verlieren, fällt der Wissenschaft ein überzeugendes Wort ein, das der „Tiefenzeit" nämlich, welches in Goulds Titel erscheint und mit seinem Buch im deutschsprachigen Raum populär geworden ist.

Zu dieser Feststellung müssen allerdings zwei Anmerkungen gemacht werden: Zum einen stammt der schöne Begriff nicht von Gould selbst, was auch gar nicht von ihm behauptet wird. Die „deep time" stammt von dem amerikanischen Sachbuchautor John McPhee (*1931), der diesen Ausdruck 1980 in seinem Buch Basin and Range vorgeschlagen hat. Und zum zweiten liefert vielleicht erst die deutsche Version der „deep time" – eben die schöne Bezeichnung als „Tiefenzeit" – mit ihrem poetischen Klang den passenden Anreiz, sich einfühlsam auf die Dimension einzulassen, die die Erdgeschichte dem irdischen Werden und menschlichen Denken eröffnet.

Gould greift das höchst elegante und verführerisch klingende Wort von der Tiefenzeit auch deshalb in seinem wissenschaftlichen Text auf, weil damit „etwas so Fremdes" erfasst wird, dass Metaphern benötigt werden, um das damit Gemeinte wenigstens versuchsweise verstehen zu können. Eine einprägsame und nachvollziehbare Metapher stammt dabei von McPhee selbst:

> Wenn man sich die Erdgeschichte als das alte englische Yard vorstellt, also als die Entfernung zwischen der Nase des Königs und der Spitze seiner ausgestreckte Hand, dann würde die Nagelfeile am Mittelfinger des Königs mit einem einzigen Strich die ganze Menschheitsgeschichte in Staub zerfallen lassen.

Und eine andere hat der Vater von Huckleberry Finn geliefert, Mark Twain, der von Gould wie folgt zitiert wird:

> Wenn die Höhe des Eiffelturms dem Alter der Erde entspräche, dann entspräche dem Alter des Menschen die dünne Lackschicht auf der obersten Turmspitze.

Theorien der Erde

Der konkrete und nachvollziehbare Weg zum modernen Verstehen des Erdalters und zum Erfassen der dazugehörigen Zeitalter (Tab. 7.1) konnte im ausgehenden 18. Jahrhundert gefunden werden, und zwar durch den schottischen Naturforscher James Hutton (1726–1797), der 1795 ein umfangreiches Werk mit dem Titel *Theory of the Earth* vorlegte und in ihm einen besonderen Gedanken zur Zeit einführte.

Das Problem mit Huttons Buch besteht in seiner Unlesbarkeit. So bedeutend sein Inhalt auch sein mag, vermutlich wäre Hutton mit seinen Gedanken lange Zeit unbeachtet geblieben, wenn sich nicht der ebenfalls schottische Mathematiker und Geologe John Playfair (1748–1819) daran gemacht hätte, die mühsame und spröde Sprache Huttons in einen angemessenen und lesbaren Text zu übertragen, der 1802 unter dem Titel *Illustrations of the Huttonian Theory of the Earth* erschien. Wenn man so will, hat Playfair Huttons (natürlich englischen) Text ins Englische übersetzt, und es wäre eine Überlegung wert, ob es sich nicht lohnen würde, solche Exerzitien auch einmal an den vielen unverständlichen deutschen Texten vorzunehmen (etwa an denen berühmter Philosophen) und beispielsweise Jürgen Habermas ins Deutsche zu übersetzen, wie es Karl Popper einmal unternommen hat (mit unliebsamen Folgen für den Übersetzten).

Mit Playfairs Hilfe verstanden die Zeitgenossen bald, welche wichtige Entdeckung Hutton gemacht hatte, nämlich die, dass es neben der linearen Zeit (der gesamten Dauer des Planeten) – auch zyklische Zeitverläufe – sich wiederholende Zeitkreisläufe – auf der Erde geben musste, in deren Verlauf die immer wieder neuen Schichten – Zeitschichten – hervorgebracht wurden, die sich den Geologen heute zeigen. Wir sprechen dabei von der Stratigraphie, die die Entstehungsprozesse der Gesteine erkundet und neben dem Zeitpfeil auch Zeitzyklen einsetzt, um die Geschichte der Erde zu erkunden. Die oben erwähnte „Entdeckung der Tiefenzeit" ist möglich geworden mit dem Konzept, das Playfair als „Huttons Weltmaschine" bezeichnet und die den Geologen zufolge Formationen hervorbringt, die meist übereinander liegen, die aber auch gekippt zueinander stehen können. Playfair weist dabei auf den physikalischen Ursprung des gesamten Denkens hin, denn „das geologische System des Dr. Hutton" ähnelt in vielerlei Hinsicht jenem System, das die Himmelsbewegungen zu leiten scheint. In beiden ist Vorsorge „für eine unbegrenzte Dauer getroffen", wie Playfair schreibt, wobei das Vergehen der Zeit nicht zur Folge hat, „die Maschine zu verschleißen". Sie gibt „der Welt eine wiederherstellende Wirksamkeit" und fügt dem linear gedachten Zeitpfeil einen Zeitkreislauf hinzu. Hutton denkt die Erde tatsächlich als eine Maschine, die mit einer sich wiederholenden Ordnung in der Zeit („a succession of worlds") neue Schichten hervorbringt. Das muss alles sehr langsam vonstattengegangen sein, wie Playfair Hutton übersetzt, der vor allem durch Grabungen im schottischen Jedburgh zu seinen Ansichten gelangt ist und dabei betont: „Wir hätten von der unabhängigen Bildung der hier [in Jedburgh] übereinanderliegenden Formationen und dem langen Zeitraum dazwischen nicht einmal dann einen klaren Beweis erhalten, wenn wir dabei gewesen wären […] Aus dieser Perspektive nahmen wir sogar noch weiter zurückliegende Revolutionen wahr. Uns schwindelte beim Blick in den Abyssus der Zeit."

In seinem Buch und in seiner Theorie führt Hutton das Konzept des „Uniformitarismus" ein, dem zufolge alle geologischen Erscheinungen aus ferner Vergangenheit durch dieselben Prozesse zustande gekommen sind wie die, die heute noch ablaufen. Dieser Grundgedanke wird weitergeführt von dem britischen Geologen Charles Lyell (1797–1875), dessen zweibändiges Werk *Prinzipien der Geologie* großen Einfluss auf Charles Darwin ausübt und die notwendigen Zeiträume für seinen Gedanken der Evolution freimacht. Lyell unternimmt wie Hutton den Versuch, „die früheren Veränderungen der Erdoberfläche durch die heute wirkenden Ursachen zu erklären". Er ist überzeugt, „dass es niemals eine Unterbrechung derselben einförmigen Ordnung der Ereignisse gegeben hat".

Er ist zudem davon überzeugt, „dass der allmähliche Fortschritt der Meinung bezüglich der Aufeinanderfolge von Erscheinungen in fernen Zeitaltern auf einzigartige Weise jenem ähnelt, der die wachsende Verstandeskraft eines Volkes begleitet."

Als Darwin in den 1840er Jahren mit der Geschichte des Lebens beschäftigt ist, stehen ihm neben den geologischen auch viele Daten einer neuen Wissenschaft namens Paläontologie zur Verfügung. Diese untersucht das „Altseiende" und handelt von Fossilien, die in verschiedenen Erdschichten auszumachen sind. Man untersucht sie in zunehmenden Details seit 1800 und bringt nach und nach mit Hilfe sogenannter Leitfossilien und einer dazugehörigen Biostratigraphie eine relative Zeitbestimmung der Erde und ihrer Zeitalter zustande, bevor eine absolute Altersbestimmung mit Hilfe von radioaktiven Prozessen (Radiometrie) möglich wird. Inzwischen kann die Wissenschaft das Alter mittels magnetischer Anomalien messen, die im Laufe langer Zeiträume durch ein Umpolen des Erdmagnetfeldes zustande gekommen sind. Alle Methoden zusammen erlauben die moderne und umfassend akzeptierte Gliederung der Erdgeschichte, die Tab. 7.1 im Überblick zeigt.

Das Aufkommen der Elektrizität

In gewisser Weise drängt die hier erzählte Geschichte auf den Gedanken der biologischen Evolution zu, der 1859 zum ersten Mal in Buchform erscheint und ganz sicher zu den maßgeblichen Meilensteinen einer humanen Kultur gehört. Doch bevor Darwins Idee ins Auge gefasst wird, soll noch eine knappe Geschichte der Anfänge eingeschoben werden, die in das Zeitalter der Elektrizität mit dem dazugehörigen Licht führt, welches das Alltagsleben der Menschen ständig stärker und direkter beeinflusst hat als die Idee der Evolution.

Die technisch-wissenschaftlich entscheidende Hilfestellung für den großen Schritt von der statischen Elektrizität, die den Menschen „die Haare zu Berge stehen" lassen konnte, und daher im 18. Jahrhunderts als Salonphänomen bestaunt wurde, bis hin zu den Ideen der Dynamik mit elektrischen Strömen und ihrer Anwendung besteht in der Entwicklung einer Konstruktion, die nach ihrem Erfinder Alessandro Volta (1745–1827) als Voltasäule benannt und heute als die technisch verfeinerte Batterie völlig alltäglich geworden ist. Was inzwischen banal wirkt, stellt einen historisch unbeachteten Wendepunkt in der Geschichte der zivilisierten Daseins dar. Mit dieser technischen Konstruktion stand der Menschheit nämlich die „erste wirklich praktisch brauchbare Stromquelle" zur Verfügung, wie die Geschichtswissenschaft uneingeschränkt und unwidersprochen urteilt, und man sollte sich die damit einhergehenden Auswirkungen für die damalige Forschung und ihre Betreiber ruhig ausgesprochen dramatisch und dynamisch vorstellen. Die Voltasäule lieferte ab 1800 zum ersten Mal in der Geschichte der Menschheit höchst brauchbare Strommengen, mit denen „man alles Mögliche anstellen" konnte, wie oft zu lesen ist – und das war eine Riesenmenge, wie sich heute jeder leicht vorstellen kann, der eine Lampe einschaltet, eine Kaffeemaschine betreibt, sich die Haare föhnt, die Wäsche bügelt und vieles mehr mit handlichen Apparaten tut, die elektrisch angetrieben werden. Die Menschen verdanken dies alles der Dynamik des 19. Jahrhunderts, die sich in einer anschaulichen Auflistung der Entwicklungen bestaunen lässt (Kasten Chronik der Elektrizität im 19. Jahrhundert).

Chronik der Elektrizität im 19. Jahrhundert

1800   Alessandro Volta (1745–1827) produziert die erste Voltasäule, die er selbst „Elektromotor" nennt und die eine erste Elektrolyse erlaubt.

1805   Theodor Grotthuß (1785–1822) studiert die „wundersamen Wirkungen der Elektrizität" und stellt eine Theorie der elektrolytischen Zersetzung von Wasser vor.

1807   Humphrey Davy (1778–1829) entdeckt die Elemente Kalium und Natrium durch Elektrolyse (Zerlegung von Kalium- bzw. Natriumhydroxyd).

1809   Davy entwickelt eine erste Bogenlampe, nachdem er bereits 1802 einen Platinfaden zum Glühen gebracht hatte; erste Versuche zur Telegraphie.

1812   Jöns Jakob Berzelius (1779–1848) publiziert seinen „Versuch über die Theorie der chemischen Proportionen und die chemische Wirkung der Elektrizität".

1818   Mary Shelley (1797–1851) veröffentlicht ihren Roman Frankenstein, in dem einem Monster mittels elektrischer Funken Leben eingehaucht wird.

1820   Hans Christian Oersted (1777–1851) bemerkt, dass ein elektrischer Strom eine Magnetnadel beeinflussen kann; das Galvanometer zur Strommessung wird erfunden; André-Marie Ampere (1775–1836) empfiehlt, den Ausschlag der Nadel als telegraphisches Zeichen zu nutzen; Ampere zeigt, dass ein Solenoid (eine schraubenförmige Drahtwicklung) die Eigenschaften eines Stabmagneten aufweist und dass bewegliche stromführende Leiter von Magneten bewegt werden.

1821   Michael Faraday (1791–1867) erzeugt durch Rotation einer Scheibe einen Strom – das Prinzip der Dynamomaschine; Thomas Seebeck (1770–1831) weist nach, dass es Thermoelektrizität gibt.
1825 William Sturgeon (1783–1850) baut den ersten Elektromagneten.

1827 Georg Simon Ohm (1789–1854) stellt das Ohmsche Gesetz vor (Spannung und Strom sind proportional zueinander; die Konstante nennt man Widerstand);
Ampere stellt eine Theorie der elektromagnetischen Vorgänge vor und begründet so die Elektrodynamik.

1829 Ingenieure bauen erste Elektromotoren nach dem Prinzip, das Faraday 1821 entdeckt hat: Er sorgte dafür, dass ein Magnet einen stromdurchflossenen Draht umkreiste und hielt den Magneten fest – dann drehte sich der Draht.

1831 Michael Faraday entdeckt die elektromagnetische Induktion:
Symmetrie der Natur: Wenn ein Strom Magnetismus hervorbringt, dann kann ein Magnetfeld auch einen Strom generieren.

1832 Hippolyte Pixii (1808–1835) erzeugt als erster Wechselstrom und baut einen dazugehörigen Wechselstromgenerator.

1833 Carl Friedrich Gauß (1777–1855) und Wilhelm Weber (1804–1891) konstruieren einen elektromagnetischen Telegraphen über eine Entfernung von mehr als 2 km; Faraday findet ein Gesetz der Elektrolyse.

1834 Jean Peltier (1785–1845) entdeckt, dass Elektrizität Kälte produzieren kann (Peltier-Effekt); Faraday prägt die Fachsprache der Elektrizität; er führt ein: Elektrolyse, Elektrolyt, Anode, Kathode, Ion, Anion, Kation

1835 Moritz Hermann Jacobi (1801–1874) publiziert eine „Denkschrift über die Anwendung des Elektromagnetismus zur Bewegung von Maschinen" und gilt seitdem als Erfinder des (funktionsfähigen) Elektromotors (siehe 1829).

1836 John Frederic Daniell (1790–1845) erfindet das Zink-Kupfer-Element, das heute nach ihm benannt ist und eine erste Batterie darstellt.

1837 Samuel Morse (1791–1872) erfindet den elektromechanischen Schreibtelegraphen (und das Morsealphabet); ein erstes praktisch verwendbares Gerät (Galvanometer) zur Messung von Stromstärken kommt auf den Markt; und es wird bemerkt, dass Strom Eisenstäbe dazu bringen kann, Töne auszusenden (der erste Schritt zum Telefon).

1838 Moritz Hermann Jacobi transportiert 12 Personen in einem Boot mit einem Elektromotor.

1840 Robert Wilhelm Bunsen (1811–1899) entwickelt eine Batterie mit Zink- und Kohleelektroden; die Galvanisierung von Oberflächen gelingt; James Prescott Joule (1818–1889) bestimmt die Wärmeleistung von Strom.

1843 Charles Wheatstone (1802–1875) erkennt die Bedeutung einer bereits 1833 beschriebenen Schaltung von Widerständen, die als Messeinrichtung dienen kann und als Wheatstonsche Brücke bekannt ist; Carlo Matteucci (1811–1868) weist elektrische Eigenschaften von Muskelbewegungen am Herzen nach.

1844 Alexander Bain (1811–1877) konstruiert die erste elektrische Uhr; William Fardely (1810–1869), ein Deutscher mit englischen Eltern, ersinnt mit Morse das Relais und errichtet die erste elektromagnetische Telegraphenlinie zwischen Wiesbaden und Mainz; die erste elektrische Straßenbeleuchtung in Paris (am Place de la Concorde).

1845 Faraday vermutet, dass Licht, Wärme und Elektrizität wesensgleich sind.

1847 Gustav Robert Kirchhoff (1824–1887) stellt Gesetze für Strom- und Spannungsverteilungen in elektrischen Netzen auf.

1852 Faraday veröffentlicht seine Ansichten „Über den physikalischen Charakter der magnetischen Kraftlinien" und stellt die Idee von elektromagnetischen Feldern vor, über die er erstmals 1848 gesprochen hat; er macht das Magnetfeld sichtbar.

1853 William Thomson (ab 1892: Lord Kelvin) (1824–1907) stellt seine Theorie des elektrischen Schwingkreises vor, einer Grundlage der Hochfrequenztechnik.

1854 Faraday sieht einen Zusammenhang zwischen Magnetismus und Licht; Heinrich Goebel (1818–1893) stellt eine erste Glühlampe vor; Wilhelm Josef Sinstelen (1803–1891) stellt den ersten Bleiakkumulator vor.

1858 Julius Plücker (1801–1868) entdeckt die Kathodenstrahlen und bemerkt ihre Krümmung in einem Magnetfeld.

1859 Gaston L. Planté (1834–1889) erfindet den elektrischen Akkumulator.

1861 Étienne Jules Marey (1830–1904) registriert Herzströme (Herzstromkurve).

1862 Der erste Leuchtturm wird in England mit elektrischem Licht ausgestattet.

1863 Johann Phillip Reis (1834–1874) gelingt die erste elektrische Übertragung von Klängen und Geräuschen (Telefon).

1864 James Clerk Maxwell (1831–1879) publiziert „A Dynamical Theory of the Electromagnetic Field"; in dieser Arbeit werden die Maxwellschen Gleichungen vorgestellt, die als Theorie des elektromagnetischen Feldes gelten und neben die Newtonsche Mechanik gestellt werden.

1866 Werner von Siemens (1816–1892) entdeckt das dynamoelektrische Prinzip (elektromagnetische Selbsterregung).

1867 Zénobe Gramme (1827–1901) erfindet den Wechselstromgenerator; Elihu Thomson (1853–1937) erfindet das elektrische Widerstandsschweißen, das Temperaturen von mehr als 2000 Grad erreicht.

1872 Eine Konferenz in Paris legt die Einheiten des metrischen Systems fest: Ladung in Coulomb, Stromstärke in Ampere, Spannung in Volt, elektrische Leistung in Watt, Kapazität in Farad, elektrische Feldstärke in Volt/Meter und Magnetische Feldstärke in Ampere/Meter; Friedrich von Hefner-Alteneck (1845–1904) Entwickelt bei Siemens & Halske den Trommelanker

1873 Willoughby Smith (1828–1891) entdeckt, dass Selen seine Leitfähigkeit unter der Einwirkung von Licht ändert.

1876 Alexander Graham Bell (1847–1922) meldet ein Telefon zum Patent an; Siemens ermittelt die Geschwindigkeit der Elektrizität in einem eisernen Telegraphendraht: 240.000 km/s.

1878 Thomas Alva Edison (1847–1931) entwickelt Bleisicherungen zur Verhütung von Kurzschlüssen in elektrischen Beleuchtungsanlagen.

1879 Edison verbessert die Glühlampe durch einen verkohlten Baumwollfaden und errichtet die erste Beleuchtungsanlage.

1880 Pierre Curie (1859–1906) entdeckt die Piezoelektrizität von Quarz: der erste elektrisch betriebene Aufzug wird gebaut.

1881 Die Firma Siemens & Halske baut die erste elektrische Straßenbahn; sie fährt in Berlin-Lichterfelde; ein Kongress in Paris legt elektrische Maße fest.

1882 Edison errichtet in New York das erste Kraftwerk; Berlin bekommt elektrische Lampen; der Transformator wird aus einer Induktionsspule entwickelt; Der Wechselstrom verdrängt den Gleichstrom (u. a. durch mechanische Gleichrichter); Herzströme eines Hundes werden aufgezeichnet.

1883 Henry Tudor (1859–1928) beginnt mit der Serienfabrikation von Akkumulatoren; Hendrick Antoon Lorentz (1853–1928) formuliert eine Elektronentheorie, in der submaterielle Teilchen (Elektronen) als Träger der elektrischen Ladung fungieren; Gründung der AEG (Allgemeine Elektrizitätsgesellschaft) („Aus Erfahrung gut").

1884 Die Begriffe Ion, Kation und Anion werden durch Svante Arrhenius (1859–1927) präzisiert, der 1897 seine Ionentheorie der elektrolytische Dissoziationvorlegt; Nicola Tesla (1856–1943) erfindet den Wechselstromgenerator; in Berlin wird das erste öffentliche Elektrizitätsunternehmen gegründet.
1886 Heinrich Hertz (1857–1894) beginnt mit seinen Arbeiten über elektromagnetische Wellen.
1889 Die erste Hinrichtung auf einem elektrischen Stuhl; das oszillographische Verfahren zur Aufzeichnung von Strömen.
1890 Die Londoner U-Bahn stellt von Dampf auf Strom um.
1891 Die erste große Überlandleitung über 80 km erzeugt in Deutschland Strom von 25.000 Volt.
1892 Der Verbandes für Elektrizitätswirtschaft (VDEW) wird in Berlin gegründet.
1894 Hugo Stinnes gründet in Essen die RWE (Rheinisch-Westfälische-Elektrizitätswerk AG).
1897 Joseph John Thomson (1856–1940) entdeckt das Elektron, das seit 1891 seinen Namen hat (als „elektrisches Atom"); Ferdinand Braun (1850–1918) stellt die „Braunsche Röhre" vor; Guglielmo Marconi (1874–1937) überträgt erstmals Nachrichten mit elektrischen Wellen.
1898 Carl Auer von Welsbach (1858–1929) lässt die erste Glühbirne mit Metallfaden patentieren (1906 führt er Osram ein).
1899 Der Leiter des amerikanischen Patentamtes schlägt vor, sein Amt zu schließen. „Alles Erfindbare ist jetzt erfunden."

Dabei setzte sich das erste Voltasche Wunderding ganz gewöhnlich aus Kupfer- und Zinkplättchen zusammen, die sich abwechselten und jeweils durch Filz- oder Pappscheibchen getrennt waren. Diese Plättchen wurden vor ihrer Anbringung getränkt – etwa mit verdünnter Schwefelsäure oder einer Kochsalzlösung, wie man heute sagen würde –, wobei es noch ein paar Jahrzehnte dauern sollte, bis man verstand, wie und womit die feuchten Zwischenstücke ihre Aufgabe in der Voltasäule erfüllten – nämlich dadurch, dass es in den dazugehörigen Lösungen frei bewegliche Ladungen gibt etwa in Form von Ionen. So heißen elektrisch geladene Atome aber erst seit dem 20. Jahrhundert, das zu diesem Zeitpunkt der Geschichte aber noch in weiter Ferne liegt.

Was Voltas Apparat angeht, so darf gefragt werden, wie der Italiener überhaupt auf die Anordnung gekommen ist, die man heute als sogenannte Spannungsreihe identifizieren kann, denn die gesamte Qualität der Säule beruht auf der additiven Reihung von Einzelelementen, die aus unterschiedlichen Metallplättchen und feuchten Pappscheibchen bestehen.

Ein auf den ersten Blick merkwürdig fern liegender Ausgangspunkt beginnt mit einer eher zufällig in Bologna gelungenen Beobachtung, in deren Mittelpunkt Froschschenkel stehen, die für anatomische Zwecke präpariert worden waren und als solche in aller Ruhe ihrer Bestimmung harrten. Doch „diese Ruhe" wurde gestört immer dann, wenn in der Nähe Funken sprühten und es zu elektrischen Entladungen – etwa durch Blitze – kam, womit in den Laboratorien ebenfalls experimentiert wurde. Die Froschschenkel begannen dann zu zucken, und diese Beobachtung verdiente einen genaueren Blick. Von 1780 an mühte sich der Arzt Luigi Galvani (1737–1798) an der Universität von Bologna mit diesem Thema, wobei er versuchte, die elektrische Empfindlichkeit von tierischem Gewebe so genau wie möglich zu analysieren.

Zu diesem Zweck versetzte er zahlreiche enthäutete Froschschenkel regelmäßig in Zuckungen und stellte fest, dass er dies auf zwei Weisen unternehmen konnte. Entweder näherte er sich diesen kulinarischen Leckerbissen –die nach den Experimenten genussreich verspeist wurden –, mit einer Elektrisiermaschine, die er durch kräftige Reibungen aufgeladen hatte. Oder aber er brachte die Froschschenkel zwischen zwei verschiedenen, aber leitend miteinander verbundenen Metallscheiben an, das heißt, er verband das tierische Gewebe zuerst mit einer Metallplatte und kontaktierte es dann mit einer zweiten, was dasselbe Zucken auslöste wie die Reibungselektrizität.

Dieser zuletzt geschilderte Befund passt zu einer 1760 in Berlin gemachten Entdeckung, die auf den Philosophen Johann Georg Sulzer (1720–1779) zurückgeht, der bemerkt hatte, dass beim Berühren seiner Zunge mit zwei verschiedenen Metallen im Mund ein säuerlicher Geschmack entstand, was bedeutete, dass sich zwischen den beiden Kontakten etwas ereignete. Heute können die Physiker sagen, was es genau ist, das sich da ereignet, und nennen es entsprechend passend Kontaktelektrizität, ein Name, der auf Volta zurückgeht, zu dem unsere Geschichte gleich zurückkehrt.

Das heißt, anfänglich standen Galvanis und Sulzers Beobachtungen unverbunden im Raum, bis Volta sie zusammenführte und dabei den Weg zu seiner Säule fand. Die gemeinsame Größe in den Versuchen in Berlin und Bologna stellen die beiden Metalle dar, und Volta überlegte, ob das biologische Gewebe – in einem Fall die Schenkel und im anderen Fall die Zunge – nur das Medium der Übertragung war, in dem sich die Elektrizität ausbreiten konnte. Während Galvani hoffnungsvoll meinte, nach der Reibungselektrizität eine neue Form dieser Kraftwirkung entdeckt zu haben – eben die tierische oder animalische Form –, hing Volta dem Gedanken an, dass es nur eine Art von Elektrizität gebe, ganz gleich, ob sie durch Reibung von Bernstein oder durch Kontakte von Metallen erzeugt wird. Und er vermutete, dass sein medizinischer Kollege weniger ein neuartiges Phänomen als vielmehr ein anderes – und in dem Fall flüssiges – Transportmittel für Ströme gefunden habe.

Um seine Hypothese zu testen, platzierte Volta keine Froschschenkel, sondern feuchte Lappen zwischen verschiedene Metalle – und siehe da, sie zuckten (verformten sich) ebenfalls. Volta zog daraus den Schluss, dass zwischen zwei verschiedenen Metallen ein Strom fließen kann, dass sich also zwischen zwei aus unterschiedlichem Material bestehenden leitfähigen Platten eine Spannung aufbaut. Dieses Phänomen nannte er großzügig Galvanismus, und der übersichtlichen Anordnung aus zwei Metallplatten und einem leitenden

Medium gab er den Namen „galvanisches Element". Wissenschaftler benutzen diese beiden Begriffe bis heute.

Und da es gerade um Namensgebungen geht: Volta bezeichnete die elektrisch leitfähigen Metalle als Leiter erster Ordnung und die stromführenden Flüssigkeiten der Schenkel und Lappen als Leiter zweiter Ordnung. Das leuchtet zwar ein, hat sich aber nicht besonders durchgesetzt. Heute heißen die Leiter zweiter Ordnung „Elektrolyte", und die beiden dazugehörigen Metalle kennt die Wissenschaft als Elektroden – was bedeutet, dass ein galvanisches Element aus zwei Elektroden und einem Elektrolyten besteht (um den Fachjargon hier zu üben). Die Endsilben des neuen Fachwortes für die Funktion der Metallplatten stammen aus dem griechischen Wort für „Weg" *hodos*, was bedeutet, dass die Elektroden den Weg darstellen, über den die elektrischen Ladungen (Elektronen) in den Elektrolyten gelangen. Dessen Schlusssilben wiederum leiten sich von der griechischen Wurzel „lysis" ab, was „auflösen" heißt und wodurch angedeutet wird, was wirklich passiert, wenn Strom durch Gewebe oder Flüssigkeiten fließt: Es kommt zu chemischen Reaktionen, in deren Verlauf sich Verbindungen auflösen, wie man aber erst gegen Ende der romantischen Periode genauer sagen konnte und wie bald genauer zu erzählen sein wird.

Das gerade Geschilderte konnten weder Volta noch Galvani wissen, aber Volta war klar geworden, dass es sich lohnen würde, die Elektrizität in den Leitern zweiter Ordnung zu untersuchen, unter anderem, um zu prüfen, ob der „Beweis, dass ein beständiger Galvanismus den Lebensprozess im Tierreich begleitet", den der deutsche Physiker Johann Wilhelm Ritter (1776–1810) 1798 vorgelegt hatte, schlüssig war. Für den Romantiker Ritter war das Elektrische ein Urphänomen, das sich unterschiedlich in lebendiger und toter Materie entfaltete – und als Galvanismus oder Reibungselektrizität entdeckt worden war. Volta wollte mehr darüber wissen, und das hieß für ihn, mehr Versuche zu unternehmen. Er sah einen einfachen Weg zu diesem Ziel, nämlich den, verschiedene Metalle als Elektroden einzusetzen (wie sich mit einem heute bekannten, aber damals nicht verfügbaren Begriff ganz einfach sagen lässt). Volta begann also, mit verschiedenen Metallen Spannungen auf Gewebe zu übertragen, und dabei fiel ihm zunächst auf, dass diverse Kombinationen (Zink mit Blei etwa oder Eisen mit Zinn) unterschiedliche Spannungen erzeugten. Und ihm fiel weiter und vor allem auf, dass sich Spannungen addierten: Die Kombination Zink-Silber zum Beispiel brachte genau dieselbe Spannung hervor, die auch als Summe der Kombinationen Zink-Blei, Blei-Zinn, Zinn-Eisen, Eisen-Kupfer und Kupfer-Silber zustande kommen konnte. Mit anderen Worten: Volta hatte eine Spannungsreihe entdeckt, und jetzt fehlten nur noch zwei einfache praktische Schritte zu seiner Säule:

Er konstruierte zunächst ein sogenanntes Volta-Element, wie es heute heißt, das aus je einer Kupfer- und Zinkscheibe bestand, zwischen denen eine (elektrolytisch) getränkte Filzscheibe angebracht war. (Wer will, kann sich das Volta-Element mit den Buchstaben KFZ, Kupfer-Filz-Zink, merken, die dieselbe Abkürzung ergeben wie die für das allseits geliebte Kraftfahrzeug.) In einem zweiten Schritt schichtete Volta seine KFZ-Elemente aufeinander, und von dem Augenblick an verfügte die Menschheit im Jahre 1800 über ihre erste brauchbare Stromquelle. Es war ein großer Moment in der Geschichte der Menschheit, und zwar in doppelter Hinsicht. In dem Begriff Moment steckt nämlich das lateinische Wort *momentum*, das „Bewegung" bedeutet. Und der Strom, der selbst Bewegung ist, brachte nun alles in Bewegung. Die Romantik feierte eine Hochzeit.

Der Strom und die Nadel

Natürlich wandelte sich die Welt nicht über Nacht. Aber die Möglichkeit dazu war nun bereitet, und das elektrische Zeitalter konnte seinen Lauf nehmen. Es konnte, genauer gesagt, zuerst vor allem einen Anlauf nehmen, auf den der Absprung bald gelingen sollte, und zwar durch eine scheinbar harmlose Entdeckung aus dem Jahre 1820, als der dänische Physiker Hans Christian Oerstedt (1777–1851) einen Strom durch einen Draht schickte und dabei bemerkte, dass dessen Elektrizität Einfluss auf eine Magnetnadel ausübte, die zufällig in der Nähe des elektrischen Leiters abgestellt worden war. Immer dann, wenn der Strom ein- oder ausgeschaltet wurde, drehte sich die Nadel ein wenig, obwohl sie den Draht gar nicht berührte. Oerstedt wunderte sich und ging noch einen Schritt weiter, bevor er dann innehielt. Er ersetzte die Nadel durch einen Magneten und verankerte ihn fest am Boden. Wenn er nun eine bewegliche aufgehängte Schleife aus Draht mit Strom versorgte, drehte sich der elektrische Leiter. Irgendwie sorgte der Strom für eine Kraft, die sich in einem leeren Raum ausbreitete, in dem außer Luft nichts vorhanden zu sein schien. Wirklich nicht?

Die Lösung dieses wunderbaren Rätsels verdankt die Welt dem englischen Physiker Michael Faraday (1791–1867). Als wissenschaftlicher Autodidakt stieg Faraday aus ärmlichen Verhältnissen auf und machte die Wissenschaft nach und nach zu seinem Beruf, die nun auch als bürgerliche Arbeit bezahlt wurde. Faraday war es gelungen, sich durch Fleiß und Neugierde Zugang zu dem Laboratorium des britischen Chemikers Humphrey Davy (1778–1829) zu verschaffen, der heute zu den Wegbereitern der Elektrochemie zählt. Davy war einer der ersten, der eine Voltasäule für chemische Experimente einsetzte Zu den wichtigen Entdeckungen, die er damit machte, gehören die beiden Elemente Kalium und Natrium. Diese sammelten sich in seinem Labor an, als Davy Flüssigkeiten mit Voltasäulen traktierte, die wir heute als Laugen kennen. Aus der Natronlauge etwa (heute als Natriumhydroxyd [NaOH] bekannt) – kommt durch die Elektrolyse das Natrium frei, und das Kalium lässt sich entsprechend aus der Kalilauge gewinnen – heute besser als Kaliumhydroxyd (KOH) bekannt.

Vor diesen Versuchen hatte Davy bereits 1802 begonnen, Metallfäden – etwa aus Platin – dadurch zum Glühen zu bringen, dass er sie an eine Voltasäule anschloss und mit Strom versorgte. Die Entdeckung, dass fließende Elektrizität Wärme produzierte, lässt sich bereits bei Volta finden, was physikalisch genauer heißt, dass ein Strom für Unterschiede in der Temperatur sorgen kann. Mit dieser Formulierung fällt es leichter, die Entdeckung zu betrachten, die dem deutsch-baltischen Physiker Thomas Seebeck (1770–1831) im Jahre 1821 gelang und heute nach ihm benannt ist. Der Seebeck-Effekt besteht darin, dass zwischen zwei Punkten eines elektrischen Leiters, deren Temperaturen verschieden sind, eine Spannung entsteht. Die Fachwelt spricht dabei auch von der Thermoelektrizität. Das Besondere dieser Erscheinung besteht darin, dass sich ihre Entdeckung dem vertrauten polaren Grundprinzip der Romantik fügt, dem zufolge jedes Stück sein Gegenstück kennt. Konkret formuliert: Wenn Ströme dafür sorgen, dass es an einer Stelle warm wird, dann kann umgekehrt Wärme auch dafür sorgen, dass Strom fließt.

Michael Faraday (1791–1867)

Michael Faraday, der aus der Umgebung von London stammt, beeindruckt nicht nur durch die Fülle seiner wissenschaftlichen Entdeckungen, zu denen unter anderem der Faraday-Käfig im Kleinen und die elektrotechnische Energiewirtschaft im Große gehören – wobei mit dem Käfig eine metallische Umhüllung gemeint ist, die einen begrenzten Raum (wie das Innere eines Autos) gegenüber elektrischen Feldern (etwa von Blitzen) abschirmt. Faraday beeindruckt vor allem auch durch seine persönliche Bescheidenheit, seine Bereitschaft zum Verzicht (auf Ämter) und seine vollständige Weigerung, geehrt zu werden. Ob er den Nobelpreis angenommen hätte, scheint mehr als fraglich. Er war nämlich der Ansicht, „dass es etwas Abwertendes an sich hat, wenn man Preise für intellektuelle Anstrengungen vergibt, und wenn sich dabei Gesellschaften oder Akademien – und zuletzt sogar Könige und Herrscher – einmischen, wird die Abwertung dennoch nicht weniger."

Faraday gehört nicht nur zu den Genies der Wissenschaft, sondern auch zu ihren großen „popularizers", und seine 1826 ins Leben gerufene „Weihnachtsvorlesung für Kinder" wird bis heute am Sitz der Royal Society in London abgehalten. Er selbst hat dazu vielfach beigetragen, und sein bekanntester Vortrag behandelt *Die Naturgeschichte einer Kerze*, ein Werk, das bis heute verlegt wird.

Faraday stammt aus kleinen Verhältnissen. Er hat nur bis zum 13. Lebensjahr die Schule besuchen können und sein Geld zunächst als Buchbinder verdient. Er hat dabei viele Bücher gelesen, vor allem dann, wenn sie von den Naturwissenschaften handelten. Insbesondere ist es die Elektrizität, die es dem jungen Faraday antut, und er kann sich gar nicht satt lesen an den entsprechenden Einträgen in der *Encyclopaedia Britannica.* Trotz finanzieller Enge kauft er sich Zubehör, das man für eine Leidener Flasche benötigt und führt damit kleinere Versuche durch.

Mit Glück und Geschick bringt es der Buchbinder zum Laborassistenten, und bald kann Faraday echte Experimente anstellen. Wie ein Chemiker untersucht er das Umwandeln von Flüssigkeiten, immer im Hintergedanken, die Elektrizität zu verstehen, die er als Fluidum deutet. Was fließt, muss flüssig sein, und somit müsse auch ein Gewicht messbar sein. Was wiegt der Strom, der durch einen Draht fließt?

Den entscheidenden Beitrag zur Entwicklung seiner Wissenschaft und unserer Geschichte liefert Faraday im Anschluss an die Entdeckung von Oerstedt, nämlich dass Ströme Magnetnadeln beeinflussen können. „Verwandle Magnetismus in Elektrizität", so lautet die Aufgabe, die sich der Engländer als grundsätzlich polar denkender Romantiker stellt, wie es sein Tagebuch verrät. Es gelingt ihm nach mehr als zehn Jahren der Mühen, zum einen die grandiose Idee von elektrischen und magnetischen Feldern, die den Raum erfüllen, zu bekommen; und er bemerkt zum anderen, dass es nicht ein Magnetfeld selbst ist, sondern dessen Änderung (dessen Auf- und Abbau), durch die ein elektrischer Strom hervorgerufen werden kann.

Faraday wollte nach der Vereinigung von Elektrizität und Magnetismus zum Elektromagnetismus auch noch Vereinigungen versuchen, und so fragte er sich, ob es möglicherweise eine Verbindung zwischen der Elektrizität und der Schwerkraft gibt, also zwischen den beiden Naturkräften, die damals bekannt waren. Er mühte sich damit vergeblich, ohne seinen Glauben an die Existenz der Einheit zu verlieren. Er behielt sein „(...) starkes Gefühl für die Existenz eines Zusammenhangs zwischen der Gravitation und der Elektrizität", ohne zu ahnen, dass wir bis heute nicht in der Lage sind, einen Beweis dafür zu erbringen, wie er ihn suchte. Faradays Glaube daran, dass es ihn gibt, ist uns geblieben. Und darauf vertrauen wir ebenso wie auf seine Gesetze.

So schön und einleuchtend das klingt – solange niemand wusste, was die Träger der strömenden elektrischen Ladung tatsächlich sind, woraus sie wirklich bestehen, solange stellte die Symmetrie der Effekte ein Rätsel dar, was aber nicht stören soll. Schließlich sind Rätsel das, was neugierige Menschen – nicht zuletzt die Wissenschaftler – anlockt, und die schönsten steckten zu Beginn des 19. Jahrhunderts in den merkwürdigen Qualitäten der Elektrizität, die sich zudem wunderbar nutzen ließen. Wie man nämlich beim vermehrten

Einsatz der Voltasäule bald bemerkte, gelang mit einem galvanischen Element – zwei Elektroden in einer elektrolytischen Flüssigkeit –, das mit Spannung versorgt wurde, etwas Entzückendes. Man konnte Gegenstände, die sich in der Nähe einer der beiden Elektrode (der positiven) befanden, mit einem Metall überziehen, das in dem Elektrolyten gelöst war. Wählte man etwa als Leitungsmedium eine Lösung aus Silbersalzen, ließ sich ein ansonsten eher wertlos aussehender Gegenstand schön versilbern. Die Elektriker dieser Epoche nannten diesen Vorgang Galvanisieren, und so vergoldeten oder vernickelten sie Gegenstände des alltäglichen Gebrauchs und der industriellen Fertigung, um sie wertvoller und haltbarer zu machen. Übrigens: Die historisch erste Anwendung im großen Stil bestand darin, die Waffen zu vernickeln, mit denen der amerikanische Bürgerkrieg in den 1860er Jahren ausgetragen wurde. Man konnte mit ihnen dann länger und zuverlässiger Menschen töten und verstümmeln.

Im zivilen Bereich war inzwischen wenigstens in Ansätzen verstanden worden, dass mit einer Batterie (Voltasäule) chemische Energie in Elektrizität umgewandelt wird. Und wer ein echter Romantiker ist, der vermutet, dass es auch anders herum funktionieren müsse – die Natur ist einfach symmetrisch. Der bereits erwähnte Physiker Ritter nutzt diesen Grundsatz, um aus der Voltasäule, die man heute als Batterie bezeichnen würde, einen aufladbaren Akkumulator zu machen. Das heißt, er bringt zunächst elektrische Energie in das Gerät, in dem dabei chemische Reaktionen ausgelöst werden, die ihrerseits zu Trennungen führen, mit denen dann wiederum Spannungen aufgebaut werden, die zuletzt elektrische Ströme in Gang setzen können – und zwar solange, bis die chemische Energie verbraucht ist und der Kreislauf in eine neue Runde gehen muss.

Mit den immer besser werdenden Stromgeneratoren nahm nicht nur das Interesse zu, die tierische Elektrizität genauer zu erkunden. In Bologna war es kurz nach Voltas Durchbruch gelungen, einen abgeschlagenen Stierkopf zum Blinzeln zu bringen, und bald nahm man sich menschliche Leichen vor, an die man allerlei Elektroden anbrachte – im Ohr, im Mund, in der Nase und so weiter – und die daraufhin Grimassen schnitten. Zwar fielen die meisten Zuschauer dieser eher zweifelhaften Spektakel in Ohnmacht, aber der Gedanke, dass Elektrizität etwas mit Leben zu tun hat, dass Elektrizität zu den Bewegungen des Lebens beitragen kann, war damit in der Welt und ermöglichte die Geburt einer literarischen Gestalt, die uns bis heute fesselt und beschäftigt. Ihr Name: Frankenstein.

Frankenstein

Galvanis Entdeckung von (galvanischem) Strom in Organismen erlaubte einige makabere Experimente. Einige Experimentatoren bastelten sich sogenannte „galvanische Elemente", die im Wesentlichen aus zwei Metallplatten bestanden, an denen eine Spannung angelegt werden konnte. Sie legten mehrere dieser Elemente an unterschiedliche Körperteile von Leichen – bevorzugt von hingerichteten Mördern – und brachten deren Gesichtsmuskeln und andere Körperteile dazu, sich zu bewegen. Man ging sogar soweit, die vermeintliche tierische Elektrizität als Kennzeichen des Lebens zu verstehen und bemühte sich zum Beispiel, ertränkte Katzen durch galvanischen Strom wieder zum Leben zu erwecken.

Eine Ausgeburt dieses elektrischen Verständnisses von Leben kennen wir bis heute – als Romanfigur jedenfalls. Gemeint ist die 1818 entstandene Erzählung der jungen Engländerin Mary Shelley (1797–1851). Sie handelt von einem Schweizer Doktor Viktor Frankenstein, der einem Monsterwesen Leben durch elektrische Funken einhaucht, und zwar ausgerechnet im deutschen Ingolstadt. Frankenstein – so nennen wir heute nicht mehr den modernen Prometheus, sondern den etwas klobigen künstlichen Menschen, der sich unter die Menschen mischt. Dieser Wandel ist Hollywood mit der filmischen Anpassung des literarischen Stoffes zu verdanken. Niemand braucht sich fürchten vor Frankenstein. Ihn gibt es nur im Kino.

Mary Shelley war 18 Jahre alt, als sie ihre Geschichte von Doktor Frankenstein begann. Trotz ihrer Jugend war sie schon verheiratet, und zwar mit Percy Shelley (1792–1822), der gut unterrichtet war über die Froschexperimente, die Galvani durchgeführt hatte. Er muss seiner Frau davon erzählt haben, die ihrerseits Erzählungen kannte von Menschen, die über Jahre in einem Koma gelegen und dann ihr Gedächtnis wiedergefunden hatten. Ihre Idee, den Doktor Frankenstein ein großes Wesen erschaffen zu lassen, hat nichts damit zu tun, den künstlichen Menschen als stark und mächtig erscheinen zu lassen. Mary Shelley dachte einfach, dass es leichter wäre, eine grobschlächtige Konstruktion anzufertigen. Die Tage der Feinmechanik oder gar der Biotechnik lagen noch mehr als hundert Jahre entfernt.

Spektakel sind eine Sache, wissenschaftliche Fortschritte eine andere. Sie finden weder im Rampenlicht noch mit viel Gedöns statt – etwa dann, wenn Frankenstein elektrisch zum Leben erweckt wird. Sie blühen eher unscheinbar und unbemerkt auf, etwa dann, wenn eine Magnetnadel sich bewegt, weil in ihrer Nähe ein Strom eingeschaltet wird, wie es 1820 beobachtet und oben berichtet wurde. Nach den ersten Versuchen von Oerstedt nahm sich zunächst der Franzose André Marie Ampère (1775–1836) der Sache an, und zwar quantitativ. Er hatte ein Messgerät für den Strom konstruiert und konnte mit seiner Hilfe feststellen, dass die Heftigkeit des Ausschlags der Nadel mit zunehmendem Strom zunahm, und zwar proportional. Je größer der Strom, desto deutlicher der Ausschlag. Ampere hatte zwar ebenso wenig wie Oerstedt eine Vorstellung davon, wie die Wirkung des Stroms in seinem Draht auf die in sicherem Abstand gehaltene Nadel kommen kann, aber er erkannte, dass deren Ausschlag möglicherweise Nutzen bringen konnte. Man könne doch versuchen, so überlegte er, die Bewegung in ein Zeichen zu verwandeln, das zur Telegraphie dienen könne. Erste Versuche in diese Richtung hatte es 1809 gegeben, bei denen chemische Zersetzungsvorgänge als Signale eingesetzt wurden.

Wenn man dabei auch nicht sehr weit gekommen war, so zeigt dieses Bemühen doch, was Menschen schon früh anstrebten, nämlich die wunderbar wandelbare Elektrizität auch zur Kommunikation zu benutzen, wie wir das heute nennen, oder zur Signalübertragung, wie es früher hieß. In der Tat war Elektrizität gut transportierbar, was folglich auch mit ihren Verwandlungen gelingen müsste – also zum Beispiel mit Wärme, und dann auch mit Licht, und auch mit Information (wie sich im Laufe der Geschichte noch herausstellen sollte).

Doch zunächst galt es dieses verflixte Problem der Leere zu überwinden. Was steckte da zwischen dem Draht und der Nadel, das sich physikalisch auswirkte? Was wirkte da unsichtbar quer durch den Raum – wobei die Tatsache der Unsichtbarkeit keinen Romantiker störte? Im Gegenteil. Zu deren polar ausgerichtetem Weltbild gehörte es mehr oder weniger, dass es zum Sichtbaren auch das Unsichtbare gab. Dass es unsichtbares Licht gibt, im Bereich des Infrarot (Wärme) und des Ultravioletten, wie wir heute sagen, wusste man bereits. Man war sich außerdem sicher, dass es neben den „sichtbaren" (bewussten) auch die „unsichtbaren" (unbewussten) Gedanken gab, die sich zum Beispiel in Träumen zeigten. Und so sollte es niemanden wundern, dass es neben der sichtbaren Wirkungen – etwa dann, wenn sich Dinge gegenseitig im Raum stießen – auch unsichtbare Wirkungen gab, die Dinge betrafen, die sich voneinander entfernt hielten – wie der Strom und die Nadel zum Beispiel.

Das, was da unsichtbar wirkt, heißt heute „Feld", wobei man in diesem Fall unterscheidet zwischen einem elektrischen und einem magnetischen Feld (Kasten: Felder). Eine ruhende elektrische Ladung bringt um sich herum ein elektrisches Feld mit sich. Mit ihm lässt sich erklären, was bislang als selbstverständlich angenommen und kaum als erklärungsbedürftig angesehen wurde, nämlich die Frage, wie sich zwei an verschiedenen Orten aufhaltende Ladungen beeinflussen – anziehen oder abstoßen – können. Auch diese Kräfte werden über das elektrische Feld vermittelt, wie wir heute sagen und wissen, und ihm entspricht ein magnetisches Feld, das um einen Stabmagneten herum zu finden ist und den meisten sicher bekannt ist. Die Idee des Feldes stammt von Faraday, der auch einen Weg finden konnte, das Unsichtbare sichtbar zu machen: Er machte das Magnetfeld mit Hilfe von Eisenpfeilspänen sichtbar – ein Versuch, den ich zu meiner Schulzeit noch bestaunen durfte.

Felder

Es gibt – zu Beginn des 21. Jahrhunderts – zwei große Theorien der Physik, und zwar die Quantentheorie der Atome und die Gravitationstheorie des Kosmos. Die Gravitationstheorie heißt auch (allgemeine) Relativitätstheorie, und sie behandelt das Universum als ein durchgängiges (kontinuierliches) Feld, das überall definiert ist. Durch solch ein Feld kann jedem Punkt des Raumes ein physikalischer Wert – eine Kraft, eine Feldstärke, eine Energie – zugewiesen werden. Solch ein Feld sorgt dafür, dass sich die Wirkungen von Ladungen und Massen zum Beispiel von ihrem Ursprung ausbreiten und den Ort erreichen, an dem sie bemerkbar werden.

Es war anfangs nicht leicht, zu verstehen, wie ein Apfel am Baum die Erde unter ihm spüren konnte. Bis Faraday vorschlug, dass die unseren äußeren Augen leer erscheinenden Zwischenräume für die inneren Augen angefüllt sind – eben mit Feldern, im Fall der Erde mit ihren Schwere- oder Gravitationsfeld, im Fall von elektrischen Ladungen mit ihrem elektrischen Feld und im Fall von Magneten mit ihrem Magnetfeld. Der Kosmos kann in diesem Verständnis nirgendwo leer sein – es kann in ihm nirgendwo ein Nichts geben –, weil die elektromagnetischen und andere Felder überall hinreichen und sich unendlich weit ausdehnen.

Überall hin? Nach außen in den Kosmos vermutlich schon. Aber wie sieht es nach innen in die Atome hinein aus? Natürlich macht es keine Mühe, die mathematische Beschreibung von Feldern auch für die kleinen Dimensionen der Atome auszuführen. Aber hier geht es um Physik, und deren Vertreter wollen etwas zum Messen haben. Tatsächlich müssen Felder und ihre Wirkungen nachweisbar sein, und die entsprechenden Versuche werden mit den dafür geeigneten Proben unternommen. Doch genau da steckt der Haken für die Atome. Probekörper bestehen bekanntlich *aus* Atomen, und folglich finden sie keinen Platz *in* Atomen. Es macht daher Mühe, von Feldern in Atomen zu reden, und so ist es kein Wunder, dass hier ein anderes Denken den Vorrang bekommt, nämlich das der Quantentheorie, die oben erwähnt wurde und die uns noch beschäftigen wird. Quanten bringen Quantensprünge mit sich, und damit hört die Welt auf, durchgängig zu sein. Sie ist nicht kontinuierlich, sondern kontingent, und sie hat Löcher und Lücken und die dazugehörigen Gegenstücke, die plötzlich auftauchen und dann da sind – wie etwa die Elektronen und ihre Ladung, die es offenbar nicht geteilt gibt. Wenn der Quantensprung zu ihnen geschafft ist, übernehmen die Felder das physikalische Geschehen, und alles dehnt und streckt sich glatt und weit über alle Distanzen hinweg und bildet unser Universum.

Es ist wichtig, sich klarzumachen und immer wieder in Erinnerung zu rufen, dass das Feld – Faradays Feld – eine der ganz großen Ideen in der Geschichte der Wissenschaft ist, die bis heute fasziniert und verfolgt wird. Das Feld stellte – wenn man das so sagen darf – nach seiner Entdeckung die eigentliche physikalische Wirklichkeit dar, mit der von dem Augenblick an alle Phänomene der Physik erklärt wurden. Das beginnt mit den kleinsten Bewegungen – Körper fallen zu Boden, weil sie im Schwerefeld der Erde zu ihr hingezogen werden –, und das reicht bis zu den größten Gebilden – Einsteins Kosmologie ist eine Feldtheorie, wie Mathematiker korrekt sagen, in dem sie jedem Punkt im Raum eine physikalische Wirkung zuordnet. Und das gilt auch im mittleren Bereich: Oerstedts Magnetnadel reagiert auf den entfernten Strom, weil der von ihm durchflossene Leiter um sich herum ein Magnetfeld aufbaut, wie Faraday nachweisen konnte, und dieses Gebilde reicht bis zu dem beweglichen Eisenstück hin und umfängt es.

Wer jetzt wissen will, wo bei einem so allumfassenden Feld die Polarität der Romantik bleibt, der darf sich auf die Antwort freuen, muss sich aber noch etwas gedulden. Um es genau zu sagen, bis zu Beginn des 20. Jahrhunderts, als Max Planck (1858–1947) sein Quantum der Wirkung einführt, das als sprunghaftes Gegenstück zu dem durchgängigen Feld seine physikalische Rolle übernehmen wird, ohne dass die beiden sich vertragen oder zueinander finden könnten.

Noch schaut die Welt auf Oerstedts Nadel, die immer stärker Faradays Aufmerksamkeit auf sich zieht, und zwar aus dem schon bekannten romantischen Grund, der Sehnsucht nach einer Symmetrie, die bei Faraday darüber hinaus noch mit der Vorstellung gepaart war, dass alle physikalischen Phänomene als Verwandlungen einer Elementarkraft zu verstehen sein müssten, die man auch Urphänomen nennen könnte. Faraday hatte zum Beispiel festgestellt, dass Magnetfelder Licht ablenken. Er wusste, dass Wärme Elektrizität (und umgekehrt) hervorbringt, und jetzt zeigte sich, dass Elektrizität Magnetfelder produzierte – und mit der Einsicht in diesen großen Wandlungsumlauf der Natur stand seine Aufgabe fest, nämlich Oerstedts Versuch in die Gegenrichtung laufen zu lassen. Der Däne hatte gezeigt, dass ein Strom ein Magnetfeld aufbaut. Nun galt es nachzuweisen, dass auch umgekehrt ein Magnetfeld Strom erzeugen kann.

Was heute als Schulversuch leicht durchführbar ist, weil es Firmen für Lehrmittel gibt, die das erforderliche Material in passender Form anbieten, brauchte Faraday rund ein Jahrzehnt, um Erfolg melden zu können. Seinem Labortagbuch zufolge passierte es am 29. August 1831, nachdem er viele Monate und Jahre immer nur resümieren konnte, „no effect". Dann aber gab es einen Effekt. Er zeigte sich, nachdem Faraday an dem genannten Tag einen Eisenring gebastelt und mit zwei Kupferspulen umwickelt hatte. Eine dieser Spulen verband er mit einem Messgerät für Strom (einem Galvanometer), und die andere setzte er unter Spannung. Faradays Idee oder Hoffnung bestand darin, durch den der zweiten Spule eingespeisten Strom ein Magnetfeld aufzubauen, das dann in der ersten Spule für fließende Elektrizität sorgen müsste oder könnte. Zu seiner Enttäuschung stellte er zwar zunächst wie so viele Male zuvor fest, dass – im stationären Fall – nichts passierte. Doch plötzlich bemerkte er seinen Denkfehler. Faraday stellte fest, dass in der ersten Spule dann (und nur dann) ein Strom floss, wenn der Strom in der zweiten Spule ein- oder ausgeschaltet wurde. Es war also nicht das Magnetfeld selbst, das einen elektrischen Strom hervorbringen konnte. Es war seine zeitliche Veränderung, es war sein Auf- und Abbau. Faraday hatte das entdeckt, was wir inzwischen die elektromagnetische Induktion nennen, und er hat gleich geahnt, dass er damit etwas für die Gesellschaft der Menschen getan hatte. Denn als ihn ein Politiker damals fragte, was man denn mit all den Spulen und Drähten anfangen könne, antwortete Faraday: „Im Moment weiß ich es noch nicht, aber eines Tages wird man das besteuern können, was sie hervorbringen."

Ein Weltreisender

Als Faraday die eben geschilderte Einsicht gelang, hatte sich sein Landsmann Charles Darwin auf eine Reise um die Welt begeben, die ihm die Augen öffnen sollte für das, was die Lehrbücher der Biologie heute als Evolution und Abstammung der Arten bezeichnen. Als die Menschen im Februar 2009 Darwins 200. Geburtstag feierten, gab es zwar immer noch höchst unkreative Kreationisten, die lieber einer göttlichen Schöpfung und weniger einer irdischen Entwicklung vertrauten, aber insgesamt konnte der Eindruck entstehen, dass sich der evolutionäre Gedanke weithin herumgesprochen hatte. (Kasten: Darwins Gedanke). Offenbar sind wir heute alle mit der Idee der natürlichen Selektion vertraut, die unter den Varianten, die bei der Erzeugung von Nachkommen unvermeidlich auftreten, diejenigen bevorzugt, die sich besser in der Umwelt zurechtfinden, die ihnen zur Verfügung steht. In der Natur findet ein „Kampf ums Dasein" statt, wie uns beigebracht wird, ohne dass wir bemerken, dass dieser Gedanke gar nicht aus der Natur stammt. Er stammt vielmehr aus der englischen Gesellschaft der 19. Jahrhunderts, die damals erreicht hatte, was sie selbst als industrielle Revolution bezeichnete.

Darwins Gedanke

Darwins Vorstellung der natürlichen Selektion kann in fünf Beobachtungen zusammengefasst werden, aus denen drei Folgerungen zu ziehen sind. Er führt zu diesem Zweck eher unauffällig einen neuen Begriff ein, der zwischen dem Individuum und der Art angesiedelt ist, nämlich den der Population. Mit diesem anschaulichen Wort ist eine Gruppe von Lebewesen gemeint, die als Lebensgemeinschaft zusammengehört und gemeinsam in einem Habitat die eigene Existenz sichert und für Nachkommen sorgt. Wie sich herausstellt, sind es keine Arten, die sich anpassen, sondern Populationen, und es lässt sich vorstellen, dass die jeweiligen Adaptationen die Entfernung von der ursprünglichen Art solange immer größer werden lassen, bis die ersten Exemplare einer neuen Art erscheinen. Soviel zu den allgemeinen Vorstellungen, die im Detail wie folgt entwickelt werden:

Die erste Beobachtung betrifft die Fruchtbarkeit der Arten. Darwin bemerkte bei seiner Reise um die Welt, dass die Natur verschwenderisch vorgeht und ihre Geschöpfe äußerst fruchtbar macht. Wenn alle Individuen, die in einer Population zusammenleben, sich in aller Freizügigkeit vermehren würden, so stellte er fest, dann könnte ihre Zahl über alle Maßen zunehmen. Doch – und damit ergibt sich die zweite Beobachtung – dies passiert nicht. Denn abgesehen von saisonalen Schwankungen bleiben Populationen stabil, das heißt, die Zahl ihrer Mitglieder hält sich konstant. Mit der dritten Beobachtung, dass die natürlichen Ressourcen in jeder Umgebung begrenzt sind und mit ihr stabil bleiben, kann die erste Schlussfolgerung gezogen werden:

Unter den Individuen einer Population muss es Auseinandersetzungen um die Lebensgrundlagen geben, und dieser Wettkampf gehört für Darwin mit zu dem Ringen um das Überleben, „the struggle for life", mit dem jedes Tier und jede Pflanze beschäftigt ist.

Von den Individuen, die sich abmühen und mit- und gegeneinander agieren, sind keine zwei identisch, wie die vierte Beobachtung festhält. Innerhalb einer Population zeigen sich zahlreiche Unterschiede, die Darwin als Variationen bezeichnet. Wie in der Musik lässt sich dabei an ein Thema denken, das von der Natur in verschiedenen Variationen gespielt wird. Das Thema ist natürlich durch die Art bzw. die Population vorgegeben, und es ist klar, dass das von ihm Ausgedrückte – also zum Beispiel „ein Pferd sein" oder „eine Rose sein" – vererbt wird. Doch – so die fünfte und letzte Beobachtung – auch die Variationen sind erblich, zumindest ein Teil von ihnen. Und damit kann man die gesamte Ernte des Gedankens einfahren, denn nun lassen sich zwei weitere Folgerungen ziehen. Da sich unter den verschiedenen Individuen nicht alle in gleicher Weise behaupten und es notwendigerweise zu einem Ausleseprozess kommt, lässt sich zunächst sagen, dass das Überleben von der erblichen Konstitution abhängig ist. Es kommt – und das ist die dritte und letzte Folgerung – zu einer (natürlichen) Selektion von Variationen, die zum Wandel der Population führen. Dieser wiederum findet seinen wahrnehmbaren Ausdruck in einer Anpassung der Art.

In dieser Gesellschaft wuchs die Zahl der Menschen schneller als zuvor, was den Pfarrer und Volkswirtschaftler Thomas Robert Malthus zu einem „Essay on the Principles of Population" anregte. Schon um 1800 vergleicht er die zahlenmäßige Zunahme der Menschen mit dem Wachstum in der Produktion von Nahrungsmitteln und kommt zu dem Schluss, dass die Bevölkerung sich viel zu schnell vermehrt, um ausreichend versorgt werden zu können. Die viktorianische Gesellschaft hatte auf diese Warnung zwar reagiert und eine Armenfürsorge installiert, aber Malthus hielt das für den falschen Weg, da er die unteren Schichten nur ermutige, noch mehr Kinder in die Welt zu setzen.

Darwins Prinzip ist einfach: Wenn es nun nur die Angepassten sind, die Nachwuchs hervorbringen, und wenn sich erst bei diesen Organismen das Geschehen – das Auswählen – wiederholt und danach erneut bei deren Nachkommen, und wenn das immer so weiter geht von einer Generation zur nächsten und übernächsten, dann können im Laufe der Zeit Organismen entstehen, die besser mit ihren Existenzbedingungen zurechtkommen als es ihre Vorgänger in der Lage waren. Das ist Darwins Idee. Ihm fällt auch sofort ein Ausdruck für dieses Wirken ein – nämlich „natural selection" oder natürliche Auswahl, deren Vorbild die Auslese ist, die ein Züchter vornimmt, wenn er etwa schnellere Hunde oder fettere Schweine hervorbringen möchte. Mit diesem Konzept hat Darwin endlich die Möglichkeit, die Anpassungen des Lebens an seine Umwelt ohne Rückgriff auf Gott und als natürliche Entwicklung verständlich zu machen.

Diese erste Einsicht in den evolutionären Prozess vertraut Darwin nur seinen Notizbüchern an. Es dauert einige Jahre, bis er Freunde bekannt macht mit seiner Idee, der noch etwas zu fehlen scheint, denn die Entwürfe des Artenbuches, dessen Erscheinen 1859 wir heute feiern, entstehen nicht vor Mitte der 1850er Jahre. Dann fühlt sich Darwin plötzlich wie ein „Krösus", der „vom eigenen Reichtum an Fakten" erdrückt wird.

Diese neue Stimmung hat mit einer Ergänzung seiner Grundidee zu tun, die er als „Divergenzprinzip" bezeichnet und die sich in ihm meldet, als er in einem Wagen unterwegs ist, irgendwo zwischen London und seinem Wohnort Down. Im Mai 1851 hatte in der englischen Hauptstadt eine – von der Industrie geförderte – Weltausstellung ihre Tore geöffnet, und Darwin war mit einigen seiner Kinder hingefahren. Dabei muss ihm der Gedanke gekommen sein, dass Pflanzen- und Tierarten sich im Verlauf der Evolution dann besonders gut durchsetzen und behaupten können, wenn ihre Variationen möglichst breit gestreut sind – „als ob die Natur ein Industriebetrieb wäre, in dem ja die Arbeiter bekanntermassen desto effizienter produzieren, je weiter fortgeschritten die Arbeitsteilung ist – je vielgestaltiger also die Tätigkeiten der Einzelnen sind". Diese fortschreitende Spezialisierung hatte Darwin bereits der Weltausstellung mit eigenen Augen in den Töpfereien gesehen, die seine Schwiegereltern betrieben, und nun fügte er sie in sein dynamisches Naturbild ein.

Mit anderen Worten: Es sind ausschließlich Begriffe aus der humanen Lebewelt – und keine Naturbeobachtungen –, die es Darwin 1859 erlauben, seine gefeierte Einsicht in die Entwicklung des Lebens zu formulieren. Er stellt sie in seinem Buch *Über die Entstehung der Arten* zusammen, dessen Titel allerdings überhaupt nicht hält, was er verspricht. Von einen Verständnis des Ursprungs der Arten sind wir heute noch so weit entfernt wie damals, und was Darwin darstellt, hätte er besser „Die Anpassung der Organismen" genannt. Um sie geht es auch künftig, vor allem für die eine Art, deren Gesellschaftsform Darwin überhaupt zu seinen Ideen verholfen hat. Gemeint sind wir Menschen selbst, die wir durchaus fragen können, ob die 1859 geäußerte Hoffnung, dass mit der Kenntnis der Evolution auch „Licht auf den Menschen und seine Geschichte" fallen wird, uns helfen kann, zukunftsfähig zu werden, wie man heute sagt. Die Antwort bleibt abzuwarten.

Porträt: Charles Darwin

Charles Darwin wurde am 12. Februar 1809 in Shrewsbury (England) geboren. Er ist am 19. April 1882 in seinem Haus in Down gestorben und wenige Tage später am 26.4. feierlich in der Londoner Westminster Abbey beigesetzt worden – und zwar in der Nähe der Gräber von Isaac Newton und Michael Faraday, den beiden große britischen Physikern.

Darwins Vater Robert war zwar ein sehr wohlhabender Arzt, aber die interessanteren Figuren unter seinen Vorfahren sind die Großväter. Da war auf der einen (väterlichen) Seite der lebenshungrige und intellektuelle Erasmus Darwin (1731–1802), der als Poet und Naturforscher bereits im 18. Jahrhundert evolutionäre Gedanken hatte, die er in einer Schrift mit dem Titel „Zoonomia or The Laws of Nature" festhielt, in er sich die Vorstellung findet, dass es für das Leben des Menschen gemeinsame Vorfahren gibt. Und da war auf der anderen (mütterlichen) Seite Josiah Wedgwood (1769–1843), der zur aufstrebenden industriellen Elite Englands gehörte und eine Porzellanmanufaktur betrieb. Die Wedgwood-Linie sollte noch ein Problem insofern darstellen, dass Darwin eine Tochter namens Emma aus dieser Familie – seine Cousine – geheiratet hat, allerdings nicht ohne über die Frage gegrübelt zu haben, inwiefern sich solch eine Verwandtenehe auf die Kinder auswirken könne. Zwar waren Darwin und seinen Zeitgenossen die Gesetze der Genetik noch unbekannt, aber ein Naturforscher wusste immer schon, dass Inzest Gefahren mit sich bringt. Tatsächlich beobachtete Darwin dann ängstlich, wie seine Kinder nur langsam lernten. Ihn wunderte vor allem, wie schwer es ihnen fiel, die Farbwörter richtig zuzuordnen, aber in all dem zeigte sich eher ein besorgter

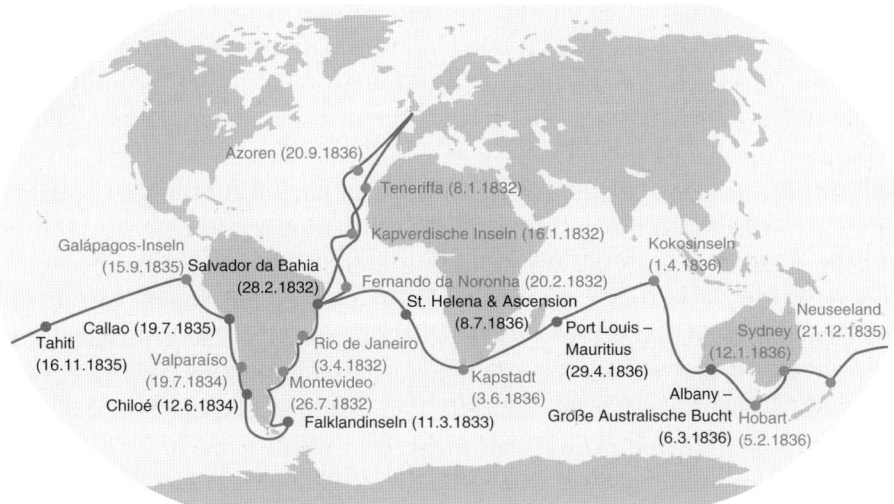

Abb. 7.1 Darwins Weltreise auf der MS Beagle.

Vater denn ein weniger begabter Nachwuchs. Ernste Sorge bereitete ihm nur seine Lieblingstochter Annie, die in sehr jungen Jahren anfing, über Übelkeit zu klagen und 1851 im frühen Alter von 10 Jahren verstarb. Darwin war so erschüttert, dass er unfähig war, an Annies Begräbnis teilzunehmen, und als er aus seiner Depression erwachte, sagte er sich endgültig vom Christentum und dem dazugehörigen Glauben los. Diese Religion hatte ihm nichts mehr zu bieten, weder natürliche Gewissheiten noch menschlichen Trost.

Seine Abneigung gegen christliches Denken und die von ihm verbreitete Scheinsicherheit des Wissens hatte spätestens begonnen, als er mit dem britischen Schiff *MS Beagle* unterwegs war, dessen offizielle Aufgabe darin bestand, die Küsten von Südamerika zu vermessen und die Seekarten der britischen Admiralität zu präzisieren. (Abb. 7.1 Darwins Weltreise auf der MS Beagle). Darwin hatte zunächst Medizin und Theologie studiert, dann aber gemerkt, dass er weder Arzt noch Pfarrer werden wollte. Er liebte die Natur, sammelte Käfer, ritt über das Land und erkundete Botanisches und Geologisches. Zwar schloss er das Studium der Theologie ab, aber er wollte Naturforscher werden und wartete auf eine Gelegenheit, auf diesem Gebiet tätig zu werden. Geld verdienen musste er nicht. Die Familie verfügte über ausreichend Reserven, die bis an sein Lebensende reichen würden.

1831 bekam der 22jährige Darwin das Angebot, mit der erwähnten *Beagle* auf Weltreise zu gehen. Das Schiff stach am 27. Dezember von Plymouth aus in See und kehrte knapp fünf Jahre später – am 2. Oktober 1836 – nach England zurück. Die Historiker sind sich einig, dass diese Anschauung der Welt entscheidend war für die evolutionäre Weltanschauung, die Darwin in den folgenden Jahrzehnten entwickelte und 1859 schließlich publizierte, und es sei gestattet an dieser Stelle an den Satz von Darwins Vorgänger, des Weltreisenden Alexander von Humboldt zu erinnern, der einmal formuliert hat, dass es nichts Gefährlicheres gebe als die Weltanschauung von Leuten, die die Welt nie angeschaut haben. Doch zu der sinnlichen Erkundung der Erde kam bei Darwin noch eine tiefe Unzufriedenheit über die Behauptungen der damaligen Naturtheologen hinzu. Diese nämlich behaupteten, das genaue Datum zu kennen, an dem Gott die Welt mitsamt ihren Geschöpfen erschaffen habe, und zwar am 23. Oktober 4004 vor Christi Geburt um 9 Uhr vormittags. So genau wollte man sein, so genau wollte Darwin es als Naturforscher auch wissen. Nur merkte er, dass mit diesem Anspruch auf Präzision zugleich etwas verloren ging, nämlich der Platz für den Glauben und der Raum für den Schöpfer. Einer Uhrzeit glaubt man nicht, man prüft sie nach. Und so ahnte Darwin am Ende seiner Reise, dass er die Schiffsbibel, in die jemand den Zeitpunkt der Schöpfung eingetragen hatte, nicht nur über Bord werfen konnte, sondern auch musste. Zu dieser Zeit begannen auch seine Magenbeschwerden.

Tatsächlich muss man sich klarmachen, dass Darwin seit der Rückkehr von seiner Weltreise ständigen körperlichen Qualen ausgesetzt blieb. Diesen bemitleidenswerten Zustand stellt er einige Jahre nach der Veröffentlichung seines Hauptwerkes in allen schauerlichen Einzelheiten dar:

> Alter 56–57. Seit 25 Jahren extreme, krampfartige tägliche und nächtliche Blähungen. Gelegentliches Erbrechen, zweimal monatelang anhaltend. Dem Erbrechen gehen Schüttelfrost, hysterisches Weinen, Sterbeempfindungen oder halbe Ohnmachten voraus, ferner reichlicher, sehr blasser Urin. Inzwischen vor jedem Erbrechen und jedem Abgang von Blähungen Ohrensausen, Schwindel, Sehstörungen und schwarze Punkte vor den Augen. Frische Luft ermüdet mich, besonders riskant, führt die Kopfsymptome herbei.

Die Liste geht noch weiter, und sie macht nicht nur seinen Hausarzt rat- und hilflos. Zwar verordnet man dem englischen Patienten Eisbeutel für die Wirbelsäule und versetzt ihm dreimal täglich einen Kälteschock, um nur irgendetwas gegen seine Leiden zu tun, aber Darwin hat nur einen Wunsch, nämlich den, dass „mein Leben sehr kurz sein möge."

Seine Natur tut ihm den Gefallen nicht. Sie lässt ihn über siebzig Jahre alt werden, und er nutzt die Zeit in einer Weise, die man nur bestaunen und bewundern kann. Obwohl sich die oben geschilderten Symptome nicht ändern und er nur ein paar Stunden am Tag arbeitsfähig ist, schafft er es, nach dem oben zitierten Zustandsbericht folgende Werke zu verfassen:

> Die verschiedenen Einrichtungen, durch welche Orchideen von Insekten befruchtet werden, Die Variationen der Tiere und Pflanzen im Zustand der Domestikation, Die Bewegungen und Lebensweise der kletternden Pflanzen,

Die Abstammung des Menschen, Der Ausdruck der Gemütsbewegungen bei Menschen und Tieren, Insektenfressende Pflanzen, Die Wirkungen der Kreuz- und Selbstbefruchtung im Pflanzenreich, Die verschiedenen Blütenformen an Pflanzen derselben Art, Das Bewegungsvermögen von Pflanzen, und zuletzt am Ende seines Lebens unter besonderer Zuneigung Die Bildung der Ackererde durch die Tätigkeit der Würmer – mit Beobachtungen über deren Lebensweise.

Darwin konnte es ganz offenkundig nicht lassen, die Natur zu beobachten und sich über die vielen Möglichkeiten zu wundern. Er war zeit seines Lebens ein von einem Ordnungsdrang beseelter und besessener Naturliebhaber, Eigenschaften, die ihn auch 1831 bewogen hatten, das Vermessungsschiff zu besteigen und sich damit auf Weltreise zu begeben. Als er an Bord stieg, muss sein Denken wohl fest verankert gewesen sein in der damaligen Grundüberzeugung, der zufolge die Arten als Gottes Schöpfung anzusehen waren, von denen jede den ihr zugewiesenen Platz in der Natur einnahm, die man als Nischen bezeichnete. Etwas anderes ist jedenfalls nicht bekannt. Auf der Schiffsreise und beim Durchstreifen ihm völlig neuartiger Lebensräume fiel Darwin dann aber nach und nach auf, dass die durch die christlichen Kirchen propagierte Ansicht von einmalig geschaffenen und unwandelbaren Arten von Leuten stammte, die sich in der Welt nicht umgesehen hatten. Als er die Verbreitung von Tieren und Pflanzen in zahlreichen Vegetationszonen Südamerikas in Augenschein nahm, fiel ihm auf, dass sich die dort beheimateten Arten unterschieden, wenn sich ihre Lebensräume unterschieden. Und ihm kam der Gedanke, dass es etwas zu erklären gab, nämlich die Entstehung der Arten, was er bald „das Geheimnis der Geheimnisse" nennen sollte.

Im historischen Rückblick wird klar, dass es vor allem seine Beobachtungen und Funde auf den Galápagosinseln waren, die in ihm Zweifel an der Konstanz der Arten säten. So lautet ein Eintrag in eines seiner zahlreichen Notizbücher, den er während der Rückfahrt der Beagle 1836 macht:

> Wenn ich sehe, wie diese Inseln, die in Sichtweise beieinander liegen und nur einen spärlichen Bestand an Tieren besitzen, von diesen Vögeln bewohnt sind, die sich in der Struktur nur geringfügig unterscheiden und denselben Platz in der Natur einnehmen, so muss ich den Verdacht haben, dass sie Varietäten sind. Wenn es auch nur das geringste Fundament für diese Bemerkung gibt, so ist die Zoologie des Archipels wohl der Untersuchung wert, denn solche Tatsachen würden die Stabilität der Arten unterminieren.

Die Vögel, von denen Darwin spricht, werden für gewöhnlich als Finken identifiziert, die es auf den Galápagosinseln zu beobachten gab. Es scheint aber eher, dass der junge Weltumsegler sein Auge auf die Spottdrosseln gelenkt hat, und mit Hilfe der von dieser Art existierenden Varietäten (ein altmodisches

Wort für Varianten), erhellt sich für Darwin der Vorgang, den die Lehrbücher heute als „geographische Speziation" bezeichnen. In seinen eigenen Worten aus dem Hauptwerk von 1859:

> Als ich die Vögel der einzelnen Inselgruppe miteinander verglich, war ich erstaunt über die unscharfe und willkürliche Unterscheidung zwischen Varietäten und Arten.

Mit anderen Worten: Darwin erkennt, dass es zwischen den beiden genannten Klassifizierungen noch eine weitere Form der Einteilung geben muss, für die wir heute den Ausdruck Population nutzen. Und Darwin versteht, dass es unter den Mitgliedern von Populationen zu allmählichen Modifikationen kommen kann. Doch so schön der Gedanke auch ist, so hilflos steht er ihm zunächst gegenüber, denn wie sollen die Variationen zustanden kommen und sich ausbreiten? Gibt es dafür Ursachen? Gibt es dafür Konzepte?

Die Idee, die Darwin zur Lösung und damit zu seiner Vorstellung von einer Anpassung bzw. Evolution der Arten führte, ergab sich bei der Lektüre des „Essay on the Principle of Population", das der Engländer Thomas Malthus kurz vor 1800 vorgelegt hatte und in dem er darauf hinwies, dass eine Bevölkerungsgruppe – eine Population eben – dazu tendiert, die Zahl ihrer Mitglieder schneller zu vermehren als die Mittel, die man zu ihrer Ernährung benötigt. Darwin teilt den Lesern seiner Autobiographie dazu folgendes mit:

> Im Oktober 1838, also fünfzehn Monate, nachdem ich meine Untersuchungen systematisch angefangen hatte, las ich zufällig zur Unterhaltung Malthus, über Bevölkerung, und da ich hinreichend darauf vorbereitet war, den überall stattfinden Kampf um die Existenz zu würdigen, namentlich durch lange fortgesetzte Beobachtung über die Lebensweisen von Tieren und Pflanzen, kam mir sofort der Gedanke, dass unter solchen Umständen günstige Abänderungen dazu neigen, erhalten zu werden, und ungünstige, zerstört zu werden. Das Resultat hiervon würde die Bildung neuer Arten sein. Hier hatte ich denn nun endlich eine Theorie, mit welcher ich arbeiten konnte.

Von diesem Leseerlebnis ausgehend entwickelt Darwin bis um 1840 seinen Gedanken, den wir weiter oben in fünf Beobachtungen mit drei Schlussfolgerungen dargestellt haben, ohne daran zu denken, seine Theorie zu publizieren. Er hält sein schriftlich verfasstes Resümee sogar vor neugierigen Augen versteckt, verfügt allerdings, dass es im Falle seines Ablebens gedruckt werden soll.

Es ist viel über die Motive für dieses Zögern spekuliert worden, und man kann auch lange über die Frage diskutieren, was Darwin genau meinte, als der die Niederschrift seiner evolutionären An- und Einsichten mit der Notiz beginnt, „Mir ist, als gestehe ich einen Mord." Einleuchtend erscheint auf jeden Fall, dass er Rücksicht auf die religiösen Gefühle seiner Frau nehmen wollte. Aber es gab auch ganz konkrete wissenschaftliche Gründe, vorsichtig mit Behauptungen über die Abstammung und Anpassung der Arten zu sein. Die Newtonsche Physik bestimmte zum einen das Modell einer erfolgreichen Naturerklärung und konnte exakte Vorhersagen machen, wozu sich Darwin ebenso wenig in der Lage sah wie eine Antwort zu geben auf die ihn fieberhaft umtreibende Frage, wie sich jemals ein so kompliziertes Organ wie das menschliche Auge entwickeln könne. Das, so Darwin, gehe sicher nicht in einem Schritt. Aber wie soll man den Vorteil von halben Augen verstehen? „Wenn ich an das menschliche Auge denke, bekomme ich Fieber", bekennt Darwin in einem seiner Notizbücher. Er wusste genau, dass er lediglich die Richtung gefunden hatte, in die man gehen musste, um die Natur zu erfassen, und ihm war klar, dass dieser Weg voller Hindernisse sein würde. Überall tauchten Fragen ohne Antworten auf: Können Lungen schon atmen, Hände schon greifen und Augen schon sehen, wenn sie noch nicht fertig sind, wenn sie sich erst im Vorstadium ihres Entstehens befinden?

Darwin litt mehr unter seiner Entdeckung, als dass sie ihn freute. Mit seinem Gedanken betrat eine neue Denkweise die Bühne der Wissenschaft. Sie vertrieb die Menschen aus dem Paradies der Trägheit, in dem man keine Überlegungen anstellte über das Wirken der Natur und ihrer Gesetze und statt dessen alles den Göttern überließ, die es schon richten würden.

In den 1840er Jahren kapitulierte Darwin vor den zwei übergroßen Schwierigkeiten, die Natur im Detail zu durchschauen und die Menschen im Ganzen zu überzeugen. Er lenkte sich selbst dadurch ab, dass er „Geologische Betrachtungen über vulkanische Inseln" zu Papier brachte und ein zweibändiges Werk über die Wunderwelt von winzigen Krebsen namens Rankenfüßer mit insgesamt weit über 1000 Seiten verfasste. Er nahm sich seine Notizen zum Wandel der Arten erst in dem Augenblick wieder vor, da Konkurrenz drohte und er befürchten musste, es könne ihm jemand zuvorkommen. So unvollständig sein Verständnis der evolutionären Vorgänge auch war, Darwin wusste sehr wohl, dass er einen Gedanken formuliert hatte, der ihn berühmt machen würde, und sein Verlangen, der Welt klarzumachen, dass ihm dafür die Priorität gebührte, ließ alle anderen Bedenken gegen die Veröffentlichung verblassen und an Gewicht verlieren.

Der Konkurrent hieß Alfred Russel Wallace, ein Globetrotter, der sich mit Insekten und exotischen Schmetterlingen vor allem auf der Insel Borneo beschäftigt hatte und dabei ebenfalls auf den Gedanken gekommen war, dass sich Arten entwickeln und anpassen können. 1858 hatte Wallace einen Text „Über die Tendenz von Varietäten, unbegrenzt vom Originaltypus abzuweichen" verfasst, den er Darwin mit der Bitte um kritische Durchsicht schickte.

In seinem Begleitbrief sprach Wallace (ebenfalls nach der Lektüre des Werkes von Malthus mit dessen Überbevölkerungslogik) auch von Varianten im natürlichen Existenzkampf. Jetzt musste Darwin aus der Deckung kommen, was er auch tat, und er begann mit der Niederschrift seines großen Werks, das 1859 erschien.

Während er an dem Manuskript arbeitete, fühlte sich Darwin doppelt schlecht. In der großen Sache der Evolution fühlte er sich „wie ein Kaplan des Teufels", als der er sich zutraute, ein eindrucksvolles Buch „über das plumpe, verschwenderisch, stümperhaft niedrige und entsetzlich grausame Wirken der Natur schreiben" zu schreiben, in der er keinen gütigen Gott entdecken konnte. Darwin fühlte sich zudem schlecht, weil er von der Vorstellung nicht los kam, „dass ich schreibe, um mir das Urheberrecht zu erhalten", und das war ihm „ziemlich zuwider", obgleich er wusste, dass es ihn „ganz sicher ärgern" würde, „wenn jemand meine Lehren vor mir veröffentlichte", wie er seinem Freund, dem Geologen Charles Lyell, schrieb.

Im Jahr zuvor hatten die Mitglieder der Linné-Gesellschaft im Herzen Londons dafür gesorgt, dass in der letzten Sitzung vor der Sommerpause – am 30. Juni 1858– zwei Texte von Wallace und Darwin verlesen wurden. Die Idee, dass Arten sich ändern und anpassen können, war nun öffentlich. Sie wurde ruhig aufgenommen, und Darwin konnte seinen Seelenfrieden bewahren. Aber er hatte das Dynamit seines Denkens schon ausgelegt. „Viel Licht wird fallen auf den Ursprung der Menschheit und ihrer Geschichte", so hatte er prognostiziert, sollte sich das evolutionäre Denken durchsetzen. Wir Menschen versuchen bis heute zu verstehen, was uns dieses Licht zeigt.

8

Energie und Entropie
Andere große Themen der Wissenschaft im 19. Jahrhundert

Wer im frühen 21. Jahrhundert in die Zeitung schaut, kann sich kaum retten vor Hinweisen auf ein Wort, das in seiner spezifischen Bedeutung in der Mitte des 19. Jahrhunderts aufgetaucht ist und von Physikern eingeführt und benötigt wurde. Gemeint ist „Energie", mit der ursprünglich die Fähigkeit von Maschinen – etwa Dampfmaschinen oder Seilzügen – gemeint war, Arbeit zu verrichten, wobei natürlich zu beachten ist, dass in diesem Zusammenhang auch „Arbeit" keine betriebswirtschaftliche oder soziale, sondern eine physikalische Bedeutung trägt und am einfachsten zu berechnen ist als das Produkt aus der Kraft, mit der man ein Objekt bewegt, und dem Weg, der dabei zurückgelegt wird.

Wer die Arbeiten der Physiker aus dem frühen 19. Jahrhundert anschaut, wird den Begriff „Energie" nicht finden. Die Wissenschaft meinte damals, mit der Kraft alle maschinell erbrachte Leistung oder verrichtete Arbeit verstehen und erfassen zu können, die seit den Tagen Newtons berechenbar war, nämlich als das Produkt einer Masse und der Beschleunigung, die benötigt wurde, um ein träges Objekt – etwa einen Eisenbahnwagen oder ein Schiff – in Bewegung zu versetzen und auf eine vorbestimmte und für die zu erledigende Arbeit benötigte Geschwindigkeit zu bringen.

Die Wissenschaftler, die sich damals über die natürlich wirkenden und technisch einsetzbaren Kräfte Gedanken machten, bildeten ein buntes Häuflein, zu dem zum Beispiel der englische Bierbrauer Prescott Joule (1818–1889) und der deutsche Arzt und Naturphilosoph Robert Mayer (1814–1878) gehörten. Mayer hatte 1842 „Bemerkungen über die Kräfte der unbelebten Natur" veröffentlicht und dabei den Hinweis gegeben, dass es zwar viele Formen von Kraft zu unterscheiden galt – Fallkraft, Spannkraft, Körperkraft und Hebekraft zum Beispiel –, dass der Begriff der Kraft aber dennoch einheitlich verstanden werden sollte. Mayer empfahl deshalb, die verschiedenen Kräfte als „ein- und dasselbe Objekt in verschiedenen Erscheinungsformen" anzusehen. Er bezog dabei die Wärme ausdrücklich mit in seine Palette von Kräften ein, weil die Physiker längst nicht mehr an einen Wärmestoff – ein

Caloricum – glaubten und vielmehr der Meinung waren, dass sich Hitze und höhere Temperaturen als Form einer Bewegung – von welchen Partikeln auch immer – deuten und berechnen ließen.

Wärme zeigt sich außen und innen – in der Temperatur der Luft und der Wallung des Blutes. Und als Mayer als Schiffsarzt in tropischen Gewässern Matrosen zur Ader ließ und ihm auffiel, dass deren venöses Blut heller war als sonst – nämlich im kühlen Europa –, meinte er, konkret erkennen zu können, dass es da tatsächlich eine Konstanz gab. Die vom Körper benötigte Wärme wurde – nicht nur in den Tropen, aber hier spür- und sichtbar – vom Blut und von der Luft geliefert, und in den südlichen Gefilden brauchte es geringere Beiträge des besonderen Saftes, der die Adern durchströmt. Mayer kam auf diese Weise der Gedanke, den die Lehrbücher heute als Gesetz von der Erhaltung der Energie kennen und in dieser Form als Ersten Hauptsatz der Thermodynamik bezeichnen, wobei die Thermodynamik das wissenschaftliche gebräuchliche Wort für das ist, was ursprünglich als Wärmelehre begonnen worden war. Der Hauptsatz besagt in aller Kürze, dass Energie eine Konstante ist, was konkret bedeutet, dass Energie weder erzeugt noch vernichtet und nur umgewandelt werden kann. Die Energie der Welt, so die fundamentale Aussage, bleibt konstant und in ihrer Gesamtmenge erhalten. So allgemein formuliert, konnte man dies erstmals in einer Arbeit des Arztes, Physikers und Philosophen Hermann von Helmholtz (1821–1894) unter der Überschrift „Über die Erhaltung der Kraft" lesen, wobei Kraft inzwischen eine Energie meinte. Und diese kann sich nur auf unterschiedliche Weise zeigen und Wirkungen entfalten.

Die Heilsbotschaft der Energie

Da eben von einem Ersten Hauptsatz der Thermodynamik die Rede war, fällt die Prognose leicht, dass es auch einen zweiten geben muss. Es gibt sogar einen dritten, der im 20. Jahrhundert von dem Physiker Walter Nernst (1864–1941) formuliert wurde und hier nur aufgeführt wird. (siehe Kasten: Die Hauptsätze der Thermodynamik). Dies trifft tatsächlich zu, und in ihm taucht die zweite Größe auf, die in der Überschrift zu diesem Kapitel erwähnt wird, nämlich die Entropie, die den Physikern zufolge ständig zunimmt und ihrem maximalen Wert zustrebt. Doch bevor wir diese Aussage des Zweiten Hauptsatzes aus der zweiten Hälfte des 19. Jahrhunderts genauer ins Visier nehmen, soll noch mehr zu der Energie und ihrer Konstanz gesagt werden, denn diese Erkenntnis hat viele Physiker stark beeindruckt, nicht zuletzt den legendären Max Planck (1858–1947), den Vater der Quantensprünge, der als junger Dozent im Ersten Hauptsatz der Wärmelehre ein erstes Gesetz erblickte, „welches unabhängig von Menschen eine absolute

Geltung besitzt", weshalb Planck auch „das Prinzip von der Erhaltung der Energie wie eine Heilsbotschaft" aufnahm, wie er in autobiographischen Skizzen festgehalten hat.

Die Hauptsätze der Thermodynamik

Erster Hauptsatz:
Die Energie der Welt ist konstant.
Zweiter Hauptsatz:
Die Entropie der Welt strebt einem Maximum zu.
Dritter Hauptsatz:
Es ist nicht möglich, den absoluten Nullpunkt (die tiefste Temperatur) zu erreichen.

Das Prinzip von der Erhaltung der Energie kommt vielen Menschen heutzutage längst vertraut vor. Bei allen natürlichen Abläufen – so wird es einem im Schulunterricht beigebracht – kann Energie weder herbeigezaubert noch weggeschafft werden. Sie kann nur die Form wechseln, in der sie auftritt, und das traditionelle Beispiel, an dem dies demonstriert wird, handelt von einem Gegenstand, der von dem Dach eines Hauses fällt. Solange er unbewegt in der Höhe liegt, verfügt er über die Energie, die ihm seine Lage im Vergleich zur Straße gibt, und die jemand aufwenden musste, um ihn dort hinzuschaffen. Man spricht dann von potenzieller Energie, weil sie noch zur Wirkung kommen und ihre Potenz entfalten kann. Das passiert am einfachsten dadurch, dass der Gegenstand – etwa ein Fußball – ins Rollen kommt und in Richtung Straße hinabstürzt.

Beim Fallen geht seine Energie nach und nach von der potenziellen in die kinetische Form über, wie es in den Lehrbüchern heißt, wenn Bewegungen anfangen, eine Rolle zu spielen. Kurz bevor der Ball auf dem Boden aufschlägt, verfügt er nur noch über kinetische Energie, die beim Aufschlag selbst augenblicklich eine neue Gestalt annimmt. Sie zeigt sich jetzt unter anderem als leichte Erwärmung sowohl am Boden als auch auf dem Gegenstand selbst, wie sich fühlen oder in Messungen nachweisen lässt, und sie wird darüber hinaus in der elastischen Verformung des Balls sichtbar. Diese Delle bildet sich anschließend zurück, wodurch der Ball erneut an Höhe gewinnen kann. Die Energie schlüpft dabei wieder in ihr kinetisches Gewand, das sie im Laufe der Aufwärtsbewegung nach und nach aufträgt und ablegt, um sich zuletzt erneut in das potenzielle Energiekostüm zu hüllen. In dieser Form erreicht die Energie ein Maximum, wenn der Ball erst zur Ruhe kommt und stillsteht und dann seine Bewegung umkehrt und wieder nach unten zu fallen beginnt. Die eben geschilderten Wandlungen der Energie werden sich anschließend so lange wiederholen, bis der Ball zuletzt am Boden liegen bleibt und alle potenzielle, kinetische und elastische Energie die Form von Wärme im Boden und im Ball angenommen hat, sich uns auf diese Weise entzieht und für die Bewegung unwirksam geworden ist.

Was auf den ersten Blick nur wie die unnötig komplizierte Beschreibung eines an sich einfachen Vorgangs aussieht – das Fallen und Prallen eines Balles –, stellte für die Physik des 19. Jahrhunderts einen wichtigen Fortschritt dar, weil man endlich *eine* Größe – die Energie – gefunden hatte, mit der sich *viele* Erscheinungen deuten und verstehen ließen. Was oben am Beispiel einer vertrauten mechanischen Bewegung exerziert wurde, konnte man nämlich auch an den für die damalige Zeit neuartigen elektrischen und magnetischen Phänomenen durchführen. In ihnen steckte ebenfalls Energie, die sich nutzen ließ, um Elektromotoren anzutreiben und Arbeiten ausführen zu lassen. Elektromagneten erlaubten die Produktion von Strömen, die sich zuletzt in Wärme überführen ließ – etwa im Draht einer Glühbirne, der so stark erhitzt wird, dass er zu glühen beginnt und leuchtet. Und wie man zudem heute weiß, hilft das Konzept der Energie sogar, chemische Reaktionen und biologische Funktionen in diesen einheitlichen Rahmen des wissenschaftlichen Verstehens einzugliedern – und das alles, ohne viel mehr über die Energie zu wissen, als dass sie mehrere Wandlungsmöglichkeiten zeigt, die sich genau vermessen lassen. Was sie ihrer Natur nach wirklich ist oder eigentlich ist, wie es in philosophischen Kreisen gerne gefragt wird, blieb lange undurchschaubar und bleibt auch heute noch zu klären.

Zum „Wesen der Energie"

Energie und Wärme waren zwei große Themen der Physik im 19. Jahrhundert. Ihr Wechselspiel, das in dem Prinzip von der Erhaltung der Energie seinen Ausdruck findet, konnte nach jahrzehntelangem Ringen in der Mitte des 19. Jahrhunderts als Grundsatz gültig formuliert werden, wobei in den Lehrbüchern oft Herman von Helmholtz als sein Urheber genannt wird, dessen Vorlesungen Max Planck in Berlin noch hören sollte. Das Wort „Energie" stammt von der griechischen Wurzel *energeia* ab, das eine Tätigkeit oder eine schöpferische Kraft bezeichnet. Die Energie als Begriff tauchte in der physikalischen Wissenschaft erst im 19. Jahrhundert auf und führte zunächst lange ein Schattendasein, bis Helmholtz und seine Zeitgenossen sie in das Licht der wissenschaftlichen Lampe stellten und in ihr eine absolute Größe entdeckten, die unverrückbar fest bleibt und für sich steht, losgelöst von anderen Gegebenheiten Das heißt zum Beispiel, dass Unternehmen, die den Menschen Energie liefern – und sich gerne Energieproduzenten nennen, ohne es zu sein –, allein deshalb bezahlt werden, weil sie die Energie in der Form liefern, in der Haushalte sie benötigen und einsetzen können. Beim Umwandeln kann aus Strom Wärme und aus Wärme dann Bewegung werden – das gelingt schon seit dem 18. Jahrhundert in den Dampfmaschinen –, oder es kann umgekehrt Bewegung aufhören und als Wärme verpuffen. Dieser Vorgang, die sogenannte Dissipation, tritt unvermeidlich nicht nur beim geschilderten Aufprall des Balls, sondern zum Beispiel auch beim Abbremsen eines Wagens auf, mit dem man an einer Kreuzung anhalten muss.

Eine Darstellung dieser Art wirft die Frage auf, wo sich bei diesem schlichten physikalischen Geschehen eine Heilsbotschaft verstecken soll, wie es Planck in dem Zitat am Eingang dieses Kapitels formuliert?

Wer sich dem Physiker Planck nähern oder ihn gar verstehen will, muss sich mit dem Gedanken vertraut machen, dass naturwissenschaftliche Einsichten nicht nur den rational kalkulierenden Geist erreichen und beschäftigen, sondern auch die empfindende Seele mit Genugtuung erfüllen und bereichern können. Dass Menschen etwas von der Natur und ihren Gesetzen verstehen können, ist für ihn nicht selbstverständlich, sondern es ist wundervoll und ein Grund, dankbar zu sein. Für Planck bringen wissenschaftliches Treiben und Erkunden nicht nur Nützliches und Praktisches, sondern auch Genüssliches und Packendes hervor. Und wer sein Herz nicht mit Macht und Vorsatz solchen Menschen und ihren Regungen gegenüber verschließt, kann beide Varianten bei Planck finden und lernen. Er wollte die Gesetze der Physik nicht nur verstehen und anwenden, sondern er sah in ihnen vielmehr eine Art von Offenbarung, die ihn beglücken und dankbar machen konnte, vor allem dann, wenn sich dabei so etwas wie eine „Einheit des physikalischen Weltbildes" erkennen ließ, wie ein Vortrag von Planck aus dem Jahre 1908 überschrieben ist und in dem er – im Alter von fünfzig Jahren – zum ersten Mal sein philosophisches Denken einer breiten Öffentlichkeit vorstellt und sich zu einer Weltsicht bekennt.

In dem so schlicht wirkenden Prinzip von der Erhaltung der Energie stecken mindestens zwei wundersame Fragen oder Formulierungen, die ein Gefühl des Geheimnisvollen hinterlassen. Die erste entdeckt, wer den als Heilsbotschaft empfundenen Zusammenhang ein wenig anders formuliert und sagt: „Energie ist unzerstörbar". Dies klingt einfach und wenig aufregend, liefert aber eine Aussage mit einer gewaltigen Herausforderung. Denn wenn Energie weder verschwinden noch auftauchen kann, wenn sie also ewig währt und unvergänglich bleibt, wie kann sie dann jemals in die Welt gekommen sein? Selbst der größte denkbare Urknall kann sie nicht herbeigezaubert, sondern ihr nur eine sinnvolle und sinnlich zugängliche Form verschafft haben, was nicht nur nebenbei der Frage, was vor dem Urknall war, eine neue Variante liefert.

Natürlich hat man im 19. Jahrhundert nicht über solch einen Urknall als Schöpfungsvorgang des Universums diskutiert. Doch so unbestritten das Urknallmodell inzwischen ist, es bringt auch seine Probleme mit sich – zum

Beispiel die Frage, in welcher Form die Energie existierte, bevor sie sich als Urknallblitz manifestierte. Aus dem Nichts entstanden sein kann sie nicht – jedenfalls nicht nach dem Ersten Hauptsatz, der uns zusichert, dass Energie erhalten bleibt und ein unzerstörbares Gewebe darstellt, in dem wir uns voller Vertrauen aufgehoben fühlen können und das uns nicht in eine Leere abstürzen lässt.

Ein Ausweg aus dem angeführten Dilemma bietet sich dem, der den merkwürdigen Gedanken nicht von vorneherein verwirft, dass die Gesamtenergie der Welt Null sein kann, was voraussetzt, dass es neben der sichtbaren Energie, die wir in der oben beschriebenen Form sinnlich wahrnehmen, noch unsichtbare (dunkle) Beiträge gibt, die sich in der Gesamtbilanz negativ auswirken. Sie addieren sich alle zusammen zu Null und wirken also nur durch ihr Getrenntsein – ihre Differenzierung.

Energie und Zeit

Max Planck hat „Das Prinzip der Erhaltung der Energie" zum ersten Mal 1887 in einem zusammenhängenden Text vorgestellt. Er hat diese Thematik immer wieder aufgegriffen – nicht zuletzt in seinen *Vorlesungen über Thermodynamik*, in denen er den Gedanken sehr konkret entwickelt, indem er fragt, ob man eine Maschine bauen kann, die dauernd läuft, um als Perpetuum mobile fortdauernd Arbeit aus nichts zu leisten, also ohne dass man Energie hineinsteckt. Als Physiker ist ihm bei aller Lust am Prinzipiellen wichtig, sich an der Erfahrung zu orientieren, und er weiß auch, dass der Erste Hauptsatz der Wärmelehre nicht auf die gleiche Weise bewiesen werden kann wie ein mathematisches Theorem.

Inzwischen ist es der theoretischen Wissenschaft aber gelungen, in die Nähe dieser Qualität zu kommen. Zwar gab es lange Jahre hindurch immer wieder Vorschläge, zunächst sonderbare Beobachtungen von Experimentalphysikern – etwa beim radioaktiven Zerfall von Atomen – durch einen Verzicht auf die strenge und durchgehende Gültigkeit des Energiesatzes zu erklären. Aber inzwischen ist man von dieser Praxis sehr weit abgerückt, und zwar spätestens seit am Ende des Ersten Weltkriegs die deutsche Mathematikerin Emmy Noether (1882–1935) zeigen konnte, dass es immer dann, wenn die mathematische Beschreibung (Gleichung) für einen physikalischen Vorgang eine Symmetrie aufweist, in der Natur eine Größe geben muss, die dabei erhalten bleibt.

Das Wort Symmetrie ist hier verallgemeinert zu verstehen, und zwar so, dass sich an der Form der Beschreibung (an der entsprechenden Gleichung) Eingriffe vornehmen lassen, ohne dass sich dabei der Gesamtausdruck – und damit das Verhalten – ändert. Konkret sprechen wir zum Beispiel von einer Spiegelsymmetrie, wenn sich ein Original und sein Spiegelbild nicht unterscheiden lassen. Das Spiegeln stellt ja eine Operation dar, die aber zuletzt unbemerkt bleibt, und zwar wegen der Symmetrie.

Abgesichert durch das Noether-Theorem lässt sich fragen, gegenüber welcher Transformation (Änderung) die Gesetze der Physik symmetrisch sein müssen, um auf die Energie als Erhaltungsgröße zu stoßen. Wie sich herausstellt, ist die Symmetrie der Zeit dafür verantwortlich.

Es ist nicht verwunderlich, dass physikalische Gesetze unverändert bleiben, wenn man die Uhrzeit ändert, zu der eine Beobachtung (ein Experiment) unternommen wird. Ob eine Messung um 9.00 oder um 12.30 Uhr beginnt, darf für die Physik keinen Unterschied machen. Mit anderen Worten, die Gleichungen, mit denen die Gesetze der Natur formuliert werden, erweisen sich als symmetrisch bei einer Verschiebung der Zeitachse, und aus dieser Eigenschaft, die auch als Homogenität der Zeit bekannt ist, folgt zwingend und unwiderlegbar die Erhaltung der Energie.

Eine Welt voller Wahrscheinlichkeit

Auf die Frage, was charakteristisch für das 19. Jahrhundert ist, kann auf verschiedene Weise geantwortet werden. Meine bevorzugte Replik heißt, dass in dieser Phase der Kultur die Wirklichkeit zur Statistik geworden ist und die Menschen bemerkt haben, dass sie in einer Welt voller Wahrscheinlichkeiten und Zufälligkeiten leben, welche sich allerdings berechnen lassen.

Wahrscheinlichkeiten (engl. *probabilities*) bedeuten nur etwas für die Zukunft (die Vergangenheit liegt physikalisch gesehen fest, wenn sie auch offen bleibt für historische Deutungen) und setzen insofern eine Zeitrichtung voraus. Menschen erwarten etwas in der Zukunft, und sie versuchen, die Erwartung exakt (mathematisch) zu fassen.

Probabilistisches Denken ist uralt. Cicero bemerkte bereits um 85 v. Chr. eine Ähnlichkeit zwischen dem, was normalerweise geschieht, und dem, was wir gewöhnlich glauben (erwarten). Er nannte in seiner Sprache beides *probabile* (mit dem Substantiv *probabilitas*). Spätestens seit dem 10. Jahrhundert versuchten Mönche, mehr darüber zu wissen, indem sie versuchten, alle Kombinationen zu bestimmen, die beim Würfeln auftreten können. Und Talmudgelehrte dachten schon früh probabilistisch über die Eigenschaften von Eltern und Kindern nach, die nicht fest deterministisch vererbt wurden, wie aufmerksame Familien schon immer gewusst haben.

Die ersten systematischen Überlegungen finden Historiker bei dem französischen Mathematiker und christlichen Philosophen Blaise Pascal (1623–1662), der um 1650 als Grundbegriff die Erwartung verwendet und das Konzept der Wahrscheinlichkeit daraus ableitet, wobei es nicht zuletzt Glücksspiele sind, für die sich der Philosoph interessiert. Auch der niederländische Physiker Christiaan Huygens (1629–1659) stellt die Idee der Erwartung 1657 in seiner Schrift „De ratociniis in ludo aleae" an den Anfang und definiert sie als Fairness: In einem fairen Spiel sollten für jeden die gleichen Erwartungen bestehen und niemand benachteiligt werden.

Bald tauchen im wissenschaftliche Diskurs Fragen der Art auf: Woher kommen Wahrscheinlichkeiten? Bezeichnen sie Zustände der Welt oder den Zustand des (menschlichen) Wissens? Braucht Gott Wahrscheinlichkeiten? Was nennen Menschen den Zufall? Ist es eine Koinzidenz oder die fehlende Absicht? Und bald beginnen die Menschen auch, statistisch tätig zu werden. Sie sammeln demographische Angaben über Geburten, Eheschließungen und Todesfälle (in London seit 1562). Aus all dem ergaben sich Statistiken, wie es heute heißt, und damit die Notwendigkeit einer Statistik. In der ersten Hälfte des 17. Jahrhunderts werden in Europa viele Gemeinden verpflichtet, Register anzulegen. Es ging dabei vornehmlich um einen Nachweis für das Alter und den Status einer Rechtsperson. (1699 kam Huygens auf die Idee, aus Sterbetafeln eine „Lebenserwartung" zu berechnen, um damit Leibrenten festlegen zu können). Bis 1750 entwickelt sich die Mathematik der Sterblichkeit – vor allem in Anwendung auf Rentenermittlung und Anwartschaftszahlungen – zur Front der Wahrscheinlichkeitstheorie, die ihren ersten Höhepunkt kurz vor Wende zum 19. Jahrhundert erreicht, als der große Mathematiker Carl Friedrich Gauß (1777–1855) das Gebilde konstruieren und berechnen konnte, das heute Normalverteilung heißt und sich als Glockenkurve zeigt (Abbildung: Normalverteilung). Mit diesem mathematischen Hilfsmittel wird es möglich, das Zufällige zu berechnen, und damit werden Versicherungen möglich gemacht, die bald ebenso gegründet werden wie Rückversicherungen (Abb. 8.1).

Heute ist unübersehbar geworden, wie sehr die Welt voller Wahrscheinlichkeiten steckt, mit denen um 1800 nur einige Mathematiker rechneten. Damals dachten noch viele Wissenschaftler, die Welt werde von universellen, deterministischen Gesetzen bestimmt. Doch nach und nach entfaltete sich, was Historiker gerne als „probabilistic revolution" kennzeichnen. Wer will, kann dabei zwei frühe Phasen unterscheiden:

Ab 1820 wurden immer weitere Bereiche des menschlichen Lebens durch Wahrscheinlichkeitsrechnung erfasst. Als klassischer Text gilt die Arbeit *Recherches statistique sur la ville de Paris,* die der französische Mathematiker Jean Baptiste Fourier (1768–1830) 1823 vorlegt. Nach 1844 führte Lambert A. J. Quetelet (1796–1874) aus Gent die Sozialstatistik ein. Er erkannte, dass menschliche Eigenschaften (wie der Brustumfang von Soldaten) so um einen Mittelwert („normal") verteilt sind wie die Fehler in einer Messung. 1853 fand dann der erste Kongress für Statistik statt, und zwar in Brüssel. Die

Abb. 8.1   Normalverteilung nebst Gauß auf dem alten Zehnmarkschein.

Menschen hatten inzwischen Vertrauen in die Regelmäßigkeit der Zahlen, die längst in Riesenmengen gedruckt wurden.

In der Physik übernimmt die Wahrscheinlichkeit das Kommando um 1870. In dieser Zeit taucht die „Statistische Mechanik" auf, die „as a new kind of knowledge" begriffen wird, wie es das schottische Genie unter den Physikern, James Clerk Maxwell (1831–1879) formuliert. Maxwell konnte zeigen, dass die Geschwindigkeiten von Molekülen in einem Gas um einen Mittelwert verteilt sind („Normalverteilung"), und er konnte diesen Mittelwert als Temperatur des Gases interpretieren. Bereits 1877 erkannte dann der amerikanische Philosoph Charles Peirce (1839–1914), dass derselbe Gedanke in der Biologie (Evolution) steckt: So wie die Physiker nicht (mehr) sagen konnten, wie die Bewegung eines bestimmten Gasmoleküls unter gewissen Voraussetzungen aussehen würde, da sich zu viele Zusammenstöße mit anderen Molekülen ereignen konnten, konnten auch die Biologen nicht sagen, was die Wirkung der Variation und Selektion in irgendeinem Einzelfall war. Und so wie die Physiker (immer noch) wussten, was langfristig das Ensemble aus Molekülen tut, konnten die Biologen sagen, dass sich Lebewesen, auf lange Sicht gesehen, ihren Lebensumständen anpassen oder freie Nischen besetzen würden. Der statistische Gedanke erweist sich als universell gültig, und er bringt einen weiteren Hauptsatz der Thermodynamik hervor, der äußerst folgenreich ist.

Der Zweite Hauptsatz der Wärmelehre und ein Dämon

Während der Erste Hauptsatz der Thermodynamik von der Energie handelt, geht es im Zweiten Hauptsatz um eine Größe namens Entropie, wobei der Ausdruck als Kunstwort geschaffen wurde, das so ähnlich wie die Energie klingen sollte.

Das große Interesse der Physik und anderer Wissenschaften an der Energie hing im 19. Jahrhundert vor allem mit der Notwendigkeit zusammen, besser zu verstehen, wie Maschinen funktionierten. Es war die Zeit der großen Industrialisierung, und überall wurden Dampf- und Elektromaschinen installiert, um Arbeiten zu verrichten. Die Unternehmen – und nicht nur sie – wollten wissen, wie man mit möglichst geringem Aufwand möglichst viel aus einer Maschine 'rausholen kann, was physikalisch eine Antwort auf die Frage verlangte, wie viel von der Energie, die man etwa über die Form von verheizter Kohle oder als Strom in eine Maschine einbrachte, in Arbeit umgesetzt wurde. Klar war, dass nicht alle Energie nutzbar gemacht werden konnte und viel verloren ging – etwa durch Reibung oder dadurch, dass heiße Teile einer Maschine einfach abkühlten (Dissipation). Um hier genauer Auskunft geben zu können, unterschieden die Physiker zwischen der Gesamtenergie, die sie einem Apparat zuführten, und der freien Energie, die sie in Arbeit umwandeln konnten, wie sie sich etwa im Transport von Lasten zeigte.

Bei ihren Versuchen, genauer zu erfassen, was diese freie Energie sein könnte, fiel den Physikern ganz allgemein auf, dass sie dann, wenn sie nur über Energie nachdachten, einen wesentlichen Aspekt sowohl der Naturvorgänge als auch der Abläufe in Maschinen außer Acht ließen und nicht in der Griff bekamen – nämlich die Richtung, in die Prozesse ablaufen. Mit Richtung ist nicht gemeint, ob eine Kugel nach oben oder unten fliegt oder ob ein Ball umkehrt, nachdem ihn jemand gegen eine Mauer geschossen hat. Mit Richtung ist gemeint, dass zum Beispiel dann, wenn man einen Eiswürfel in ein Wasserglas gibt, die Wärme stets vom kalten Gefrorenen zum warmen Flüssigen strömt und niemals die Gegenrichtung einschlägt. Wer in einer lauen Sommernacht ein kühles Glas Wein trinkt, wird merken, dass die Temperatur des Weins nur ansteigt. Es scheint ausgeschlossen zu sein, dass die warme Luft sich zusätzlich aus der Energie der Flüssigkeit bedient. Der Wein im Glas wird wärmer, bis das Niveau der Abendluft erreicht ist. Dann hat der Vorgang des Energietransports sein Ende erreicht.

In den Worten von Max Planck, der seiner Doktorarbeit über diese Thematik geschrieben hat: Ob „Wärmeleitung in die Richtung vom wärmeren zum kälteren Körper erfolgt oder umgekehrt, daraus lässt sich aus dem Energieprinzip allein nicht das mindeste schließen." Mit „Energieprinzip" meint

Planck den Ersten Hauptsatz der Thermodynamik, dem er in seinen berühmten „Vorlesungen über Thermodynamik" bald den Zweiten an die Seite stellte, den er so formulierte:

> In der Natur existiert für jedes Körpersystem eine Größe, welche die Eigenschaft besitzt, bei allen Veränderungen, die das System allein betreffen, entweder konstant zu bleiben oder an Wert zuzunehmen.

Für diese Größe hatte der Physiker Rudolf Clausius (1822–1888) einen Namen eingeführt, der wie Energie klingen sollte, das bekanntlich aus dem Griechischen kommt und hier als *energeia* so etwas wie Wirksamkeit und Kraft meinte. Als Clausius auf der Suche nach dem richtigen Ausdruck das griechische Wort *entrepein* entdeckte, das „umkehren" bedeutet, bildete er daraus den Begriff „Entropie", der uns seitdem beschäftigt. Offenbar gibt es in der Natur Vorgänge, die umkehrbar sind – Wasser kann erst zu Eis gefrieren und dann wieder schmelzen, wenn die Temperatur steigt –, aber die meisten Abläufe der Natur sind unumkehrbar. Und darüber entscheidet nicht die zu- oder abgeführte Energie, sondern die Entropie. Sie steigt an, wenn ein Vorgang nicht umkehrbar ist, und sie kann nur ansteigen und niemals abnehmen. Mit anderen Worten, die Vorgänge der Natur laufen in ihrer überwiegenden Art so ab, dass die Entropie zunimmt, was Clausius in selbstbewusster Manier in einer universalen Formulierung zusammenfasst: Die Entropie der Welt strebt einem Maximum zu. (Marginalie: Die zwei Kulturen).

Die zwei Kulturen

Der britische Physiker, Dichter und Staatsmann Charles P. Snow (1905–1980) hat 1959 in einem Vortrag über „Die zwei Kulturen" auf die unterschiedliche Gewichtung von Wissen in der westlichen Gesellschaft hingewiesen, als er seine zwar vielfach verworfene, sich aber hartnäckig behauptende Trennung der zwei Kulturen einführte. Snow hatte konkrete Vertreter dieser Bereiche im Auge, und er unterschied die Vertreter der literarischen Intelligenz (Autoren, Kritiker) von den Repräsentanten der naturwissenschaftlichen Fächer (Forscher, Ingenieure). Dann fragte er nach dem allgemeinen Verständnis der Themen, die jeweils in genannten Kreisen erörtert werden, und dabei fiel ihm das Ungleichgewicht auf. Snow machte die fehlende Symmetrie an den Sonetten Shakespeares und dem Zweiten Hauptsatz der Thermodynamik fest, indem er bemerkte, dass jeder nickt und verständnisvoll tut, wenn von den Sonetten die Rede ist, während jeder verständnislos den Kopf schüttelt, wenn die Wärmelehre und einer ihrer Hauptsätze angesprochen wird.

Bislang hat noch jedes Publikum so reagiert, wie Snow es beschreibt, ohne zu bemerken, dass an dieser Stelle etwas völlig falsch ist. Es trifft meiner Erfahrung nach nämlich überhaupt nicht zu, wie oft zu lesen ist, dass – auf die Öffentlichkeit bezogen – jeder die Sonette und niemand die Hauptsätze kennt. Was bestenfalls zutrifft, lässt sich so formulieren, dass zwar jeder von den Sonetten gehört hat, die Shakespeare geschrieben hat, dass diese erstaunlichen Texte aber trotzdem niemand kennt oder parat hat oder gar versteht, und zwar eher noch weniger als den Zweiten Hauptsatz der Thermodynamik.

Ein Problem des physikalischen Lehrsatzes besteht darin, dass er sich für die Fachwelt am besten in einer Sprache formulieren lässt, die vom Publikum weder geschätzt noch gesprochen wird. Gemeint ist die Mathematik, deren Beherrschung zu den ursprünglichen Zielen der Wissenschaft gehörte, wie sie zum Beispiel einst von Galileo Galilei aufgestellt worden sind. Doch genau an dieser Stelle haben viele Einwände erhoben, die mehr poetisch als analytisch begabt waren. Berühmt sind die Verse, die der romantische Poet Novalis für spätere (unvollendet gebliebene) Passagen seines Romans *Heinrich von Ofterdingen* vorgesehen hatte. Ihre ersten und letzten vier Zeilen lauten:

> Wenn nicht mehr Zahlen und Figuren
> Sind Schlüssel aller Kreaturen,
> Wenn die, so singen oder küssen
> Mehr als die Tiefgelehrten wissen,
> …
> Und man in Märchen und Gedichten
> Erkennt die wahren Weltgeschichten,
> Dann fliegt von einem geheimen Wort
> Das ganze verkehrte Wesen fort.

Eine schöne Vorstellung, die trotzdem aber ihre Anstrengungen voraussetzt. Die Wissenschaft kann einem nämlich auch zufliegen, wenn man ihre Einladungen annimmt.

Maxwells Sortiermaschine

Es ist heute eher schwer vorstellbar, welches Interesse die Physik des 19. Jahrhunderts in einigen intellektuellen Kreisen fand, vor allem, nachdem sie es riskiert hatte, universale Behauptungen aufzustellen. Bald erörterte man heftig die Frage, was diese Entropie genau sein könne (ohne zu bemerken, dass man im Grund auch nicht wusste, was die scheinbar eingängige Energie genau sein sollte, die immerhin die dramatische Eigenschaft aufwies, unzerstörbar zu sein). Bald gab es einfache Deutungen der Entropie, die mit dem anschaulichen Konzept der Ordnung agierten und besagten, dass dem Zweiten Hauptsatz der Thermodynamik zufolge die Unordnung der Welt nur zunehmen könnte. Damit wurde ein Sachverhalt benannt, den wir alle aus dem Alltag kennen, in dem die Unordnung in einem Zimmer nur dann größer wird, wenn niemand aufräumt. In der Natur gibt es bekanntlich keine Putzhilfe, und also läuft es dort so ab wie in einer Junggesellenbude, in der es am Ende aussieht wie in einem Saustall.

Tatsächlich sahen einige besonders kluge Intellektuelle im Zweiten Hauptsatz einen physikalischen Beweis für den Untergang der Kultur, wobei wir diesen Unsinn nur erwähnen, um anzudeuten, wie leicht es ist, wissenschaftliche Einsichten zu missbrauchen. Die Urheber des Zweiten Hauptsatzes hatten ganz andere Probleme, nämlich zu verstehen, was die Entropie tatsächlich erfasst und wie die Naturabläufe mit ihrer Hilfe die Richtung bekommen, die sie haben. Es ist doch keine Frage, dass es in der Natur gerichtet zugeht, dass etwa ein Tintentropfen in einem Wasserglas nur zerfließt und sich nie wieder rückbildet. Und wenn man ein Gefäß, in dem sich ein Gas mit hoher Temperatur befindet, neben ein Gefäß stellt, in dem dasselbe Gas eine niedrigere Temperatur hat, dann wechselt die Energie nur von der warmen auf die kalte Seite – niemals umgekehrt, Und dieser Austausch vollzieht sich solange, bis beide die gleiche Temperatur haben. Die Entropie des Systems hat jetzt ihr Maximum erreicht.

Die Fachleute hatten auch angefangen, diesen Vorgang präzise zu erfassen, und zwar durch die Annahme, dass die Gase (oder andere physikalische Systeme) aus Atomen bestehen. Hier ist ein wenig Vorsicht geboten, denn so einfach dieser Satz heute klingen mag, so skeptisch wurde er damals aufgenommen. Niemand wusste sicher zu sagen, ob es diese Gebilde gab, die ihren Namen schon in der Antike bekommen hatten. Und erst recht hatte damals niemand auch nur eine vage Idee davon, wie die Atome aussehen sollten. Trotzdem, als Hypothese darf man sie einführen. Und wer dies tut, verfügt über die Möglichkeit, der Temperatur eines Gases eine Deutung zu geben. Er denkt sich Atome als kleine, harte und elastische Kügelchen – winzige Flummies, wenn man so will –, die schneller oder langsamer unterwegs sind und zusammenstoßen können. Sind die Atome schnell, ist die Temperatur des Gases, das aus ihnen besteht, hoch. Sind die Atome langsam, ist die Temperatur des Gases, das aus ihnen besteht, niedrig. Wenn schnelle und langsame Kügelchen zusammenstoßen, tauschen sie ihre Energie aus, und da die langsamen Atome dabei vor allem etwas von den schnellen Exemplaren abbekommen, lässt sich jetzt der Zweite Hauptsatz gut verstehen. Er besagt, dass als Folge der Zusammenstöße zuletzt die Geschwindigkeiten von allen umher sausenden Flummies gleich sind. Und das entspricht ja auch genau dem, was man beobachtet.

Es war für Planck und seine Mitstreiter offensichtlich, dass diese mechanische Deutung der Wärme ein befriedigendes Gesamtbild der physikalischen Wirklichkeit abgab, und es störte sie nicht, dass es viele Kritiker dieser Theorie gab, die vor allem darauf hinwiesen, dass die Atome im Zentrum des Verstehens nur sehr unzulänglich beschrieben waren und ihr Wirken im Detail unklar blieb. Dieser Einwand war sicherlich berechtigt, aber es ist nicht zu erwarten, dass eine gute Hypothese gleich alle Fragen der Physik klären würde. Es reicht, wenn sie in einigen Fällen weiterhilft – aber nur, wenn sie nicht zugleich größere Probleme schafft. Genau dies aber schien der Fall im Gedankenexperiment des Schotten Maxwell, das als Maxwells Dämon berühmt geworden ist und die Fachwelt bis in unsere Tage beschäftigt (hat).

Maxwell stellte sich die beiden oben erwähnten Gase gedanklich vor, platzierte sie in zwei Kammern nebeneinander und versah sie mit einer Klappe. In der Kammer positionierte er seinen Dämon, dem er eine einfache Aufgabe stellte. Er sollte die Atome sortieren: Wenn aus der warmen Kammer ein schnelles Atom kommt, soll er es abweisen; wenn aus der warmen Kammer ein langsames Atom kommt, soll er es durchlassen. Umgekehrt: Wenn aus der kalten Kammer ein schnelles Atom kommt, soll er es durchlassen; wenn aus der kalten Kammer ein langsames Molekül kommt, soll er es abweisen. Maxwell setzt für das Funktionieren seiner diabolischen Sortiermaschine voraus, dass nicht alle Atome gleich schnell oder langsam sind. Es gibt vielmehr eine Verteilung ihrer Geschwindigkeit (in Fachkreisen Maxwellsche Verteilung genannt, welche die Grundlage liefert für eine statistische Behandlung von Gasen)–, was konkret bedeutet, dass es auf der warmen Seite sehr viel schnelle, aber auch ein paar langsame Atome gibt, und entsprechend auf der kalten Seite sehr viel langsame, aber auch ein paar schnelle Atome gibt.

Ohne einen Dämon käme es zu einem Ausgleich der Temperaturen, wie ihn der Zweite Hauptsatz vorhersagt. Aber mit einem Dämon wird das warme Gas wärmer und das kalte Gas kälter. Maxwells Frage aus dem Jahre 1871 lautet, warum es solch einen Dämon nicht geben könne. Wie rettet man den Zweiten Hauptsatz vor dem Eingreifen solch eines Teufelchens?

Eine Frage der Information

Der Ausdruck „Maxwellscher Dämon" stammt von dem britischen Physiker Lord Kelvin, der sich 1874 mit dem Thema befasste. Er bemerkte, dass in dieser Konstruktion allein deshalb ein tiefes Problem steckte, weil weder der Erste noch der Zweite Hauptsatz der Thermodynamik bewiesen waren. Bei beiden, so Kelvin, handele es sich um die Zusammenfassung von Erfahrungen, zu denen sich ja jederzeit neue gesellen konnten. Und wer konnte schon sicher sein, dass sie stets mit den entsprechenden Aussagen der Physik in Übereinstimmung sein würden? Was wäre, wenn man tatsächlich ein trickreiches, technisches System konstruieren könnte, das die natürliche Richtung von Prozessen umkehrt?

Viele Zeitgenossen von Maxwell, Lord Kelvin, Clausius und Planck bemühten sich, das Teufelchen zu erledigen. Aber außer dem eher hilflosen Hinweis, dass es sich hier um ein akademisches Spielchen ohne praktische Folge handelte, ist den Wissenschaftlern lange Zeit nichts eingefallen, was von Interesse gewesen wäre. Lange Zeit meint hier viele Jahrzehnte, denn tatsächlich dauerte es bis 1929, bevor auf diesem Gebiet endlich wieder ein Fortschritt zu vermelden war. Damals publizierte der aus Ungarn stammende Physiker Leó Szilárd (1898–1964) eine Schrift mit dem langen Titel „Über die Entropieverminderung in einem thermodynamischen System bei Eingriffen intelligenter Wesen".

Wer sich auf die etwas vertrackte, aber wissenschaftlich präzise Sprache einlässt, wird ablesen können, dass Szilárd erstens auf Maxwells Dämon anspielt und zweitens den Finger genau in die Wunde legt. Der Teufel kann nicht bloß als physikalischer Apparat funktionieren, er muss darüber hinaus auch intelligent sein. Der Dämon muss ja Entscheidungen treffen, und diese kann er nur ausführen, wenn er über die dazu nötigen Kenntnisse verfügt. An dieser Stelle kommt ein Konzept ins Spiel, das wir heute ganz selbstverständlich verwenden, mit dem wir höchst vertraut sind, das wir daher nicht weiter definieren, das aber – wie viele große Ideen der Menschheit – erst einmal entdeckt und eingeführt werden musste. Gemeint ist das Konzept der Information, das nach dem Zweiten Weltkrieg immer populärer wurde und aus dem heutigen Sprachschatz gar nicht mehr wegzudenken ist.

Maxwell und Planck mussten – wörtlich verstanden – ohne diese Information auskommen, und dann stellt der Dämon das geschilderte Problem dar. Mit dieser Information wird die Sache übersichtlicher, denn das Teufelchen muss die für seine Entscheidungen nötigen Informationen erst einmal erwerben, was nicht ohne Erzeugung von Entropie vor sich geht, wie Szilárd grob ausrechnen konnte. Aber was noch wichtiger ist, der Dämon muss die Information auch irgendwo speichern, was verhindert, dass er beliebig klein konstruiert sein kann. Szilárd führte vor, dass die Physik nicht verstanden werden konnte, ohne Konzepte wie Messung, Information und Speicherung mit in ihre Rechnungen einzubeziehen. Und wenn man Szilárds Lösung für Maxwells Problem einfach ausdrücken will: Die neue Unübersichtlichkeit verwirrt den Dämon so, dass er irgendwann nicht mehr genau genug zwischen schnellen und langsamen Atomen unterscheiden kann, und so scheint der Zweite Hauptsatz unbeschadet überlebt zu haben.

Der Preis des Vergessens

Die Physiker bewunderten Szilárd, der sich im Übrigen kurz nach seinem Angriff auf den Dämon mit Albert Einstein zusammentat, um mit ihm gemeinsam den legendären Brief an den amerikanischen Präsidenten Roosevelt zu schreiben, in dessen Folge das Manhattan-Projekt ins Laufen kam. In den unruhigen Zeiten des Zweiten Weltkriegs galt es, andere Dämonen als den von Maxwell zu beseitigen. Und so dauerte es bis in die frühen 1950er Jahre, bevor sich einige Physiker erneut Szilárds Lösung vornahmen, unter anderem mit der Absicht, die Wechselwirkung zwischen dem Dämon und den Kügelchen – den alten Atomen – im Rahmen der neuen Physik, die ja mit Quanten operierte, genauer zu verstehen. Dabei fiel ihnen unter anderem auf, dass die alte Größe Entropie und die neue Größe Information in der Tiefe zusammenhängen. Die eine ist mehr oder weniger das Gegenstück zu der anderen, was eine Konsequenz hat, die sich in drei Worten ausdrücken lässt: Information ist physikalisch. Sie unterliegt den Gesetzen der Physik. Und als in den späten 1950er und frühen 1960er Jahren die Konstrukteure von Computern an die Stelle der Konstrukteure der Dampfmaschinen des 19. Jahrhunderts traten, wollten auch sie wissen, an welcher Stelle es zu thermodynamischen Verlusten kommen kann.

Besonders intensiv kümmerte sich Rolf Landauer (1927–1999), Physiker bei IBM, um diese Frage. Er versuchte mit dem Zweiten Hauptsatz der Thermodynamik und Maxwells Dämon im Hinterkopf genau *die* Stelle ausfindig zu machen, an der in den Rechenmaschinen Energie in Wärme umgewandelt wird und damit für ihren eigentlichen Zweck verloren geht. Im Jahre 1961 hatte er Erfolg, und er konnte ein Prinzip formulieren, das Landauer-Prinzip, mit dem zum ersten Mal wirklich verstanden werden konnte, was dem Dämon das Leben schwer macht.

Im Gegensatz zur traditionell vertretenen Ansicht, so Landauer, entstehen die thermodynamischen Verluste nicht, wenn Information verarbeitet (aufgenommen und genutzt) wird. Der einzige Schritt, bei dem sich ein elementarer Verlust nicht vermeiden lässt, ist die Zerstörung von Information – das Vergessen. Und tatsächlich muss man sich einmal vor Augen halten, was der Dämon leisten muss: Er muss ja nicht nur ein oder zwei Atome im Kasten messen und sortieren. Er muss vielmehr gigantische Mengen an Atomen ansehen und prüfen, und das heißt, dass er ein ebenso gigantisches Gedächtnis (Speicherplatz) benötigt, was ihn sicher bald größer als die ganze Anlage– und damit völlig wertlos – macht. Der Dämon muss also neben seiner Aufgabe der Informationsgewinnung die noch viel wichtigere Aufgabe der Informationsvernichtung betreiben. Er muss seinen Speicher unentwegt löschen, und dafür bezahlt er das, was man poetisch den „Preis des Vergessens" nennen könnte. Dieser Preis wird eingefordert vom Zweiten Hauptsatz, der jetzt tatsächlich endgültig alle Dämonen und ihre Vertreiber souverän überstanden hat.

Als der amerikanische Physiker Charles H. Bennet (*1943) im Jahre 1984 das Landauer-Prinzip auf das Gedächtnis von Maxwells Dämon anwendete und dabei zeigen konnte, dass auf diese Weise das Gas und seine Atome genau mit *der* Entropie wieder ausgestattet wird, die der Zweite Hauptsatz verlangt, hatte die Physik endlich zu ihrer inneren Ruhe zurückgefunden, die Maxwells Dämon ihr vor mehr als hundert Jahren genommen hatte. Es sei denn, morgen findet jemand einen Aspekt, den wir bislang übersehen haben. Dass diese

Möglichkeit besteht, sollten wir nicht vergessen, auch wenn wir dafür den Preis der Entropie zahlen müssen.

Ein Physiker im Klostergarten

Der aus der Physik und Nachrichtentechnik stammende Begriff der Information wird heute ganz selbstverständlich auch in der Wissenschaft der Vererbung eingesetzt, die seit den frühen Jahren des 20. Jahrhunderts „Genetik" heißt und in der von genetischen Informationen die Rede ist, die von Generation zu Generation weitergegeben werden. Die Anfänge des systematischen Erkundens von Vererbungsvorgängen finden sich im 19. Jahrhundert in einem Klostergarten bei Brünn. Davon soll im Folgenden erzählt werden:

Im Mittelpunkt steht dabei ein Mönch, der als Naturforscher bekannt geworden ist und dabei etwas erreicht hat, das nur wenigen Menschen vergönnt ist, nämlich seinen Namen in ein Tätigkeitswort umzuwandeln und in den alltäglichen Gebrauch der Sprache eingehen zu lassen. So weit haben es nur zwei Forscher gebracht, und zwar der Physiker Wilhelm Conrad Röntgen (1845–1923) und eben der Mönch Gregor Mendel, der 1822 geboren wurde und 62 Jahre alt geworden ist. Wer heute zum Arzt geht, kann bekanntlich *geröntgt* werden, und wenn es um die Vererbung von Eigenschaften geht, spricht man hin und wieder davon, dass da *gemendelt* wird oder dass sich durch geeignete Züchtungen bestimmte Eigenschaften *ausmendeln* lassen. Tatsächlich definiert der Duden:

Mendeln heißt, „nach den Vererbungsregeln Mendels in Erscheinung treten"; wobei anzumerken ist, dass der Name Mendel es sogar in den angelsächsischen Sprachraum geschafft hat, wo „Erbkrankheiten" „Mendelian Diseases" und Experimente mit Kreuzungen „Mendelian Mating" heißen (Kasten: Mendels Regeln).

Mendels Regeln

Da Mendels Gesetze von anderer Art sind als die Newtonschen Gesetze, spricht man oft auch von Mendels Regeln. Während Newtons Relationen determinierte Abläufe der Natur erfassen, stellen die heute nach Mendel benannten Einsichten statistische Zusammenhänge her, was genauer heißt, dass sie Auskunft über die Wahrscheinlichkeit geben, mit der eine Eigenschaft von einer Generation (Eltern) auf die nächste (Kinder) übertragen, sprich vererbt wird. Das Leben vermehrt sich weder völlig zufällig noch völlig vorhersehbar. Es vermehrt sich nach Mendels Regeln, allerdings nur, wenn dabei Sex nötig ist und getrieben wird. Die Erbgesetze kommen zur Anwendung, wenn zwei Geschlechtspartner, und zwar ein männlicher und ein weiblicher, zusammenfinden müssen, um Nachkommen zu zeugen. Unter dieser fast selbstverständlichen Vorgabe gelten die Regeln dann für Erbsen ebenso wie für Edelweiße und für Mäuse ebenso wie für Menschen.

Mendels Regeln geben Auskunft darüber, was die von ihm entdeckten „Elemente" oder „Faktoren" der Vererbung können, die wir heute „Gene" nennen. Der Mönch hatte bemerkt, dass jeder der beiden Sexpartner über zwei Formen („Allele") eines Erbelements verfügt, die entweder gleich oder verschieden sein können. In Mendels erster Regel geht es darum, dass man nicht genau vorhersagen kann, welche Form eines väterlichen oder mütterlichen Erbelements im Nachwuchs ankommt. Das spielt auch keine Rolle, solange die beiden Gene bei beiden Eltern jeweils gleich sind. Alle Kinder werden dann gleichartig bestückt sein. Die „Filialgeneration" ist in Hinblick auf dieses Merkmal uniform, wie man fachlich korrekt sagt. Das ist die erste Mendelsche Regel.

Die zweite handelt von dem, was passiert, wenn sich diese uniforme Generation fortpflanzt, wenn also zwei gleichartig bestückte Kinder (1. Filialgeneration) ihrerseits Kinder bekommen (2. Filialgeneration). Das ist vor allem dann interessant, wenn die ursprünglich verfolgten Erbelemente der Eltern (Parentalgeneration), zwischen Mann und Frau also, so verschieden sind, dass sie zu sichtbaren Unterschieden führen – zu roten oder weißen Blüten bei den Erbsen etwa, oder zu weißen oder roten Augen bei Fliegen.Mendels zweite Regel besagt, dass sich die Gene auf dem Weg in die 2. Generation so unabhängig auftrennen können, wie sie vorher zusammengefunden haben. Man spricht in den Schulbüchern etwas unglücklich von der Spaltungsregel und nutzt sie aus, um Mendels Regeln mit Zahlen zu garnieren.

Wenn die zwei Erbelemente, über die jemand für ein und dasselbe Merkmal – etwa eine Farbe oder eine Größe – verfügt, verschieden sind, wird gewöhnlich nur eines von den Genen sichtbare Spuren zeigen. Mendel bezeichnete dessen Form als dominant und den unterlegenen Partner als rezessiv. In diesem Fall kommt in der 2. Filialgeneration ein Verhältnis der beiden Eigenschaften von 3:1 zum Vorschein – das dominant vererbte Merkmal wird dreimal so häufig sichtbar wie das rezessive Gegenstück, da es bei vier möglichen Kombinationen nur eine gibt, in der beide rezessiven Gene zusammenkommen.

Bislang haben wir den Erbgang von einem Gen und dem dazugehörigen Merkmal betrachtet. Es gibt noch eine dritte Mendelsche Regel, und die erfasst die Vererbung von zwei solchen Elementen. Sie besagt in aller Kürze, dass es dabei erneut unabhängig zugeht, was bedeutet, dass in den Filialgenerationen alle möglichen Kombinationen auftreten können (deren Häufigkeit Lehr- und Schulbücher genau ausrechnen, was aber hier unterlassen wird). Welche Erbelemente der Eltern in einem Kind auftauchen, kann theoretisch ermittelt werden, wenn man jede mögliche Kombination als gleich wahrscheinlich ansieht.

Insgesamt weisen Mendels Regeln auf so etwas wie frei bewegliche Erbelemente hin, die sich in allen Kombinationen erst mischen und dann wieder trennen können, ohne an einem Gängelband zu liegen. Dies stimmt aber nur sehr grob, wie die moderne Molekularbiologie nach und nach aufdecken konnte. So befinden sich viele Gene hintereinander auf zellulären Strukturen, die als Chromosomen bekannt sind, wie Versuche ab 1910 belegen, die zuerst von Thomas H. Morgan an Fliegen durchgeführt wurden. (Die Gene liegen auf den Chromosomen wie die Perlen auf einer Kette.) Irgendwie ist es Mendel gelungen, bei seinem Versuchsobjekt (der Erbse) gerade solche Gene in Augenschein zu nehmen, die auf verschiedenen Chromosomen liegen. Erbsen verfügen über sieben solcher Gen-tragenden Strukturen, und Mendel hat genau sieben Eigenschaften seines Versuchsobjekts analysiert. Da hat der Mönch wohl sehr viel Glück gehabt. Da kann man nur staunen, auch was die Qualität seiner mitgeteilten Zahlen angeht. Allerdings lässt die Genauigkeit, mit der Mendels Daten zu den nach ihm benannten Regeln passen, inzwischen viele Statistiker skeptisch blicken und den Verdacht äußern, dass da jemand bereits vor den Kreuzungsversuchen wusste, was am Ende dabei herauskommen sollte. Es ist halt eine uralte Streitfrage bei der Wissenschaft: Bestimmt die Theorie das Experiment oder das Experiment die Theorie? Wer kann das schon allgemein wissen?

Mendel ist also berühmt. Da nun viele Leser im Biologieunterricht gelernt haben, seine Kreuzungsversuche mit Erbsen wenigstens gedanklich nachzuvollziehen und zudem eine Photographie von Mendel vor Augen haben, sind sie ganz sicher, über den Mann und sein Werk Bescheid zu wissen. Doch stimmt das, was wir über ihn zu wissen meinen? Stimmt es, dass seine Zeitgenossen ihn weder begriffen noch zur Kenntnis genommen haben? Stimmt es, dass man seine Erbgesetze zunächst ignoriert hat und erst zu Beginn dieses Jahrhunderts verstehen konnte, um sie dann gleich dreifach wiederzuentdecken? Stimmt es überhaupt, dass Mendel die Gesetze der Vererbung entdeckt hat?

Die „Versuche über Pflanzen-Hybriden"

Richtig ist, dass Mendel in einem Klostergarten in Brünn sogenannte „Versuche über Pflanzen-Hybriden" unternommen und seine Ergebnisse unter diesem Titel 1865 der Öffentlichkeit vorgestellt hat. Nicht richtig ist, dass Mendel mit dieser Arbeit die Absicht hatte, Gesetze der Vererbung aufzustellen. Dieser Schluss ist jedenfalls unvermeidlich, wenn man die etwas mehr als vierzig Seiten liest, in denen Mendel über seiner Kreuzungen berichtet. Das Wort „vererben" kommt in seinem Text nur am Rande vor, und dazu noch negativ: Das „Verschwinden der grünen Färbung", so stellt Mendel nach einem Blick auf die Erbsen fest, mit denen er experimentiert, das Verschwinden der grünen Färbung „vererbt sich nicht auf die Nachkommen." Das ist alles, was ihm zu diesem Ausdruck einfällt und einer Mitteilung wert scheint.

Auf die Frage, was Mendel mit seinen Versuchen vor allem im Sinn hatte, erweist sich ein Bericht aus dem „Brünner Tagblatt" vom 9. Februar 1865 als hilfreich. Dieser Bericht enthält Neuigkeiten, die die Versammlung des

Naturforschenden Vereins in Brünn zu vermelden hatte, die am Tag zuvor mit vierzig Teilnehmern stattgefunden hatte. Wie dort zu lesen steht, hatte Mendel, der zu den Mitbegründern des Vereins gehörte, bei dieser Gelegenheit zum einen berichtet, wie er seine Erbsen über Jahre hinweg immer wieder gekreuzt hatte, was sich keineswegs einfach gestaltete und viel gärtnerische Sorgfalt und saubere Buchhaltung erforderte. Der Bericht fasst zudem zusammen, was sich dabei beobachten ließ. Der leider anonyme Verfasser des Berichts teilt den Lesern ziemlich klar und unmissverständlich mit, worauf der Mönch Mendel bei seinem „längeren, besonders für Botaniker interessanten Vortrag" besonderen Wert gelegt hatte, nämlich auf die experimentelle Beobachtung, dass die „Pflanzenhybriden, welche durch künstliche Befruchtung stammverwandter Arten hervorgebracht werden [...], stets geneigt waren, zur Stammart zurückkehren."

Sofern die Gerüchte stimmen, dass Mendel selbst diesen Zeitungsbericht verfasst hat, lässt sich daraus übrigens eine Art Mendelsche Regel für Forscher ableiten: Was Du der Nachwelt sagen willst, musst Du als Zeitungsmeldung formulieren. So etwas wird auch mehr als ein Jahrhundert später noch verstanden – was in seinem Fall heißt, dass man die Absicht des Autors bemerkt, ohne deswegen verstimmt zu sein.

Was die Sache selbst angeht, so klingt das, was das Tagblatt meldet, auf keinen Fall nach Gesetzen der Vererbung. Wenn man die Zeitungsmeldung mit anderen und modernen Worten ausdrücken möchte, kann man sagen, dass Mendel mit seinen Versuchen die Absicht hatte, den Nachweis zu führen, dass Pflanzen im Laufe von Generationen in ihrer Erscheinungsform (ihren sichtbaren Merkmalen) zwar nicht konstant bleiben, dafür aber stets dazu neigen, wieder zum elterlichen Ausgangspunkt – zu ihrer „Stammart" – zurückzukehren, der wohl göttlichen Ursprungs sein musste.

Wollte man nun böse sein, könnte man den Verdacht äußern, dass hier jemand versucht, die Möglichkeit der Entwicklung oder der Evolution zu widerlegen. Doch selbst wenn unterstellt wird, dass Mendel diese Absicht im Hinterkopf bewegt und verfolgt hätte – alle Biologen, die sich heute auf ihn berufen, haben ihn anders verstanden und an seiner kaum gelesenen Arbeit bewundert, dass sie die im Inneren der Pflanzen verborgenen Mechanismen experimentell und quantitativ zugänglich macht, die zur Weitergabe von Merkmalen – also zu ihrer Vererbung – führen. Und diesen Zugriff haben nachfolgende Generationen fleißig weiter verbessert und so die Wissenschaft von der Vererbung aufgebaut, die heute zu einem der spannendsten Forschungsgebiete überhaupt zählt.

Der Physiker Mendel zum ersten

Kurioserweise hat der als Vater der Genetik gefeierte Augustinermönch Mendel keine Ausbildung in Biologie, sondern in Physik erhalten. Der Abt des Klosters, in das Mendel 1843 als Novize eingetreten war, hatte ihn dazu ausersehen, Physiklehrer zu werden, und so schickte man ihn auf die Universität nach Wien. Vermutlich litt Mendel unter Prüfungsangst und hat die Lehrerprüfung gleich zweimal nicht bestanden. Das Kloster gab ihm daraufhin die Möglichkeit, seiner neben der Wissenschaft zweiten Leidenschaft zu frönen, der Gärtnerei, die ihm von seinem Elternhaus her vertraut war. Und hier im Klostergarten vereinte Mendel das praktische Wissen und Können eines Gärtners mit den theoretischen Vorgaben und Konzeptionen der exakten Wissenschaft (Physik), die er studiert hatte und die inzwischen begonnen hatte, die Gegenstände durch ihre atomaren Bestandteile zu verstehen. Die Physik hatte damals längst verstanden, wie Experimente geeignet durchzuführen waren, nämlich so, dass man möglichst viele Bedingungen konstant hielt und den Einfluss eines Parameters untersuchte, den man variierte. Am Beispiel von Gasen etwa hielt man das Volumen und den Druck konstant und prüfte, was passiert, wenn man die Temperatur ändert.

Um Experimente dieser Art an lebenden Objekten wie Erbsen durchführen zu können, benötigte Mendel Pflanzen, die sich treu reproduzierten – in „reinen Linien", wie man sagt-, und die er dann mit anderen kreuzen konnte. Daher bestand Mendels erste Tätigkeit zur Vorbereitung seiner Versuche darin, über viele Jahre hinweg von durchreisenden Händlern die geeigneten Erbsensorten zu erwerben und anzubauen, bis er so viele reine Sorten zusammen hatte, dass er sie umfassend kreuzen und den Weg einer Variante verfolgen konnte – die Farbe der Hülsen, die Form der Schoten und die Anordnung der Blüten zum Beispiel. Mendels Beobachtungen bestanden sodann im Zählen, und mit den Zahlen wurde aus einer bis dato nur qualitativ betriebenen Biologie eine quantitative Wissenschaft, die es mit der Physik aufnehmen wollte.

Was nun bei Mendels langjährigen botanischen Versuchen herausgekommen ist, lässt sich auf der einen Seite in den letztlich ziemlich komplizierten Regeln ausdrücken, die wir als Schulkinder lernen müssen, obwohl sie bei Mendel nicht zu finden sind. Es lässt sich aber auch ganz einfach ausdrücken, nämlich durch den Satz, dass Mendel die Hypothese aufgestellt und einer experimentellen Prüfung zugeführt hat, wonach es im Inneren der Pflanzen konkrete Elemente gibt, deren „lebendige Wechselwirkung" – wie er es nennt – die Qualitäten hervorbringt, die wir nach außen hin wahrnehmen können. Modern ausgedrückt hat Mendel entdeckt, dass Vererbung mittels Partikeln (Elementen) erfolgt, dass es also Atome der Vererbung gibt. Wir nennen sie heute Gene.

Der doppelte Bruch

Wer amerikanische Genetiker fragt, worin Mendels Leistung besteht, bekommt eine klare Antwort. Sie lautet im ersten Teil, er habe entdeckt, dass Vererbung partikulär funktioniert, und sie besagt im zweiten Teil, dass er die Zahlen und mit ihnen die Regeln der Wahrscheinlichkeit in das Botanische gebracht habe.

Damit vollzieht sich ein doppelter Bruch. Fortan denkt man auch daran, biologische Phänomene mit mathematischer Genauigkeit zu erfassen, erwartet aber nicht, dass die dabei erfassten Zusammenhänge jeden Einzelfall festlegen, sondern rechnet vielmehr damit, nur statistische Gesetze zu finden.

Die Einsicht, dass unsere Erbanlagen nicht so flüssig sind wie etwa Blut, sondern so körnig daherkommen wie Sand, mag banal klingen, stellt aber in der Geschichte des Denkens einen Bruch dar. Dies wird leicht klar, wenn man daran denkt, dass in der Medizin lange Zeit hindurch angenommen wurde, dass die Gesundheit eines Menschen durch Flüssigkeiten bestimmt wird. Deshalb gab es ja Einläufe und Aderlässe. Und was die Vererbung angeht, so sprechen wir heute noch von der Blutsverwandtschaft oder sagen zu unseren Kindern, „Du bist von meinem Fleisch und Blut".

Natürlich wusste man bereits vor Mendel, dass es Eigenschaften gab, die innerhalb der Familie weitergegeben, sprich vererbt, werden wie beispielsweise die Farbenblindheit oder die Form der Lippen. Aber man konnte sich keinerlei Vorstellung über die zugrunde liegenden Mechanismen machen, und völlig rätselhaft war, wie ein Vater seine Eigenschaften weitergeben konnte. Wie kam seine Augenfarbe oder seine Lippenform in die Samenflüssigkeit, mit deren Hilfe er Kinder zeugte?

Mendels Entdeckung von partikulären Erbelementen mit statistischen Eigenschaften beantworten Fragen dieser Art keineswegs, was auch nicht zu erwarten ist, geben aber einen wichtigen Hinweis für den Fortgang der Wissenschaft. Man darf nie erwarten, mit einer Einsicht alles zu erklären. Es reicht, wenn man eine Frage beantworten kann – in Mendels Fall einige Regelmäßigkeiten im Erbgang. Und man muss sich auch damit zufrieden geben, wenn sich aus verschiedenen Ecken Kritik meldet. Kritik nämlich gab es reichlich und selbst noch zu Beginn des 20. Jahrhunderts, als gleich mehrfach bestätigt wurde, was Mendel erkannt hatte, dass es nämlich teilchenartige Erbelemente geben muss, die sich mehr oder weniger unabhängig voneinander bewegen und auf dem Weg in die nächste Generation so zufällig mischen, wie es die Karten beim Skatspiel tun.

Die Hauptkritik an Mendels biologischen Atomen oder Erbelementen kam von Wissenschaftlern, genauer gesagt von Embryologen, die sich mit der Entwicklung des Lebens beschäftigen und verfolgen, wie sich die lebende Form ändert, wenn also aus einer Eizelle erst ein Embryo, dann ein Fötus und zuletzt ein neues Lebewesen wird. Diese Embryologen konnten den Formenreichtum der Natur dabei nur bewundern, und der Gedanke erschien ihnen absurd, eine derartige Pracht und Vielfalt durch irgendwelche einfältigen Partikel erklären zu wollen. Sie konnten sich nicht vorstellen, dass die kleinen Kügelchen, von denen Mendel gemurmelt hatte, irgendeine Relevanz für die komplexen Gestalten der Organismen haben sollten.

Damals war das ein gutes Argument. Und wenn man will, kann man in diesen beiden Positionen – Mendels statische Elemente auf der einen und die genetische Dynamik des Embryos auf der anderen Seite – ein Gegenüber von zwei Wissenschaftsauffassungen sehen. Als Physiker erklärten Mendel und seine Anhänger das Leben von seinen Teilen her („Bottom-up"), während die Embryologen auf Ganzheiten und Gestalten schauten, denen sie alles andere unterordneten („Top-down"), wobei sie alles Mögliche im Sinn hatten, nur keine Physik. Was ist damit gemeint?

Die Rolle der Physik

Die Physik stellt ohne Frage die erfolgreichste aller exakten Wissenschaften dar, und zu ihren großen Triumphen im 19. Jahrhundert zählt die Fähigkeit, bis zu diesem Zeitpunkt unverstandene Erscheinungen wie Wärme oder Druck durch die Bewegung und die Wechselwirkung von kleinen Teilchen erklären zu können. Diese kleinen Teilchen nannte man Atome, wobei wir aus heutiger Sicht vorsichtig mit dem Wort umgehen müssen. Wir wissen längst, dass Atome teilbar sind, dass die einen Kern und eine Hülle haben, und noch vieles mehr. Zu Mendels Lebzeiten konnte man nur die Hypothese vertreten, dass es Atome gibt, und wenn man sich überhaupt eine Vorstellung von ihrem Aussehen machte, dann dachte man an kleine Kügelchen, die hart aufeinander prallten.

Wie erwähnt: Nachdem Mendel in ein Kloster eingetreten war, hat man ihn nicht gleich in den Garten, sondern erst auf die Universität geschickt, um dort Physik zu studieren und Lehrer für eben dieses Fach zu werden. Letzteres hat Mendel zwar nicht geschafft – er scheint ein Mensch mit unüberwindlicher Prüfungsangst gewesen zu sein. Aber Physik hat er studiert, und damit auch das damals aktuelle Denken, wonach alles aus unteilbaren Atomen aufbaute, die durch geeignete physikalische Wechselwirkungen die Eigenschaften der Stoffe hervorbringen, die aus ihnen bestehen. Mendel, der ohne Diplom kein Lehrer werden konnte und deshalb irgendwann eine Tätigkeit im Klostergarten zugewiesen bekam, begann dabei in aller Ruhe zu sinnieren, und irgendwann muss ihm der Gedanke gekommen sein, dass nicht nur die tote Materie der Physik, sondern auch der lebendige Stoff des Lebens aus kleinsten Einheiten – aus Atomen der Vererbung – aufgebaut sein musste. Seinen Vorstellungen zufolge musste es Erbelemente geben, die – in seinen eigenen Worten – „in lebendiger Wechselwirkung" zu den Eigenschaften der Organismen führen, die wir beobachten und eventuell zu fördern wünschen.

Nehmen wir an, Mendel ist im Anschluss an seine physikalischen Studien dieser Gedanke gekommen, dann musste er daraufhin überlegen, wie er diese Idee untersuchen soll. Er musste auf jeden Fall völlig anders vorgehen und handeln als die Biologen und Physiker vor ihm. Ein Biologe nimmt sich eine einzelne Pflanze vor und beschreibt möglichst viele ihrer Merkmale. Ein Physiker geht genau anders herum vor. Er sucht sich *ein* Merkmal aus – etwa die Blütenfarbe oder die Samenform – und fragt, wie es sich bei sehr vielen Pflanzen ausbildet und verteilt. Mendels „Versuche über Pflanzen-Hybriden" stellen eine typische Experimentalreihe der Physik seiner Zeit dar, und als Ergebnis bringen sie genau die Einsicht, die ein Physiker sucht. Sie beweisen, dass es Atome der Vererbung gibt. Mendel nennt sie Elemente, und wir kennen sie heute als Gene.

Die Teile und das Ganze

Es mag vielleicht beim ersten Lesen zu einfach klingen, aber ein Verständnis für die Wissenschaften und ihre Entwicklungen wird insgesamt leichter möglich, wenn man sich sorgfältig auf eine Unterscheidung einlässt, die bei vielen Gelegenheiten erprobt und zwischen einzelnen Teilchen und dem zusammenhängenden Ganzen getroffen werden kann, das sie ergeben. Das heißt, es gilt, beide Aspekte gleichberechtigt gelten zu lassen und die dazugehörigen Spannungen im Denken auszuhalten.

Wer etwa die Luft betrachtet, die er einatmet, oder das Wasser, das er trinkt, wird darin auch heute im 21. Jahrhundert noch die einheitlichen (durchgängigen, kontinuierlichen) Elemente sehen, die die antiken Philosophen seit Platon darin sahen, als sie das Ganze der Welt aus vier Elementen zusammensetzten – Feuer, Erde, Wasser, Luft –, die jeweils *nicht* als zusammengesetzt (also als unzerlegbar) angesehen wurden. Es gehört schon eine ziemliche gedankliche Anstrengung dazu, die durstlöschende Flüssigkeit oder das lebensnotwendige Ganze der atmosphärischen Gasmischung als eine Ansammlung von Teilen zu deuten, die uns als Moleküle vorgestellt werden und die H_2O, H_2 (Wasserstoff), O_2 (Sauerstoff) oder anders heißen. Die physikalischen und chemischen Wissenschaften haben ihre Zeit gebraucht, um einzusehen, dass und wie das anschauliche Ganze aus unanschaulichen Teilen gebildet wird, und die Lebenswissenschaften bilden da keine Ausnahme. In den 1830er Jahren zum Beispiel entdecken ihre Vertreter, dass Organismen und ihre Organe aus Zellen gebildet werden, dass also das jeweilige Ganze aus

Teilen besteht. Wer diese weitreichende Erkenntnis heute als langweilig abtut und kaum noch beachtet, der verschenkt zum einen eine gute Gelegenheit zum Staunen – es ist doch wahrlich verwunderlich, dass etwa mein Auge oder die Schnecke in meinem Ohr aus individuellen Zellen errichtet sein soll, die zudem alle aus einer einzigen solchen Einheit hervorgegangen sind –, und er verpasst zum anderen einen allgemeinen Zug der wissenschaftlichen Entwicklung. Wenn Organismen aus Organen, Organe aus Geweben und Gewebe aus Zellen bestehen, dann kann man weiterdenken und das Ganze der zuletzt aufgeführten Lebenseinheit auch aus Teilen zusammengesetzt denken, wobei an dieser Stelle keineswegs das Ende der Fahnenstange erreicht ist. Auch die Bestandteile von Zellen können wieder aus Teilen bestehen, die erneut aus kleineren Einheiten zusammengesetzt sind. Die Geschichte der genetischen Wissenschaft führt nicht nur Schritt für Schritt zu ihnen hin, sie kommt dabei auch an ein Ende der Teilung, wie im Verlauf dieses Buches erzählt wird – natürlich ohne dabei an ein Ende der Wissenschaft selbst zu gelangen, die sich jetzt umorientieren und in die Gegenrichtung bewegen kann.

Es lohnt sich auf jeden Fall, immer auf das unauflösbare und unaufhebbare Wechselspiel von einem Ganzen und seinen Teilen zu achten, um zu verstehen, womit sich eine Wissenschaft beschäftigt und wie sie akzeptiert und verstanden wird. Dieser Gedanke gehört zur Biologie, seit entdeckt wurde, dass das (ganze) Leben aus (einzelnen) Zellen besteht. Jede dieser Zellen, so sagten bereits deren Entdecker, führt „ein zweifaches Leben", nämlich eines als eigenständiges Gebilde und ein zweiten als Mitglied eines größeren Verbandes, der als Gewebe oder Organ erscheint. Und mit dieser Vorbemerkung kann man sagen, dass Mendel unterhalb der Zelle ein weiteres Gebilde mit einem zweifachen Leben entdeckt hat. Die Gene stellen sowohl eigenständige Gebilde dar, die heute von der molekularen Forschung erkundet werden, als auch Bausteine des Lebensganzen, das sie trägt und mit sich führt. Mendels Versuche zeigen uns, dass es Teile in den Zellen von Organismen gibt, die zur Vererbung des Ganzen führen, das wir etwa in Form einer Erbsenpflanze vor uns haben. Vererbung funktioniert mit Erbelementen oder Faktoren, wie Mendel es formuliert hätte, und genau dieser Gedanke ist es, der seinen Zeitgenossen Probleme bereitete. Sie konnten sich erst nach 1900 damit anfreunden und unter dieser Vorgabe das bewerkstelligen, was die Schulbücher allzu gerne als die Wiederentdeckung der Mendelschen Regeln für die Vererbung bezeichnen. Tatsächlich aber stellt es die Akzeptanz des Gedankens dar, wonach sich partikuläre Erbfaktoren nachweisen und zählen lassen, wobei die Ergebnisse sogar zu Regeln – den Mendelschen Erbregeln – führen.

Es lohnt sich, die Schwierigkeiten, die das Ganze und seine Teile dem Denken machen, näher zu betrachten. Tatsächlich lehnten selbst nach 1900 noch viele Genetiker die Ideen einer partikulären Vererbung ab, die sie als Mendelismus verspotteten. Sie konnten sich keine Erbelemente vorstellen. Ihnen erschien es absonderlich und ausgeschlossen, das komplexe und verwobene Ganze einer lebendigen Gestalt mit Hilfe von winzigen und sicher formlosen Teilen (Teilchen) herbeizaubern zu können. Sie dachten mehr an die vielen Mischmöglichkeiten, die Flüssigkeiten wie Blut zeigten, und es dauerte lange und benötigte überzeugende Experimente, um Mendels festen Erbelementen im Inneren der Zellen umfassend Anerkennung zu verschaffen.

Die Biologie steht mit diesen Schwierigkeiten nicht allein. In der Physik dauert es noch bis zum Beginn des 20. Jahrhunderts, bis sich der Gedanke allgemein durchsetzte, dass die Gase, Flüssigkeiten und festen Körper, die uns vertraut sind, aus Atomen – und aus ihnen zusammengesetzten Molekülen – bestehen. Als die Biologen Mühe mit Mendels Erbteilchen in den Erbsen hatten, weigerten sich viele Physiker, atomistisch zu denken, wie man heute sagt. Tatsächlich konnte niemand direkt beweisen, dass es die diskreten Teilchen der Materie gab, die man Atome nannte, und der berühmte philosophierende Physiker Ernst Mach weigerte sich sogar rundweg, ihre Existenz zu akzeptieren. „Haben Sie schon ein Atom gesehen?", pflegte er seine anders denkenden Kollegen zu fragen. Er hätte sich ebenso gut unter die Biologen mischen und fragen können, „Haben Sie schon ein Erbelement gesehen?"

Der Physiker Mendel zum zweiten

Da hätte selbst Mendel mit „Nein" antworten müssen, was genauer heißt, dass er sich bei beiden Fragen angesprochen gefühlt und mit einem doppelten „Nein" reagiert hätte. Mendel kannte sich in der Physik aus, weil er dieses Fach studiert hatte, bevor er die Aufgabe bekam, den Klostergarten zu pflegen. Sein Studium der Physik war für Mendels Entwicklung deshalb wichtig, weil er an Lehrer geriet, die ihn im atomistischen Denken schulten und ihm die Vorstellung von Teilen (Elementen) in einem Ganzen selbstverständlich werden ließen, selbst wenn sie bei vielen Zeitgenossen umstritten blieb und Ablehnung erfuhr. Doch Mendel fand die Vorstellung geeignet, um die Ergebnisse seiner Gartenarbeit zu deuten, die zunächst darin bestand, zahlreiche Variationen („Varietäten") von Erbsen von durchreisenden Züchtern zu erwerben, um diese dann untereinander zu kreuzen. Die Resultate betrachtete er nicht mit den Augen von Züchtern, die nach (kontinuierlichen) Mischungen Ausschau hielten. Er betrachtete sie mit den Augen eines Physikers, der sich vorstellte, dass es im Inneren der lebenden Materie Grundbestandteile („Elemente") gibt, die den Atomen im Inneren der toten Materie entsprechen. Mendel nahm an, dass die vererbbaren Eigenschaften der blühenden Pflanzen durch „lebendige Wechselwirkung" dieser „Elemente" zustande kommen. Erbsen, die sich in diesen Atomen des Lebens unterschieden, zeigten unterschiedliche

Qualitäten, und zwar von Generation zu Generation, wie die nachwachsenden Generationen im Klostergarten zeigten.

Heute können wir diese Einsicht mit den Worten beschreiben, dass Mendel die Gene gefunden hat. Und er stellte sie sich tatsächlich so vor wie Atome, nämlich als unteilbare, unangreifbare und unsichtbare Größen im Inneren der (lebendigen) Körper oder ihrer Zellen. Das einzige, was er tun konnte, war, sie zu zählen, und zu diesem Zweck unternahm er seine Versuche. Und diese fanden noch vor einem anderen Hintergrund stattfand, der leicht übersehen wird, weil er inzwischen selbstverständlich geworden ist und wir an ihn gewöhnt sind. Gemeint ist die Tatsache, dass es beim Zusammenspiel vieler Teile (Teilchen) nicht klar geregelt (deterministisch) zugeht, sondern dass man statistisch vorgehen und mit Wahrscheinlichkeiten rechnen muss. Tatsächlich unterscheiden sich die Erbgesetze von den Bewegungsgesetzen, die seit den Tagen von Isaac Newton bekannt sind, dadurch, dass nur die letztgenannten deterministisch sind, während die biologischen Regelmäßigkeiten statistische Auskünfte erlauben. Wer Mendels Gesetzmäßigkeiten erläutert oder nutzt, kann nie mit Sicherheiten rechnen. Er muss sich vielmehr mit Wahrscheinlichkeiten begnügen, wie uns heute beigebracht wird, was zu Mendels Zeiten aber erst einmal verstanden und akzeptiert werden musste.

9

Von der Romantik bis zur Radioaktivität

Noch mehr Geschichte der Wissenschaft aus dem 19. Jahrhundert

Das 19. Jahrhundert beginnt wahrlich mit wissenschaftlichen Paukenschlägen, die nicht nur bis in die Gegenwart nachhallen, sondern sich mit Gewissheit auch noch in der Zukunft auswirken und von Menschen weiter vernommen werden, solange sie in einer wissensbasierten Gesellschaft oder technisierten Zivilisation leben. Alessandro Volta stellt – wie erwähnt – eine erste Batterie vor, mit der Strom fließen kann; Jean Baptiste Lamarck erkennt gegen starke philosophische und theologische Vorurteile den Wandel der Arten, mit dem das Leben dynamisch, in Entwicklung begriffen, verstanden werden kann; und Carl Friedrich Gauß legt letzte Hand an seine *Disquisitiones arithmeticae*, mit denen die Theorie der Zahlen nach und nach geschäfts- und gesellschaftsfähig wird, nachdem der Mathematiker zuvor gezeigt hatte, wie zufällige Verteilungen zu berechnen und das wahrscheinliche Eintreten von künftigen Ereignissen – etwa von Todesfällen – vorherzusagen sind.

Das 19. Jahrhundert schließt mit weit kräftigeren und nach wie vor dringlichen Paukenschlägen. Zunächst entdeckt der deutsche Physiker Conrad Wilhelm Röntgen (1845–1923) im Jahre 1895 die heute nach ihm benannten und aus der modernen Medizin nicht mehr wegzudenkenden Röntgenstrahlen, wofür er im Jahre 1901 mit dem ersten Nobelpreis für Physik ausgezeichnet werden sollte (Kasten: Nobelpreis). Ein Jahr nach diesem Durchbruch oder Durchblick experimentiert der französische Physiker Henri Becquerel (1852–1908) mit den Röntgenstrahlen und bemerkt dabei, dass Uransalze photographische Platten belichten – mit unsichtbarem Licht schwärzen – können. Becquerel spricht von einer Strahlungsaktivität des Urans, die in Fachkreisen bald als „Radioaktivität" bezeichnet wird, ein Begriff, der den Menschen heute zwar vertraut, aber wegen möglicher Strahlenschäden auch verdächtig ist und deshalb gegenwärtig mehr Schrecken als Zuversicht verbreitet. (Marginalie: Unsichtbares Licht). Zwei Jahre nach Becquerel finden der in Paris tätige Pierre Curie (1859–1906) und seine aus Polen stammende Ehefrau Marie Curie geb. Skłoldowska (1867–1934) weitere Elemente, die radioaktiv sind, die also strahlen. Sie erkennen diese Qualität zunächst bei dem bereits bekannten Thorium und danach bei zwei neu ausgemachten Elemente, die sie Radium und Polonium nennen – wobei der Wortsinn im ersten Namen das strahlende Element physikalisch charakterisiert und im zweiten Namen ein Gruß an Maries polnische Heimat steckt.

Das Ehepaar Curie sowie Becquerel wurden 1903 für ihre Arbeiten mit dem Nobelpreis für Physik geehrt. Da damit erstmals auch eine Frau mit einem Nobelpreis ausgezeichnet wurde, gab es auch eine große öffentliche Aufmerksamkeit, wie man es aus der heutigen Zeit kennt.

Nobelpreis

Im Jahre 1895 kam der mit dem selbsterfundenen Dynamit handelnde und reich gewordene Industrielle Alfred Nobel (1833–1896) auf den Gedanken, einen Preis für Personen zu stiften, die „der Menschheit den größten Nutzen" gebracht haben. Er setzte handschriftlich ein Testament auf, in dem es heißt:

> Das Kapital [30 Mio. Schwedenkronen]… soll einen Fonds bilden, dessen jährliche Zinsen als Preise denen zugeteilt werden, die im verflossenen Jahr der Menschheit den größten Nutzen geleistet haben. Die Zinsen werden in fünf gleiche Teile geteilt, von denen zufällt: ein Teil dem, der auf dem Gebiet der Physik die wichtigste Entdeckung oder Erfindung gemacht hat; ein Teil dem, der die wichtigste chemische Entdeckung oder Verbesserung gemacht hat; ein Teil dem, der die wichtigste Entdeckung auf dem Gebiet der Physiologie oder der Medizin gemacht hat; ein Teil dem, der in der Literatur das Ausgezeichnetste in idealer Richtung hervorgebracht hat; ein Teil dem, der am meisten oder besten für die Verbrüderung der Völker und für die Abschaffung oder Verminderung der stehenden Heere sowie für die Bildung und Verbreitung von Friedenskongressen gewirkt hat.

Als der „Dynamit-König", wie ihn die Zeitungen nannten, am 10. Dezember 1896 an der italienischen Riviera starb, war der so formulierte letzte Wille eine Überraschung für seine Zeitgenossen, die nunmehr Mühe hatten, Nobels lockere, schriftlich dargelegten Vorgaben in einen streng geregelten Festakt in der schwedischen Hauptstadt umzusetzen. Es sollte bis zum Jahre 1900 dauern, bis endlich eine Nobelstiftung eingerichtet werden konnte, die den letzten Willen Nobels ab 1901 schließlich erfüllen konnte. Die Preisträger von 1901:

Physik:
Wilhelm Conrad Röntgen (1845–1923), Deutschland
Chemie:
Jacobus Van´t Hoff (1852–1911), Niederlande
Physiologie oder Medizin:
Emil von Behring (1854–1917), Deutschland

Literatur:

Sully Prudhomme (1839–1907), Frankreich

Frieden:

Henri Dunant (1828–1910), Schweiz und Frédéric Passy (1822–1912), Frankreich

Wie schwierig es gewesen sein muss, aus den knappen Anweisungen Nobels ein umfassend funktionierendes Verfahren zu machen, zeigt allein der Blick auf die Tatsache, dass es sich bei dem Testament um eine Verfügung handelte, die der Schwede Nobel in Paris verfasst hatte, der viele Werke in Deutschland und in Russland besaß, und der in Italien gestorben war. Dass Stockholm zum Ort der Festlichkeiten wurde, liegt wohl vor allem an der Tatsache, dass der polyglotte Nobel seinen letzten Willen in seiner Muttersprache verfasste. Und hier in Stockholm, wo der Stifter des Preises Ende Dezember 1896 schließlich beigesetzt wurde, wird der Preis alljährlich an seinem Todestag überreicht.

Der Nobelpreis musste sich – wie erwähnt – nach dem Tod des Stifters selbst erfinden. Die dafür Verantwortlichen haben dies in einer Weise getan, die nur zu bewundern ist. Keine Auszeichnung der wissenschaftlichen Welt wird häufiger genannt, und zwar sowohl in der Alltags- als auch in der Kulturwelt. Keine Auszeichnung verfügt über eine höhere Reputation, keine Auszeichnung steht mehr im Blickpunkt der Medien, und keine Gruppe von Menschen stellt in höherem Maße eine exklusive Elite dar als die Nobelpreisträger. Im Laufe der mehr als einhundertjährigen Geschichte sind insgesamt weniger als siebenhundert Personen in diesen wissenschaftlichen Adelsstand erhoben worden, wobei es in den naturwissenschaftlichen Fächern insgesamt weniger als zweihundert sind. Dreihundert hätten es werden können, wenn der Nobelpreis jedes Jahr verliehen worden wäre und wenn dabei das Kontingent von drei Laureaten pro Fach ausgeschöpft worden wäre. Diese frühe Festlegung auf maximal drei Preisträger pro Jahr sicherte dem Nobelpreis zwar eine Exklusivität, die jede öffentliche Zeremonie braucht, um genügend Aufmerksamkeit zu bekommen. Doch das beantwortet noch lange nicht, was den Nobelpreis so ungeheuer populär macht und woran es liegen mag, dass er alle anderen Auszeichnungen im Bereich der Wissenschaft in den Schatten stellt.

Ein offenkundiger und sogar hörbarer Grund für unser Interesse am Nobelpreis ist der Name selbst. Nobel klingt nobel, und so wird automatisch geadelt, wer den Preis bekommt. Am Adel haben Menschen immer ihren Spaß gehabt, und deshalb ist es überhaupt kein Nebenaspekt, dass es ein König ist, der die Urkunden überreicht (mit dem dazugehörigen Zeremoniell, das Monarchen und ihrem Gefolge zu eigen ist). Mensch und Gesellschaft können so aufgeklärt sein, wie sie wollen. Niemals aber wird ein Märchen mit dem Satz beginnen, „Es war einmal ein Staatspräsident, der hatte drei Töchter." Es wird immer ein König oder eine Königin sein, die im Märchen die kindliche Phantasie anregt und vom wahren Leben erzählt. Und wenn es im Leben wie in einem

Märchen zugeht, dann umso besser, und alle schauen erst recht voller Freude hin. Genau dies passiert für die Nobelpreisträger, die sich eigens mit einem Frack verkleiden und eine genaue Schrittfolge absolvieren müssen, wenn sie dem König entgegen gehen, um anschließend in den wissenschaftlichen Adelsstand erhoben zu werden – jedes Jahr kurz vor Weihnachten, wie es sich für ein schwedisches Wintermärchen gehört.

Unsichtbares Licht

Ende des 19. Jahrhunderts ist man sehr stark mit unsichtbaren Wirkungen oder Eigenschaften beschäftigt, nicht nur den unsichtbaren Strahlen, die Röntgen aufspürt und die bei der Radioaktivität anfallen. Es ist auch die Zeit, da unbewusstes Denken dem bewussten Denken an die Seite tritt, wie vor allem der Begründer der Psychoanalyse, Sigmund Freud (1856–1939) betont, der im Jahre 1900 sein Werk *Traumdeutung* veröffentlicht. Dieses Stichwort erinnert unweigerlich an die Epoche der Romantik, deren Vertreter bereits zu Beginn des 19. Jahrhunderts von einer „Nachtseite der Natur" sprachen und die „Symbolik des Traumes" untersuchten, um das Unbewusste verstehen zu können. Zur Zeit des Ehepaares Curie zu Beginn des 20. Jahrhunderts bedeutete der erste wissenschaftliche Nachweis von unsichtbarer Strahlung zum einen, dass es noch mehr unbekannte Formen von Energie geben kann, was vielen spiritistischen Praktiken der damaligen Zeit den Charakter eines Experiments gab, das auszuführen sich lohnte. Auch die Curies beteiligten sich an solchen „Experimenten", die von neuen „physikalischen Zuständen im Raum" sprachen, die es zu erkunden galt. Zum anderen bedeutete der Nachweis von mehr unsichtbarem als sichtbarem Licht, dass die Welt anders ist, als sie aussieht. Wer im Anschluss und mit Kenntnis dieser Einsicht – etwa durch ein Gemälde – die Welt zeigen wollte, wie sie ist, konnte sie nicht mehr so zeigen, wie sie aussieht. Wer die Welt abbilden wollte, wie sie ist, der musste sie erfinden. Und so ist es kein Wunder, dass nach 1900 die Malerei abstrakt wird. Die Wissenschaft folgt ihr als Quantenmechanik bald nach.

Die Einheit der Zelle

Menschen lieben es, Grenzen zu überwinden, auch die Grenzen der Augen, des Sehens also. Und so braucht sich niemand wundern, dass im Laufe der Geschichte Teleskope und Mikroskope entwickelt und verbessert wurden – Fernrohre wie auch Nahrohre. Der Blick durch das Fernrohr an den Himmel wurde bereits angeführt, und ihm steht gleichwertig der Blick mit dem Nahrohr in die Gegenrichtung, nämlich in das Körperinnere, an der Seite.

Erste optische Gerätschaften dieser Art entwickelte bereits Galileo Galilei, und erste Zeichnungen, die nach dem Blick durch ein Mikroskop nach seinen Einsichten gefertigt wurden, gab es seit 1630 zu sehen. Berühmte Weiterentwicklungen des vergrößerten Sehens finden sich bei Christiaan Huygens, der ein sogenanntes Zwei-Linsen-Okularsystem einführte, sowie bei Newtons Zeitgenosse Robert Hooke (1635–1703), der 1665 eine berühmte Schrift mit dem Titel *Micrographia* publizierte, in der fünfzigfache Vergrößerungen von Geweben und Getieren zu bewundern waren, wobei Hooke bei seinem Mikroskopieren zahlreiche kleine umgrenzte Kompartimente als Grundstruktur in den Geweben ausmachen konnte, die er Zellen nannte und die seitdem so heißen. Nach Hooke entdeckte der Holländer Antoni van Leeuwenhoek (1632–1723) mit über zweihundertfacher Vergrößerung winzige „Animalkulen", wie er die sich dem bewaffneten Auge zeigenden zappelnden Gebilde nannte und worin die heutige Fachwelt Mikroorganismen in der Art von Bakterien und Protozoen erkennt.

Im frühen 19. Jahrhundert gelang es dem schottischen Botaniker Robert Brown (1773–1858), die Hookeschen Zellen im organischen Gewebe genauer in Augenschein zu nehmen und in ihnen eine weitere Struktur auszumachen, die er „Zellkern" nannte. Brown benutzte bei seinem technisch vermittelten Schauen in zuvor unzugängliche Bereiche ein Gerät, das er durch Ausprobieren und mittels Erfahrungswerten verbessert hatte. Es sollte noch fast ein halbes Jahrhundert dauern, bis der deutsche Physiker Ernst Abbé (1840–1905) genug von den physikalischen Grundlagen der Lichtausbreitung in Linsen und anderen Gläsern verstand, um Lichtmikroskope auf einer wissenschaftlich-theoretischen Basis bauen und ihre Vergrößerung und ihr Auflösungsvermögen verbessern zu können.

Obwohl also die optischen Geräte noch nicht optimal waren, kamen in den Jahren 1838/39 zwei deutsche Wissenschaftler bei ihrem emsigen Tun zu einer Einsicht, die heute als Zelltheorie bekannt ist und in einfacher Form besagt, dass alle Lebewesen aus Zellen bestehen – genauer: dass alle Teile aller Lebewesen aus Zellen bestehen –, und dass überhaupt das ganze erwachsene Leben aus einer einzelnen Zelle hervorgeht. Die Aussage der Zelltheorie findet sich zuerst bei Matthias Schleiden (1804–1881), einem Botaniker, der sich mit pflanzlichem Gewebe beschäftigt hatte. Und sie wurde ergänzt durch Theodor Schwann (1810–1882), einen Physiologen, der den grundlegenden Gedanken auf tierische Organismen erweiterte, für deren Fall schon länger bekannt war, dass weibliche Exemplare mit Eizellen ausgestattet sind.

Die Tatsache, dass alles Lebendige aus Zellen besteht, kann man zwar schlicht und einfach formulieren. Die dazugehörige Einsicht bleibt aber verwunderlich, wenn man an unterschiedliche Gewebe wie Augen, Haare, Haut und Zähne denkt und sich vorstellen soll, dass sie alle zellulär organisiert sind. Noch verwunderlicher bleibt, wie die sicher begrenzte Menge an empirischer Evidenz, die Schleiden und Schwann zur Verfügung stand, ihnen den Mut machte oder die Gewissheit gab, als sicheres Wissen die Tatsache zu verkünden, dass alle Organismen aus Zellen entstehen und bestehen. Wie konnten sie zu ihrem Schluss gelangen und darüber so große Gewissheit haben?

Normalerweise werfen Wissenschaftshistoriker keinen Blick auf den kulturellen Hintergrund, vor dem das Theater der fortschreitenden Forschung spielt, das sie erfassen wollen. Im Fall der Zellen aber scheint solch ein Blick ratsam und vermutlich unvermeidlich zu sein, da er in die Zeit der Romantik fällt, zu der nicht zuletzt zwei Grundgedanken gehören, die man als Polarität und Einheitlichkeit einander gegenüberstellen kann. Auf der einen Seite nahmen die Romantiker an, dass es zu jedem Stück ein Gegenstück gibt – zum Tag die Nacht, zum Bewussten das Unbewusste, zum Sichtbaren das Unsichtbare, zum Rationalen das Irrationale. Und auf der anderen Seite sollte die Natur eine Einheit sein, in der man „Urphänomene" finden konnte, aus denen durch eine Reihe von Transformationen (Metamorphosen) die erlebte und erfahrene Natur hervorging. Beide Ideen – die Polarität sowie das Urphänomen als Fundament des Lebendigen – führen zusammen mit der mikroskopisch gesammelten Evidenz zu der einheitlichen Theorie, dass Organismen aus Zellen bestehen. Die Zelle ist das Urphänomen des Lebens, durch deren Teilung das Ganze entsteht, das sich als Organismus zeigt. Damit bringt die Polarität des Teilens eine Polarität im Ganzen zustande, die sich im Gegenüber des Bausteins (Zelle) und des Bauwerks (Organismus) zeigt, das uns als Lebewesens zum einen möglich macht und zum anderen entgegen tritt.

Der Blick auf und in die Zellen

Mit einem biologischen Grundbaustein vor Augen und mit immer weiter verbesserten Techniken des Mikroskopierens, dem inzwischen die sich etablierende Wissenschaft von der Optik systematische Hilfestellung liefert, gelingt es nach und nach, den Blick auf, zwischen und in die Zellen zu werfen. Dabei findet man auf der einen Seite eigenständige Strukturen, die für das Funktionieren einer Zelle unentbehrlich sind und bald als Organellen bezeichnet werden. Des Weiteren zeigt sich in den Mikroskopen anderes Leben in Form von Bakterien, die schließlich als Erreger (Pathogene) von Krankheiten identifiziert werden und die es erlauben, eine neue Form der medizinischen Diagnostik auf die Beine zu stellen, die als Bakteriologie bald Triumphe feiern kann.

Was die Organellen oder andere Zellbestandteile angeht, so soll hier vor allem auf die Chromosomen hingewiesen werden, die 1875 zum ersten Mal beschrieben werden und von denen wir heute wissen, dass sie die Träger der

Erbsubstanz sind. Das Wort Chromosom hat dabei nichts mit der Funktion dieser Organellen zu tun, die im Verlauf der Lebensdauer einer sich teilenden Zelle – im Verlauf des Zellzyklus, wie es am Ende des 19. Jahrhunderts heißt – ihre Gestalt verändern. Es drückt vielmehr über die griechische Wurzel *chroma* für Farbe aus, dass die Chromosomen mit chemischen Mitteln gefärbt werden können. Und das wiederum lässt sie im Lichtmikroskop als eigenständige Einheiten hervortreten, die deutlich von anderen Organellen einer Zelle unterschieden werden können. Von den Chromosomen wird man bald wissen, dass sie sich teilen und aufspalten können und sich dabei so verhalten wie die Elemente der Vererbung, die seit Gregor Mendel ihren Namen tragen. Die Chromosomen führen die Gene mit sich, die auf ihnen wie Perlen einer Kette liegen. Das aber wird erst in den 1930er Jahren ermittelt und es sollte noch bis 1960 dauern, bis die Zellbiologen sich darauf einigen konnten, wie viele „Farbkörperchen" zu einer menschlichen Zelle gehören – nämlich 46.

Wenn der Blick jetzt wieder auf die ganze Zelle gelenkt wird, dann zeigt sich, wie die dazugehörige Zelltheorie in der Medizin aufgegriffen wird, und zwar vor allem durch den in Berlin tätigen Pathologen und Universalgelehrten Rudolf Virchow (1821–1902) (Kasten: Rudolf Virchow). Er legte 1855 seine heute längst legendäre *Cellularpathologie* vor, in der er Körperzellen eindeutig als Krankheitsursachen identifizierte. Genauer erkannte Virchow, dass die Krankheit (Schädigung) eines Körpergewebes primär von seinen Zellen ausgeht und somit partikuläre oder solide Ursachen hat. Es sind also nicht Flüssigkeiten (Galle, Schleim, Blut), die einen Patienten erkranken lassen, wie seit der Antike vermutet wurde, eine Vorstellung, die als Humoralparadigma bezeichnet werden kann, und die das ärztliche Denken bis ins 18. Jahrhundert hinein beherrschte. Dann bemerkten vor allem italienische Anatomen und Pathologen, dass es die Organe selbst sind, die eine Krankheit auslösen, und damit begann die Suche nach den Solida im Körper, die ihm medizinisch zu schaffen machten. Das Humoralparadigma wurde durch das Solidarparadigma abgelöst, und im Verlauf des 19. und dann des 20. Jahrhunderts wurden die Krankheitserreger immer kleiner – aus den Organen wurden bei Virchow die Zellen, und heute bemüht sich die Biomedizin *die* Gene zu finden, die etwa Blutkrankheiten oder Gewebeschwächen bedingen können. Was die physische Größe angeht, so befinden sich zwischen den Zellen und den Genen die bereits erwähnten Bakterien, und sie rücken noch zu Lebzeiten Virchows in das Zentrum der Aufmerksamkeit, was vor allen Dingen dem Kreisphysikus Robert Koch (1843–1910) zu verdanken ist, der 1905 für seine Beiträge zur neuen Wissenschaft der Bakteriologie mit dem Nobelpreis für Medizin ausgezeichnet wurde. (Kasten: Robert Koch).

Kochs Erfolge und sein sich daraus ergebender Ruhm basierten auf Vorarbeiten, die der französische Chemiker und Mikrobiologe Louis Pasteur

(1822–1895) in der Mitte des 19. Jahrhunderts durchgeführt hatte und in denen er zum Beispiel nachweisen konnte, dass zum einen die alkoholische Gärung nicht durch Säfte per se, sondern durch Mikroben (Mikroorganismen) verursacht wird und dass zum zweiten Mikroben nur von Mikroben erzeugt werden und nicht spontan etwa in einem warmen Teich entstehen. Koch führte diese medizinisch relevante Entdeckung weiter und beschrieb bereits 1876 die Mikroben, die für den Milzbrand zuständig sind (*Bacillus anthracis*). Mit diesem Erfolg, zunehmend besseren Mikroskopen und den dazugehörigen Färbetechniken machte sich Koch auf die Suche nach dem Erreger der Tuberkulose.

Rudolf Virchow (1821–1902)

Rudolf Virchow wird gerne als „Inbegriff des deutschen Mediziners und Wissenschaftlers des 19. Jahrhunderts" bezeichnet und gefeiert, weil er sich konsequent wie kein anderer für eine naturwissenschaftliche Orientierung des Bemühens um Heilung einsetzte. Bei der Reifeprüfung 1839 entscheidet er sich, einen Aufsatz über die Ansicht zu schreiben, „Ein Leben voller Arbeit und Mühe ist keine Last, sondern eine Wohltat." 1843 promoviert Virchow, und zwei Jahre später hält er seinen ersten öffentlichen Vortrag „Über das Bedürfnis und die Richtigkeit einer Medizin vom mechanischen Standpunkt". Es ist ein Plädoyer für ein wissenschaftliches Vorgehen bei Krankheiten – basierend auf klinischen und pathologischen Beobachtungen mit systematischen Experimenten – und gegen ein naturphilosophisches Spekulieren ohne empirische Basis. Virchow verkündet, dass das Leben – und seine Störungen – als Aktivität von Zellen zu verstehen ist und keine geheimnisvolle Lebenskraft in Anspruch genommen werden muss, wie viele seiner Zeitgenossen noch meinten, die dafür die lateinischen Worte *vis vitalis* benutzten. Virchow räumt damit auf, und er tut dies mit dem bekennenden Hinweis, „Das Leben wird immer etwas Besonderes bleiben". Mit seiner Person verbindet sich deshalb auch für jeden Arzt eine besondere Verantwortung.

Das Leben Virchows und die Lage des Landes ändern sich 1848. Im Februar/ März in jenem Jahr reist Virchow als Pathologe nach Oberschlesien, um als Sozialreformer zurückzukehren. Für die Epidemie macht er keine organische Ursache, sondern politisches Versagen verantwortlich, das eine tierisch dahinvegetierende Mehrzahl der Bevölkerung zur Folge hat. Virchow kritisiert die Kirchen, beschimpft die Bürokraten, verlacht die Aristokraten und verhöhnt voller Wut die Bourgeoisie, die in den Oberschlesiern keine Menschen mehr sah, sondern nur noch meinte, lebende Maschinen vor sich zu haben, die bei Bedarf auszutauschen waren. Als Virchow im März 1848 zurück in Berlin ist, steigt er mit auf die Barrikaden, die im Verlauf des revolutionären Jahres errichtet werden, und er verteilt hier als Stationsarzt Flugblätter, auf denen folgendes zu lesen ist:

> Soll die Medicin … ihre Aufgabe wirklich erfüllen, so muß sie in das große politische
> und soziale Leben eingreifen, … sie muß die Hemmnisse angehen, welche der nor-
> malen Erfüllung der Lebensvorgänge im Weg stehen, und ihre Beseitigung erwirken.

Es kommt zu Zerwürfnissen mit staatlichen Autoritäten, die aber überwunden
werden und letztlich die Bedingungen für die epochale Schrift schaffen, die
Virchow 1858 in Berlin vorlegt und die über *Die Cellularpathologie in ihrer Be-
gründung auf die physiologische und pathologische Gewebelehre* berichtet. In dieser Arbeit werden eindeutig Körperzellen als Krankheitsursachen identifiziert.
In einem kühnen Ansatz fasst Virchow nun einen Organismus als „Zellenstaat"
auf, und mit dieser Vorgabe entwickeln sich seine gesellschaftlichen Vorstellungen und biologischen Theorien im Wechselspiel, was sich nicht zuletzt an seiner immer wieder vorgetragenen Gleichsetzung sowohl von Zelle und Bürger
oder Individuum als auch von Organismus und Staat zeigt.

Aus Virchows Leben lassen sich viele Lehren ziehen. Wir zitieren eine, die
er 1868 formuliert hat und die nichts von ihrer Bedeutung verloren hat: „Der
Staat, welcher die allgemeine Bildung anstrebt, … sollte auch die allgemeine
Gesundheit anstreben. *Erst Gesundheit, dann Bildung!* Kein Geld ist rentabler
angelegt als dasjenige, welches für die Gesundheit aufgewendet wird." Oder
noch einfacher und klarer aus dem Jahre 1852: „Bildung, Wohlstand und Freiheit sind die einzigen Garantien für die dauerhafte Gesundheit eines Volkes."

Robert Koch (1843–1910)

Robert Koch hat in Göttingen Medizin studiert und dabei von dem Gedanken
gehört, dass es stofflich fassbare Krankheitserreger geben könne. Koch pro-
movierte und landete 1872 als Kreisarzt in der Provinz Posen. Er richtete in
seiner Praxis ein kleines Laboratorium ein, das nicht nur mit den traditionellen
Instrumenten – Mikroskop, Mikrotom, Brutkasten, Färbeeinrichtung –, sondern auch mit einem Photoapparat ausgerüstet war, der die mikroskopischen
Präparate aufnehmen konnte.

In Kochs Amtsbezirk wurden die Rinder häufig von Milzbrand befallen, und
seit längerem hegten die Veterinärmediziner den Verdacht, dass diese Krankheit mit Bakterien in Verbindung zu bringen war. Außerdem gab es Berichte
über stäbchenförmige Gebilde („Bazillen") im Blut der betroffenen Tiere. Koch
konnte nun in mühevoller und langwieriger Kleinarbeit beide Fäden verknüpfen und bis 1876 die Erreger des Milzbrandes identifizieren. Ihm gelang es,
die Entwicklung des Milzbrandbazillus im Mikroskop zu verfolgen und zum
Beispiel zu zeigen, dass die Bakterien Sporen bilden und sich in dieser Form
jahrelang verborgen halten können, bevor sie erneut in einen Körper eindringen und ihn infizieren.

Koch verbesserte nach dem ersten Erfolg seine technische Ausrüstung und wandte sich den humanen Wundinfektionen wie der Sepsis (Blutvergiftung) zu, um auch hier die Ursache in Form von Bakterien zu finden. 1878 publizierte er seine *Neue Untersuchungen über die Mikroorganismen bei infektiösen Wundkrankheiten*, und mit ihrer Hilfe kam er an das Kaiserliche Gesundheitsamt in Berlin.

In der Hauptstadt setzte Koch fort, was er in der Provinz begonnen hatte, nur standen ihm jetzt Mitarbeiter und bessere Ausrüstungen zur Verfügung. 1881 legte er seine wegweisenden Arbeiten „Über Desinfektionen" und die Dampfsterilisation vor, um sich anschließend auf die Suche nach dem Erreger der gefürchteten Tuberkulose zu machen. Am 24. März 1882 hielt Koch im Physiologischen Hörsaal der Universität seinen legendären Vortrag „Über Tuberkulose", an dessen Ende er sich die Behauptung zutraute, „dass die in den tuberkulösen Substanzen vorkommenden Bazillen nicht nur Begleiter des tuberkulösen Prozesses, sondern die Ursachen desselben sind, und dass wir in den Bazillen das eigentliche Tuberkelvirus vor uns haben."

Um zu diesem entscheidenden Schluss zu kommen, hatte Koch die Prinzipien aufgestellt (und überprüft), die wir bis heute als „Kochsche Postulate" lehren und die so etwas wie das Grundgesetz der bakteriologischen Forschung darstellen: Ein Erreger darf erst dann als Ursache einer Krankheit angesehen werden, wenn er immer nachzuweisen ist (ohne bei anderen Erkrankungen auffindbar zu sein), wenn er außerhalb des Organismus gezüchtet werden kann und bei anschließender Übertragung auf Versuchstiere die gleiche Krankheit auslöst. Als 1890 in Berlin der 10. Internationale Medizinische Kongress stattfand, hielt Koch seinen großen Vortrag „Über bakteriologische Forschung", der das neue Fach der Bakteriologie als eigenständigen Teil der Naturwissenschaften etablierte. Die Erforschung ansteckender Krankheiten konnte nun systematisch vor sich gehen.

Die Rolle der Chemie

Louis Pasteur war von Hause aus Chemiker, was ihm die Gelegenheit gibt, an die besondere Rolle der von ihm betriebenen Wissenschaft zu erinnern, die im 19. Jahrhundert die Grundlagen für eine Großindustrie legt. Der Historiker Thomas Nipperdey spricht in seinem Buch über die „Deutsche Geschichte" davon, dass sich von 1800 bis 1866 zum ersten Mal „der Geist der Rationalisierung und Ökonomisierung" zeigte, der im Folgenden die Wissenschaft zunehmend anregt, zur Gestaltung und den Möglichkeiten des gesellschaftlichen Daseins beizutragen, auch wenn das von Sozialwissenschaftlern gerne übersehen wird. Dieser allen zugängliche Geist der Rationalisierung und Ökonomisierung entwickelt unter anderem eine anwendungsfähige Form der Forschung. Er erfasst dabei zunächst die Landwirtschaft und führt bald dazu, dass eine Agrarwissenschaft entsteht, die systematisch den Stoffwechsel der Pflanzen erkundet und seine Abhängigkeit von Boden und Luft ermittelt. Damit sind im konkreten Detail Mineralien und Stickstoff gemeint, mit deren Erkundung die eigentliche Leistung von Justus von Liebig (1803–1873) benannt werden kann. Er stellt das Nachdenken über die lebensnotwendige Fruchtbarkeit von Böden „auf die Basis der modernen quantifizierenden und kausal erklärenden Naturwissenschaft" und liefert damit die Bedingung für die Möglichkeit, die Wirkung von Düngemitteln und das Nachlassen der Ernteerträge – die sogenannte „Erschöpfung des Bodens" – mit rationalen wissenschaftlichen Mitteln zu erklären. So kann man es ebenfalls bei Nipperdey nachlesen, der sehr viel früher und genauer als viele seiner Historikerkollegen verstanden hat, dass die Gesellschaften in Europa heute zu dem geworden sind, was sie sind, weil einige von ihnen sich früh für die Wissenschaft und den von ihr rational hervorzubringenden Nutzen entschieden haben, um auf diese Weise nicht die körperliche, sondern die geistige Arbeit ihrer Vertreter zur Quelle des menschlichen Wohlergehens machen zu können.

Übrigens: Mit dem Einsatz des wissenschaftlichen Arguments beginnt die historische Zeit des 19. Jahrhunderts, für Zeitgenossen im frühen 21. Jahrhundert verständlich und nachvollziehbar zu werden. Denn was damals in den Tagen von Pasteur und Liebig als neu und unerhört empfunden wurde, erscheint uns heute längst vertraut (oder sollte oder könnte es zumindest sein). Heute haben sich die Menschen an die Leistungen etwa der Chemie gewöhnt, auch wenn manche meinen, dies nur grummelnd tun zu können. Aus dieser Tatsache erlaubt sich der Chronist den Schluss, dass mit dem Aufkommen der chemischen Wissenschaften Menschen anzutreffen sind, auf deren Gedanken man sich gut einlassen kann. Zeitgenossen des 21. Jahrhunderts denken und agieren heute nach wie vor in diesem Sinne. Mit den Worten des Historikers Nipperdey:

> Eine der weltgeschichtlichen Tatsachen des 19. Jahrhunderts ist der gewaltige Aufstieg der Wissenschaften zu einer das Leben und die Welt umgestaltenden Großmacht. Die Welt ist durch die Wissenschaften revolutioniert worden. Die Deutschen haben an dieser Geschichte einen spezifischen Anteil gehabt; darum gehört dieser Aufstieg der Wissenschaft und diese Weltverwandlung zentral in eine deutsche Geschichte.

Ein großer Chemiker

Es ist schon mehr als ein Jahrzehnt her, dass diese Worte geschrieben und gedruckt wurden. Doch sie haben weder Eingang gefunden in die schulischen Lehrpläne noch in die Studiengänge der historischen Wissenschaften, und damit nicht die Wirkung erzielt, die man ihnen nicht nur wünscht, sondern geradezu wünschen muss, da wir die Wissenschaft für unsere Zukunft brauchen. Und diese Grundeinsicht kann nur verstehen, wer weiß, wie unabdingbar die Wissenschaft in unserer Vergangenheit war und wie sehr sie damit die Gegenwart geprägt hat.

Einer der wirkungsmächtigsten Wissenschaftler im 19. Jahrhundert war der bereits erwähnte Justus Liebig, der 1845 in den Adelsstand erhoben wurde und fortan den Namen Freiherr von Liebig trug. Der berühmte Mann war damals Professor für Chemie in Gießen, und es kamen nicht nur viele deutsche Studenten in die hessische Stadt, um Liebigs Vorlesungen zu hören, sondern auch zahlreiche Engländer und Amerikaner.

Liebigs wissenschaftliches Hauptinteresse während seiner Gießener Zeit galt der Gewinnung von Erkenntnissen, mit denen sich die Landwirtschaft fördern ließ, um die zum Teil verheerenden Hungersnöte der damaligen Zeit vermeiden zu können. Seine Kenntnisse stellte Liebig 1840 und 1842 in zwei Büchern vor, von denen das erste über *Die organische Chemie in ihrer Anwendung auf Agricultur und Physiologie* berichtete und das zweite *Die Thierchemie oder die organische Chemie in ihrer Anwendung auf Physiologie und Pathologie* ins Auge fasste. Das Werk zur Agrikulturchemie stellte das seit Jahrhunderten mehr oder weniger aus dem bäuerlichen Bauch heraus betriebene Düngen der Felder auf eine wissenschaftliche Grundlage und half, die modernen Agrarwissenschaften zu begründen, mit der die Mineraldüngung propagiert wurde. Im weiteren Verlauf der 1840er Jahre bemühte sich Liebig um die Anfertigung eines wasserlöslichen Phosphatdüngers, der wegen seines hohen Gehalts an Phosphaten Superphosphat genannt wurde und die Versorgung mit Nahrungsmitteln in der zweiten Hälfte des 19. Jahrhunderts außerordentlich verbessern und stabilisieren half.

Liebig war aber nicht nur ein großer Chemiker, sondern auch ein begeisterter Vermittler seiner Wissenschaft, die er in zahlreichen „Chemischen Briefen" zuletzt so allgemeinverständlich erklärte, dass einige Köche die dort zu findenden Informationen nutzen konnten, um ihre Speisen zu verbessern. Dieser Aspekt machte Liebig nicht nur stolz, er ärgerte ihn auch, woraufhin sein Verleger ihm vorschlug, selbst ein Kochbuch zu schreiben. Dies tat Liebig zwar nicht, aber er kümmerte sich fachlich nun noch eingehender darum, möglichst alles *Über die Bestandteile der Flüssigkeiten des Fleisches* zu erfahren, die er 1847 aufzählte und mit deren Hilfe er das begründete, was man „wissenschaftliches Kochen" nennen könnte.

Was zuerst nur die Neugier eines Forschers befriedigen sollte – Liebig konzentrierte sich vor allem auf die chemischen Änderungen, die der Kochvorgang (Erhitzen) bei und mit den Bestandteilen der organischen Materie auslöste –, brachte bald die überraschende Einsicht, dass die wesentlichen

Nährstoffe des Fleisches nicht in den Fasern, sondern in den Flüssigkeiten zu finden waren. Und mit dieser Erkenntnis konnte Liebig nun ganz konkret die höchst dringend benötigte Hilfe anbieten. An einem Tag im Jahre 1854 setzte er diese Erkenntnis in die Tat um. Damals war ein 17-jähriges Mädchen zu Gast bei den Liebigs, litt an Scharlachfieber und war längst zu schwach geworden, um feste Nahrung zu sich zu nehmen. Der Arzt der Familie erklärte Liebig, dass das Mädchen sterben müsse, wenn sich kein Weg finden ließe, sie zu ernähren.

Liebig zögerte keine Sekunde, besorgte sich ausreichend Hühnerfleisch und nutzte die ganze Kunst seiner Wissenschaft, um die lebenswichtigen Nährstoffe zu extrahieren. Er tat dies vor dem Hintergrund einer optimistischen Einstellung, die seine Zunft damals erfasst hatte und die sie daran glauben ließ, nicht nur einfache (anorganische) Stoffe wie Soda, sondern auch komplizierte (organische) Stoffe wie Anilin erst analysieren und dann herstellen zu können.

Was Liebig wissenschaftlich genau machte, kann man in dem Bericht über „Eine neue Fleischbrühe für Kranke" nachlesen, der 1854 in den Annalen der Chemie erschienen ist (Band 91, Seiten 244–246). Liebig arbeitete höchstpersönlich die ganze Nacht, um am folgenden Morgen dem Arzt eine Brühe – die erste Form von Liebigs Fleischextrakt – zu bringen, wovon er dem kranken Mädchen alle halbe Stunde etwas einflößte. Die Patientin erholte sich rasch und wagte am Ende aus Dankbarkeit sogar ein Tänzchen mit ihrem Arzt.

Wie nicht anders zu erwarten, begannen sich bald schon erste Unternehmer für Liebigs Fleischextrakt zu interessieren. In den 1860er Jahren gestattete der Chemiker die Verwendung seines Namens für unternehmerische Zwecke. In England ging 1865 die „Liebig Extract of Meat Company" an die Börse. In dieser Firma agierte Liebig als Direktor der wissenschaftlichen Abteilung und publizierte weiter „Über den Werth des Fleischextraktes für Haushaltungen". 1870 erschien in Braunschweig ein Werk mit dem Titel „Kraftküche von Liebigs Fleischextrakt für höhere und unbemittelte Verhältnisse erprobt und verfasst". Das Produkt wurde kurzfristig in Packungen mit Sammelbildern verkauft und langfristig zum Vorläufer der heute bekannten Speisewürzen aus dem Hause Maggi oder Knorr.

Es wird Liebigs Größe keinen Schaden tun, wenn an dieser Stelle darauf hingewiesen wird, dass nicht alle relevanten Einsichten in die Agrarchemie primär oder ausschließlich seinem Geist oder seinem Laboratorium entsprungen sind. Es gab auch andere ausgezeichnete, chemisch tätige Agrarwissenschaftler wie Philipp Carl Sprengel (1787–1859) etwa, der sich das Ziel gesetzt hatte, „den Ackerbau der höchsten Vollendung entgegen zu führen." Bei seinen Untersuchungen fiel Sprengel auf, was Historiker heute das „Gesetz vom Minimum" nennen und irrtümlicherweise nach wie vor Justus von Liebig zuschreiben, der es tatsächlich auch formuliert hat – aber eben etwas später als Sprengel. Bei ihm findet sich bereits 1828 die folgende Aussage:

> Wenn eine Pflanze zwölf Stoffe zu ihrer Ausbildung bedarf, so wird sie nimmer aufkommen, wenn nur ein einziger an dieser Zahl fehlt, und stets kümmerlich wird sie wachsen, wenn einer derselben nicht in derjenigen Menge vorhanden ist, als es die Natur der Pflanze erheischt.

Liebig konnte später dem organischen Minimum noch die physikalischen Grundbedingungen wie Wärme und Licht hinzufügen, um das gedeihliche Wachsen von Pflanzen im wissenschaftlichen Blick möglichst vollständig zu erfassen.

Die Chemie und ihre Träume

Im frühen 19. Jahrhundert – als Goethe noch lebte und die Romantiker ihre Kunst und Wissenschaft entfalteten – begann die Chemie, viele Bereiche des alltäglichen Lebens zu beeinflussen und zu bereichern. Zu ihnen gehörte auch die Beleuchtung in Theatern und anderen öffentlichen Gebäuden, die durch ein brennendes Gas erhellt wurden, das sich aus Walöl gewinnen ließ. Um das Gas an den Ort seiner Bestimmung bringen zu können, musste es in Stahlflaschen abgefüllt und deshalb enorm zusammengedrückt werden. Bei dieser Kompression fiel eine aromatische Flüssigkeit an, die leicht verdampfte. In London nahm sich der berühmte und bereits erwähnte Michael Faraday (1791–1867) dieses Stoffes an, nannte ihn Benzol und ermittelte im Jahre 1825, dass er aus nur zwei Elementen bestand, nämlich aus Wasserstoff und Kohlenstoff. Faraday entdeckte zusätzlich, dass beide Elemente in gleichen Anteilen (Proportionen) vorlagen, was ihn sehr verwunderte. Die damals bekannten Verbindungen aus Kohlenstoff und Wasserstoff (sogenannte Kohlenwasserstoffe) enthielten stets mehr Wasserstoffe als Kohlenstoffe, deren Zahl gering blieb. Und nun gab es das Benzol, das sich kurz darauf in großen Mengen aus Teer gewinnen ließ, der als hässlicher Rückstand bei der Verarbeitung von Kohle übrig blieb. Das Interesse an dem Stoff nahm allein deshalb zu, weil sich viele Chemiker Gedanken darüber machten, wie sie diesen Teer industriell nutzen konnten. Bald wussten sie, dass sich in den Benzol-Molekülen sechs Kohlenstoffe mit sechs Wasserstoffen ein Stelldichein gaben. Aber wie machten sie das? Wie sah die Struktur von C_6H_6 aus?

Der Wissenschaftler, dem die folgenreiche Lösung dieses Problems dank eines (von ihm selbst erzählten) Traumes gelingen sollte, hieß Friedrich August Kekulé von Stradonitz (1829–1896). In den Tagen seines Studiums setzte sich in der Chemie das Denken durch, dass Stoffe nicht allein dadurch charakterisiert werden können, dass man angibt, welche Atome in ihnen vorhanden sind. Es galt vor allem herauszufinden, wie diese Atome zu- und miteinander angeordnet sind. Mit anderen Worten, es galt, die Struktur von Molekülen zu bestimmen. Doch so leicht sich diese Aufgabe heute formulieren lässt, so mühsam war sie für die Generation der Chemiker durchzuführen, die im frühen 19. Jahrhundert tätig war. Zum Glück rückte bald eine neue Generation nach. Zu ihren herausragenden Vertretern gehörte Kekulé, der trotz seines französisch klingenden Namens ein Deutscher war und aus Darmstadt stammte. Allerdings, seine großen Erfolge erzielte er im Ausland, und in beiden Fällen spielten traumartige Visionen eine Rolle. Berühmt ist vor allem der Traum, in dem er 1865 im belgischen Gent die Struktur des Benzolrings erfuhr. Als 1890 das 25-jährige Jubiläum dieser bahnbrechenden Einsicht mit einem großen Fest in Berlin zelebriert wird, hat Kekulé nicht nur die Geschichte dieser Entdeckung erzählt, sondern ein zweites Traumgesicht vorgestellt, das ihm im Jahre zuvor während einer Busfahrt durch London erschienen ist. Es soll hier als erstes erzählt werden, da es die Grundlage liefert für die Traumvision des Benzolrings.

In der zweiten Hälfte des 19. Jahrhunderts hielt sich Kekulé in England auf, um das zu erörtern, was Chemiker sachlich „Konstitutionsfragen" nennen. Wie konstituieren sich Moleküle aus Atomen? Wie können sich gleiche Atome verschieden anordnen, um unterschiedliche Moleküle zu bilden?

Beim täglichen Diskutieren mit Kollegen und dem anschließenden Grübeln darüber war Kekulé klar geworden, dass der Kohlenstoff eine besondere Rolle spielen musste. Kohlenstoff kann bis zu vier Atome an sich binden, wie Kekulé verstehen konnte, nachdem er allgemein den Begriff der Valenz oder der Wertigkeit eines Elements geprägt hatte. Die Valenz (Wertigkeit) gibt die Zahl der Bindungen an, die Atome eingehen konnten. Wasserstoff war demnach einwertig, Sauerstoff zwei-, Stickstoff drei- und Kohlenstoff vierwertig – es gab H_2O als Wasser, NH_3 als Ammoniak, CH_4 als Methan. Aber dies blieb alles eng und begrenzt, bis Kekulé an einem schönen Sommerband mit dem Bus aus London heraus nach Hause fuhr. Er nickte ein, döste und träumte so vor sich hin, als plötzlich Atome vor seinem inneren Auge zu tanzen begannen. Kekulé sah, wie zwei Atome ein Paar bildeten, wie ein größeres zwei kleinere umarmte, wie noch größere drei oder vier kleinere festhielten. Bis der Schaffner die Endstation ausrief, hatte Kekulé verstanden, dass sich Kohlenstoffatome kettenförmig miteinander verbinden und dabei viele der organischen Stoffe hervorbringen können, wie sie die Natur kannte und wie sie seine Kollegen kannten.

So schön und erkenntnisreich das auch war, das Benzol verstand Kekulé damit immer noch nicht. Das Problem schlummerte noch ein paar Jahre in seinem Geist. Es brach sich erst Bahn, als Kekulé in Gent arbeitete und eines schönen Abends vor dem Kamin zuerst sinnierte und dann einnickte. Wieder tauchten Atome vor seinem inneren Auge auf, die erneut umhertanzten, sich zu fassen und festzuhalten versuchten. Und dann der entscheidende Moment plötzlicher Klarheit:

> Wieder gaukelten die Atome vor meinen Augen. Kleinere Gruppen hielten sich diesmal bescheiden im Hintergrund. … Lange Reihen, vielfach dichter zusammengefügt; alles in Bewegung, schlangenartig sich windend. Und siehe, was war das? Eine der Schlangen erfasste den eigenen Schwanz und höhnisch wirbelte das Gebilde vor meinen Augen. Wie durch einen Blitzstrahl erwachte ich. Und auch diesmal verbrachte ich den Rest der Nacht, um die Konsequenzen der Hypothese auszuarbeiten.

Kekulés Traum

Soweit Kekulés Traum von 1865, formuliert in seinen eigenen klaren Worten aus dem Jahre 1890, denen kaum etwas hinzuzufügen ist (wenn man sich auf sie einlässt). Trotzdem soll das Erzählte im Hinblick auf drei Aspekte kommentiert und beleuchtet werden.

Erstens: Kekulé erkennt durch den Biss der Schlange in ihren eigenen Schwanz, dass das Benzol anders als alle bis dahin geschauten Strukturen ein ringförmiges Aussehen hat, was sich sowohl für die chemische Forschung als auch für die dazugehörige Industrie als äußert wichtig erwiesen hat.

Zweitens: Und hierauf legen die gestandenen Chemiker stets am meisten Wert – Kekulé blieb nicht bei diesem Traumergebnis stehen. Im Gegenteil. Er unterwarf es strengster Kontrolle durch die Rationalität der Chemie, und natürlich gehörte und gehört dies zur guten Praxis einer jeden Forschung. Was einem so alles im Traum einfällt, mag ja ganz nett und hübsch sein, aber es muss schon mit experimentellen Tatbeständen und anderen Kenntnisse konfrontiert werden, um die Haltbarkeit des Erkannten nachzuweisen. Zumindest musste Kekulé nachprüfen, ob alle Atome ihrer Wertigkeit (Valenz) nach zutreffend angeordnet sind, oder ob da etwa Lücken blieben oder Widersprüche erkennbar wurden (etwa ein fünfwertiger Kohlenstoff, den es in der Natur nicht gibt).

Dittens: Kekulé träumte nicht irgendetwas, sondern vor seinem inneren Auge gab sich ein uraltes Symbol (Abbildung Uroboros) zu erkennen. Tatsächlich stellt Kekulés Traum ein häufig angeführtes Musterbeispiel für die Behauptung dar, wissenschaftliche Theorien kämen dadurch zustande, dass Menschen innere und äußere Bilder zur Deckung bringen. Die äußeren Bilder entstammen unserer empirischen Erfahrung, und ihre inneren Gegen-

Abb. 9.1   Uroboros. Der Uroboros – manchmal auch als Ouroboros bezeichnet – stellt ein uraltes (alchemistisches) Symbol dar, das auf die Einheit der Materie und der vier Elemente (Feuer, Erde, Wasser. Luft) im Kreislauf der Erscheinungen hinweist.

stücke entstammen unserer Seele, wie man früher gesagt hatte und wie man heute in der psychologischen Sprechweise viel präziser ausdrücken muss. In dieser Darstellung stellen die inneren Bilder – also der Uroboros als eine sich in den Schwanz beißende Schlange – die Bewusstwerdung von Formen dar, die den Menschen seit Urzeiten in ihrem kollektiven Unbewussten zur Verfügung stehen und deshalb als archetypisch bezeichnet werden. Nach diesem Modell gelingt eine wissenschaftliche Erkenntnis in dem Moment, da das durch langes Nachdenken allmählich aktivierte Unbewusste sich öffnet und die in ihm enthaltenen archetypischen Bilder symbolisch dem Bewusstsein zur Verfügung stellt, das in eben diesem Moment ein Aha-Erlebnis vermelden kann (Abb. 9.1).

Die Logik des Benzols

Es lohnt sich, genauer auf die Traumerlebnisse und ihre Rolle in der Geschichte der Wissenschaften hinzuweisen und sich der hier im Zentrum stehenden Molekülstruktur noch etwas aufmerksamer zu widmen. Was das Benzol angeht, so fällt auf, dass es in Lehrbüchern nicht eine, sondern zwei Darstellungen seines Molekülrings gibt. Wenn wir die Kohlenstoffe von oben nach unten um Uhrzeigersinn nummerieren, dann sieht man entweder zwei Striche zwischen den Atomen 1 und 2, 3 und 4 und 5 und 6, oder man sieht sie zwischen 2 und 3, 4 und 5 und 6 und 1. Naiv könnte man jetzt fragen, wie das Benzol denn wirklich aussieht?

Ein Chemiker wird darauf antworten, dass es diese beiden Möglichkeiten für das Molekül tatsächlich gibt, und dass es in seiner realen Existenz zwischen diesen Bindungszuständen hin und her schwankt. Nun könnte man sich damit zufrieden geben. Man könnte aber auch fragen, wie Werner Heisenberg es in einem Vortrag über „Sprache und Wirklichkeit in der modernen Physik" getan hat, wie es sich damit bei hinreichend tiefen Temperaturen verhält. Dann nämlich kann es in dem Molekül keine wirkliche Bewegung mehr geben, was bedeutet, dass dann auch keine zeitliche Veränderung des Benzols mehr stattfinden kann. Wie sieht der Ring unter diesen Umständen aus?

Nach Heisenberg – und die Chemiker haben das natürlich längst verstanden und akzeptiert – bleibt nur die Formulierung, „dass die wirkliche Bindung des Benzols wohl als eine Art von Mischung zwischen den beiden genannten Möglichkeiten aufgefasst werden müsse." Mit anderen Worten, für das Molekül gilt nicht die Logik des Alltags, in der ein Gegenstand etwas entweder ist oder nicht ist, ohne dass es ein Drittes geben könnte – Tertium non datur, wie die logische Zauberformel auf Lateinisch lautet. Das Benzolmolekül folgt vielmehr der Quantenlogik, die sehr wohl ein Drittes zulässt (wie noch zu erläutern sein wird), wenn ihre historische Herleitung berichtet worden ist.

Das klingt vielleicht allzu geheimnisvoll beim ersten Lesen, kann aber leicht verstanden werden, wenn man statt der alltäglichen Wirklichkeit die physikalische Möglichkeit in die Mitte stellt. Das Mögliche hält nämlich die Balance zwischen der objektiven materiellen Realität, die das Benzol seit 1825 und nach wie vor darstellt, und der subjektiven Wirklichkeit, die durch seine Strukturformel geschaffen worden ist. Das Benzol ist ja beides, seit Kekulé davon geträumt hat.

Während man sich im Alltag auch beim besten Willen nicht vorzustellen vermag, was etwa eine Mischung sein soll aus den beiden Fällen, auf einem Stuhl zu sitzen oder nicht auf einem Stuhl zu sitzen, bleibt es in der Sphäre der Atome und Moleküle sinnlos, der dazugehörigen Logik auszuweichen. Sie lässt ein Drittes zu, und so zeigen es auch die Chemiebücher. Mit den Worten von Heisenberg: „Wer sich mit seinen Gedanken in den atomaren Bereich begibt, kann also mit der klassischen Logik ebenso wenig anfangen wie der Weltraumfahrer mit den Begriff ‚oben' und ‚unten'". Übrigens: Mit dem Konzept des Möglichen könnte man auch im Alltag ein Drittes konstruieren, dass es dann wirklich gibt, nämlich den Fall, dass jemand zwar (noch) nicht auf einem Stuhl sitzt, aber soeben den Entschluss gefasst hat und also die Möglichkeit anvisiert, dort Platz zu nehmen.

Andere Träume

Nicht nur Kekulé hat seine Wissenschaft im Traum vorangebracht. Auch das wichtigste Standbein der Chemie – das Periodische System der Elemente – verdankt seine Entdeckung einem Traum. An einem Morgen im Februar 1869 erwachte der Russe Dimitri Mendelejew (1834–1907) aus einem Traum (leider ohne uns Details mitzuteilen), nachdem er wochenlang das Gefühl gehabt hatte, eine Ordnung der Natur vor sich oder in ihr zu sehen, der er nur noch Ausdruck verleihen musste. Auf diese Weise bestätigt sich eine Feststellung von 1949 des Basler Biologen Adolf Portmann, der in einem Essay über „Biologisches zur ästhetischen Erziehung" schreibt:

> Die Einsicht in die Notwendigkeit einer Stärkung der ästhetischen Position ist nicht gerade weit verbreitet – allzu viele machen noch immer die bloße Entwicklung der logischen Seite des Denkens zur wichtigsten Aufgabe unserer Menschenerziehung. Wer so denkt, vergisst, dass das wirklich produktive Denken selbst in den exaktesten Forschungsgebieten der intuitiven, spontanen Schöpferarbeit und damit der ästhetischen Funktion überall bedarf; dass das Träumen und Wachträumen, wie jedes Erleben der Sinne, unschätzbare Möglichkeiten öffnet.

Wer diese Nachseite der Wissenschaft erkunden will, hat es zwar schwer, an Materialien zu kommen (viele Forscher scheuen sich, Träume als Quellen zu nutzen), aber einige Traumspuren lassen sich trotzdem ausfindig machen. Auf sie soll hier verwiesen werden, wobei nicht der Versuch unternommen werden soll, die jeweilige archetypische Grundlegung zu benennen.

1921 untersuchte der Physiologe Otto Loewi (1873–1961) die Frage, wie es Nervenzellen gelingt, elektrische Impulse weiterzugeben. Die traditionelle Sicht der Dinge bezog sich nur auf physikalische Mechanismen. Doch Loewi sah im Traum die Möglichkeit, dass es Chemikalien sein können, die Signale von einer Nervenzelle auf eine andere übertragen. Sie lassen sich anders blockieren, und im Traum zeigte sich ihm der experimentelle Weg zu diesem Ziel. Loewi entdeckte auf diese Weise das, was wir heute als Neurotransmitter kennen.

1961 bekam der Amerikaner Melvin Calvin (1911–1997) den Nobelpreis für Chemie für seine Entdeckungen, die zum Verständnis der Photosynthese in Pflanzen beigetragen haben. Konkret geht es um den sogenannten Calvin-Zyklus, und die entscheidende Eingebung dazu kam ihm, als er – genau wie Kekulé – eingedöst war. Diesmal nicht vor einem belgischen Kamin oder in einem englischen Bus, sondern auf dem Parkplatz vor einem amerikanischen Supermarkt. Während Calvins Frau die Einkäufe erledigte, gingen dem wartenden Chemiker am Steuer seines Wagens einige Befunde nicht aus dem Kopf, die in kein Schema passen wollten. Dann nickte er ein und plötzlich – „in a matter of 30 seconds" – wurde Calvin klar, wie er die molekularen Puzzleteile in einen Kohlenstoffkreislauf einfügen konnte.

Dass man durch die Nacht muss, um zum Licht der Erkenntnis zu gelangen, hat ganz allgemein der große Physiologe Hermann von Helmholtz konstatiert, und er schreibt in seinen populären Schriften 1891:

„Einfälle treten plötzlich ein, ohne Anstrengung, wie eine Inspiration… Ich musste aber immer erst mein Problem nach allen Seiten so viel hin- und hergewendet haben, dass ich alle Wendungen und Verwicklungen im Kopfe überschaute und sie frei, ohne zu schreiben, durchlaufen konnte. […] Oft waren sie des Morgens beim Aufwachen da." Helmholtz zitiert in diesem Zusammenhang Goethe, dem wir den Vierzeiler verdanken:

Was vom Menschen nicht gewußt
Oder nicht bedacht,
Durch das Labyrinth der Brust
Wandelt in der Nacht.

Es kann sich aber auch schon zeigen, wenn man nur eingenickt ist. Man muss vorher nur intensiv genug geforscht und gefragt haben.

Die unsichtbaren Strahlen

Als Kekulés Traum 1890 gefeiert wurde, brach mit dem letzten Jahrzehnt im 19. Jahrhundert die Zeit an, in der immer mehr unsichtbare Strahlen entdeckt und erzeugt wurden. Kurz zuvor hatte der Hamburger Physiker Heinrich Hertz (1857–1894) „Über Strahlen elektrischer Kraft" berichtet und dabei das vorgeführt, was heute als Radiowellen bekannt ist und die Grundlage für die drahtlose Telegraphie und das Radio liefert. 1895 lernen die Menschen dann die Röntgenstrahlen kennen, und seit 1896 untersuchen Physiker die Strahlen der Radioaktivität, bei der sich sogar verschiedene Arten unterscheiden lassen, die nach dem griechischen Alphabet benannt werden. Alles in allem tritt die merkwürdig paradoxe Lage ein, dass die Physiker immer mehr Strahlen finden, die dem Auge unzugänglich bleiben, was die Welt immer unsichtbarer werden lässt, je mehr die Wissenschaft vom ihr zeigt.

Die Leistung, die Wilhelm Conrad Röntgen vollbringt, als er über seine berühmte neue Art von Strahlung berichtet entdeckt, wie er es selbst nannte, kann auf drei Ebenen analysiert werden: auf der Ebene der Medizin, auf der Ebene der Wissenschaft allgemein und in der Sphäre des menschlichen Denkens und der dazugehörigen Kultur.

Auf der Ebene der Medizin soll der Hinweis genügen, dass Röntgen die höchste Auszeichnung bekommen hat, die einem Forscher zuteil werden kann, und damit ist die Tatsache gemeint, dass das heute allgemeinverständliche Wort „röntgen" als Tätigkeitswort Eingang in die Sprache gefunden hat. Und dies ist besonders bemerkenswert für einen Mann, der auf die Frage eines Reporters, „Was haben Sie denn gedacht, als Sie den durchdringenden

Effekt der neuen Art von Strahlen bemerkt haben?" mit dem heute klassisch berühmten Satz geantwortet hat, „Ich dachte nicht, ich untersuchte."

Auf der Ebene der Wissenschaft ist festzuhalten, dass Röntgens Strahlen den Weg zu einer wissenschaftlichen Disziplin bereitet haben, die heute als Molekularbiologie sich anschickt, unser Menschenbild gehörig zu beeinflussen und zu bestimmen. Dabei sind zwei Entwicklungen zu beobachten. Zum einen hat die Röntgenstrukturanalyse von Kristallen Einblick in die molekulare Formenvielfalt der Proteine und Nukleinsäuren gewährt und dabei vor allem geholfen, die Ikone des 20. Jahrhunderts anzufertigen, nämlich die Doppelhelix aus der Erbsubstanz DNA. Zum anderen hat die Entdeckung aus dem Jahre 1927, dass Röntgenstrahlen für Mutationen im Erbmaterial sorgen können, den Weg hin zur Entdeckung dieser zentralen Struktur des Lebens sehr stark erleichtert. Was aus heutiger Sicht trivial klingen mag, wurde damals als höchst aufregend empfunden, denn plötzlich verwandelten sich die bislang eher unzugänglichen und im Inneren des Lebens verborgenen Gene in Gebilde, die von Röntgenstrahlen getroffen werden konnten. Gene bekamen einen physikalischen Charakter, sie konnten als stabile Verbände aus Atomen gedeutet werden, und es lohnte sich, deren Anordnung herauszufinden, was dann 1953 mit der Doppelhelix gelungen ist.

Die dritte Ebene, auf der Röntgens Strahlen ihre Wirkung hinterlassen haben, stellt die Sphäre der menschlichen Kultur dar. Ohne weiteren Blick auf die Naturwissenschaft lässt sich sagen, dass die neuen Strahlen unsichtbares Licht sind, wobei uns diese Begriffskombination heute ebenso vertraut ist wie unbewusstes Denken. Tatsächlich mussten beide Wirklichkeiten aber erst einmal gefunden werden, und wer sich auf historische Spurensuche nach ihren Ursprüngen begibt, macht eine merkwürdige Beobachtung. Unsichtbares Licht und unbewusstes Denken traten erstmals in das Blickfeld der Menschen in einer Epoche, die wir heute als Romantik kennen. Die Romantik verstand sich als Gegenbewegung zur Idee der aufgeklärten Rationalität und folglich erfasste sie die Welt in Polaritäten. Für Romantiker gibt es neben dem (rationalen) Tag auch die (irrationale) Nacht, neben dem Allgemeinen das Individuelle, neben den Tatsachen die Werte, neben dem Denken das Träumen und neben dem Sichtbaren das Unsichtbare, und jedes Paar besteht aus gleichberechtigten Partnern. Tatsächlich konnten Physiker dieser Zeit infrarotes und ultraviolettes – also unsichtbares – Licht nachweisen. Und dieser wissenschaftlich greifbare und nachvollziehbare Erfolg verlieh dem Vorhandensein des Unbewussten unumstößliche Plausibilität, wie leicht nachzuvollziehen ist.

So spannend diese Entdeckungen sind, so eindrucksvoll ist für den Historiker der Tatbestand, dass einhundert Jahre nach der Romantik sich die doppelte Entdeckung des Unsichtbaren und Unbewussten wiederholt. Denn als Röntgen seine neuen Strahlen findet, erkundet Sigmund Freud die dem Bewusstsein vorangehende Nachtseite unseres Denkens. Mir scheint, diese Synchronizität ist nicht zufällig, sondern erklärungsbedürftig (ohne dass hier der Platz dafür ist).

So schockierend Freuds Traumdeutung und Psychoanalyse auch empfunden worden sind, mir scheint, dass Röntgens Entdeckung langfristig einen noch größeren Schock ausgelöst hat. Zusammen mit den zeitgleich entdeckten radioaktiven und kosmischen Strahlen und in Verbindung mit den damals erstmals produzierten elektromagnetischen Wellen zeigte sich nämlich plötzlich in aller Deutlichkeit für das breite Publikum, dass die Welt nicht so ist, wie sie aussieht. Damit ändert sich eine grundlegende Aufgabe der Kultur. Denn wer nach dieser Entdeckung der Welt zeigen will, wie sie ist, muss sie folglich anders darstellen, als sie aussieht. Und wer den letzten Satz akzeptiert, wird verstehen, dass sich nach Röntgens Entdeckung die Malerei ändern und andere Ziele suchen musste als die, die sie im 19. Jahrhundert verfolgt hatte. Tatsächlich tritt jetzt unter anderem jemand wie Picasso auf, der bekennt, „Ich male nicht, was ich sehe; ich male, was ich denke."

Auf das Sehen ist plötzlich kein Verlass mehr, obwohl Röntgens Strahlen auf den ersten Blick dem Auge mehr zeigen, als ihm vorher zugänglich war. Aber beim zweiten Hinschauen zeigt sich eher das Gegenteil. Denn wir sehen jetzt, dass wir fast nichts von dem sehen, was die Wirklichkeit bietet. Und da derjenige, der den Schaden hat, sich um den Spott nicht zu sorgen braucht, fügen wir an dieser Stelle die Frage hinzu, ob wir angesichts dieser Befunde überhaupt noch wissen, was wir sehen. Können wir überhaupt sehen? Lernen wir es irgendwo, nachdem wir die Augen aufgemacht haben und das Licht der Welt einlassen? Röntgens Strahlen können uns die Augen öffnen, auch wenn oder gerade weil wir sie nicht sehen.

10
Der Quantensprung zu Beginn des 20. Jahrhunderts
Ein neues Weltbild der Physik und die Folgen

Zu Beginn des 20. Jahrhunderts ging es äußerst dramatisch in der Physik zu. Es kam zu einer radikalen Übermalung des klassischen Weltbildes, das seit den Tagen von Newton kühn entworfen und im 19. Jahrhundert scheinbar vollendet worden war. Ausgerechnet bei dem Versuch, die letzten Farbtupfer auf das Bild zu setzen, um ihm so den letzten Schliff zu geben, lösten sich die alten Strukturen und Konturen ohne Vorwarnung Schicht für Schicht auf. Die Revolution der Physik, die nun folgte, geschah oftmals gegen den Willen der Akteure und stets zu ihrer Verblüffung.

Zuerst sah sich Max Planck (1858–1947) im Jahre 1900 in einem fast quälenden Akt der Verzweiflung gezwungen, die ihm irrational erscheinende *Unstetigkeit* in die Natur einzuführen, die wir heute Quantum der Wirkung nennen. Was von Planck zunächst nur als mathematischer Trick gedacht war, erwies sich aber nach und nach unter den Händen von Albert Einstein (1879–1955) im Jahr 1905 und Niels Bohr (1885–1962) in den Jahren 1912/13 als physikalisch wirksame Realität mit hoher Erklärungskraft. Allerdings musste zum allgemeinen Erschrecken dafür ein sehr hoher Preis gezahlt werden. Der physikalischen Wissenschaft wurde nämlich jeglicher Boden unter den Füßen weggezogen, und viele Jahre hindurch kam kein neuer Grund in Sicht, auf dem ein neues Gebäude hätte errichtet werden können. Die alte Ordnung war plötzlich einem Chaos gewichen. Es dauerte bis 1925, bevor Werner Heisenberg das erste helle Licht erblickte, das erahnen ließ, wie die Form der neuen Ordnung aussehen könnte. Der junge Heisenberg erschrak jedoch heftig, als er zum ersten Mal die mathematische Fassung der Quantentheorie vor Augen sah, von der wir heute wissen, dass sie die grundlegende Theorie der Materie ist, weil sie präzise nicht nur die Stabilität der Atome, sondern auch deren mögliche Verbindungen als Moleküle und ihre Anordnungen in Kristallen beschreibt.

Anfangs jedoch bekam Heisenberg nicht nur Anerkennung zu spüren. Erwin Schrödinger (1887–1961) fühlte sich vielmehr angewidert und abgestoßen, als die Quantenform seiner Wissenschaft sichtbar wurde. Er empfand nichts als Ekel, als er merkte, dass sich die verdammten Unstetigkeiten, die er „Quantenspringerei" nannte, nicht mehr aus der Physik verdrängen ließen, und dass im Innersten der Dinge keine strenge Gesetzlichkeit mehr herrschte, sondern nur noch Wahrscheinlichkeiten zu finden waren, die sich zudem als primäre Qualität der atomaren Welt zu erkennen gaben.

Schrödinger hat seinen Frieden mit den Quanten nie schließen können, im Gegensatz zu Wolfgang Pauli, der zwar schockiert war, als er Plancks Ansatz kennenlernte, bald aber ein merkwürdiges Gefühl und eine eigentümliche Ahnung bekam. Pauli spürte, dass den Physikern viel mehr gelungen war, als die Gesetze der Atome zu formulieren. Die Quantenphysik stellte für ihn etwas viel Größeres dar, nämlich den ersten Schritt hin zu einer völlig neuen Wissenschaft, in der das Konzept der Ganzheit eine konkrete Bedeutung bekommt und eine Theorie des Werdens möglich wird. Pauli bemühte sich – allerdings vornehmlich im privaten Rahmen – intensiv um eine Verbindung der Physik zur Psychologie, weil er vermutete, dass die Quantenmechanik niemals ohne Zutun des Unbewussten aufgetaucht wäre und so den Weg ins Licht des Bewusstseins gefunden hätte. In der Quantenmechanik schimmert tatsächlich die *Nachtseite* der Wissenschaft durch, und genau aus diesem Grund wirkt die Physik der Atome bis zum heutigen Tag eher unheimlich. Es braucht philosophischen Mut, um sich mit ihr zu befassen.

Die Quanten und ihre Folgen

Wer die äußerst aufregende Entwicklung beschreiben will, die zwischen 1900 und 1930 stattgefunden hat und in deren Verlauf eine völlig „verrückte" Physik mit Namen Quantenmechanik entstanden ist (Box: Die steilen Stufen zur Quantenmechanik), kommt nicht ohne Ausdrücke wie Ekel und Entsetzen, Schock und Schmerzen, wahnsinnig und widerlich aus. Den Physikern gingen die Gegenstände verloren, weil sich herausstellte, dass die Atome keine Dinge sind. Sie sind Wirklichkeiten, hinter denen keine dinghafte Substanz mehr steckt. Sie sind *factual facts*, wie es in der Kunst heißt, aber keine *actual facts*. Sie sind wirklich (wirksam), ohne (eine) Realität zu haben. Sie sind nichts Bestimmtes, wenn man sie nicht beobachtet. Aber wenn man dies tut, schlagen sie zurück, was den zuletzt genannten Pauli sogar davon hat sprechen lassen, dass die Beobachtung in der Quantenphysik wie eine „Misshandlung" der Materie aussehe und deshalb mit einer „schwarzen Messe" vergleichbar erscheine.

Keine Frage: Die häufig auch als Quantentheorie bezeichnete und gültige Beschreibung unserer Kenntnisse sowohl von Atomen und Elektronen als auch von Licht und Energie hätte viel mehr Aufmerksamkeit verdient, als ihr eingeräumt wird. Und zwar allein schon deshalb, weil sie maßgeblich wie kein anderer wissenschaftlicher Fortschritt den Verlauf des 20. Jahrhunderts bestimmt hat, auch wenn dies niemandem so unmittelbar bewusst ist. Die Öffentlichkeit kennt seltsamerweise das Wort Relativitätstheorie besser, das etwa zur gleichen Zeit entstanden ist und das wir vor allem einer Person verdanken, nämlich Albert Einstein. Doch so groß die Bedeutung der Relativität auch ist, es sind vornehmlich die Quanten und ihre theoretische Erfassung, die zahlreiche und konkrete Auswirkungen sowohl auf das tägliche Leben als auch auf die wissenschaftliche Praxis zeigen.

Was konkret die Forschung angeht, so haben es die Physiker nur in seltenen Fällen mit der Relativitätstheorie zu tun, die für Raum und Zeit *in kosmischen Dimensionen* zuständig ist. Hingegen gehört die Quantenmechanik als grundlegende Beschreibung der Wechselwirkung von Licht mit Materie oder der elektrischen Leitfähigkeit von Metallen zu ihrem täglichen Brot. Und was *den Alltag* angeht, so wäre es ohne die quantentheoretische Beschreibung der Atome zum Beispiel weder möglich geworden, Transistoren zu entwerfen noch Laser zu bauen, und als eine von vielen Konsequenzen hätte niemand integrierte Schaltkreise konstruieren können. Dies heißt konkret, dass es ohne Quantenmechanik keine Transistorradios mit all ihren sozialpolitischen Konsequenzen, keine CD-Player mit ihrer Musik aus der Stille und erst recht keine Computer gegeben hätte, die zunächst den Flug zum Mond ermöglicht haben und die inzwischen immer stärker als PCs in unser privates Leben eindringen und es organisieren (und manchmal tyrannisieren). Am Rande sei noch bemerkt, dass bis jetzt zwar nur die Hardware der Computer auf Quantenphysik beruht, dass die Wissenschaftler heute aber schon damit rechnen, bald auch die Schaltelemente mit der Quantenlogik funktionieren zu lassen, die für die Atome selbst gilt; sie entwerfen bereits das Bild von Quantenrechnern in einem Quanten-Internet, in dem alles viel schneller berechnet und verbunden werden kann.

Damit zeigt sich ein wenig beachtetes Paradoxon: Während die Physik der Atome praktisch (mit ihren Anwendungen) offenbar viel näher am Menschen ist, als man vermutet, hat sich diese Wissenschaft (mit ihrem Denken) theoretisch viel weiter vom Menschen entfernt, als man sich vorstellen kann. Die Quantenmechanik beschreibt zwar die real gegebene Welt, sie tut dies aber nicht mit Elementen aus der anschaulichen Wirklichkeit. Die Symbole der Quantenmechanik beziehen sich vielmehr auf abstrakte Räume mit imaginären Dimensionen, und die messbare Wirklichkeit muss man daraus eigens berechnen, und zwar in einem eigenen Schritt, der im Übrigen keineswegs selbstverständlich ist und erst mit einem nobelpreiswürdigen Vorschlag gegangen werden konnte.

So gesehen kann es kein unbeschwerter Weg gewesen sein, der von der traditionellen Physik, die in den Zeiten von Galilei und Newton aufgebaut wurde und inzwischen als klassisch bezeichnet wird, zur modernen Quantenversion führte. Im Gegenteil. Es war ein Weg, der so schmerzhaft und steil zugleich war, dass ein einzelner Wissenschaftler allein ihn nicht bewältigen konnte. Die Quantentheorie konnte nur als Leistung einer Gruppe gelingen. Ihre Entstehung lässt sich nur als Sozialgeschichte verstehen, zu der zahlreiche Physiker beitragen mussten, allein schon deshalb, um sich gegenseitig Mut zu machen, an ihre immer außergewöhnlicher werdenden Annahmen zu glauben. Einige der prägenden Figuren und ihre Beiträge sollen im Folgenden vorgestellt werden.

Die steilen Stufen zur Quantenmechanik

Der Umsturz im westlichen Weltbild beginnt als Quantentheorie – der klassischen Theorie werden Quantensprünge hinzugefügt.

1900   Max Planck führt das Quantum der Wirkung als mathematische Hilfsgröße in die Theoretische Physik ein.
1905   Albert Einstein gibt dem Wirkungsquantum eine physikalische Bedeutung und bemerkt die Dualität des Lichtes (Welle und Teilchen).
1912   Niels Bohr nutzt das Quantum der Wirkung, um die Stabilität der Atome (und damit der Materie) zu erklären; und ihm gelingt es, den Aufbau des Periodensystems der Elemente zu verstehen.
1924   Louis de Broglie schlägt die Dualität der Materie vor, und Einstein bemerkt dank Satyendranath Bose, dass Quantenpartikel keine Identität haben; Wolfgang Pauli entdeckt eine „klassisch nicht beschreibbare" Eigenschaft der atomaren Sphäre, den Spin.

Der Umsturz im Weltbild der Physik vollzieht sich durch die Erfindung der Quantenmechanik, die mathematisch völlig anders ist als ihr klassischer Vorläufer und zum Beispiel nicht ohne die imaginäre Dimension der Zahlen formuliert werden kann.

1925   Werner Heisenberg erfindet eine neue (alte) Sprache für die Atome: „Die Bahn eines Elektrons entsteht dadurch, dass wir sie beobachten".
1926   Erwin Schrödinger erfindet eine zweite (neue) Sprache für die Atome; seine „Wellenmechanik" ist gleichberechtigt zur „Matrixmechanik".

Die Dualität der Realität spiegelt sich in der Dualität der Theorie.

1927   Heisenberg erkennt die Unbestimmtheit der Quantenwelt (die berühmte „Unschärferelation"), und Bohr schlägt den Gedanken der Komplementarität vor, was beides zusammen als „Kopenhagener Deutung" der Quantenmechanik bezeichnet wird.
1928   Paul Dirac verknüpft die Quantenmechanik mit Einsteins Theorie der Relativität und sagt mit Hilfe der dabei entstehenden Mathematik (der Dirac Gleichung) die Existenz von Antimaterie voraus.

Der Quantensprung

Um 1900 war klar, dass Materie aus Atomen mit konkreten physikalischen Qualitäten und Ausdehnungen zusammengesetzt war, und die Aufgabe der Physiker bestand darin, Eigenschaften wie Farbe und Festigkeit aus dieser Grundvoraussetzung abzuleiten.

Eine damals im Mittelpunkt des wissenschaftlichen Interesses stehende Erscheinungsweise von Materie betraf die Farben, die ein fester Körper (ein Stück Stahl zum Beispiel) annimmt, der so lange erhitzt wird, bis er schmilzt. Seit den Tagen von Robert Kirchhoff wussten die Physiker, dass es einen allgemeinen Zusammenhang zwischen der Temperatur eines Festkörpers und der Wellenlänge des Lichts gibt, das er ausstrahlt, und nun bemühten sich viele darum, das dazugehörige Strahlungsgesetz zu finden. Die Lösung gelang Max Planck im Oktober 1900, und zwar mit einem mathematischen Trick, der zunächst keine physikalische Bedeutung haben sollte. Planck begann seine Ableitung mit der Annahme, dass die Energie, die von Atomen abgegeben wird und als Licht erscheint, nicht kontinuierlich fließt, sondern in diskreten Päckchen abgegeben und ausgetauscht wird. Die heute als Quantensprünge bekannten Lücken (Unstetigkeiten) in der physikalischen Wirklichkeit bezeichnete Planck mit dem Buchstaben h, der in den modernen Lehrbüchern als „Quantum der Wirkung" verzeichnet steht (Marginalie: Das Quantum der Wirkung).

Das Quantum der Wirkung

Ein Quantensprung – ein physikalisches Quantum – hat die Dimension der Wirkung, die als Größe der Wissenschaft als Produkt aus Raum Energie und Zeit berechnet wird. Diese Kombination stammt von der Tatsache her, dass Planck sein Wirkungsquantum durch die Annahme eingeführt hat, dass die Energie (E) von Licht proportional zu seiner Frequenz υ ist, dass also im der Sprache der Mathematik $E = h\upsilon$ gilt. Das h ist dabei das Quantum der Wirkung und sehr klein; in den Physikbüchern werden als Messwerte $6,626 \times 10^{-34}$ Joulesekunden angegeben, was man in anderen Einheiten auch als $6,626 \times 10^{-27}$ ergsec schreiben kann.

Er hatte vor, seinen – wahrlich winzigen – mathematischen Mohren später gehen – das heißt, die Energie tatsächlich kontinuierlich fließen – zu lassen, und zwar dann, wenn das Quantum seine Schuldigkeit getan hatte und die Form der gesuchten Strahlungsformel erkennbar wurde. Zum Glück erreichte Planck sein physikalisches Ziel, und er konnte das heute nach ihm benannte Gesetz finden. Doch als es soweit war, musste er eine Überraschung erleben. Der Mohr in Gestalt des Planckschen Wirkungsquantums hatte sich nämlich schlicht und einfach unentbehrlich gemacht. Nach sorgfältiger Überprüfung aller experimentellen Befunde wurde nämlich bald unwiderruflich klar: Die Wechselwirkung zwischen Licht und Materie konnte nur verstanden werden, wenn dabei eine reale Unstetigkeit zugelassen wurde. Was Planck wirklich entdeckt hatte, waren diskrete Übergänge der Natur und Lücken in ihrem Geschehen. Sie heißen heute Quantensprünge, und sie tragen die Dimension des Quantums der Wirkung. Das Wort „Wirkung" meint im wissenschaftlichen Rahmen das Produkt aus Energie und Zeit, es ist also eine zusammengesetzte Größe, und ihre kleinste – von Null verschiedene – Einheit trägt den Namen h und heißt heute Plancksches Wirkungsquantum.

„Sehr revolutionär"

Als Planck seine Entdeckung publizierte, freute man sich vor allem über die Ableitung des Strahlungsgesetzes. Noch beunruhigte niemanden die dazugehörende Unstetigkeit, und Planck selbst blieb lange Zeit sicher, sie eines Tages abschütteln und unsichtbar machen zu können. Er sah keinen physikalischen Sinn in diesen Sprüngen, und es sollte noch einige Jahre dauern, bis die tiefere Bedeutung der Entdeckung erkennbar wurde. Den ersten wesentlichen Schritt vollzog der damals noch junge und unbekannte Albert Einstein, der die Idee ernst nahm, dass die Energie des Lichts paketartig oder teilchenförmig auf die Materie trifft oder von ihr erzeugt und frei wird, weil er damit eine Reihe von physikalischen Messungen und Beobachtungen erklären konnte. Einstein ging dann in einer von ihm selbst als „sehr revolutionär" bezeichneten Arbeit im Jahre 1905 so weit, dem bis dahin als wellenförmig verstandenen Licht eine partikuläre Natur zuzuschreiben. So wie Gase aus Gasmolekülen sollten Strahlen seinem Vorschlag zufolge aus Quantenpartikeln bestehen, die heute Photonen heißen.

So einfach dieser Schritt im Rückblick aussieht, so schwer war er ursprünglich zu vollziehen. Einstein setzte sich damit nämlich in Widerspruch zu einem „heiligen Grundsatz" der Physik, wie Planck es empfand. Er und seine Kollegen meinten seit mehr als einhundert Jahren zu wissen, dass sich Licht wellenartig ausbreitet und auch wie eine Welle um Hindernisse herumkommt, also dabei zum Beispiel gebeugt und gebrochen wird. Außerdem konnte den Farben des Lichtspektrums jeweils eine bestimmte Wellenlänge zugewiesen werden.

Mit anderen Worten: Einstein nahm dem Licht – genauer: seiner Beschreibung durch die Physik – die Eindeutigkeit. Er erkannte dessen duale Natur und bekam dabei das Gefühl, dass ihm damit nicht nur der Boden unter den Füßen weggezogen wurde, sondern dass dies zu einem Zeitpunkt passierte, als weit und breit noch kein neuer Grund zu erkennen war, auf dem die Physik stehen (und möglicherweise ein neues Haus bauen) konnte. Es sollte tatsächlich noch fast zwei Jahrzehnte dauern, bis die Physik wieder einigermaßen sicher zum Stehen kam und erneut ein Fundament fand.

Zunächst reagierten die Physiker fassungslos, denn zum ersten Mal in der Geschichte ihrer Wissenschaft standen sie vor einer Frage, die sie nicht eindeutig beantworten konnten, nämlich vor der Frage nach der Natur des Lichts. Es trat sowohl als Welle als auch als Teilchen in Erscheinung, und die einzige Möglichkeit, damit umzugehen, bestand offenbar darin, beide Möglichkeiten zuzulassen und den damit verbundenen offensichtlichen Widerspruch auszuhalten. Einstein hat sich im Übrigen nie so recht mit der von ihm selbst gemachten Entdeckung abfinden können und im weiteren Verlauf seines Lebens nach einer anderen Lösung gesucht, die bis heute nicht gefunden werden konnte, und vermutlich deshalb nicht, weil sie nicht existiert.

Eine weitere von Einstein entdeckte und schockierende Auswirkung des Planckschen Wirkungsquantums steckte in der von heutigen Physikern leider nur noch als schlichte Tatsache hingenommenen Einsicht, dass in dem damals neuen Rahmen etwas Ungewöhnliches mit der Energie des Lichts passierte. Sie erwies sich nämlich als proportional zur Frequenz, und dies schuf ein Problem das mit dem Ersten Hauptsatz der Thermodynamik zusammenhängt, der die eigentliche Säule der Physik war, die das 19. Jahrhundert hervorgebracht hatte. Dieser Satz besagte, dass die Energie konstant ist, und zwar nicht nur (räumlich) in der ganzen Welt, sondern auch (zeitlich) in jedem Augenblick. Dies wurde zwar niemals explizit ausgedrückt, war aber für jeden Physiker selbstverständlich.

Genau dies aber kann nicht mehr sein, wenn die Energie – bis auf einen Faktor – mit der Frequenz gleichgesetzt werden kann, wie es nach Planck und Einstein der Fall sein musste. Eine Frequenz kann nämlich nicht in jedem Zeitpunkt definiert sein. Es braucht immer ein Zeitintervall, um sie zu zählen, und in diesem Abschnitt lässt sich über die Energie nichts sagen. Sie bleibt darin unbestimmt, und dies musste für die Physiker am Beginn des 20. Jahrhunderts durchaus schockierend und erschütternd gewirkt haben. (Die Tatsache, dass diese Regungen modernen Wissenschaftlern fremd sind, spricht eher gegen als für sie und ihre Fortschritte.)

Die Stabilität der Materie

Mit Einsteins ungewöhnlichen – später vielfach experimentell bestätigten und zuletzt auch mit Nobelpreiswürden geadelten – Einsichten hatten die Quanten ihren ersten physikalischen Sinn bekommen. Ihre Unentbehrlichkeit wurde den Physikern kurz vom dem Ersten Weltkrieg klar. In den Jahren nach 1910 hatten Wissenschaftler um den Neuseeländer Ernest Rutherford durch Streuversuche an extrem dünnen Goldfolien erste Hinweise darauf gefunden, dass Atome eine duale Struktur hatten. Es musste erstens einen Atomkern geben, in dem der größte Teil der Masse versammelt ist (in Form positiv geladener Partikel, die man Protonen nannte), und es musste zweitens eine Hülle geben, in der die negativ geladenen Elektronen sich bewegten. Rutherford entdeckte den Atomkern durch die Beobachtung, dass der Beschuss einer Goldfolien durch radioaktive Strahlen es nach sich zieht, dass einige Strahlen direkt zu ihrer Quelle zurückkommen. Sie werden nicht gestreut, sondern zurückgeschleudert. Irgendwo in den Goldatomen musste es eine Ansammlung von Masse geben, die dies bewirken konnte, und diese schätzte der Neuseeländer als Atomkern ein. Er entwarf, was er das „Saturn Modell" des Atoms nannte, aber nur, um seine Kollegen zu bitten, ihm zu erklären, wie solch eine Gebilde stabil sein konnte. Nach den Gesetzen der klassischen Physik musste ein kreisendes Elektron kontinuierlich Energie abstrahlen und folglich in den Kern stürzen. Stabile Atome waren nur zu erreichen, wenn entweder das Modell oder die klassische Physik aufgegeben wurde.

Während nahezu jeder Physiker in solch einem Fall die Vorstellung eines Atoms als Miniaturausgabe eines Planetensystems aufgegeben hätte, entschied sich ein junger Däne namens Niels Bohr damals anders. Er vertraute den Ergebnissen der Streuversuche, die doch ohne einen Atomkern keinen Sinn machten. Bohr suchte und fand einen Weg, dem Saturnmodell Stabilität zu verleihen, das seitdem unter dem Namen Bohrsches Atommodell bekannt ist. Die entscheidende Hilfe lieferte ihm dabei das Quantum der Wirkung, mit dem die klassische Theorie überrumpelt werden konnte. Sie sagte doch nur etwas über einen kontinuierlichen Verlust an Strahlungsenergie aus, und so etwas konnte es mit den Quanten nicht mehr geben. Die Energie musste sich unter dieser Vorgabe sprunghaft ändern, wenn überhaupt etwas passieren sollte, und wie sollte dies ohne äußere Störung vor sich gehen? Bohr sah, wie das Quantum der Wirkung eine Erklärung für die Stabilität der Materie erlaubte und die Möglichkeit lieferte, sich das Atom als zweigeteiltes Gebilde aus Kern und Hülle vorzustellen.

Damit war die Unstetigkeit an die zentrale Stelle der Physik gerückt, ohne allerdings verstanden worden zu sein. Klar war nur, dass es möglich sein musste, Elektronen und andere Bestandteile der atomaren Ebene durch diskrete Zahlenwerte zu beschreiben, in denen sich die Sprunghaftigkeit der Natur ausdrückte. Bald ging man dazu über, die jeweiligen Zustände von Elektronen, Photonen und ihresgleichen, die sie durch Quantensprünge einnehmen konnte, durch dazugehörige Quantenzahlen zu charakterisieren. Und tatsächlich gelang es eine Zeitlang auf diese merkwürdig einfache Weise, den meisten experimentellen Befunden theoretisch Rechnung zu tragen. Bis zu Beginn der 1920er Jahre kamen die Physiker dabei mit drei Quantenzahlen aus, die sich durch die Gemeinsamkeit auszeichneten, anschauliche Qualitäten zu beschreiben, wie man sie aus der klassischen Physik kannte, also zum Beispiel die Geschwindigkeit, das Drehmoment oder die Stärke der Wechselwirkung mit einem elektromagnetischen Feld (magnetisches Moment). Doch nach und nach wurden in zahlreichen Versuchen physikalische Effekte beobachtet, die in diesem Schema nicht zu verstehen waren und zur Erklärung etwas anderes verlangten, und zwar etwas, das klassisch nicht mehr beschreibbar war.

Der Verlust der Anschaulichkeit

In dieser Situation schlug im Jahre 1924 der 1900 in Wien geborene Wolfgang Pauli vor, den Elektronen (und anderen elementaren Partikeln) eine vierte Quantenzahl zuzuordnen, die zwei Werte annehmen konnte. Sie sollte eine klassisch nicht verständliche Zweideutigkeit der Materie erfassen, die zur Erklärung der experimentellen Ergebnisse benötigt wurde. Pauli riet von jedem Versuch ab, die damit erfasste Eigenschaft von Atomen anschaulich beschreiben zu wollen. Paulis Vorschlag, der später mit dem Nobelpreis ausgezeichnet wurde, funktionierte glänzend, wobei es viele Lehrbücher und andere Darstellungen der neuen Physik bis heute nicht lassen können, dem Verlangen nach einfachen und einsichtigen Modellen doch nachzugeben. Was Pauli als nicht-klassische Qualität der Materie vorschlug, nennt man heute den Spin der Elektronen, und diese Größe wird gerne als ein Drehen eines Teilchens um die eigene Achse (Eigendrehimpuls) gedeutet, wie man es zum Beispiel bei Tennisbällen beobachten kann, denen ein entsprechender Spin mit auf den Weg gegeben worden ist (Marginalie: Spin). Das ist zwar einfach, es ist aber auch falsch – für die Elektronen –, wie jeder Student weiß, der sich mit der dazugehörigen mathematischen Sprache vertraut gemacht hat. Der philosophisch zugängliche Hauptgrund für die Unanschaulichkeit der Elektronen liegt darin, dass man sich in letzter Konsequenz nicht mehr vorstellen darf, dass auf der atomaren Bühne Dinge agieren. Vielmehr treten dort Kreationen unserer Phantasie auf, die wir erschaffen und betrachten.

Der Spin eines Elektrons oder Atoms ist weniger eine konkrete Drehung und mehr die abstrakte Form für die Freiheit, die einer Drehung offensteht, sich nämlich für die eine oder andere Richtung zu entscheiden. Der Spin – die vierte Quantenzahl für die atomare Ebene – stellt eine klassisch nicht beschreibbare Zweideutigkeit dar, die sich in ihren Auswirkungen messen lässt. Wer immer noch versucht, ein Elektron als ein rotierendes Kügelchen zu erfassen, verkennt, was tatsächlich mit der Einführung des Spin und den nachfolgenden Entwicklungen passiert ist, nämlich der Abschied von der Anschaulichkeit (die von vielen als Wert verstanden wurde). Es gibt keine Elektronen, die sich drehen, und es gibt auch keine Elektronen, die auf Bahnen unterwegs sind und einen Atomkern umkreisen. Diese Qualitäten werden von uns Menschen an die Elektronen heran getragen, die sich selbst ganz anders fassen lassen, als man es seit den Zeiten der klassischen Physik gewohnt war. Elektronen oder Photonen sind unbestimmt, solange sie unbeobachtet als Potential existieren, und sie nehmen ihre spür- und messbaren Formen erst an, wenn sie von einem Subjekt darauf festgelegt werden.

Spin

Die Variable Spin bleibt trickreich. Es gibt sie in zwei Varianten (was auch sonst?), nämlich in ganzzahliger und halbzahliger Form. Ein Elektron hat den Spin ½ und ein Photon hat den Spin 1. Was auf den ersten Blick nicht aufregend wirkt, lässt auf den zweiten Blick staunen: Wie die weitere Geschichte der Quantentheorie ergab, verhalten sich Objekte mit halbzahligem Spin anders als ihre Gegenparts mit ganzzahligem Spin. Sie gehorchen einer anderen Statistik, wie man in Fachkreisen sagt und womit gemeint ist, dass Teilchen mit halbzahligem Spin gerne Einzelgänger sind, während Teilchen mit ganzzahligem Spin gerne in Massen auftreten – wie die Photonen beim Licht. Die Elektronen in ihren Atomen halten sich auf ihren eigenen Bahnen auf, und es macht Mühe, sie als Strahl zu bewegen. Übrigens: Teilchen mit ganzzahligem Spin heißen nach dem indischen Physiker Bose Bosonen, und Teilchen mit halbzahligem Spin nach dem italienischen Physiker Fermi Fermionen. Und ein letztes. Das in diesen Tagen im frühen 21. Jahrhundert gefundene Higgs-Teilchen ist ein Boson, was sein Verständnis für Laien nicht erleichtert.

Die entscheidende Entwicklung hin zu einer völlig neuen Physik begann mit Paulis Hinweis auf eine vierte Quantenzahl ohne anschauliche (makroskopische) Entsprechung, und sie setzte sich fort mit dem Vorschlag des Franzosen Louis der Broglie aus dem Jahre 1924, nicht nur dem Licht, sondern auch der Materie eine duale Natur zuzuerkennen. Dass ein Elektron mit bekannter Masse nicht nur als Partikel, sondern auch als Welle in Erscheinung treten konnte, galt zwar zunächst als unsinnig und absurd, wurde trotzdem aber bald im Experiment bestätigt. Mit diesen Vorgaben dauerte es nicht mehr lange, bis man nicht nur über eine Quanten*theorie* verfügte (also über eine physikalische Theorie, in der die Quanten vorkamen), sondern auch eine weitergehende Quanten*mechanik* formulieren konnte, also etwas vorzulegen hatte, was in der Lage war, die Stelle der alten (klassischen) Mechanik einzunehmen. Mit der 1925/26 formulierten Quantenmechanik bekamen die Physiker endlich wieder den festen Boden unter den Füßen, den sie über zwanzig Jahre vermissen mussten. Allerdings sah der Boden völlig anders aus, als sie erwartet hatten. Er lag nämlich nicht im gewohnten dreidimensionalen Raum der Anschauung, sondern in einem seltsam mehrdimensionalen Raum mit komplexen Koordinaten.

Die beiden für diesen Erfolg hauptsächlich verantwortlichen Physiker waren Werner Heisenberg und Erwin Schrödinger, die – ganz im Sinne der Dualität von Licht und Materie – zwei sowohl unabhängige als auch äquivalente Formen der neuen Mechanik erschaffen haben. Die eine betont mehr den Teilchencharakter, und die zweite mehr den Wellencharakter der atomaren Ereignisse. Gemeinsam ist beiden mathematischen Darstellungen, die in den Lehrbüchern als Heisenberg-Bild bzw. als Schrödinger-Bild vorgestellt werden, dass sie maßgeblich von Größen handeln, die es in der konkret sichtbaren Wirklichkeit nicht gibt. Ein Elektron oder ein Lichtteilchen (Photon) wird durch eine sogenannte Zustandsfunktion beschrieben, die nur in einem abstrakten Raum definiert ist. Die entsprechenden mathematischen Größen müssen zudem alle neben einem realen einen imaginären Anteil haben. Die grundlegende Theorie der realen Welt kann nicht ohne imaginäre Zeichen und Zahlen auskommen. Das wirklich Gegebene – gemeint ist das im Experiment Messbare – lässt sich durch eine wohldefinierte mathematische Operation berechnen, die den Imaginärteil zum Verschwinden bringt. Dafür muss aber ein Preis gezahlt werden, nämlich der, dass das Ergebnis keine bestimmte Größe mehr ist, sondern nur noch eine Wahrscheinlichkeit bezeichnet. Atome sind keine Wirklichkeit mehr in einem konkret anschaulichen Sinn, sondern Möglichkeiten in ihrer abstrakten Form. Was die Welt im Innersten zusammenhält sind Unbestimmtheiten voller Potential und Möglichkeit.

Die Umwertung alter Werte

Das eben geschilderte Auftauchen einer Doppeldeutigkeit und das damit einhergehende Verschwinden von Eindeutigkeit liefern ein Beispiel für das, was in der Physik der ersten Jahre des 20. Jahrhunderts häufiger passierte. Man kann diesen Aspekt des Geschehens, durch den die Naturwissenschaften ein neues Gesicht bekommen, mit einem berühmten Ausdruck des Philosophen Friedrich Nietzsche zusammenfassen, der im auslaufenden 19. Jahrhundert einmal in seiner bekannt radikalen und naturwissenschaftliche Geister leicht verwirrenden Art die „Umwertung aller Werte" angekündigt hat. Die von Nietzsche geforderte Neuorientierung des Denkens, die aus seiner Sicht von

Tabelle 10.1   Die Umwertung wissenschaftlicher Werte um 1900

Vor 1900	Nach 1900	Beispiel
Objektivität	Subjektivität	Bahn eines Elektrons
Eindeutigkeit	Doppeldeutigkeit	Natur des Lichts
Stetigkeit	Unstetigkeit	Quantum der Wirkung
Anschaulichkeit	Unanschaulichkeit	Spin eines Elektrons
Bestimmtheit	Unbestimmtheit	Ort einer Photons

einem inbrünstigen Willen zur Macht begleitet war und den berühmten Tod Gottes im Hinterkopf hatte, tritt auf ihre vielfältige Weise in den exakten Wissenschaft tatsächlich ein (Tabelle: Umwertung). Sie vollzieht sich zwar in aller Stille und oftmals mehr gegen den Willen der Akteure, aber sie tut dies nachdrücklich und wirkungsvoll.

Während die Physiker des 19. Jahrhunderts, die man in Analogie zu den „Vorsokratikern" die „Präeinsteinianer" nennen könnte, ihre Wissenschaft für eine objektive Beschreibung der Natur mit unzweideutigen Antworten hielten, erkennen Einstein und mit ihm sein großer Zeitgenosse und wunderbarer Gegenspieler Niels Bohr, dass diese Ansicht zunächst in mindestens zwei Punkten korrigiert werden muss. Zum einen ist die Physik etwas anderes, nämlich die Beschreibung unseres Wissens von der Natur, und zum zweiten fällt diese Beschreibung nicht immer eindeutig aus. Die Wahrheit – so wird Bohr später sagen – ist nicht in aller Klarheit zu haben, sondern nur so zu formulieren, dass sie ihr Geheimnis behält – auch in der Wissenschaft von der Natur. Positiv gewendet: Die Natur zeigt ihre geistige Gewandtheit durch die Mysterien, die sie den Physikern und anderen Forschern zu erkennen gibt. Und wer Ohren hat zu hören, dem könnte an dieser Stelle der Gedanke an eine poetische Aufgabe kommen, und zwar an die, den offenen Geheimnissen der Wissenschaft die geschlossene Form der Kunst zu geben. Mit ihr würde nicht nur eine weitere, sondern vielleicht die entscheidende Umwertung alter Werte vollzogen, nämlich die Wissenschaft nach dem Modell der Kunst betreiben (Tab. 10.1).

Als Einstein die klassische Lichtwelle durch einen Teilchencharakter ergänzte, hatte er mit der Frage nach der Natur des Lichts die erste wissenschaftliche Frage entdeckt, die keine eindeutige Lösung zulässt. Es kann im Kontext der Physik nicht entschieden werden, ob Licht Welle oder Teilchen ist, ob es sich wellenförmig ausbreitet oder Stoßvorgänge ausführt, die für Partikel charakteristisch sind. Es lässt sich nur feststellen, dass beide Qualitäten gebraucht werden, um das Licht vollständig – in seinem dualen Charakter – zu verstehen. Paradox formuliert: Welches klassische Bild man auch benutzt, ein

Teil des Lichts bleibt unsichtbar oder im Dunkel. Wie bei einer Münze kann man nicht beide Seiten zugleich sehen. Etwas sehen, heißt immer auch, etwas anderes übersehen. Über etwas reden, heißt immer auch, etwas anderes verschweigen.

Die Umkehrung alter Werte bestand allgemein gesehen in der Entdeckung, dass Naturwissenschaft nicht das ist, was man glaubte, nämlich die immer größer werdende Sammlung all der Fragen, die sich eindeutig lösen lassen. So mathematisch und exakt die Wissenschaft sich auch gebärden mochte, bei der Erfassung der Wirklichkeit zeigten sich immer mehr Unsicherheiten. Es wurde bald unmöglich, die Welt als Gefüge aus beobachtbaren Dingen zu betrachten, die sich nach bekannten Gesetzen bewegten. Natürlich dauerte es seine Zeit, bis sich diese Einsicht endgültig gesetzt hatte und ihre Folgen klar geworden waren, und manchmal gewinnt man den Eindruck, dass sich immer noch nicht überall herumgesprochen hat, was hier zu lernen sein wird. Aber der eingeschlagene Weg verläuft nur in eine Richtung, und die auf ihm möglichen Einsichten werden immer spannender, weil sie den Betrachter einschließen. Die Grundgesetze der Natur beziehen sich nicht direkt auf eine Welt, die uns anschaulich zugänglich ist. Sie gelten vielmehr in anderen Bereichen, die imaginäre Dimensionen einschließen und noch genauer zu erörtern sein werden. Die Beschreibung der sinnlich zugänglichen Wirklichkeit ist kein Teil von ihr. Sie gelingt in Sphären, die unserer Wahrnehmung und unseren Organen nicht zugedacht sind. Dies ist zwar ein merkwürdiger Tatbestand. Aber man sollte sich weniger darüber beklagen, dass man von an dieser Stelle ausgeschlossen bleibt, und sollte sich stattdessen darüber wundern, dass man wenigstens etwas in diesen Bereich von Welt hineinsehen kann.

Schizophrene Physik

Als Bohr wie oben angedeutet ein Modell für den Bau von Atomen entwarf, agierte er wie eine schizophrene Persönlichkeit. Erst trat er als souveräner klassischer Physiker auf, der ausrechnete, auf welchen Wegen die Elektronen nach den bekannten Gesetzen der Bewegung unterwegs sein konnten. Und danach zog sich dieser Teil seiner Persönlichkeit aus der Wissenschaft zurück, um dem mutigen Quantenphysiker Platz zu machen, der aus allen möglichen Bahnen einige wenige auswählte. Sie dienten einem doppelten Zweck. Zum einen konnten die Elektronen auf ihnen stabil umherlaufen und dabei das produzieren, was in der Fachsprache bald stationärer Zustand heißen sollte. Und zum anderen konnten sie – nach geeigneter Anregung von außen – zwischen den Bahnen springen, und zwar so, dass die Energiedifferenz als Licht freigesetzt wurde. Die Bewegung von einer Quantenbahn auf die andere markiert den legendären Quantensprung, wobei das Vertrackte der Bohrschen Idee darin bestand, dass die Physiker diesen Wechsel nicht erklären und über ihn nur sagen können, dass er möglich ist und irgendwann auch stattfindet.

Das klassische Modell des Atoms war damit geboren. Es beruhigte nicht nur für lange Zeit die Gemüter, es beschäftigte sie auch. Die Physiker hatten nämlich jetzt zahlreiche Möglichkeiten, die Elektronenbahnen zu verfeinern und mit vielen Schwüngen und Verzierungen zu versehen. Aus Kreisen wurden Ellipsen und Achterbahnen oder was die mathematischen Möglichkeiten sonst noch eröffneten. Man agierte wieder auf gewohntem Terrain und übersah, dass Bohrs anschauliche Präsentation der atomaren Wirklichkeit voll von inneren Schwierigkeiten und Ungereimtheiten steckte. Einige davon waren philosophischer Art. Einigen nachdenklichen Physikern gefiel zum Beispiel nicht, dass man bei Bohr im Kleinen wiederfand, was man im Großen kannte, nämlich ein Planetensystem. Sie wunderten sich über eine Erklärung der Welt (und auch der Materie), für die man voraussetzt, was herauskommen soll. Die Atome dienten ja nicht als Selbstzweck, sondern als Bausteine der Materie. Da sie nun dadurch erklärt wurden, dass sie aus materiellen Bausteinen – Elektronen und Protonen – bestanden, konnte man nicht sagen, sie wirklich von Anfang an verstanden zu haben.

Mit anderen Worten: Der Erfolg von Bohrs Atommodell zeigte nicht, dass hier eine *Lösung* gefunden worden war, sondern nur, dass es mit seiner *Loslösung* von der alten Physik auf einem begehbaren Weg war. Noch gab es den neuen Boden aber nicht, auf den man stehen und ein Lehrgebäude errichten konnte. Einstein sehnte es zwar herbei, aber er half bei seiner Konstruktion nicht. Er war damals zu sehr mit der Allgemeinen Relativitätstheorie befasst und hatte keinen Blick für die Atome übrig.

Wenn er dafür frei gewesen wäre, hätte er möglicherweise den Gedanken gehabt, der die Sache bald entscheidend ins Rollen brachte. Es geht um den Gedanken der Symmetrie, mit dem Einstein so vertraut war und der bei den Atomen noch fehlte. Bohr hatte ihn benutzt, als er die Unstetigkeit der Energie nicht nur dem Licht, sondern auch der Materie zubilligte. Und im Rückblick ist klar, welcher Schritt als nächstes vollzogen werden musste, nämlich die Materie nicht von der wirksamen Idee der Dualität auszuschließen, die bislang nur auf das Licht angewendet wurde. Noch zögerte die Gemeinde der Physiker, auch einem Elektron sowohl Wellen- als auch Teilchencharakter zuzuordnen, und zwar aus gutem Grund. Jeder Physiker, der einigermaßen bei Verstand war, fragte sich, „Wie kann etwas, das nachweislich eine Masse hat und sogar zusätzlich eine Ladung trägt, eine Welle sein?"

Die Idee der Komplementarität

Trotzdem: Der Vorschlag, die Idee der Dualität in der genannten Weise aus-
zuweiten und durch die Existenz von Materiewellen symmetrisch zu machen, lag in der Luft, und er kam 1924. Er stammte von dem französischen
Physiker Louis de Broglie, der sich mit dieser weiteren Umwertung als erster
vorwagte und zunächst dafür verlacht wurde. De Broglie blieb aber gelassen
und verwies auf die besondere Qualität seiner Wissenschaft, nämlich auf die
Möglichkeit, seinen Vorschlag in einem Experiment zu untersuchen. Wellen-
bewegungen zeigen bekanntlich das Phänomen der Interferenz, bei dem Licht
und Licht zusammen Dunkelheit ergeben kann. Vielleicht kommen sich auch
Elektronen gegenseitig ins Gehege und verhindern ihre Anwesenheit an bestimmten Orten, wenn man ihre Bewegung geeignet und geschickt genug
miteinander verweben kann.

Tatsächlich konnte bald gezeigt werden, dass de Broglies ketzerischer Vorschlag Bestand hatte und Elektronen wie das Licht eine duale Natur haben
und nicht nur als Teilchen, sondern auch als Welle in Erscheinung treten.
Die Doppeldeutigkeit der Wirklichkeit hatte sich somit verdoppelt, und spätestens jetzt schien es ratsam, sie sehr ernst zu nehmen. Bohr versuchte es
mit dem Vorschlag, den er als Idee der Komplementarität vortrug und der
sich als extrem tragfähig erweisen sollte. In dem vielleicht etwas zähen und
mühsamen Wort Komplementarität steckt das lateinische *completum*, das auf
das Ganze hinweist, um das sich jedes Erkennen bemüht. Komplementarität
besagt allgemein, dass ein Phänomen – wie etwa Licht – umfassend und in
ganzer Fülle nur durch zwei Aspekte verstanden werden kann, die sowohl
zusammengehören als auch widersprüchlich sind. Für jede Erscheinung gibt
es Erklärungen, die gegensätzlich klingen und trotzdem gleichberechtigt sind.
Die komplementären Theorien einer Sache sind jeweils richtig, aber keine von
ihnen allein erfasst die Wahrheit. Das können sie nur gemeinsam.

Komplementarität hat eine konkrete und eine allgemeine Bedeutung: Konkret bedeutet die Idee, dass mit einem einzelnen Blick– mit nur *einer* Sicht-
weise allein –niemand vollständig begreifen kann, was zum Beispiel Licht ist.
Komplementarität besagt in diesem speziellen Rahmen, dass Erscheinungen
aus der Sphäre der atomaren Wirklichkeit nur durch experimentelle Anordnungen zu definieren (festzustellen) sind, die sich gegenseitig ausschließen
und nie gleichzeitig anzuwenden sind. Man kann entweder die Interferenz
von Licht nachweisen – und damit seinen Wellencharakter ermitteln –, oder
man kann das Auftreffen von Licht auf Metallen untersuchen – und damit
seinen Teilchencharakter feststellen. Man kann entweder fragen, ob Licht ein
Teilchen ist, oder man kann fragen, ob Licht eine Welle ist, und in beiden

Fällen ist die Antwort positiv. Man kann nur nicht beide Fragen gleichzeitig stellen.

Allgemein weist die Idee der Komplementarität darauf hin, dass nicht nur im Kleinen, im experimentellen Detail also sondern auch im Großen zwei gegenläufige und sich scheinbar widersprechende Ansätze gleichberechtigt nebeneinander stehen können. Die Natur können wir zum Beispiel als „Mutter Erde" verehren und komplementär dazu als Rohstoffquelle nutzen. Und was die Erklärung der Farben angeht, so macht es keinen Sinn, Goethe gegen Newton auszuspielen, denn beide behandeln komplementäre Aspekte einer Sache. Sie kommen dabei zu ihren unterschiedlichen Weisen des Vorgehens, weil sie sich komplementärer psychischer Funktionen bedienen. Goethe empfindet mehr, wenn er Farben sieht, und Newton analysiert mehr, wenn die Wege der bunten Lichtstrahlen verfolgt. Für Newton ist ein farbiger Lichtstrahl einfach (durch eine Wellenlänge bestimmt) und das Sonnenlicht zusammengesetzt, und für Goethe gilt das Umgekehrte, genauer das Komplementäre.

Näheres zum Ding an sich

Mit der Komplementarität und ihrer Anwendung auf physikalische Objekte scheint auf den ersten Blick eine Begrenzung in die wissenschaftliche Erkundung der Atome und des Lichts zu kommen. Schließlich lässt sich unter dieser Vorgabe zum Beispiel über ein Elektron nur etwas sagen, nachdem eine Wechselwirkung mit ihm stattgefunden hat oder nachdem eine Messung mit einem geeigneten Apparat gemacht worden ist und die damit zusammenhängenden Eigenschaften – wörtlich zu verstehen – festgestellt hat. Dies trifft zwar zu, bietet aber nichts Neues unter der Sonne der Philosophie und legt nur die Bestätigung einer alten Einsicht dar, die bei Immanuel Kant nachzulesen ist und mit dem Stichwort „Ding an sich" zusammenhängt. Bekanntlich hat kein Mensch Zugang zu dem verflixten „Ding an sich", dem „eigentlich Seienden", wie es im Lexikon genannt wird. Uns stehen nur die von ihm ausgehenden und an ihm erfassbaren Sinnesdaten und sein daraus von unserem rechnenden und malenden Gehirn angefertigtes und in unserem Kopf präsentes Bild zur Verfügung. Kein Mensch kennt einen Baum oder ein Blatt an sich. Vielmehr kennen alle Menschen nur den Baum, den sie als Bild im Kopf haben, mit dessen Blättern, die dort im Wind bewegt werden und dabei vielleicht rauschen oder Erinnerungen wachrufen.

Kants Erkenntnisgebot bestätigt und präzisiert Bohrs Gedanke der Komplementarität. Er fasst auf der Ebene der Atome die Erfahrungen zusammen, die seiner Wissenschaft möglich sind. Weder das „Elektron an sich" noch das „Photon an sich" ist ein Thema für einen Forscher. Beide treten nur als beobachtete Phänomene in Erscheinung, und beide bleiben physikalisch so unerreichbar, wie es sich philosophisch gehört. Sie sind genau so ein Etwas, „wovon wir nichts wissen können", wie Kant schreibt, „der gänzlich unbestimmte Gedanke von Etwas überhaupt".

Von einer neuen und besonderen Einschränkung des Wissens kann daher also bei der Komplementarität keine Rede sein, und eher scheint das Gegenteil der Fall zu sein. Mit ihm wird das Unwissen genauer. Über die Unbestimmtheit des Etwas, um das es dem Erkennenden geht, kann er sehr bestimmte Gedanken entwerfen. Während vor dem Aufkommen der Quantenphysik mit ihrer Komplementarität bekannt war, dass Forscher *von* einem Elektron bzw. Photon an sich nichts wissen können, gilt nach der Quantentheorie, dass es selbst *an* dem Elektron bzw. Photon an sich nichts zu wissen gibt. Es trifft nicht zu, wie man meinen könnte, dass ein Elektron bzw. Photon bestimmte Eigenschaften hat, die nur unbekannt bleiben, solange sie nicht gemessen worden sind. Es trifft vielmehr zu, dass die Eigenschaften von Elektronen bzw. Photonen unbestimmt sind und es so lange bleiben, bis jemand nach ihnen fragt und das entsprechende Experiment macht. Elektronen bzw. Photonen an sich stellen keine Wirklichkeit dar, vielmehr bieten sie nur Möglichkeiten, und es liegt an uns, zwischen ihnen zu wählen.

Unbestimmtheiten

Die eben formulierte Einsicht ist fast noch populärer als der schon erwähnte Quantensprung. Es handelt sich um die Idee der Unbestimmtheit, die ihren konkreten Ausdruck in den Unbestimmtheitsrelationen bekommen hat, die auf Werner Heisenberg zurückgehen. In etwas laxen Formulierungen ist häufig von den Unschärferelationen die Rede, wobei dieser Ausdruck auch deshalb verbreitet ist, weil er die Rückübersetzung der englischsprachigen Fassung der Unbestimmtheit ist, die als „uncertainty" übersetzt worden ist.

Das Wort „Unschärfe" legt beim ersten Hören die Vermutung nah, als ob jemand die ungenaue Messung einer an sich genau festliegenden Größe macht. Und Heisenbergs Einsicht wird oft am Beispiel der Ortsmessung eines Elektrons dargestellt, deren Durchführung die Möglichkeit vereitelt, seine Geschwindigkeit präzise zu bestimmen. Tatsächlich benötigt jemand, der die Position eines Elektrons bestimmen will, dazu Licht, und das heißt, er muss dessen Photonen mit den anvisierten Elektronen in einem Atom zusammenstoßen lassen. Die Wechselwirkung erfolgt dabei unstetig, wie Planck und Einstein als erste nachweisen konnten, also durch Austausch von mindestens einem Quantum. Das „gesehene" Elektron ist damit verschieden von dem

„ungesehenen" Elektron und es hat nachher sicher eine andere Geschwindigkeit als vorher. (Elektronen sind also auch nicht besser als Menschen, die sich anders verhalten, wenn sie beobachtet werden.)

Es ist also keine Frage, dass der Messvorgang das Objekt verändert. Der entscheidende Punkt steckt aber an einer anderen Stelle, nämlich vor jedem experimentellen Eingriff. Anders als die Erkenntnistheorie der Philosophen kann die Atomtheorie der Physiker tatsächlich etwas über die Dinge an sich etwas sagen, und zwar, welche Möglichkeiten ihnen bei aller Unbestimmtheit offen stehen. Sie existieren nicht als feste Wirklichkeit, sondern vibrieren in all ihren Möglichkeiten – die ihnen sogar gleichzeitig zur Verfügung stehen und die sie jederzeit besetzen können –, sobald jemand eine Messung oder eine Beobachtung macht. Das Elektron an sich ist eine Überlagerung all der Zustände, die es einnehmen kann. Experten reden dabei vom Prinzip der Superposition, und sie würden sich gerne ein Bild davon machen. Anders ausgedrückt: Im Innersten der Welt sind Wahrscheinlichkeiten, und die Physik kann berechnen, dass eine von ihnen 1 wird und alle anderen verschwinden, wenn ein Eingriff von außen kommt. So kennt man sich mathematisch aus. Was allerdings fehlt, ist ein Weg, auf dem das Erkannte zur Anschauung zu bringen ist. Was fehlt, könnte man eine symbolische Darstellung des mathematisch Erfassten nennen, die wie ein Fenster den Durchblick auf die imaginäre Tiefe der Realität erlaubt. Und es braucht nicht betont zu werden, dass die Wissenschaft an dieser Stelle die Hilfe der Kunst gebrauchen könnte. Sie steht seit bald einhundert Jahren aus.

Die Debatte um die Quanten

Einstein missfiel der Gedanke der Komplementarität, den er als Bohrs „Beruhigungsphilosophie" verspottete. Einstein ärgerte es, dass dauernd von Doppeldeutigkeiten und Wahrscheinlichkeiten die Rede war. Dass ein Physiker über die Wirklichkeit komplementär reden muss und sich unzweideutig nur noch über seinen Versuch äußern kann. Mit dieser Konsequenz der Quanten konnten sich sogar zwei bedeutende Männer nicht so ohne weiteres abfinden, obwohl sie die ganze Sache überhaupt erst in Gang gebracht hatten, neben Einstein noch der Vater des Quantensprungs, Planck. Er schrieb einmal an Bohr, dass doch wenigstens Gott alle Impulse und Positionen der Teilchen seiner Schöpfung gleichzeitig wissen kann. Bohr antwortete, dass es gar nicht auf die Frage ankomme, was Gott wissen kann oder nicht. Das Problem sei vielmehr, dass wir nicht wissen, was „Wissen" in diesem Zusammenhang bedeuten soll, also dann, wenn von Gott die Rede ist.

Bohr weist mit dieser Antwort darauf hin, dass die Begriffe der Alltagssprache ihren Sinn für uns üblicherweise intuitiv bekommen. Für das Reden über Bereiche, die wir sinnlich nicht erfahren können – dazu gehören Götter ebenso wie Elektronen –, müssen wir grundlegenden Begriffen einen neuen Sinn geben. Dabei kann es passieren, dass diese Bedeutung mit der Intuition nicht mehr in vollem Einklang steht, denn schließlich gibt es keinerlei Garantie dafür, dass eine Bedeutung überall gleichzeitig gilt.

Was Bohr meint wird klarer, wenn man seine Worte als eine Antwort auf Einsteins berühmtes Diktum ansieht, das da lautet: „Gott spielt mit der Welt nicht Würfel". Nach Bohrs Auffassung kann „niemand wissen" – und nicht einmal der liebe Gott selber –, „was ein Wort wie würfeln in diesem Zusammenhang heißen soll." Gott würfelt tatsächlich nicht, aber eben aus völlig anderen Gründen, als Einstein es meinte oder als es all jene denken, die seinen Satz beifällig zitieren, ohne Bohrs Antwort darauf zur Kenntnis zu nehmen.

Bohr schrieb den oben zitierten Satz am 11. April 1949. Damals war die Quantentheorie fast ein Vierteljahrhundert alt und die Debatte um ihre Bedeutung war kaum jünger. Sie hatte in der Mitte der 1920er Jahre begonnen. (Box: Die Erprobung der Quantenmechanik) In ihrem Zentrum standen die Diskussionen zwischen Bohr und Einstein, deren Höhepunkt 1935 erreicht wurde. In den Jahren zuvor hatte Einstein immer wieder versucht, sich Experimente auszudenken, mit denen die Schranken der Unbestimmtheitsrelation durchbrochen werden konnten und diese Grenze hintergehbar wurde. Unter anderem mit Heisenbergs Hilfe gelang es Bohr, Einstein davon zu überzeugen, dass die hierin zum Ausdruck kommende Begrenzung unseres möglichen Wissens über die Welt real und unvermeidlich ist. Einstein änderte daraufhin seine Strategie und kritisierte die Auffassung, wonach es der Quantentheorie zufolge einen bestimmten Zustand beispielsweise eines Elektrons gar nicht geben solle. Er war nicht bereit, sich damit abzufinden, dass ein einzelnes unbeobachtetes Elektron sich nicht auf ähnlich kausale Weise bewegen können soll wie eine Billardkugel, und er blieb dieser Meinung bis zuletzt treu: „Gott würfelt nicht", schrieb er noch 1949. Einstein erwartete, dass hinter der Quantenmechanik noch eine (bislang verborgene) Theorie steckt, die die Zufälligkeiten atomarer Einzelprozesse wieder zurück in die gewohnte kausale Ordnung führen kann.

Die Erprobung der Quantenmechanik

1927   Die erste große Debatte um die Quantenmechanik auf der Solvay Konferenz des Jahres 1927 in Brüssel; „Einstein gegen Bohr"

1935   Einstein legt seine Zweifel an der Quantentheorie in einer Arbeit mit Boris Podolsky und Nathan Rosen vor (das EPR-Paradoxon).

1935 Schrödinger schlägt den Begriff der „Verschränktheit" vor (*entanglement*) und sperrt eine Katze in eine Höllenmaschine.

1942 Richard Feynman entwickelt eine „Pfadintegralmethode", aus der eine merkwürdig erfolgreiche Quantenelektrodynamik (QED) folgt.

1964 John Bell beschreibt eine Ungleichung, deren Verletzung es erlaubt, die QM als eine Theorie zu erkennen, die eine nicht-lokale Realität beschreibt – die atomare Wirklichkeit ist ein Ganzes ohne Teile.

1982 Experimente von Alain Aspect und anderen zeigen (quantitativ), dass die Bellsche Ungleichung so verletzt ist, wie die QM voraussagt. Die Realität ist somit nichtlokal (d. h. es gibt instantane (zeitlose) Wechselwirkungen im Raum).

1997 Anton Zeilinger gelingt eine Teleportation von Quantenzuständen, die sich so tatsächlich als verschränkt erweisen. Somit lassen sich Quantenzustände übertragen, ohne sie (etwa durch eine Messung) zu verändern; die Idee den Qubits erscheint in der Wissenschaft.

1999 Zeilingers Prinzip: „Ein elementares System trägt ein Bit an Information."

Zeilingers Hypothese: „Wirklichkeit und Information sind dasselbe."

2003 Archibald Wheeler vermutet, die Information ist der Urstoff des Universums: „It from Bit". Die Welt ist nicht nur alles, was der Fall ist, sondern auch alles, was der Fall sein könnte.

Es ist wichtig, sich klarzumachen, dass Einstein nicht behauptete, die Quantenmechanik sei falsch. Aber er bestritt, dass mit ihr das letzte Wort über die Atome gesprochen war. Um zu beweisen, dass die quantenmechanische Beschreibung der Wirklichkeit unvollständig sei, dachte sich Einstein mit seinen Kollegen Boris Podolsky und Nathan Rosen 1935 einen Versuch aus, in dem eine physikalische Größe auftauchte, die in der Wirklichkeit zwar offenbar bestimmt war und feststand, von der die Quantentheorie aber behauptete, dass sie unbestimmt war.

Die Verschränktheit der Quantenwelt

Das Gedankenexperiment von Einstein, Podolsky und Rosen (EPR) soll hier nicht beschrieben werden, sondern vielmehr ein entsprechender Versuch, der tatsächlich stattgefunden hat. Anfang der 1980er Jahre gab es nämlich zum ersten Mal die technischen Möglichkeiten, den EPR-Vorschlag zu realisieren, und eine Gruppe von französischen Physikern unter Leitung von Alain Aspect hat dies auch bewerkstelligt. Ihre kompliziert scheinende Apparatur funktioniert im Prinzip wie folgt:

Atome des Elements Kalzium werden von einem Laserstrahl mit Energie versorgt und in einen angeregten Zustand versetzt. Wenn sie diese Energie blitzartig wieder abgeben, senden sie zwei Lichtteilchen aus, die jedes auf einen Filter und anschließend auf ein Messgerät treffen.

Es spielt hier keine Rolle, welche Eigenschaft die Filter analysieren. Wichtig ist nur, dass sie die eintreffenden Photonen je nach Stellung aufhalten oder durchlassen können. Wenn ein Photon seine Filter passiert, wird es anschließend registriert, und seine vom Filter analysierte Eigenschaft ist dem Experimentator bekannt. Damit sollte er aufgrund von physikalischen Erhaltungssätzen den Zustand des zweiten Photons kennen, ohne ihn zu messen. Dieses ist also keineswegs nicht unbestimmt, selbst wenn keine Beobachtung erfolgt. Der Zustand des zweiten Photons kann sogar mit Sicherheit vorhergesagt werden und stellt also „ein Element der Wirklichkeit" dar, wie Einstein und seine Kollegen schrieben. Diese Realität wird aber von der Quantenmechanik nicht erfasst. Sie erweist sich damit als unvollständig.

In seiner Antwort von 1935 bestritt Bohr diese Auffassung. Und heute gibt es tatsächlich ein Experiment, mit dem deutlich wird, dass Einstein irrte und die Quantentheorie doch eine vollständige Beschreibung der Wirklichkeit liefert.

Dieses Experiment wurde möglich mit einer Entdeckung, die dem schottischen Physiker John Bell (1928–1990) 1964 gelungen ist. Er suchte nach einer Möglichkeit, den Disput durch eine Beobachtung zu entscheiden. Dies scheint auf den ersten Blick ausgeschlossen, denn im Mittelpunkt des EPR-Arguments steht ja gerade ein Teilchen, das gerade *nicht* beobachtet werden soll. Wie will man nun feststellen, ob sein Zustand dennoch bestimmt ist?

Natürlich gibt es keine Möglichkeit, ein isoliertes Teilchen unbeobachtet zu beobachten. Bell empfahl deswegen, die Korrelation zwischen vielen Paaren dieser Art zu untersuchen. Die beiden Filter in der Versuchsanordnung lassen sich so einstellen, dass alle Photonen sie passieren. Dann zeigt sich eine hundertprozentige Korrelation. Dreht man einen der Filter um 90 Grad, verschwindet jede Korrelation, was nicht verwunderlich ist, aber auch nicht weiterhilft. Die Frage, ob Einstein richtig liegt oder Bohr, kann dann entschieden werden, wenn die Filter weder parallel noch senkrecht zueinander angeordnet sind, sondern sich in einer Zwischensituation befinden. Dabei sollte sich eine Korrelation zeigen, die irgendwo zwischen 100 % und Null liegt.

Bell konnte nun zeigen, dass sich unter verschiedenen Voraussetzungen verschiedene Formen der Korrelationen ergeben sollten. Wenn man wie Einstein annimmt, dass die Quantenobjekte wirklich zu jeder Zeit alle Eigenschaften in wohldefinierter Weise besitzen – dies nennt man die Realitätsannahme –, und wenn man weiter annimmt, dass keine Information zwischen den Photonen schneller als mit Lichtgeschwindigkeit ausgetauscht wird, dann kann man eine Grenze angeben, die die Korrelation nicht überschreiten darf.

Diese Schranke wird in mathematischer Form festgelegt, und zwar durch die sogenannte Bellsche Ungleichung.

Die zweite genannte Voraussetzung wird auch als Annahme der Lokalität bezeichnet, da sie einen instantanen physikalischen Einfluss auf entfernte Objekte verbietet. Damit vermeidet man mögliche Verletzungen der speziellen Relativitätstheorie, durch die Einstein zeigen konnte, dass sich keine physikalische Wirkung schneller als Lichtgeschwindigkeit ausbreitet. Die Lokalität braucht nicht eigens aufgeführt zu werden, wenn die Quantenmechanik an Stelle der Realitätsannahme verwendet wird, weil allgemein bewiesen werden kann, dass diese beiden großen Theorien der Physik, die unabhängig voneinander gefunden wurden, konsistent sind und sich nicht gegenseitig widersprechen.

Nun kommt der entscheidende Punkt. Wenn man annimmt, dass eine Quantenmechanik à la Bohr gilt, dann gibt es Orientierungen der Filter, bei denen die Bellsche Ungleichung *verletzt* ist. Die Quantenmechanik prophezeit eine *bessere* Korrelation der Photonen als die Annahme einer lokalen Realität.

Die klärenden Experimente wurden zum ersten Mal zwischen 1982 und 1984 von A. Aspect, J. Dalibard und G. Roger ausgeführt und inzwischen vielfach wiederholt. Die von ihnen erzielten Ergebnisse lassen keine Zweifel zu. Die Korrelationen waren genau um den Teil höher, den die Quantentheorie vorausgesagt hat. Die Annahme einer lokalen Realität kann also in der Quantenwelt nicht zutreffen. Die atomare Wirklichkeit ist nicht lokal, sie offenbart einen Zusammenhang zwischen einzelnen Objekten, der als Ganzheit beschrieben werden kann. Quantenteilchen wie etwa die Photonen im EPR-Versuch, die einmal in physikalischer Wechselwirkung gestanden haben, bleiben danach für immer verbunden, auch wenn keine direkte Verknüpfung mehr zwischen ihnen besteht.

Bohr hat auf diese besondere Art des quantenhaften Zusammenhängens schon 1935 in seiner Antwort an Einstein hingewiesen. Erwin Schrödinger griff diesen Gedanken im selben Jahr auf und schlug vor, für solche – ihm absurd vorkommenden – korrelierten Zustände ohne Wechselwirkung den Begriff der „Verschränkung" zu verwenden, der im Englischen „entanglement" heißt und vom Wortklang her an „enlightenment" erinnern mag, an die „Aufklärung". Diese Verschränkung nämlich sei das eigentliche Charakteristikum der Quantentheorie. Sie zeigt uns eine verschränkte Welt, die in gewisser Weise am Grund unserer Wirklichkeit existiert.

Diese Verschränkung erlaubt uns nun genau genommen nicht, etwa von einzelnen Elektronen zu reden. So etwas wie isolierte Teilchen gibt es nicht. Die klassische Zerlegung eines Ganzen in seine Teile ist streng genommen verboten. Wir müssen sie dennoch durchführen, weil wir sonst über die verschränkte Welt gar nicht sprechen können. Und reden müssen wir miteinander, um uns unsere Erfahrungen (auch die experimenteller Art) mitteilen zu können.

Rechnen mit Verschränktheit

Als die Idee der Verschränktheit aufkam und die mit ihr verbundene Ganzheit der atomaren Ebene von Wirklichkeit erkannt und benannt wurde, dachten die Physiker bestenfalls über den Nachweis dieser anti-intuitiven Eigenschaft nach. Nutzbar kam ihnen die Verschränkung von zwei Photonen zum Beispiel nicht vor, und lange Zeit verschwendete niemand einen Gedanken in diese Richtung. Doch die Situation hat sich inzwischen grundlegend gewandelt. Rund 100 Jahre nach der Entdeckung des Quantums ist man dabei, seine charakteristischste Auswirkung in der Praxis einzusetzen, und zwar im Rahmen der Informationstechnologien, die immer stärker in unseren Alltag eindringen. Von Quantenrechnern ist inzwischen immer häufiger die Rede, und einigen besonders eiligen Physikern schwebt bereits ein Quanteninternet vor Augen.

Eine besondere Neuigkeit, die mit Hilfe der Quanten in die Welt der Computer kommen würde, kann man sich rasch verdeutlichen, wenn man daran denkt, dass die traditionelle Verarbeitung von Informationen digital vor sich geht. Informationen werden in sogenannten Bits repräsentiert, die entweder den Wert 1 oder den Wert 0 annehmen. Wenn nun die Computer immer kleiner werden, lässt sich vorhersagen, dass eines Tages die Grenze erreicht werden wird, an dem Quanteneffekte eine Rolle spielen, was zum Beispiel konkret heißt, dass die Superposition von Quantenzuständen oder deren Verschränktheit berücksichtigt werden muss. Wenn individuelle Quantensysteme das Rechnen übernehmen, werden aus alten Bits neue Quantenbits, wie man sagt. Diese neue Einheiten der Informationsverarbeitung werden abgekürzt als Qubits bezeichnet. Ein Qubit kann dann nicht nur in den Zuständen 0 und 1 sein, es kann sich auch als Superposition der beiden klassischen Möglichkeiten zeigen, so wie ein Elektron als Superposition der zwei Zustände erscheinen, die den einen oder den anderen Schlitz in einem Doppelspalt durchlaufen.

In gewisser Weise trägt ein Qubit die beiden gewohnten Werte 0 und 1 gleichzeitig. Mit dem gesunden Menschenverstand ist dies zwar kaum noch zu begreifen, aber es kommt noch schlimmer. Denn zwei oder mehrere Qubits können verschränkt sein, was bedeutet, dass keines von ihnen allein eine wohl definierte Information bei sich trägt und mit sich führt. Vielmehr finden sich alle Informationen in ihren gemeinsamen Eigenschaften. Dies hat nicht-lokale Korrelationen zur Folge, mit deren Hilfe die Messung eines Qubits instantan die Zustände der anderen festlegt, und zwar unabhängig von der Entfernung zwischen ihnen – wie es das Experiment vorgeführt hat.

Ein ehrgeiziges Ziel der gegenwärtigen Physik besteht darin, aus den genannten Eigenschaften heraus Quantencomputer zu bauen, die Qubits anstelle der herkömmlichen Bits verarbeiten. Das hohe Ziel besteht darin, die theoretisch gegebene Möglichkeit in die Praxis umzusetzen, der zufolge ein Quantenrechner nicht eine Aufgabe nach der anderen bearbeiten muss, sondern gleichzeitig Überlagerungen von vielen Rechnungen durchführen kann. Er wird dadurch sehr viel schneller als ein herkömmlicher Computer, und zwar so viel schneller, dass er Aufgaben mit Rechenleistungen bewältigt, für deren Erledigung die bislang verfügbaren Rechner so viel Zeit brauchen würden, dass das Alter des Universums dafür nicht ausreichend wäre.

Ein Quantencomputer versucht die Eigenschaft zu nutzen, dass ein verschränkter Zustand als eine Superposition (als Überlagerung) von verschiedenen Repräsentationen der Information angesehen werden kann. Der Quantencomputer agiert dann auf die ganze Superposition aller Einzelinformationen gleichzeitig. Dabei kommt das zustande, was man eine massive Parallelrechnung nennt. Um zukünftige Quantencomputer zu realisieren, wird es zunächst nötig sein, im Laboratorium verschränkte Zustände mit vielen Qubits zu erzeugen. In jüngster Zeit sind erste Schritte in dieser Richtung gelungen, und zwar sowohl für Photonen als auch für Atome.

Quanteneffekte können auch eine wichtige Rolle spielen, wenn es darum geht, Nachrichten so zu übermitteln, dass außer dem Sender und dem Empfänger kein Dritter mithören kann. Um dieses Problem kümmert sich die Wissenschaft der Kryptographie, die viele Wege kennt, um Texte zu chiffrieren. Lesbar werden solche verschlüsselten Botschaften zum einen nur, wenn man den verwendetem Schlüssel tatsächlich kennt, und wirklich nützlich sind solche Verfahren erst dann, wenn man sicher sein kann, dass er geheim ist und geheim geblieben ist.

Die Frage, wie man sicher sein kann, dass niemand eine übermittelte Nachricht abgehört hat, stellt ein wunderbares Problem für Quantenphysiker dar, denn ihre Gegenstände – als Quantenobjekte – hängen von der Beobachtung ab. Jeder Spion verändert den Code, den er abhört, und weil dies erkennbar ist, macht er ihn und seine Arbeit wertlos. Tatsächlich bemüht man sich schon länger um eine Quantenkryptographie, bei der es darum geht, zur Schlüsselerzeugung und -übertragung Quantensysteme einzusetzen. Tatsächlich ist es mit ihrer Hilfe inzwischen erstmals in der Geschichte möglich, abhörsichere Kommunikation zu garantieren – jedes Abhören verursacht Fehler im Schlüssel – und sensitive Informationen wirklich geheim zu halten, während sie verschickt werden. Dazu müssen Sender und Empfänger die perfekten Korrelationen ausnutzen, die zwischen zwei verschränkten Photonen bestehen.

Die zu versendende Information wird durch unabhängige Messungen an verschränkten Photonenpaaren verschlüsselt, wobei der Trick darin besteht, dass der Schlüssel spontan zustande kommt und niemals übertragen werden muss. Ein traditionelles Abhören kann es also gar nicht mehr geben. Es lässt sich zudem verhindern, dass sich ein Abhörer in die Erzeugung des Schlüssels einmischt, indem sowohl der Sender als auch der Empfänger zufällig und jeder für sich zwischen verschiedenen Messungen wechselt. Der derzeitige Status der Quantenkryptographie erlaubt es grundsätzlich, Schlüssel in der Größenordnung von 1 Kilobit pro Sekunde über Entfernungen von rund 10 km zu produzieren. Das heißt, für Bankzentren in großen Städten bietet die Quantenkryptographie heute schon eine praktische Alternative, und es wird vielleicht nicht mehr lange dauern, bis die im Laboratorium erprobte Technik alltagstauglich geworden ist.

Wirkungen aus dem Nichts

Es geht hier nicht um die Front der Forschung, sondern um ihre Entwicklung. Und da lohnt es noch einmal, die frühen Jahre der Quantenmechanik zu beleuchten, die plötzlich etwas Unglaubliches erklären konnte, nämlich eine neue Form der Materie und Wirkungen aus einem besonderen Nichts. Die Quantenmechanik kann die vielen Teilchen erklären, die spontan geboren werden und in der Wirklichkeit erscheinen, wenn ein elektrisches Feld nur hinreichend groß wird.

Genauer tauchen in solchen Situationen neben den Elektronen auch deren sogenannten Antiteilchen auf, die als Positronen bezeichnet werden. Die Voraussage, dass im Kosmos Antimaterie existiert, gehört zu den überzeugendsten Triumphen der Quantenmechanik. Sie ist dem Engländer Paul Dirac (1902–1984) zu verdanken. Er stellte 1928 fest, dass das Grundgesetz der Quantenmechanik, die Schrödinger-Gleichung, bei hohen Energien, die eine relativistische Erweiterung nahelegen, zwei Lösungen hat, die sich durch ihre Vorzeichen unterscheiden. Dirac entdeckte damit eine Unterwelt – das negative Vorzeichen –, die neben der bislang bekannten Quantenwelt – das positive Vorzeichen – existierte. Die Idee war verrückt genug, um von den Physikern ernst genommen zu werden, und bald wurden diese Antiteilchen auch gefunden.

Um alle experimentellen Daten und theoretischen Zusammenhänge verstehen zu können, musste das Bild vom leeren Raum aufgegeben werden. Den gab es nun nicht mehr. Das Vakuum war „in Wirklichkeit" ein See aus Antimaterie, der durch eine Energielücke von der gewöhnlichen Materie getrennt ist, aus der sich unsere Welt aufbaut. Wird in diese Unterwelt genügend Energie hineingepumpt, kann die Lücke überbrückt werden und aus dem See tauchen Elektronen auf, die dann gemeinsam mit den zurückgelassenen Löchern – den Positronen – registriert werden können.

Mit anderen Worten: Im Rahmen der Quantenmechanik gibt es den leeren Raum nicht. Es gibt nur das Vakuum „voller Unterwelt", die nur nichts zu der gewöhnlichen Materie beiträgt. Wer jetzt wissen will, ob diese Unterwelt zu verstehen hilft, wie das Universum entstanden ist, kann in seiner Antwort nicht bei einem leeren Raum anfangen, in den dann Materie hineinkommt. Es gilt vielmehr zu erklären, wie der Raum selbst entstanden ist oder entstehen kann.

Damit stellt sich eine Frage, die wesentlich aktueller ist als man denkt. Denn den Erkenntnissen der Astronomie zufolge leben wir Menschen in einem expandierenden Weltall, und das heißt doch, dass Raum jeden Tag neu geschaffen wird. Dies muss also ein gewöhnliches physikalisches Ereignis sein. Wo aber kommt dieser Raum nur her?

Wenn die Quantenidee dieses Problem lösen soll, muss es den Physikern gelingen, die Quantenmechanik mit der Theorie von Raum und Zeit zusammenzuschweißen, mit der Theorie der Gravitation also. Eine Quantengravitation muss konstruiert werden analog zu der Quantenmechanik selbst, die durch Anwendung der Quantenidee auf die klassische Mechanik möglich geworden ist. Doch solch eine Quantengravitation gibt es noch nicht. Alle bisherigen Versuche, die beiden Theorien in ihrer gegenwärtigen Form zu vereinen, sind an einem Problem gescheitert, das mit der Unbestimmtheit zusammenhängt und am besten verstanden werden kann, wenn man die entsprechende Situation der Quantenmechanik selbst ansieht.

Für die Bewegung eines Teilchens ergibt sich als Folge der Unbestimmtheitsrelationen, dass ein Elektron zum Beispiel nie zur Ruhe kommen kann. Wenn sein Ort nämlich festliegt, wird seine Geschwindigkeit als Ausgleich völlig unbestimmt. Sie unterliegt riesigen Schwankungen und sinkt auf keinen Fall auf Null ab. Ein Elektron muss sich auch am absoluten Nullpunkt immer bewegen. Dies sind seine sogenannten Quantenfluktuationen.

Wendet man die Theorie auf die Struktur des Raumes an, muss es ganz analog Quantenfluktuationen des Raumes geben. Zwar glaubte man zunächst, damit seine Entstehung erklären zu können, doch bald stellte sich heraus, wie immer man auch rechnete, dass die Fluktuationen unendlich groß wurden. In solch einem Fall hilft keine Ausrede und auch keine Interpretation mehr, denn jetzt vermutet man, dass irgendwo ein grundlegender Fehler stecken muss, und die Frage ist, wo er sich befindet.

Das einmal viel diskutierte Buch des amerikanischen Physikers Brian Greene mit dem Titel *Das elegante Universum* stellt genau dies auf den ersten Seiten des ersten Kapitels fest. Der Autor erklärt die Gravitationstheorie und die Quantenmechanik für wechselseitig inkompatibel, allerdings nur, um in Anschluss daran eine sogenannte String-Theorie als Ausweg anzubieten (Abb. 10.1: Im Innersten der Welt). In ihrem Rahmen wird versucht, den Aufbau der realen Welt mit der Annahme zu erklären, dass die von Physikern beobachteten Eigenschaften von elementaren Bausteinen der Materie (Standardmodell, Tab. 10.2 und 10.3) die verschiedenen Möglichkeiten darstellen, in denen ein eindimensionales Gebilde, ein sogenannter *string*, eine Saite also, vibrieren und in Schwingung geraten kann. Die Superstrings, wie sie manchmal auch heißen, kann man sich wie die Saiten einer Violine vorstellen, die

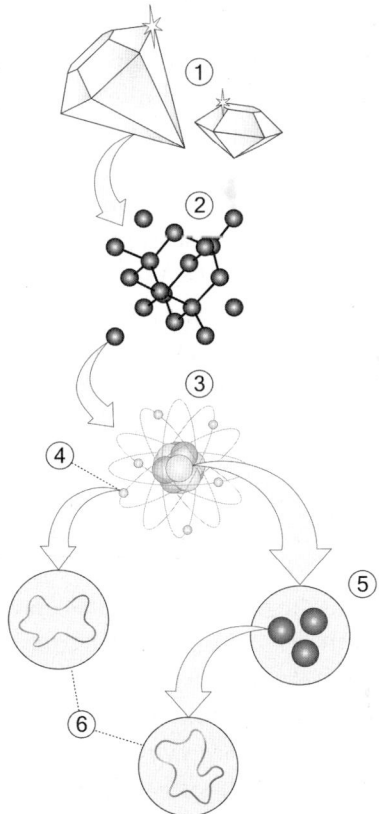

Abbildung 10.1   Im Innersten der Welt. Festkörper der alltäglichen Welt (*1*) bestehen aus Verbänden aus Atomen (*2*), die ihrerseits über einen Kern und eine Hülle verfügen (*3*). Die Elektronen der Hülle gelten zwar als Elementarteilchen, sie werden im Rahmen der Stringtheorie aber mit einer Innenstruktur versehen, die man sich als schwingende Saite vorstellen soll (*4*). Die Kernteilchen setzen sich den derzeitigen Theorien zufolge aus besonderen Partikeln zusammen, die Quarks genannt werden und ebenfalls als elementar verstanden werden (*5*), das heißt, auch bei ihnen nimmt man an, dass sie eine Innenstruktur aus schwingenden Saiten – *strings* – haben (*6*). (© MissMJ auf Wikipedia, Creative Commons-Lizenz 3.0)

Tabelle 10.2 Standardmodell der Physik: Die grundlegenden Teilchen

Familie 1	Familie 2	Familie 3
Elektron	Muon	Tau
Elektron-Neutrino	Muon-Neutrino	Tau-Neutrino
Up-Quark	Charm-Quark	Top-Quark
Down-Quark	Strange-Quark	Bottom-Quark

Tabelle 10.3 Standardmodell der Physik: Die vier Kräfte, ihre Teilchen und Auswirkungen

Art der Wechselwirkung	Teilchenname	Auswirkung
Starke Wechselwirkung	Gluonen	Hält Atomkern zusammen
Elektromagnetismus	Photon	Hält u. a. Stoffe zusammen
Schwache Wechselwirkung	Bosonen	Sorgt für Atomzerfall
Gravitation	Graviton	Hält Weltall zusammen

auch bevorzugte Frequenzen haben, bei denen sie in Vibration geraten und Klänge erzeugen. So wie eine Geige mit ihren Saiten Musik erzeugt, bringen die schwingenden *strings*, die Saiten, die Wirklichkeit hervor, denken die Vertreter der entsprechenden Theorie. Und obwohl sie die Idee der Komplementarität vernachlässigen (und daher meine Sympathie nicht finden), fasziniert der Gedanke, dass die Welt wie Klang und als Klang entsteht, der durch uns hindurch tönt. Im Innersten der Dinge sind keine Dinge, sondern es findet Bewegung statt.

Erläuterung zu den Tabellen: Die Tabellen stellen das dar, was die Physiker inzwischen Standardmodell der Welt nennen. Danach gibt es vier elementare „Teilchen", und zwar neben dem Elektron ein sogenanntes Elektron-Neutrino, das fast unbemerkt den Kosmos durcheilt, und zwei Quarks, die zu ihrer Unterscheidung Vornamen bekommen haben. Auf energetisch höheren Ebenen finden sich zwei weitere vierköpfige Familien mit den aufgeführten Namen, die hier nicht weiter erläutert werden müssen. Alle genannten Partikel konnten in aufwendigen Experimenten nachgewiesen werden, was eine bewundernswerte Leistung darstellt. Offenbar ist die Welt im Innersten wohl geordnet, wobei auffällt, dass die Moderne auf dieselbe Vierzahl kommt wie die Antike. Die heilige Vierzahl (Tetraktys), die Pythagoras so verehrte, erscheint erneut, wenn Physiker zählen, durch wie viele Kräfte die Viererfamilien und ihre materiellen Auswirkungen zusammengehalten werden. Sie kommen dabei wieder zurück auf die erste Zahl, die keine Primzahl ist, nämlich die 4. Die Kräfte der Welt sind in der Tab. 10.3 gelistet, in der auch die Namen von Teilchen enthalten sind. In der Theorie der Physik kommt nämlich eine Wechselwirkung zwischen (realen) Teilchen durch den Austausch von (eher virtuellen) Partikeln zustande; die unterschiedlich und wenig elegant benannt werden – zum Beispiel als Gluonen (abgeleitet vom englischen Wort *to glue*, was so viel heißt wie *kleben* oder *zusammenkleben*). Man kann sich vorstellen, dass zwei Menschen Federball spielen oder sich ein Frisbee zuwerfen und durch das Spiel zusammen kleben. Man kann sich aber auch zwei Menschen vorstellen, die Argumente austauschen. Vielleicht beginnt ja die Kultur des Dialogs im Innersten der Welt. Für die schwache und die starke Wechselwirkung, deren Reichweite so begrenzt ist, dass sie nur im Zentrum der Atome wirken, benötigt man nicht einen, sondern mehrere Spielbälle. Für die Kräfte, die in die Welt hineinreichen und sie umfassen, reicht jeweils einer. Das Graviton für die Schwerkraft ist dabei bislang noch jeder experimentellen Falle entkommen. Zu den Vorhersagen des hier vorgeführten Standardmodells gehört noch die Existenz eines weiteren Teilchens, das nach dem schottischen Physiker Higgs-Partikel benannt ist und in jüngster Zeit gefunden worden sein soll. Damit scheint das Glück der Hochenergiephysiker vollkommen. Dann hält man alle Teile in der Hand, fehlt leider nur das geistige Band, wie Goethe es im Faust ausdrückt. Ohne solch ein Band wirkt das Standardmodell bestenfalls langweilig. In ihm drückt sich das Denken des 19. Jahrhunderts aus, das alles Naturgeschehen auf kleinste Bausteine reduzieren und aus den Bewegungen dieser elementaren Einheiten erklären wollte. Spannend wird das Standardmodell vielleicht erst dann, wenn man es auf den Kopf stellt. Bislang soll etwas da sein, das sich dann in Bewegung setzt. Aus dem Sein entsteht das Werden. Warum nicht umgekehrt aus der Bewegung das Sein erklären, das also, was ist?

Doch hat Green Recht? Gibt es wirklich irgendwo einen Fehler? Ist irgendetwas an der Quantenmechanik vielleicht doch falsch? Oder reicht die Gravitationstheorie nicht hin? Eine Antwort hierauf ist dringend erforderlich, aber sie steht noch aus. Die entsprechenden Rechnungen sind extrem kompliziert und bleiben immer wieder stecken. In solch einer festgefahrenen Situation sei die Vermutung erlaubt, dass sich dahinter ein konzeptionelles Problem besonderer Art verbirgt. Und dies bringt uns wieder zurück zur Interpretation der Quantentheorie, und zwar zu Bohrs Idee der Komplementarität. Vielleicht sind nämlich beide Theorien richtig, nur kann man sie nicht so ohne weiteres zu einer einzigen verbinden, weil ihre Ausgangspositionen *komplementär* zueinander sind. Die Quantenmechanik betont nämlich den *unstetigen* Aspekt der Wirklichkeit, ihre Welt ist aus *Quanten* aufgebaut. Die Theorie der Gravitation beschreibt dagegen den *kontinuierlichen* Aspekt der Wirklichkeit, ihre Welt ist aus *Feldern* aufgebaut. (Da die feldtheoretische Beschreibung der Schwerkraft vor allem das Verdienst von Einstein ist, wird seine Abneigung gegen die Quantendarstellung vielleicht besser verständlich.) Die beiden Grundgrößen Quantum und Feld lassen sich ebenso wenig in einem Schema vereinen wie sich Welle und Teilchen zu einem Bild zusammensetzen lassen. Die Natur der Quantenobjekte wird – und dies ist die Botschaft der Komplementarität – nun nicht dadurch verstanden, dass man den Gegensatz von Welle und Teilchen aufhebt, sondern im Gegenteil dadurch, dass man ihn betont. Also muss auch der Gegensatz von Quantum und Feld im Wortsinne festgestellt werden. Jeder Versuch einer Vereinheitlichung der Theorien muss demnach scheitern, wenn er die Komplementarität von Quantum und Feld übersieht.

Das Verschwinden der Atome

Als die Physiker sich zu Beginn des 20. Jahrhunderts mit der Idee anfreunden mussten, dass es eine seltsame Naturkonstante namens Quantum der Wirkung gab, waren die meisten von ihnen von einem Gedanken durchdrungen, den man als Idee des Atomismus bezeichnen könnte. Sie fand ihren Ausdruck im oben erwähnten Forschungsprogramm, das auf zwei Säulen ruhte: Erstens nahm man an, dass die Materie aus kleinsten, nicht weiter zerlegbaren Bausteine besteht, dass also alles, was Masse hat, aus Atomen aufgebaut ist. Und zweitens war man sicher, dass sich das Naturgeschehen aus Eigenschaften und Bewegungen dieser elementaren Bausteine erklären und herleiten lässt.

Dieser Atombegriff stammte natürlich aus dem Gedankengut der Antike. Er hatte sich über die Jahrhunderte erhalten, und schließlich seine deutlichste Formulierung bei Isaac Newton gefunden. In einer als „Query 31" bezeichneten Passage schreibt Newton, dass Gott am Anfang der Welt die Materie in Form von Teilchen (*particles*) geschaffen hat, die „solid, hard, impenetrable, moveable" sind und sich durch „no ordinary power" teilen lassen. Einerseits hielt Newton damit am logisch Unteilbaren der Griechen fest, ging andererseits aber auch über die antiken Vorstellungen hinaus, und zwar dadurch, dass er den Atomen noch die Eigenschaft verlieht, Träger von anziehenden Kräften zu sein.

Mit solchen Formulierungen bleibt natürlich die Frage offen, ob es Atome – in dieser oder einer anderen Art – wirklich gibt. Und tatsächlich rieten zahlreiche Wissenschaftler mit philosophischen Neigungen bei diesem Thema zur Vorsicht. Der österreichische Physiker Ernst Mach wies am Ende des 19. Jahrhunderts unermüdlich darauf hin, dass man Atome nicht sehen kann, dass sie bestenfalls als Gedankenkonstrukt beizubehalten sind, und zwar aus Gründen der Denkökonomie. Doch nach 1895 tauchten für die Physiker neue experimentelle Möglichkeiten für den Umgang mit der Materie auf. Die Röntgenstrahlen und die Radioaktivität wurden entdeckt, und erlaubten es jeweils, die bislang ausgedachten Atomen mit konkreten Maßzahlen auszustatten. Sie bekamen Masse und Ladung und konnten gezielt eingesetzt werden, etwa in Streuexperimenten. Um die Jahrhundertwende kippte schließlich die Front, und selbst alte Gegner des Atomismus zeigten sich nach und nach bekehrt. So hielt der Nobelpreisträger Wilhelm Ostwald um 1909 in seinem *Grundriß der allgemeinen Chemie* im Vorwort fest:

> Ich habe mich überzeugt, dass wir seit kurzer Zeit in den Besitz der experimentellen Nachweise für die diskrete und körnige Natur der Stoffe gelangt sind, welche die Atomhypothese seit Jahrhunderten, ja Jahrtausenden vergeblich gesucht hatte.

Als 1926 der Nobelpreis für Physik an den Franzosen Jean Perrin (1870–1942) vergeben wurde, erkannte die Fachwelt mehr oder weniger offiziell die Existenz von Atomen an, denn seine Arbeit „put a definite end to the long struggle regarding the real existence of atoms", wie es das Nobelpreiskomitee in Stockholm formulierte. Damit war gemeint, dass es sich um unterscheidbare und abzählbare Massenpunkte handelt, die wie kleine Legosteine benutzt und zusammengefügt werden können und dabei die konkret sichtbare Materie und ihre Strukturen aufbauen.

So anschaulich denkt man noch in vielen Kreisen und in Einklang mit dem *common sense*, als es bereits die Quantentheorie gab, die genau dies nicht mehr zulässt. In ihrer Sicht kann die Welt nicht aus irgendwelchen Elementarsystemen – Atomen – aufgebaut werden. Und zwar deshalb nicht, weil sie verschränkt ist, also nicht in Teilsysteme aufgespalten werden kann. Die zwar gegen Einsteins Willen gefundenen, aber dennoch nach ihm benannten Einstein-Korrelationen zeigen, dass die materielle Welt als ein Ganzes besteht, das nicht aus Teilen aufgebaut ist.

Natürlich wird weiterhin von „Atomen" die Rede sein, aber mit diesem Wort sind dann keine Bausteine der Materie mehr gemeint. Die seltsame Lehre der Physik besteht in der Einsicht, dass der sich am gesunden Menschenverstand orientierende Leitgedanke der antiken Naturphilosophie unzutreffend ist, der nach wie vor meint, dass niemand teilen kann, was keine Teile hat. Natürlich kann man physikalische Gegenstände weiterhin in Teile wie Atome zerlegen, und man kann sogar die unteilbaren Atome teilen. Es ist nur einfach so, dass „Teilbarkeit" etwas anderes bedeutet als „Zusammengesetztsein". Gegenstände können in Atome zerlegt werden, ohne aus ihnen zu bestehen.

Hier ist Teilbarkeit als ein theoretisches Konzept gemeint, und dem steht in der Physik immer die experimentelle Möglichkeit des Spaltens und Zerlegens gegenüber. In dem praktischen Fall löst sich die Frage nach der unendlichen Teilbarkeit von Materie anders, nämlich durch die schon mehrfach erwähnte Entdeckung von Einstein, wonach Masse und Energie äquivalente Größe sind, die sich ineinander überführen lassen. Es leuchtet ein, dass die kleinsten Gebilde ziemlich fest zusammenhalten müssen, was bedeutet, dass viel Energie zu ihrer Teilung erforderlich ist. Es gibt nun eine Grenze, an der die zu diesem Zweck eingesetzte Energie sehr groß werden muss, um eine Wirkung zu erzielen. Sie wird so groß, dass ein Teil von ihr sich materialisiert mit dem Ergebnis, dass die Produkte der Teilung nicht kleiner, sondern größer werden. In der winzigen Welt der Atome kann also praktisch und konkret nicht so lange weiter zerlegt werden, bis die Teile in meiner Hand verschwinden. Es gibt eine Stelle der Umkehr, nach der jeder Versuch des Verkleinerns in sein Gegenteil umschlägt.

Atome als Symbole

Atome, Elektronen und andere Einheiten dieser Art sind wirklich vorhanden, aber nicht als eigenständig existierende Formen des Seins, sondern nur in Wechselwirkung mit ihrer Umgebung. Es sind kontextuelle Objekte, die nur relativ zu Beobachtungsmitteln definiert werden können. Atome sind deshalb auch offene Systeme, die sich ähnlich wie eine Kerzenflamme ständig ändern und gerade dadurch ihre Identität bewahren – was eine Komplementarität der besonderen Art ergibt.

Kein mit der Quantentheorie und ihren Erfolgen vertrauter Wissenschaftler wird deshalb noch vom „Aufbau der Materie aus elementaren Bausteinen" reden können oder eine Reduktion biologischer Phänomene auf physikalische Grundgesetze erwarten. Damit ist nicht gesagt, dass die reduktionistisch-atomistische Vorgehensweise überflüssig ist. Im Gegenteil. Sie wird auch weiterhin eine maßgebende Rolle in der Naturwissenschaft spielen.

Trotzdem gilt es, die von unten her argumentierende Denk- und Vorgehensweise in Physik und Biologie zu überwinden. Die Aufgabe besteht darin, die Natur vom Ganzen her zu verstehen. Nach wie vor wird sie dazu in Teile gespalten, und zwar in immer wieder verschiedenen Kontexten und Fragestellungen. Doch wer so vorgeht, sollte wissen, dass es dabei unvermeidbar ist, wesentliche Aspekte als bedeutungslos zu deklarieren.

Wenn die gerade gestellte Aufgabe gelingen soll, muss sich die Wissenschaft in ihrem Denken der Kunst nähern. Denn Kunst ist Leidenschaft zum Ganzen, wie es Rilke einmal gesagt hat, während man Wissenschaft komplementär dazu als Leidenschaft für die Teile charakterisieren kann. Nun hat die konsequente Bemühung der Forschung um die kleinsten Details zuletzt ein selbsterschaffenes Ganzes hervorgebracht, nämlich das Bild der Quantenmechanik. In dem dazugehörigen Rahmen ist es zum ersten Mal gelungen, nicht nur eine geschaffene Welt zu betrachten, sondern auch schaffende Natur zu sein. Leider gehört diese Einsicht weder zur Allgemeinbildung noch zum allgemeinen Standard. Das entsprechend benannte Modell (vgl. Tab. 10.2 und 10.3) hält sich vor allem mit Teilchennamen und also mit partiellen Beschreibungen der Natur auf. Sie sind natürlich oft sehr erfolgreich. Sie sind aber weder vollständig noch umfassend. Immer wieder werden komplementäre Beschreibungen verlangt, die sich ausschließen, obwohl sie gleichberechtigt sind. Keine dieser Beschreibungen kann eine andere ersetzen, und keine genügt für sich allein. Beide sind erforderlich. Wesentlich ist, dass die Naturwissenschaft auf komplementäre Beschreibungsweisen angewiesen ist, wenn sie die ungeteilte Wirklichkeit erfassen und ergeben will. Das Leben ist Teil einer solchen Realität. Es ist kein Zufall, dass seine moderne – molekulare – Erforschung in Gang kam, als die Quanten die Physik erobert und verändert hatten. Nach den Atomen konnten die Wissenschaftler sich den Genen zuwenden. Es lohnt sich, ihnen dabei zu folgen.

11

Eine interdisziplinäre Wissenschaft
Das Aufkommen der Molekularbiologie

Im Jahre 1935 haben drei Wissenschaftler in den „Nachrichten von der Gesellschaft der Wissenschaften zu Göttingen" eine Arbeit veröffentlicht, die im Titel ankündigt, etwas „Über die Natur der Genmutation und der Genstruktur" zu wissen und vorlegen zu können. Das gelehrte Blatt fand wahrscheinlich noch weniger Leser als die „Verhandlungen des Naturforschenden Vereins Brünn", in denen siebzig Jahre zuvor der verwirrende Bericht des Mönches Mendel über seine Kreuzungen mit Erbsen erschienen war. Besagte Arbeit von 1935 sei bestenfalls ein „Begräbnis dritter Klasse", zu dem niemand erscheine, beklagte sich deshalb der jüngste der drei Autoren. Doch es gab immerhin eine ausreichende Zahl an Sonderdrucken der Arbeit, die auch fleißig verschickt wurden. Und so tauchte eine davon rund zehn Jahre später im irischen Dublin wieder auf, um zum einen der Geschichte der Genetik eine bestimmte Richtung zu geben und zum anderen den Namen des eben erwähnten Autors berühmt zu machen, der es schließlich bis Stockholm geschafft hatte, wo man ihm 1969 den Nobelpreis für Medizin überreichte. In seiner Dankesrede legte der Preisträger dar, welchen Blick er als Physiker zu Beginn seiner Karriere auf die Biologie gehabt hatte, und wie er dazu kam, das Gen als zentrales Objekt in sein Visier zu nehmen.

Ein Physiker in der Biologie

Die Rede ist von dem aus Berlin stammenden Max Delbrück (1906–1981), der damals noch keine dreißig Jahre alt war und zum intellektuellen Wegbereiter der Molekularbiologie werden sollte. Delbrücks Vater Hans galt und gilt als bedeutender Historiker – vor allem auf dem Gebiet der Kriegsführung. Und überhaupt gab es viele Geisteswissenschaftler in der Familie selbst wie in deren Umfeld, was den jungen Max dazu bewog, zuerst Astronomie und später Physik zu studieren. Immerhin vollzog sich in diesem Fach gerade die Quantenrevolution, die von Max Planck eingeleitet worden war, der zu Delbrücks Nachbarn gehörte und den es offenbar auch nicht störte, wenn die Kinder des Professor Delbrück die Kirschen in seinem Garten stibitzten.

Im Deutschland der Nachkriegszeit ist oft von der „Gnade der späten Geburt" die Rede, und von dieser Gnade profitieren alle diejenigen, die zu jung waren, um für ihr Handeln unter den Nationalsozialisten später zur Verantwortung gezogen zu werden. In der Wissenschaftsgeschichte kann man im Fall der Quantenmechanik vom Gegenstück reden, nämlich vom „Fluch der späten Geburt", der auf all jenen lastete, die nach 1905 geboren wurden. Die neue Physik nämlich lag bereits um 1925/26 so gut wie fertig formuliert vor, deren Väter entweder noch im 19. Jahrhundert geboren worden waren, oder aber 1901 wie Werner Heisenberg (1901–1976) oder 1902 wie Paul Dirac (1902–1984). Wer wie Delbrück 1906 geboren worden war, konnte zwar um 1930 noch eine akzeptable Doktorarbeit schreiben, stand dann aber vor vielen (und oftmals öden) Detailproblemen und nicht mehr vor der Möglichkeit, mit großen Ideen an einer revolutionären Entwicklung teilzuhaben und dazu beizutragen. Natürlich konnte man sich der Philosophie der neuen Physik und ihrer Atome zuwenden, wie dies zum Beispiel Carl Friedrich von Weizsäcker (1912–2007) unternahm, aber Delbrück wollte kühne Konzepte im Rahmen einer quantitativen Wissenschaft entwickeln, und so sah er sich nach einem anderen Betätigungsfeld als der Physik um. Das heißt, nach Abschluss seiner Doktorarbeit blieb ihm zunächst keine Wahl als die, weiter an einem physikalischen Institut zu arbeiten. Doch hatte er stets ein Auge darauf, ob sich nicht irgendwo erkennbar ein Weg öffnete, auf dem sich eine andere Wissenschaft von der Natur so umkrempeln ließ, wie es gerade mit der Physik gelungen war.

Delbrücks Chance kam 1932, als er ein paar Monate bei Niels Bohr in Kopenhagen verbrachte. Die große dänische Legende nahm damals zur allgemeinen Überraschung seiner Kollegen die Einladung zu einem Vortrag an, der auf den ersten Blick eher harmlos und nebensächlich, um nicht zu sagen überflüssig schien. Man hatte Bohr gebeten, einen medizinischen Kongress zu eröffnen, der sich mit Lichttherapien beschäftigte, und viele Freunde fragten sich, warum der große Physiker damit seine Zeit verschwendete, während die Konkurrenz in aller Welt mächtig daran arbeitete, den Aufbau der Atome und ihrer Kerne zu verstehen.

Bohrs Bereitschaft, die Einladung anzunehmen und über „Licht und Leben" zu sprechen (so der Titel seiner Rede), verwunderte auch Delbrück. Aber im Gegensatz zu anderen Mitarbeitern entschied sich Delbrück, Bohrs Vortrag anzuhören, weil er vermutete und darauf vertraute, dass bei dessen Rede die allmähliche Verfertigung von Gedanken gelingen könnte, wie sie Heinrich von Kleist (1777–1811) einmal beschrieben hat.

Und tatsächlich. Als Bohr seine Überlegungen über „Licht und Leben" vor einem wohl eher gelangweilten und zunehmend unverständigen Festpublikum entwickelte, das bald jeden Faden verloren hatte und ungeduldig das

Ende des Vortrags erwartete, wurde Delbrück immer nervöser. In Bohrs Worten zeigte sich ihm plötzlich der Weg zu einer neuen Wissenschaft, wie er es sich erträumt hatte.

Bohr erinnerte in seiner Rede zunächst daran, wie die Physik experimentell vorgeht, nämlich indem sie Licht auf Materie sendet. Das heißt, man schickt zuerst Strahlen mit hoher Energie auf besonders präparierte Materie und prüft im Anschluss daran, wie die Strahlen abgelenkt und gestreut werden. Dabei hat man zum Beispiel um 1911 festgestellt, dass es in den Atomen einen Ort geben muss, an dem der größte Teil ihrer Masse sitzt, und den nennt man seit diesen Tagen den Atomkern. Seitdem hat man zwar eine Vorstellung vom Atom, weiß aber zugleich auch, dass die herkömmliche (klassische) Physik das dazugehörige Modell nicht erklären kann.

Wer, so Bohr, eine neue Biologie wolle, sei sicher gut beraten, das Wechselspiel von „Licht und Leben" zu erkunden, und zwar so, wie es die Physik mit dem Wechselspiel von „Licht und Materie" getan habe, und das heißt, dass man sich grundlegende Größen des Lebens vornimmt – zum Beispiel die Gene – und mit Licht eine grundlegende Eigenschaft von ihnen erkundet oder austestet (zum Beispiel die Fähigkeit zur Mutation). Die Physiker nahmen sich Atome vor. Sie versuchten, ihre Stabilität zu verstehen und haben dabei die Quantenmechanik geschaffen (genauer: schaffen müssen). Die künftigen Biologen würden sich die Gene vornehmen. Sie würden versuchen, ihre Stabilität vor und nach einer Mutation zu verstehen und dabei eine neue Genetik zustande bringen. Soweit Bohrs Vorschlag, der tatsächlich bald gelingen sollte mit einer neuen Form der Wissenschaft, die den Namen Molekularbiologie trägt, den sie 1938 bekommen hat.

Auf dem Weg in die Molekularbiologie

Wer die publizierte Version von Bohrs Rede über „Licht und Leben" von 1932 liest, wird nicht so ohne weiteres finden, was oben als ihre Quintessenz dargestellt wurde, zumindest nicht in diesen direkten Worten. Die aus dem bloßen Hören erinnerten Worte ermutigten Delbrück, seine Aufmerksamkeit den Genen zuzuwenden, von deren chemisch-physikalischer Zusammensetzung damals nahezu nichts bekannt war und die man sich im Verbund als „hoch komplizierte Gebilde" vorstellte. Bevor Bohr seine Texte in Druck gab, wendete er die Formulierungen endlos hin und her, bis zuletzt ihre Besonderheiten nur noch mühsam auszumachen waren. In seiner Rede aber hat er mit seinen Formulierungen bei Delbrück wohl einen Nerv getroffen. Denn Delbrück nahm sich unmittelbar im Anschluss daran vor, die Experimente der Physiker von 1911 aufzugreifen, die Strahlen auf Goldfolien gelenkt und den Aufbau der dort versammelten Atome erschlossen hatten. Delbrück wollte Strahlen auf Lebewesen lenken, um den Aufbau der zu ihnen gehörenden Gene zu erkunden, und er konnte sich für dieses Vorhaben auf doppelte Weise orientieren. Zum einen bestand die Möglichkeit, an die Versuche von Muller anzuknüpfen, der mit Röntgenstrahlen die Mutationsrate von *Drosophila* erhöht hatte. Und zum zweiten genoss der gebürtige Berliner Delbrück den Vorzug, in den Osten seiner Vaterstadt gehen zu können. Hier gab es im Stadtteil Buch ein Kaiser-Wilhelm-Institut für Hirnforschung, an dem es eine „Genetische Abteilung" gab, an der unter Führung des russischen Genetikers Nicolai Timoféef-Ressovsky (1900–1981) Fruchtfliegen mit Strahlen bearbeitet und ihre Mutationen auf Verhaltensänderungen hin analysiert wurden.

Es klingt natürlich merkwürdig, dass *Drosophila* an einem Institut für Hirnforschung untersucht wird, aber auch Fliegen benötigen ein – keineswegs einfach gebautes – zentrales Nervensystem. Und Timoféef-Ressovsky hatte die Vorstellung entwickelt, dessen Aufbau und Wirkungsweise dadurch studieren zu können, dass er nach Mutanten suchte, bei denen etwas gestört war oder falsch ablief.

Auf jeden Fall war Timoféef-Ressovsky bereit, sich mit dem jungen Delbrück darauf einzulassen. Gemeinsam mit dem Physiker Karl Günter Zimmer (1911–1988) machte er sich an den Versuch, die Gene durch ihre Qualität zu verstehen, wenn sie von Röntgenstrahlen getroffen und mutiert – also von einem stabilen Zustand in einen anderen gebracht –werden. Die Gene wurden mehr oder weniger als Zielscheiben (Targets) von Strahlen verstanden, und wenn auch das ganz große Vorhaben des Trios scheiterte – nämlich eine verlässliche Abschätzung für die Größe von Genen vornehmen zu können –, so bleiben doch zwei Schlussfolgerungen bis heute von Interesse. Zum einen erkannte vor allem Delbrück, dass man sich „das Gen als einen Atomverband" vorstellen kann, dem eine Mutation eine neue stabile Form gibt. Und zum anderen zeigte sich, dass Gene als „Lebenseinheiten" verstanden werden können, die sich innerhalb einer Zelle befinden und damit als elementarer als diese Struktur anzusehen sind. Wenn überhaupt, dann sind die Gene – und nicht die Zellen – die „letzten Lebenseinheiten", von denen aus sich ein Verständnis der Organismen entwickeln lässt.

Mit anderen Worten: Die Gene können seit der Mitte der 1930er Jahre als eigenständige Atomverbände erforscht werden, und die Wissenschaft, die dieses Forschungsprogramm zielgerichtet umsetzt, kennen wir heute als Molekularbiologie. Dieser Name taucht zum ersten Mal offiziell im Jahre 1938 auf, als die amerikanische Rockefeller Stiftung ihren Bemühungen um eine exakte Lebenswissenschaft unter diesen Begriff stellte, der das Programm einer mathematischen Biologie ablöst, wie es vorher hieß. Gemeint war in beiden Fällen der Versuch, die eher beschreibende Biologie auf eine exakte physikalische Grundlage mit theoretischen Konzepten zu stellen. Um dafür die geeigneten Wissenschaftler zu finden, stellte die Stiftung zum einen Mitte der 1930er Jahre große Summen zur Verfügung, und sie schickte zum anderen ihre Agenten durch Europa, um zum Beispiel Physiker wie Delbrück zu finden, die sich über Genmutationen Gedanken machten und quantitativ zu argumentieren wussten. 1936 bot die Rockefeller-Stiftung Delbrück an, seine Studien in Kalifornien fortzusetzen, und zwar am California Institute of Technology (Caltech) bei keinem Geringeren als dem großen Thomas Morgan (1866–1945). Ein Angebot, das man nicht ablehnen konnte. Und so brach Delbrück 1937 in die USA auf, um sich in Morgans Laboratorium einzufinden – aber nur, um es schleunigst wieder zu verlassen. Die Leute im Fliegenraum unternahmen damals die kompliziertesten Kreuzungen mit endlos vielen Mutationen, was sicher verdienstvoll war, aber Delbrück keine Chance bot, die „Lebenseinheit" Gen als das molekulare Gebilde zu erfassen, das er sich als Physiker vorgestellt hatte. Außerdem ergab das Hantieren mit den Fliegenchromosomen keinerlei Möglichkeit, Bohrs Gedanken über die Grundeigenschaften des Gens zu verfolgen. Die Physik der Atome war vorangekommen, weil man sich auf die Stabilität von Atomen konzentrierte und nur sie verstehen wollte. Die Biologie der Gene sollte – nach Delbrücks Sicht der Dinge – dadurch vorankommen, dass man sich auf die Grundeigenschaft des Gens konzentrierte, nämlich auf die „Teilung in zwei", was schon Goethe als „Urphänomen" bezeichnet hat. Was Delbrück suchte, war so etwas wie ein biologisches System, das zum einen vornehmlich damit beschäftigt war, sich zu teilen (zu vermehren), und das sich zum anderen gut vermessen ließ und somit einer quantitativen Analyse zugänglich sein würde. Er konnte zunächst nicht wissen, dass er am Caltech genau am richtigen Ort war und von Morgans Fliegenraum aus nur ein Stockwerk tiefer zu gehen brauchte, um dort auf sein Objekt der Begierde zu treffen. Auf der Suche nach einem anderen Arbeitsgebiet als die *Drosophila* besuchte er eines Tages die Arbeitsräume von Emory Ellis (1906–1996), der mit Bakterien und Viren operierte, und sah und fand in dessen Technik das, was er sich in seinen Träumen erhofft hatte (Abb. 11.1: Plaques, Phagen auf Schalen). Ohne zu zögern, gab Delbrück *Drosophila* auf und wandte sich den Mikroorganismen zu, mit denen Ellis seine Versuche unternahm.

Die Entscheidung Delbrücks, seine Suche nach der Natur des Gens mit Hilfe von winzigen Bakterien und ihren noch sehr viel kleineren Viren fortzusetzen, sollte sich im Rückblick als wegweisend herausstellen, musste 1937 aber noch ziemlich rätselhaft gewirkt haben. Noch konnte niemand überhaupt sagen, ob Bakterien so eingerichtet sind wie Fliegen und Erbsen, ob sie Erbanlagen so weitergeben wie Heuschrecken oder Bohnen oder ob sie überhaupt Gene tragen. Aber darauf achtete Delbrück nicht, als er sah, was

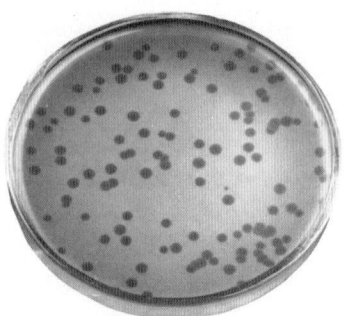

Abb. 11.1 Plaques, Phagen auf Schalen. Es gibt Viren, die Bakterien befallen. Sie heißen Bakteriophagen oder kurz Phagen, und ihre Aktion kann sichtbar gemacht werden, indem man sie auf einem Rasen aus Bakterien aufbringt, der in einer Schale gewachsen ist. Wenn ein Phage ein Bakterium angreift, dringt er in die Zelle ein, vermehrt sich dort und sprengt sein Opfer. Die Nachkommen der Phagen greifen andere Bakterien an, und der Vorgang wiederholt sich so lange, bis sichtbare Löcher entstehen. Sie heißen Plaques, können gezählt werden und erlauben es, Genetik als quantitative Wissenschaft zu treiben. (Aus: Stent GS, Calender R 1978: Molecular Genetics: an introductory narrative, 2. Aufl, W. H. Freeman, S. 297)

man mit Bakterien und Viren machen konnte: Man konnte mit Bakterien auf einer geeigneten Unterlage eine Art Rasen entstehen lassen, um dieser geschlossenen Fläche dann Viren hinzuzufügen, die sich nach einigen Stunden als Löcher (Plaques) in der Bakteriendecke zu erkennen gaben. Bevor genauer erläutert werden kann, wie die heutige Molekulargenetik dabei ihren Anfang nehmen konnte, gilt es, auf zwei weitere Fragen einzugehen: Wozu das Ganze? Und: Was wollte man mit diesen Viren herausfinden?

Bakterien waren den Biologen schon länger bekannt. Die Medizin konnte bereits im ausgehenden 19. Jahrhundert nachweisen, dass es Krankheiten wie Tuberkulose oder Cholera gab, die von identifizierbaren Erregern ausgelöst (verursacht) wurden, eben den Bakterien, wie man sie nach dem griechischen Wort für „Stäbchen" nannte, das die Form beschrieb, die im Lichtmikroskop sichtbar wurde. Das heißt, nicht alle Bakterien sind schädlich, und man wusste daneben schon länger, dass es zum Beispiel Sorten gibt, die im menschlichen Darm wohnen und uns bei der Verdauung helfen. Aber das Interesse der Bakteriologen, die sich mit den Mikroorganismen beschäftigten, wie sie allgemein genannt wurden, richtete sich weniger auf die nützlichen als vielmehr auf die schädlichen Formen, vor allem, um Wege zu finden, deren Wachstum zu unterbinden. Und dies bringt uns zu den Versuchen von Ellis, die Delbrück 1937 im Caltech zu sehen bekam.

Eine Möglichkeit, Bakterien zu schädigen oder zu behindern, schienen sogenannte Viren zu liefern, von denen man zunächst nur wusste, dass sie kleiner sind als Bakterien und auch allerfeinste Öffnungen in Filtern passierten.

Viren wirkten wie ein Saft, bis man merkte, dass man einige von ihnen auf einem Bakterienrasen aussetzen konnte, auf dem sie dann nach einiger Zeit zählbare Löcher hinterließen. Diese Viren mussten so etwas wie die Atome der Biologie sein, und da sie offenbar damit beschäftigt waren, Bakterien aufzufressen, bekamen sie den Namen „Bakteriophagen", wobei uns die letzten beiden Silben von den Sarkophagen her vertraut sind, die als Steinsärge der Antike so heißen, weil sie wie „Fleischfresser" wirken. Bakteriophagen sind also „Bakterienfresser", und als Delbrück ihre Wirkung in Form von Löchern auf dem Bakterienrasen im Laboratorium von Ellis sah, begann eine neue Epoche der Genetik – auch wenn dies erst am Ende des Zweiten Weltkriegs verstanden sein würde.

Das Wachsen der Phagen

Mit den Phagen, wie die Bakteriophagen bald der Einfachheit halber genannt wurden, wurde zuerst die Mikrobiologie, später die sich daran anschließende Molekularbiologie und mit ihr die Genetik zu einer exakten Wissenschaft, was daran lag, dass zum einen die chemische Zusammensetzung von Phagen sehr überschaubar war – sie bestanden aus genau zwei Sorten von Makromolekülen, nämlich aus Proteinen und Nukleinsäuren, wie sich noch als sehr wertvoll erweisen sollte – und es zum anderen gelang, das Wachsen von Phagen – die Zunahme ihrer Zahl – messbar zu machen.

Um diese nur scheinbar einfache Aufgabe zu lösen, galt es herauszufinden, ob ein Loch im Bakterienrasen von einem Phagen stammte, oder ob mehrere Viren daran beteiligt waren. Heute ist die Antwort klar: Ein Phage greift ein Bakterium an und macht damit ein Loch in den Rasen. Aber als Delbrück sich an die Arbeit machte, verfügte man weder über die Elektronenmikroskope, mit denen man Phagen sichtbar machen kann, noch kannte man eine Methode, um ihre Konzentration zu bestimmen. Delbrück konnte dieses Problem schließlich lösen, stellte die Genetiker damit aber vor weitere Fragen wie etwa die nach der molekularen Zusammensetzung des Erbmaterials. Bakterien und ihre Viren warfen also mehr Fragen auf als die Fliege. Immerhin brauchen Bakterien keine Tage, um eine neue Generation heranwachsen zu lassen. Sie brauchen auch keine Stunden. Ihnen genügen etwa zwanzig Minuten, und sie bringen in dieser kurzen Zeit riesige Zahlen an Nachwuchs zustande.

Die Frage, wie sich die Zahl oder Konzentration von Phagen in einem Reagenzglas (oder einem anderen Gefäß) bestimmen lasse, konnte Delbrück aufgrund von Kenntnissen beantworten, die er als Student der Physik erworben hatte. Gemeint ist dabei die Beherrschung der Wahrscheinlichkeitsrechnung und der Statistik, wie sie etwa zum Verständnis des radioaktiven Zerfalls benötigt wird (der hier keine Rolle spielen soll). Das statistische Denken war im 19. Jahrhundert entwickelt worden und war zunächst beschränkt auf sozial relevante Fragestellungen. Für Versicherungen war dies von besonderem Interesse, wenn es etwa um die Frage ging, wie groß die Wahrscheinlichkeit ist, in Paris abends einem Verbrechen zum Opfer zu fallen. Untersucht hat dies der Mathematiker Siméon Denis Poisson (1781–1840). Seine Einsichten dazu legte er in seinen *Untersuchungen zur Wahrscheinlichkeit von Urteilen in Strafsachen* vor, die 1837 erschienen sind. In diesem Werk stellt Poisson eine Gleichung – die berühmte Poisson-Verteilung – vor, die sich zum einen auf die Ereignisse konzentriert, die am häufigsten vorkommen (zum Beispiel, dass man abends auf den Straßen von Paris *nicht* überfallen wird), und die zum anderen davon ausgeht, dass alle anderen Wahrscheinlichkeiten (etwa die, zweimal beraubt zu werden) sehr rasch sehr klein werden. Wer nun weiß, wie groß oder klein die Chancen sind, unbehelligt durch die Pariser Nacht zu kommen, kann als Fachmann (als Polizist zum Beispiel) mit Hilfe von Poissons Vorschrift berechnen, wie viele Kriminelle sich in der Stadt aufhalten oder wie hoch ihre Dichte oder Konzentration in bestimmten Stadtvierteln ist. Mit dieser Vorgabe kehren wir nun wieder zu den Phagen zurück

Auch wenn wir (noch) nicht wissen, wie viele Phagen es braucht, um ein sichtbares Loch im Bakterienrasen zu machen, so wissen wir doch, dass dann, wenn kein Loch erscheint, auch kein Phage vorhanden ist. Delbrück überlegte nun: Wenn man die Lösung mit den Phagen derart verdünnt, dass die Wahrscheinlichkeit, *kein* bakterielles Virus in dem Tropfen zu finden, den man einem Bakterienrasen zufügt, größer wird als jede andere Wahrscheinlichkeit (für einen oder mehrere Phagen in dem Tropfen), und wenn man diese Wahrscheinlichkeit bestimmt – was sehr einfach ist, da man nur zu zählen braucht, wie viele Bakterienrasen unberührt geblieben sind –, dann kennt man mit ihr plötzlich auch die Konzentration der Phagen, ebenso wie Poisson die Verbrecherdichte von Paris kannte. Delbrück nutzte 1937 für Phagen, was Poisson genau hundert Jahre zuvor für Verbrecher erkannt hatte. Und um sicher zu sein, den französischen Mathematiker auch richtig verstanden zu haben, ließ sich Delbrück das französische Original des Buches von 1837 aus der Bibliothek der Universität von Kalifornien in Los Angeles (UCLA) kommen, wo es tatsächlich verfügbar war. Allerdings waren die Seiten des Buches noch unaufgeschnitten, was bedeutet, dass sie offenbar seit einhundert Jahren auf ihren ersten Leser gewartet hatten. Delbrück strahlte vor Glück, und er konnte in den folgenden Wochen zeigen, dass erstens tatsächlich nur genau ein Phage in ein Bakterium eindringt, und dass sich dabei zweitens in diesem Bakterium viele neue Phagen bilden, die zuerst zerplatzen („lysieren"), dann ausschwärmen und dabei zuletzt ihre Opfer suchen und finden und in ihnen den ganzen Ablauf („Lebenszyklus") wiederholen, und zwar so lange, bis nach einiger Zeit so viele Bakterien zerstört („lysiert") sind, dass in dem ursprünglichen Rasen ein Loch erscheint, das dann zu zählen ist.

Der Blick auf die Schwankungen

Selbst mit guten Kenntnissen vom Wachstum der Phagen gab es zu diesem Zeitpunkt noch keine Gelegenheit, mit den betrachteten Mikroorganismen echte Genetik zu betreiben. Delbrück hatte zwar sein biologisches System gefunden, das möglichst einfach existierte und vor allem damit beschäftigt war, sich zu teilen und zu vermehren. Aber noch wusste weder er noch irgendjemand sonst, ob die Bakterien und ihre Viren überhaupt Gene mit sich führen, auch wenn diese Zweifel im Rückblick merkwürdig wirken. Aber es gilt zu bedenken, dass gute Wissenschaftler sich zu allen Zeiten erstens bevorzugt an das halten, was sie sicher wissen, und zweitens eher dazu tendieren, konservative Annahmen zu machen. Da sie Gene nur an Organismen – wie Erbsen und Fliegen – untersucht hatten, die sich sexuell vermehrten, und da noch niemand gesehen hatte, dass und wie Bakterien Sex treiben, erschien es vielen Biologen damals eher verwegen, bei ihnen auch Gene zu erwarten.

Es sollte noch einige Jahre vergehen, bis man Bakterien beim Sex erwischen konnte, den man sich natürlich nicht so vorstellen darf wie bei uns Menschen. Und es dauerte noch bis in die frühen 1940er Jahre, bevor klar war, dass auch das sich unseren Augen entziehende und also unsichtbare Leben der Bakterien und Phagen voller Gene steckt und somit der Wissenschaft von der Genetik zugänglich werden kann. Nachgewiesen hat dies erneut Delbrück, der dabei in besonderer Weise mit dem Italiener Salvadore E. Luria (1912–1991) zusammenarbeitete. Luria war in Turin als Radiologe ausgebildet worden. 1938 hatte er von der Rockefeller-Stiftung ein Stipendium bekommen, um in die USA gehen zu können und dort bei Delbrück am Aufbau der Wissenschaft mitzuwirken, die in jenem Jahr auch den Namen Molekularbiologie bekam. Als Jude hatte Luria zwar große Mühe, dem faschistischen Italien zu entkommen, aber Umwege über Paris und Marseille brachten ihn schließlich nach New York, genauer nach Cold Spring Harbor, einem kleinen Dorf auf Long Island, von dem bereits die Rede war. Hier traf Luria mit Delbrück zusammen, und die beiden entschieden sich, einem merkwürdigen Phänomen Aufmerksamkeit zu schenken und nachzugehen, das sie „sekundäres Wachstum" nannten.

Im Experiment bereitet man gewöhnlich eine Bakterienkultur vor, was bedeutet, dass Bakterien in einer Flasche mit Nährmedium wachsen, das trüb erscheint, wenn sie sich ausreichend vermehrt haben. Fügt man einer solchen Population von Mikroorganismen Phagen hinzu, werden die Bakterien erwartungsgemäß gefressen, was sich leicht sichtbar daran zeigt, dass die undurchsichtig trübe Nährlösung wieder klar wird. Irgendwann – so denkt man – sind alle Bakterien tot. Doch wenn man nur lange genug wartet, wird die Kultur erneut trübe und zuletzt wieder undurchsichtig. Die Bakterien wachsen wieder, wie man im Laboratorium auch riechen kann. Sie zeigen ein „sekundäres Wachstum", und das in der unveränderten Anwesenheit der Viren, die sie vorher attackiert und aufgelöst haben.

Um dieses Phänomen zu verstehen, nahmen Delbrück und Luria an, dass die nachwachsenden (sekundären) Bakterien sich gegenüber der ersten Kultur verändert hatten. Sie mussten den Phagen gegenüber resistent geworden sein. Und als gezeigt werden konnte, dass der neue Bakterienstamm seine Resistenz an die Nachfahren weitergab, durfte vermutet werden, dass es sich dabei um eine Genmutation handeln müsse. Mit dieser Ausgangslage bot sich der Forschung nun eine riesengroße Chance, wie das deutsch-italienische Forscher-Duo sogleich erkannte, das sich anschickte, herauszufinden, wie die Mutation zustande gekommen war. Für die Biologen gab es zwei Erklärungsmöglichkeiten:

Entweder war die Variante durch einen Zufall entstanden, wie es der evolutionäre Gedanke von Charles Darwin annahm. Oder die Mutation ergab sich aus dem Kontakt zwischen den Bakterien und ihren Viren, wie die Anhänger der alternativen Erklärung meinten, die sich in ihrem Namen auf Jean-Baptiste Lamarck (1744–1829) beriefen und sich als Lamarckisten bezeichneten. Nach ihrem Dafürhalten sorgt die Umwelt für die Mutation, die auf diese Weise passend wird, was für den Fall der Phagen heißt, dass ihre Anwesenheit in den Bakterien die genetische Veränderung zustande bringt, die sie resistent macht.

Also: War die Resistenz der Bakterien zufällig (ohne Kausalität) entstanden? Oder hatten die Phagen Druck auf die Bakterien ausgeübt und sie ermutigt, sich geeignet zu verändern?

Luria und Delbrück haben diese grundlegende Frage in einem berühmten Experiment zugunsten von Darwins Zufall entschieden, und ihr Versuch gehört zu den großen Erfolgen der Naturwissenschaft, mit denen sie die Qualität und Zuverlässigkeit ihres Vorgehens demonstrieren kann. Die Publikation merkt dabei in einer Fußnote an, dass die Theorie zu dem Experiment von Delbrück stammt, während die handwerkliche Ausführung Luria zuzuschreiben ist – eine wunderbare Kooperation, die nicht zuletzt zeigt, wie eng verwoben das Theoretische und das Praktische in der Wissenschaft sind. In diesem Wechselspiel geht es im Hintergrund stets um die philosophische Frage, ob meine Begriffe (Theorie) mir helfen, das Beobachtete (Experiment) zu verstehen, oder ob meine Beobachtungen zu den Begriffen führen, mit denen meine Erkenntnis und mein Wissen zustande kommen.

Delbrücks Überlegungen sahen im konkreten Fall der Resistenzwerdung wie folgt aus: Angenommen, wir lassen Bakterien in etwa zehn Behältern wachsen, warten ausreichend lange ab, bis sich genügend viele Generationen gebildet haben, setzen dann Phagen hinzu, lassen sie einwirken und prüfen anschließend, wie viele Bakterien resistent geworden sind – dann kann man folgende Unterscheidung treffen: Wenn die Bakterien sich durch die Anwesenheit der Viren verändert haben und unangreifbar geworden sind, dann sollte in jedem der Behälter (Kulturen) in etwa die gleiche Zahl von resistenten Bakterien zu finden sein, was sich als eine normale statistische Verteilung zeigen wird. Wenn sich hingegen die Bakterien zufällig, also ohne äußere Beeinflussung, genetisch gewandelt haben, dann kann dies bei der Entstehung jeder Generation passiert sein, ob zu Beginn des Wachstums, in der momentanen Phase oder vielleicht noch gar nicht. In diesem Falle sollte die Zahl der resistenten Bakterien zwischen den Kulturen stark schwanken (fluktuieren), und was man im Experiment letztlich machen muss, ist, die Größe der Fluktuationen zu unterscheiden. Die Biologiebücher sprechen heute vom Fluktuationstest, den wir Delbrück und Luria verdanken. Und deren Antwort lautet unübersehbar deutlich: Die Mutationen der Bakterien erfolgen spontan.

Als besonderen Bonus gelang es dem Duo sogar noch, die Rate (Häufigkeit) abzuschätzen, mit der Mutationen in Bakterien auftreten, und damit war klar, wie in der Zukunft – in der Zeit nach dem Zweiten Weltkrieg – Genetik betrieben würde: Mit Bakterien und Phagen. Delbrück und Luria boten nach 1945 Kurse an für Interessenten – natürlich in Cold Spring Harbor, das jetzt auf dem Weg war zu einem modernen Mekka der Forschung war.

Das Experiment mit dem Mixer

Als Delbrück und Luria 1969 für ihre Arbeiten mit Phagen und Bakterien mit dem Nobelpreis für Medizin ausgezeichnet wurden, teilten sie die Ehre mit Alfred Hershey (1908–1997), der sich seit der Mitte der 1930er Jahre den Bakterien verschrieben hatte und 1950 nach Cold Spring Harbor gekommen war, um die Genetik mit ihrer Hilfe voranzubringen. Hershey gehörte zu den Menschen, die mehr handeln als reden. Und wie jeder in seinem Umfeld wusste, fühlte er sich mit seinen Experimenten sehr wohl, hatte er damit doch so etwas wie seinen persönlichen Himmel, seinen „Hershey Heaven", gefunden: Jeden Tag ins Laboratorium zu kommen und dort einen Versuch zu unternehmen, der funktioniert.

Als Hershey in Cold Spring Harbor mit Delbrück und Luria zusammentraf, lernte er auch die Phagen kennen, und er fing an, sich für deren Lebenszyklus zu interessieren. Vielleicht konnte eine genaue Analyse der Phagen zeigen, welche der beiden Sorten von Makromolekülen den Stoff für die Gene lieferten – die Proteine oder die Nukleinsäuren. Hershey kannte natürlich die Beobachtungen der Leute von der Rockefeller Universität, die mit ihren Streptokokken den Verdacht auf die DNA gelenkt hatten. Aber logisch betrachtet hatte die Analyse der Gruppe um Avery nur gezeigt, dass die Nukleinsäuren mit zu den Genen gehören und zur Vererbung beitragen. Es konnte auch noch andere molekulare Komponenten von Zellen geben, die dazu ihren Anteil lieferten, und es lohnte sich, dies noch einmal genauer zu untersuchen.

Hershey nahm sich vor, in einem Experiment mehr Klarheit in dieser Frage zu schaffen, und die Phagen wiesen einen Weg. Nach Auskunft der Biochemiker bestanden sie aus Protein und DNA, das heißt, sie enterten ihr Opfer als Gemisch aus DNA plus Protein, und sie verließen es auf die gleiche Weise. Vielleicht ließe sich herausfinden, was von ihnen im Inneren der Bakterien ankommt, und die Hoffnung, dies tun zu können, begründete sich durch eine mikroskopische Beobachtung und eine biochemische Unterscheidung.

Diese Beobachtung stammt von den ersten elektronenmikroskopischen Aufnahmen, die einen Angriff von Phagen auf Bakterien zeigten und erkennen ließen, dass die Viren eine Hülle auf ihrem Opfer zurückließen – genauer: auf der Wand, die die Bakterien umgibt. Bei einer Infektion gelangt also nicht ein kompletter Phage, sondern nur ein Teil von ihm (der Inhalt seiner Hülle) in die Bakterien, und diesen Teil, so war Hershey überzeugt, musste man doch identifizieren können Und zwar so:

Wenn man die infizierten Zellen geeignet durcheinanderwirbelt (mit einem gewöhnlichen Mixer etwa), sollte man in der Lage sein, die Bakterien mechanisch aufzubrechen, bevor es die Phagen biologisch tun. Wenn man dann zusätzlich durch geeignete Methoden die Wand mit den Hüllen der Phagen von den bakteriellen Innereien mit den von den Phagen eingeschleusten Stoffen trennt, sollte man in der Lage sein, herauszufinden, ob es sich dabei um die DNA oder die Proteine handelt. Und dies funktionierte, weil die Biochemiker inzwischen einen wesentlichen Unterschied zwischen den beiden Makromolekülen gefunden hatten, der sich nutzen ließ.

In Proteinen gab es im Gegensatz zu der DNA Schwefel, und in der DNA gab es im Gegensatz zu den Proteinen Phosphor. Nun konnte und kann man in dem von der Öffentlichkeit leider viel zu wenig beachteten und bestaunten Arsenal der wissenschaftlichen Wunderwaffen radioaktive Varianten der Elemente bestellen und dem Nährmedium zugeben, auf dem die Phagen – mit Hilfe von Bakterien – wachsen. Das von Hershey konzipierte Experiment konnte jetzt mit Phagen durchgeführt werden, deren DNA radioaktiv markiertes Phosphat und deren Proteine radioaktiv markierten Schwefel enthielt. Diese Phagen wurden auf Bakterien losgelassen, das Gemisch anschließend mit einem Küchenmixer bearbeitet, die dabei zerrissenen Teile in einem nächsten Schritt getrennt und deren Radioaktivität schließlich ermittelt – wobei selbst diese knappe Beschreibung erahnen lässt, dass bei diesem Versuch sehr genau, sehr sorgfältig, sehr geschickt, sehr konzentriert, sehr verlässlich und unermüdlich gearbeitet werden musste, vor allem, weil das Ergebnis große Konsequenzen erwarten ließ. Hershey konnte dies nicht alleine zustande bringen. Er kooperierte dabei mit der noch jungen Mikrobiologin Martha Chase (1927–2003). Das heute legendäre Experiment wird von den Geschichtsbüchern mit beiden Namen verbunden und als Hershey-Chase-Experiment gefeiert. Bis heute kann man in Cold Spring Harbor den Küchenmixer bewundern, den beide für ihr historisches Experiment benutzt haben.

Das Hershey-Chase-Experiment verdient die Bezeichnung „historisch", denn sein Ergebnis war eindeutig und folgenreich. Die ermittelten Fakten: Die Hülle der Phagen, die auf der bakteriellen Wand sitzen blieb, enthielt Schwefel. Und das, was die Hülle verlassen hatte und in das Innere der Bakterien eingedrungen war, enthielt Phosphor. Die daraus folgende Einsicht: Phagen beginnen ihren Lebenszyklus als „DNA plus Protein", durchlaufen ein Stadium, in dem sie nur aus DNA bestehen, und verlassen die Bakterien wieder als Summe aus „DNA plus Protein". Mit anderen Worten: Die Phagen bauen ihre nachfolgende Generation allein mit Hilfe der DNA auf. Die Nukleinsäuren gehören nicht nur zu dem genetischen Material, sondern das Material besteht auch aus ihnen. Der Stoff, aus dem die Gene sind, heißt DNA. Und diese Einsicht publizierten Hershey und Chase 1952. Jetzt war klar, was die Biologen als nächstes wissen wollten, nämlich wie diese DNA aussieht und wie sie funktioniert. Das Rennen um ihre Struktur hatte begonnen. Es sollte spannend werden und ein merkwürdiges Ende nehmen. Und es beschäftigt uns bis heute.

Der Weg zur Doppelhelix

Der hier ins Auge gefasste Beitrag zur Wissenschaftsgeschichte, der wohl zu den wichtigsten und folgenreichsten des 20. Jahrhunderts zu zählen ist, lässt sich auf Februar 1953 datieren. Damals hatten der junge Amerikaner James D. Watson (*1928) und der Brite Francis Crick (1916–2004) im britischen Cambridge alle Kenntnisse zusammen, um damit eine grandiose Struktur für die Säure (Acid) vorzuschlagen, die im 19. Jahrhundert im Zellkern entdeckt worden war und seitdem Desoxyribonukleinsäure hieß (abgekürzt DNS oder DNA). Die von dem Forscher-Duo ersonnene und vorgeschlagene Struktur einer „Doppelhelix" ließ und lässt mit einem Schlag erkennen, wie das Leben die seit den Zeiten von Goethe faszinierende Eigenschaft bekommt, aus eins zwei zu machen (Abb. 11.2). Wie kamen Crick und Watson zu ihrer Erkenntnis, die am 25. April 1953 in der Zeitschrift *Nature* publiziert wurde?

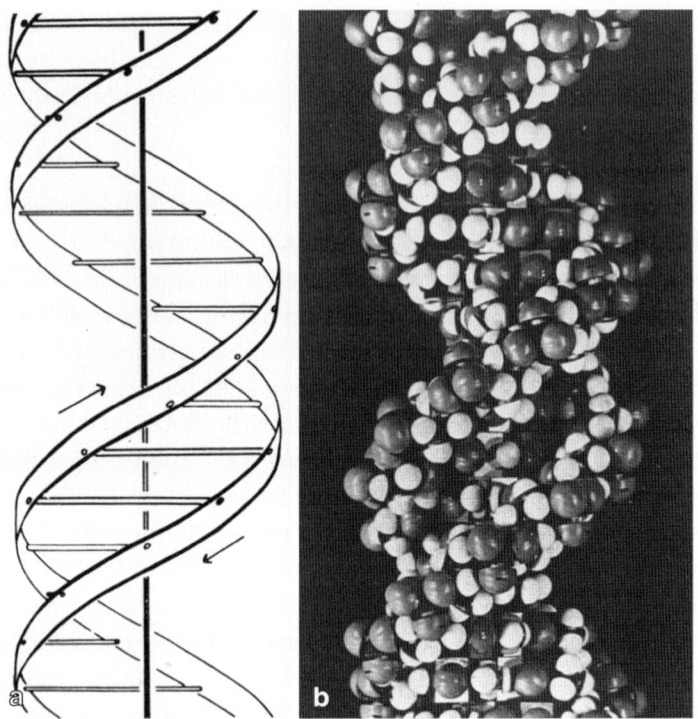

Abb. 11.2 Zwei Darstellungen der legendären Doppelhelix – einmal als Zeichnung einer Künstlerin, die 1953 entstanden ist, und einmal als sogenanntes Kalottenmodell, in dem einzelne Atome durch Kügelchen dargestellt werden, wie es Wissenschaftler seit den frühen 1960er Jahren gerne tun. Das Erbmolekül DNA gibt es natürlich in einer Zelle, aber die Doppelhelix nicht. Sie stellt die Form dar, mit der Menschen Gene zu verstehen versuchen, und diese Form kann verschieden ausfallen, wie die beiden Bilder zeigen. (Linkes Bild aus: *Nature*, Vol. 171, 1953, S. 737. Rechtes Bild © M. H. F. Wilkins)

Was sich in den Monaten vom Herbst 1951 bis zum Frühjahr 1953 im britischen Cambridge zugetragen hat, gehört zu den lohnenswerten und ereignisreichen Abläufen, die sich im Verlauf der inzwischen schon sehr langen Geschichte der Wissenschaften abgespielt haben. Einer der Hauptakteure, der damals 24jährige James D. Watson, hat darüber in seinem Best- und Longseller *Die Doppelhelix* berichtet. Man sollte nicht versuchen, die in diesem sehr persönlich gehaltenen Bericht geschilderte Dramatik nachvollziehen oder gar übertreffen zu wollen. Aber eine erzählende Analyse der Ereignisse lohnt dennoch, vor allem dann, wenn man verstehen will, wie die Wissenschaft mit Menschen und ihren Motiven funktioniert, wie Watson im Verbund mit anderen Forschern wissen und herausbekommen wollte, wie die Gene funktionieren.

Forschen in Cambridge

Der Schauplatz der Veranstaltung liegt klar vor Augen. Es ist die altehrwürdige britische Universitätsstadt Cambridge samt ihren Laboratorien, die in enger Nachbarschaft zu Kirchen und Kapellen errichtet sind und so deutlich machen, dass der Aufstieg des wissenschaftlichen Denkens und christliche Überzeugungen im Abendland zusammengehören (auch wenn sich die heutigen Benutzer der jeweiligen Gebäude eher skeptisch und fremd gegenüber stehen). Der äußeren Pracht und Schönheit der Gebäude entspricht – besonders in den Nachkriegsjahren – eine düstere Trostlosigkeit der Laboratorien und ihrer Ausstattung, die jeden Beobachter dieser inneren Enge zu der Frage bringt, was die Bewohner und Benutzer dieser Räume eigentlich antreibt – eine Frage, die von Soziologen oder Bildungsforschern offenbar nicht zur Kenntnis genommen wird, die dafür lieber von der Verwertung von Erkenntnissen reden, ohne zu fragen, woher das Wissen kommt.

Niemand, der damals im Cavendish Laboratory und in ähnlichen Forschungsstätten – reich an Tradition und arm an Zuwendung – zu Werke ging, konnte auch nur im Ansatz ahnen, was sich letztlich aus dem Treiben der hier tätigen Menschen entwickeln würde, nämlich die gigantische biomedizinisch-biotechnologische Maschinerie, zu denen längst zahlreiche börsennotierte Unternehmen mit Umsätzen in Milliardenhöhe gehören. Vermutlich hätten die meisten der damals über ihre chemischen Verbindungen, ihre physikalischen Apparate und ihre mathematischen Formeln gebeugten und sich allein der Grundlagenforschung widmenden Wissenschaftler fluchtartig und in Panik das Gelände verlassen, hätte man ihnen prophezeit, was inzwischen harte Wirklichkeit geworden ist. Schließlich hielten sich die meisten Forscher in diesen engen Hallen und winzigen Zimmern der Wissenschaft gerade deshalb auf, um der Welt zu entfliehen und in genau der Einsamkeit und Freiheit ihren Tätigkeiten mit ungewissem Ausgang nachzugehen. Ein Umstand, der für Wilhelm von Humboldt zu Beginn des 19. Jahrhunderts eine grundlegende Voraussetzung für eine gelingende und immer offene Wissenschaft war.

Eng war es auf jeden Fall in Cambridge, was bedeutete, dass alle alles mitbekamen, vor allem dann, wenn jemand laut redete. Am lautesten redete ein Mann namens Francis Crick, der heute weltberühmt ist, damals aber allen ein Dorn im Auge war. Wirklich allen? Watson scheint eine Ausnahme gewesen zu sein. Zwar hatte er auch seine liebe Mühe mit dem unentwegten Redestrom, den Crick durch die Flure der Wissenschaft tönen ließ. Aber immerhin gefiel Watson, dass Crick so direkt war, dass er „Blödsinn" sagte, wenn er „Blödsinn" meinte, ohne sich die Mühe einer höflichen Umschreibung zu machen und die Etikette zu wahren. Außerdem konnte der junge Jim von dem zwölf Jahre älteren Francis etwas lernen, nämlich wie man die dramatisch besser werdenden Daten deutete, die gerade in Cambridge und London produziert wurden. Es waren Aufnahmen, die mit Hilfe von Röntgenstrahlen gemacht wurden, die auf Kristalle gelenkt und von ihnen gebeugt wurden. Die Gruppe um Max Perutz (1914–2002), zu dem Watson von seinem Doktorvater, Salvadore Luria, geschickt worden war, hatte sich die Aufgabe gestellt, die genaue Struktur von Proteinen zu bestimmen, was deshalb möglich war, weil sich diese Gebilde kristallisieren ließen, und weil bekannt war, wie sie in dieser Form mit Röntgenstrahlen untersucht werden konnten.

Die Idee der Helix

Die Hoffnung, etwas von Proteinen verstehen zu können, war durch den Vorschlag des Amerikaners Linus Pauling (1901–1994) gewachsen, demzufolge wenigstens einige Teile dieser Moleküle in der Art von Spiralen gebaut waren. Pauling schlug die sogenannte Alpha-Helix vor, und dieser Vorschlag machte den Direktor des Cavendish Laboratoriums, Sir William Bragg (1890–1971), nervös. Er musste Erfolge vorweisen und hätte sich gefreut, wenn es möglich gewesen wäre, der „amerikanischen Alpha-Helix" so schnell wie möglich eine „britische Beta-Helix" an die Seite zu stellen. Braggs Hoffnungen ruhten auf Crick, aber der produzierte nichts und redete nur, und so ging Bragg langsam die Geduld aus und Cricks dröhnende Stimme ihm immer mehr auf die Nerven. Und zu allem Überfluss tauchte jetzt auch noch der schlaksige Watson auf, ein Amerikaner, der nichts von Proteinen wissen wollte und statt dessen etwas von DNA nuschelte, also von einem Molekül, von dem Bragg wiederum nichts wissen wollte, weil es in einem anderen Institut in einer anderen Stadt – in London – bearbeitet wurde. Um sich beide fern zu halten, wies Bragg dem Duo Watson und Crick ein gemeinsames Büro zu, wobei ein Schuft sei, wer Schlechtes dabei denkt.

Mehr zu Crick

Da Crick in den kommenden Jahren zu einer der zentralen Figuren der sich gerade entwickelnden Molekularbiologie wird, soll er hier knapp vorgestellt werden. Francis Harry Compton Crick – so der volle Name – kommt am 8. Juni 1916 und damit mitten in den Wirren des Ersten Weltkriegs in Mittelengland zur Welt und wird in eine Familie der Mittelschicht hineingeboren. Die ihm offenbar angeborene Neugier und die ständigen Fragen nach dem Warum haben seine Eltern früh veranlasst, ihm eine Kinderenzyklopädie zu kaufen, deren naturkundlicher Teil der Knabe wissbegierig verschlang. Und so beschloss Crick bereits im zarten Kindesalter, „Wissenschaftler zu werden", wie er in seiner Autobiographie *Ein irres Unternehmen* schreibt. Früh schon gewinnt der heranwachsende Francis eine unerschütterliche Gewissheit, an der er sein Leben lang festhält, die da besagt, „dass detailliertes wissenschaftliches Wissen bestimmte religiöse Glaubenssätze unhaltbar macht" – weshalb er eines Tages auch ganz ernsthaft vorschlagen wird, Kirchen in Schwimmbäder umzuwandeln.

Die Richtung seiner Forschung findet Crick nach der Lektüre des 1944 erschienenen Buches von Erwin Schrödinger mit dem Titel *What is Life?*. In diesem zwar schmalen, aber wirkungsmächtigen Band tauchen an prominenter Stelle die Überlegungen auf, die Delbrück (wie oben beschrieben) 1935 über die Natur der Genmutation angestellt hat. Schrödinger nennt die Idee vom Atomverband „Delbrücks Modell des Gens" und meint, dass nur mit seiner Vorgabe ein Verständnis seiner Funktion gelingen könne – ein Verständnis der genetischen Dynamik des Lebens.

Crick ist fasziniert und will auf dem Gebiet tätig werden, das heute Molekularbiologie heißt. Doch die praktische Frage, die es zu lösen galt, bevor er sich den großen theoretischen Rätseln widmen konnte, drehte sich darum, wie er Zugang zu diesem neuen Fach und einen Job finden sollte. Nach einigen zähen Jahren erfuhr er mehr oder weniger zufällig davon, dass die mächtige britische Forschungsorganisation mit Namen Medical Research Council (MRC) am zwar schäbigen, aber ehrwürdigen Cavendish-Laboratorium in Cambridge eine neue Abteilung einrichten wollte. Hier sollte mit Hilfe von Röntgenstrahlen versucht werden, die Struktur der riesigen Zellmoleküle zu analysieren, die für den Stoffwechsel des Lebens verantwortlich sind. Crick fragte sofort (und ohne Vorkenntnisse) an, ob er an diesem Projekt mitwirken könne. Zu seiner Überraschung lud man ihn tatsächlich ein, nach Cambridge zu kommen, wo er von 1950 an unter der Leitung von Max Perutz und John Kendrew (1917–1997) arbeiten konnte, dem wir die schöne Formulierung vom „Faden des Lebens" für das langgestreckte DNA-Molekül verdanken.

Zunächst ging es noch um Proteine. Als Crick Näheres über diese raffinierten und vielseitigen Makromoleküle erfuhr, verspürte er zum ersten Mal eine Art Begeisterung, denn ihm war „sofort klar, dass eines der Schlüsselprobleme [der Molekularbiologie] darin bestand, zu erklären, wie sie synthetisiert werden", wie er in seiner Autobiographie schreibt. Zugleich konnte er sehen, welche weitere Voraussetzung notwendig war, um dieses Rätsel zu lösen. In den 1940er Jahren war (wie beschrieben) verstanden worden, dass die komplizierten Proteine nur dann in einer Zelle bereitstehen und ihre katalytische Wirkung ausüben, wenn diese Zelle über geeignete Gene für sie verfügt. Ein Gen macht ein Protein, so zeigten die Experimente und so lautete die Hypothese. Sie sagte vielen Zeitgenossen zwar wenig, wurde aber von Crick sofort akzeptiert und weiterverfolgt mit der Konsequenz, dass er fortan seine Konzentration umlenkte und auf die Gene und ihre Struktur richtete. Da offenbar sie es waren, die für die Synthese der Proteine sorgten, galt es logischerweise zunächst herauszufinden, wie die Moleküle gebaut waren, aus denen die Gene bestanden. Den Namen des Stoffes kannte man schon, nämlich DNA.

Bald trifft mit James Watson ein zweiter Wissenschaftler in Cambridge ein, der die Struktur von DNA herausfinden will. Die Zusammenarbeit zwischen den beiden beginnt mit einer endlosen Folge von Diskussionen, die andere Mitarbeiter des Laboratoriums derart nervt, dass die Leitung des Instituts beschließt, sie zusammenzusperren, „damit ihr diskutieren könnt, ohne die anderen zu stören", wie halb offiziell mitgeteilt wurde. Eine glückliche Entscheidung der Institutsführung, wie bald die ganze Welt feststellen sollte.

The Odd Couple

Mit Watson und Crick betritt ein neuer Forschertypus die Bühne der Wissenschaft. Die beiden verkriechen sich nicht länger hinter methodischen Einzelheiten ihrer Disziplin. Sie geben erstens offen zu, dass sie auf die Hilfe anderer Forscher angewiesen sind (Stichwort: Teamwork), und sie wissen zweitens, dass sie die bewährten alten durch neue Tugenden ersetzen müssen. Während man früher alles selbst machte, sein Gebiet fehlerfrei beherrschte und stets höchste Sorgfalt walten ließ, bemühen sich Watson und Crick nun vor allem darum, die Ergebnisse der anderen kennenzulernen; sie riskieren es darüber hinaus, dauernd Fehler zu machen und sich zu blamieren; sie nehmen des Weiteren in Kauf, mit ihren Vorschlägen kläglich zu scheitern, aber sie versuchen trotz allem, die Vorteile ihres sowohl verschwommenen als auch zielstrebigen Denkens zu nutzen, um das Glück zu fassen zu bekommen, von dem sie sich erhoffen, dass es sich dem vorbereiteten Geist anbieten würde – wie es dann im Februar 1953 auch eintrat.

In den Jahren nach der Doppelhelix läuft Crick zu Hochform auf (und schließt unterdessen auch seine Promotion ab). Er entwickelt sich zum großen spekulierenden Theoretiker der Molekularbiologie, der sich Schritt für Schritt an sein übergeordnetes Ziel heranarbeitet, die Synthese von Proteinen zu verstehen. Er erkennt zunächst, dass der Weg von der DNA aus nicht direkt möglich ist und ein Zwischenträger der Information benötigt wird, der auch bald darauf identifiziert werden kann. Das Molekül erweist sich als ähnlich zusammengesetzt wie das Erbmaterial selbst und wird heute als RNA (Ribonukleinsäure) bezeichnet. Crick formuliert nun höchst selbstbewusst das berühmte molekulare Dogma, demzufolge die genetische Information von der DNA über die RNA zu den Proteinen fließt, ohne von dort zurückzukommen oder sich überhaupt in eine andere Richtung bewegen zu können

(Marginalie: Das Dogma der Molekularbiologie). Es brauchte viele nobelpreiswürdige Arbeiten in den 1970er Jahren, um die begrenzte Nützlichkeit des Dogmas zu verdeutlichen, das bis heute den Molekularbiologen vor Augen ist und alles andere als ein historisches Schattendasein fristet.

Das Dogma der Molekularbiologie

Wer revolutionär sein will, braucht ein Dogma, das er stürzen kann. Wenn dies stimmt, dann ist das Aufkommen der Molekularbiologie gerade nicht revolutionär, weil es das Gegenteil unternimmt, nämlich ein Dogma liefert. Dieses Dogma stammt von Francis Crick und besagt erstens, dass ein Gen die Information für ein Protein liefert; es besagt zum zweiten, dass diese Information über einen Zwischenträger – ein Molekül mit der Bezeichnung RNA – vermittelt wird, und es besagt drittens, dass die Information nur in eine Richtung, nämlich vom Gen zum Protein, und nicht zurück fließt:

$$DNA \rightarrow RNA \rightarrow Protein$$

Heute, nach der Entwicklung der Gentechnik, hat die Biologie das Dogma längst umgestoßen. So leicht, wie Crick es gerne gehabt hätte, lässt sich das Leben nicht einfangen.

Die Jahre nach 1953 – die Zeit nach der Entdeckung der goldenen Doppelhelix – erleben einen Triumph der Molekularbiologie nach dem anderen. Meistens ist Crick mit Ideen oder Vorschlägen beteiligt, wenn Fortschritte der Art erzielt werden, die Eingang in die Lehrbücher finden. Er wird eine Art Guru der neuen Genetik, der weder eine Position noch eine Funktion braucht und nur durch sich selbst spricht. Cricks Wort ist die Wahrheit. Er definiert nicht nur, was Molekularbiologie ist, er *ist* die Molekularbiologie. Doch bald verwechselt Crick seine Wissenschaft mit der Wirklichkeit und wirft einige Ebenen durcheinander. Er äußert sich über Menschen wie über Moleküle; er formuliert abenteuerliche Hypothesen über den Ursprung des Lebens; und auf dem mittlerweile berühmt-berüchtigten CIBA-Symposium von 1963, das sich Gedanken über die Zukunft des Menschen macht (*Man and his Future*), meint Crick, er begründe eine „humanistische Ethik", wenngleich er das allgemeine Recht der Menschen bestreitet, Kinder zu bekommen. Der frischgebackene Nobelpreisträger, der wissen sollte, dass die Welt auf ihn hört, will dieses Recht nur einigen ausgewählten Exemplaren unserer Spezies zugestehen, „deren Fortpflanzung erwünscht ist", wie er meint.

Nachdem die klassische Form der Molekularbiologie mit der Entschlüsselung des genetischen Codes in den 1960er Jahren ihren Abschluss erreicht, kümmert er sich zunächst um Fragen der Embryologie. Das heißt, er versucht, genetische

Regeln zu finden, nach denen die Entwicklung des Lebens verläuft, wenn aus einer Zelle – dem befruchteten Ei – ein vollkommener Organismus wird.

1976 tritt eine Wende in Cricks Leben ein. Er wird eingeladen, ein Jahr in Kalifornien zu verbringen, und zwar am berühmten Salk Institut für Biologische Studien, das nahe der Stadt San Diego auf Klippen gebaut ist und den Pazifischen Ozean überschaut. Crick hatte mitgeholfen, die Statuten des Instituts zu entwerfen, und nun durfte er selbst dort arbeiten (in einem Büro mit Blick auf das Meer). Das Institut und seine Arbeitsatmosphäre gefielen ihm so sehr, dass Crick keine Einwände erhob, als die amerikanische Kieckhefer Foundation bereit war, einen Lehrstuhl für ihn einzurichten. Er verabschiedete sich kurzerhand von der alten Welt und zog nach Südkalifornien. Die europäische Kultur schien ihm dort nicht zu fehlen, wie er schreibt:

„Ich persönlich fühle mich in Kalifornien zu Hause. Mir gefällt diese Atmosphäre des Wohlstands, und ich mag den gelassenen und lockeren Lebensstil. Auch dass man so leicht ans Meer, in die Berge, aber auch in die Wüste gelangen kann, macht das Leben hier reizvoll. Es gibt meilenweit Sandstrände, die man entlang spazieren kann", [und die Wüste] „übt eine seltsame Faszination aus, nicht zuletzt wegen der raffinierten Farbschattierungen und der unermesslichen Weite des Himmels".

Seit dem Wechsel an das Salk-Institut beschäftigt sich Crick überwiegend mit der Funktionsweise des Gehirns und marschiert direkt auf sein zentrales Thema zu: das Bewusstsein. Er hat dazu eine „erstaunliche Hypothese" vorgelegt. Demnach soll das Bewusstsein wie die menschliche Seele umfassend aus molekularen Strukturen und ihren Wechselwirkungen ableitbar und verständlich sein. Es müsse zwar eine spezielle Apparatur oder Konstruktion – eine besonders komplexe Form des Zusammenspiels (Interagierens) von Nervenzellen – geben, die für das Bewusstsein eine Rolle spielen, aber damit sei nichts Geheimnisvolles gemeint, sondern nur ein trickreiches Rätsel aufgegeben. Crick zweifelt nicht daran, dass in Zukunft eine Molekularpsychologie oder gar eine Molekularneurophilosophie entstehen wird, so wie ja auch einmal eine Molekularbiologie entstanden ist. Und mit dieser neuen Wissenschaft – und nur mit ihr – könnten wir zuletzt unser Gehirn verstehen. So dachte Crick bis an sein Lebensende, ohne uns andeuten zu können, wie der Grundriss solch einer molekularen Erklärung auszusehen habe.

Die Idee der Molekularbiologie

Zurück in das England der frühen 1950er Jahre, als der schlaksige Watson nach Cambridge kommt und mit Crick in einen Raum gesetzt wird. Dem jungen Mann konnte nichts Besseres passieren, denn im Laufe der ersten

Monate, als Watson in England Fuß zu fassen versuchte und gleichzeitig das dringende Gefühl bekam, er müsse sich mehr um die Theorie der Röntgenbeugung und die Chemie der Nukleinsäuren kümmern, machte Crick entscheidende Fortschritte im Bemühen, Röntgenbilder zu interpretieren und mit mathematischen Argumenten Schlüsse daraus zu ziehen. Das Hauptaugenmerk richtete er dabei auf die Frage, ob und wie man einem Röntgenbild entnehmen kann, ob die Struktur, auf die man es abgesehen hatte, eine sich windende Helix von der Art war, wie Pauling sie in seinen Proteinen gefunden hatte. Denn wenn sich beweisen ließe, dass die DNA als eine sich schraubenförmig windende Helix vorlag, konnte man erste Versuche unternehmen, die bekannten Bauteile – die beschriebenen vier Nukleotide – so zusammenzufügen, dass dabei ein Gesamtgebilde mit Spiralform herauskam. Ganz abwegig war der Gedanke einer DNA als „Wendeltreppe" nicht, denn einen ersten Vorschlag für ein Modell dieser Art gab es seit 1938. Gemacht hatte ihn das britische Forscher-Duo William Astbury (1898–1961) und Florence Bell. Sie hatten damals vor dem Zweiten Weltkrieg auch die ersten Röntgenaufnahmen von DNA machen können, was heißt, dass die von Watson anvisierte Substanz tatsächlich in kristalliner Form zu gewinnen und zu verstehen war.

Astbury war wahrscheinlich der erste Wissenschaftler, der mit der systematischen Erkundung der Strukturen von biologisch bedeutsamen Molekülen begonnen hatte. Seine Methode der Wahl war die Analyse mit Röntgenstrahlen, wobei es für die Nachwelt von besonderem Interesse ist, dass er seiner Forschungsrichtung einen neuen Namen gab, den der *Molekularbiologie.* Die wahrscheinlich beste Definition dieser neuen Form des Forschens geht vermutlich auf Crick zurück, der noch als Student im Frühjahr 1947 im Rahmen eines Antrags auf Forschungsförderung darlegte, was ihn beschäftigte und wie ernst er Astburys Gedanken nahm (wenngleich man heute nicht jedes Wort auf die Goldwaage legen sollte):

> Das besondere Feld, das mein Interesse erregt, ist die Trennung zwischen dem Lebenden und dem Nicht-Lebenden, wie sie etwa durch Proteine, Viren, Bakterien und der Struktur der Chromosomen definiert wird. Das angestrebte Ziel, das sicher noch weit entfernt liegt, besteht in der Beschreibung dieser Aktivitäten mit Hilfe ihrer Strukturen, also mit der räumlichen Anordnung der sie aufbauenden Atome, soweit dies möglich ist. Man könnte dies die chemische Physik der Biologie nennen …

… oder in einem Wort: Molekularbiologie. Zwar dachten Crick und Astbury dabei mehr an die Moleküle als an die Biologie, aber sie hatten auf keinen Fall das Gefühl, ausschließlich Chemie oder Physik zu treiben. Astburys Wortwahl macht einen Aspekt deutlich, durch den sich die Wissenschaft des 20. Jahrhunderts charakterisieren lässt und den man gar nicht deutlich genug hervorheben kann, gerade weil er von vielen lange Zeit als nebensächlich angesehen wurde (und noch wird): Gemeint ist die Tatsache, dass die im 19. Jahrhundert gezogenen Grenzen der klassischen wissenschaftlichen Disziplinen – vornehmlich der Physik, Chemie und Biologie – rasch durchlässiger wurden. Zunächst reichte es noch, Kombinationen zu bilden – etwa im Sinne von Physikalischer Chemie oder Biophysik –, dann konnten auch schon einmal Dreierkombinationen auftauchen – etwa die biophysikalische Chemie –, und zuletzt etablierten sich völlig neue Bereiche – eben die Molekularbiologie oder – an anderer Stelle – die Neurophysiologie. Das Paradoxe dieser „Disziplinen" bestand von vornherein darin, dass sie keine waren. Physik ist Physik, aber Molekularbiologie ist eine Zusammenarbeit aus Physik, Chemie, Genetik, Bakteriologie, Kristallographie, Mathematik und vielen anderen Bereichen mehr. Und weil das so ist, lässt sich verstehen, weshalb Goethes Seufzer – „Amerika, Du hast es besser" – so gut auf Watson passt. Er hatte es besser als seine europäischen Kollegen, denn er kannte die Traditionen kaum, die durch die ehrwürdigen Disziplinen gegeben waren, und so konnte er gar nicht auf die Idee kommen, dass es nötig sei, sich an ihre Begrenzungen zu halten. Ihm war selbstverständlich, dass man nicht einer einzigen Disziplin angehörte, in deren Rahmen man sich umtat, sondern dass man zuerst das Problem suchte und formulierte, um sich dann die Disziplinen zu suchen, die bei der Klärung der formulierten Frage helfen können.

So schlicht diese Grundeinstellung klingt, sie hat tiefgreifende Konsequenzen, deren Befolgung einigen Mut erfordert. Die Konsequenzen lauten zum Beispiel, dass das eigene Wissen immer lückenhaft bleibt, dass man nicht alleine arbeiten kann, dass man Anleihen von vielen anderen benötigt, dass man sich lächerlich machen kann, dass man niemals alle Tatsachen kennen und berücksichtigen kann, und dass vielleicht mehr Phantasie und Erfindungsgabe als Vollständigkeit und Sorgfalt gefragt sind. Doch das Entscheidende für den weiteren Verlauf der Geschichte war, dass Watson in Cambridge alle diese Konsequenzen gezogen und durchlebt hat.

Man kann ihm gerne vorwerfen, die Lehrbücher seiner Zeit nur sporadisch aufgeschlagen und stattdessen lieber alle Leute im Labor bemüht zu haben. Aber man sollte nicht übersehen, dass schon Georg Christoph Lichtenberg, der Physiker und Aphoristiker des 18. Jahrhunderts, verstanden hat, dass derjenige, der nur die Chemie kennt, auch die Chemie nicht kennt. Modern verfeinert: Wer nur die Chemie der Nukleinsäuren kennt, lernt die DNA nie kennen. Wer sich nur über Röntgenmuster von Kristallen beugt, versteht die Bedeutung der Substanz DNA nie, die er da eingefangen hat. Wer nur Bakterien mit Phagen infiziert, lernt nie die Gene kennen, die sich dabei vermehren.

„Ein unwiderlegbares Experiment"

Was machte Watson so sicher, mit der DNA das richtige Molekül gewählt zu haben, also das Molekül, das Träger der Erbsubstanz ist und damit im Zentrum der Frage „Was ist Leben?" Zu Ostern 1952 konnte man erfahren, wie sich die alternativen Molekülsorten DNA und Protein ihre Aufgaben teilten, nämlich durch „ein makelloses, unwiderlegbares Experiment", wie der französische Molekularbiologe François Jacob (*1920) genannt hat, was Alfred Hershey und Martha Chase damals gefunden haben:

> Das Protein des Phagen enthält Schwefel, aber keinen Phosphor, während es sich bei der DNA gerade umgekehrt verhält. Man kann daher das Protein mit radioaktivem Schwefel, die DNA mit radioaktivem Phosphor radioaktive markieren und dann nach der Infektion verfolgen, was mit den Markern geschieht. Hershey [und Chase haben festgestellt], dass die DNA des Phagen während der Infektion in die Bakterien eindringt. Das Protein hingegen bleibt an der Oberfläche haften, von der man es mittels der in einem Küchenmixer entstehenden Reibungskräfte lösen konnte. Daher die unanfechtbare Schlussfolgerung: Der Phage war nur eine Art Proteinspritze, die DNA enthielt und diese bei der Injektion in die Bakterien injizierte. Die DNA reichte aus, um die Produktion von neuen Viruspartikeln zu gewährleisten. Das Protein dient nur dem Transport und dem Schutz der DNA. Wie konnte man anders, als die schlanke Einfachheit, die trockene Stichhaltigkeit eines solchen Experiments bewundern?

Für Watson bestand somit kein Zweifel mehr darüber, dass die DNA die Erbsubstanz darstellt. In diesem Zusammenhang wurde auch immer wichtiger, was er von dem Physiker Maurice Wilkins (1916–2004) erfahren hatte, der am King's College in London mit der DNA arbeitete, sie isolierte und reinigte und von den daraus entstehenden Kristallen Beugungsmuster anfertigte. Im Rahmen seiner Versuche hatte Wilkins zeigen können, dass die für die Röntgenaufnahmen präparierte DNA ihre biologische Aktivität behielt. Mit anderen Worten: In den Kristallen steckte nicht eine künstliche und möglicherweise aus ihren Fugen geratene und verzerrte Konfiguration, sondern eine relevante und ganz sicher lebensnahe Struktur, zumal die Aufnahmen von Wilkins inzwischen keinerlei Zweifel mehr ließen, dass diese Struktur eine Helix sein musste.

Persönlichkeiten und Forschungsstile

Noch bessere Aufnahmen der DNA, die noch eindeutiger auf ein Molekül schließen ließen, das wie eine Wendeltreppe gebaut war, waren Rosalind

Franklin (1920–1958) und Raymond Gosling (*1926) gelungen, die beide ebenfalls im Londoner Kings College arbeiteten. Franklin sollte sich eigentlich mit Wilkins zusammentun, aber das Verhältnis zwischen den beiden Kristallographen gestaltete sich vom ersten Tag an äußerst schwierig, was dazu führte, dass nicht alle Daten und Aufnahmen gezeigt, sondern oft in Schubladen versteckt wurden. Es lassen sich sicher viele Gründe angeben, warum Mrs. Franklin und Mr. Wilkins nicht miteinander reden konnten, wobei die Geschlechterdifferenz zumindest eine Nebenrolle spielt. Historisch gesichert ist nur, dass Rosalind Franklin bei ihrer Einstellung der Meinung war, sie solle sich um DNA kümmern, und das hieß in ihrem Verständnis, dass sie allein dies tun solle. Wilkins hatte gefälligst die Finger davon zu lassen, und natürlich erst recht das zwei Reisestunden weiter nördlich agierende Duo Watson und Crick.

Rosalind Franklin beschäftigte sich auf jeden Fall sehr erfolgreich mit der DNA. Ihr gelang es zusammen mit Gosling eine neue Form der DNA sichtbar zu machen, die heute berühmte B-Form, die sich von der bislang immer in den Experimenten verwendeten A-Struktur dadurch unterschied, dass sie mehr Wasser enthielt. Zwar wollte Mrs. Franklin diese Daten für sich behalten – was ihr merkwürdigerweise bis heute niemand verübelt –, aber Watson und Crick wussten sich diese Informationen auf verschiedenen Wegen zu beschaffen – was ihnen inzwischen ebenso merkwürdigerweise alle Welt verübelt.

Wir wollen dieses Thema übergehen und unseren Blick auf das Röntgenbild der DNA lenken, das Rosalind Franklin den Kollegen nicht zeigen wollte. Es lässt im Wesentlichen ein Kreuz erkennen, womit nun nicht nur die Schraubenstruktur der DNA festliegt, sondern auch der doppelte Charakter der Helix (Abb. 11.3).

Das wissenschaftliche Problem, das sich nun stellte, lautete: Wie paart man zwei Stränge aus Nukleotiden? Um sie beantworten zu können, müssen letztlich auch die Fragen beantwortet sein, wo die Basen hingehören – außen oder innen – und welche Berührung oder Verbindung zwischen ihnen möglich ist. Noch wusste niemand, dass die DNA durch die heute berühmten Basenpaare zusammengehalten wird, die sich zwar in der Mitte der DNA befinden, damals aber nur am Rand des biochemischen Interesses mitspielten. Den ersten deutlichen Hinweis auf die zentrale Rolle der Basen hatte der aus Czernowitz stammende und in New York tätige Biochemiker Erwin Chargaff (1905–2002) schon gegeben. Aber es machte Watson und Crick erhebliche Mühe, diesen Hinweis richtig einzuschätzen, so dass ihnen eine entschuldbare Fehlinterpretation den Weg versperrte.

Chargaff hatte eine Regel erkannt und etabliert, die besagte, dass es in Nukleinsäuren vom Typ der DNA immer so viel Adenin (A) wie Thymin (T)

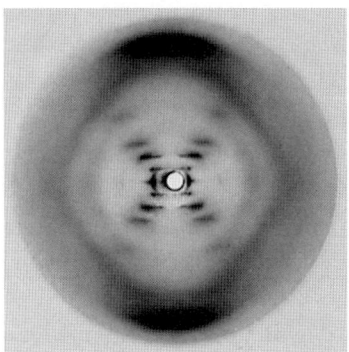

Abb. 11.3   Die entscheidende Röntgenaufnahme. (Mit freundlicher Genehmigung von Macmillan Publishers Ltd: *Nature*, Vol. 171, Apr 25, 1953, S. 171)

und immer so viel Guanin (G) wie Cytosin (C) geben musste. Mathematisch geschrieben, sah diese Regel so aus: A/T = G/C = 1. Natürlich konnte man diesen Zusammenhang nicht in dieser quantitativen und sprachlichen Schärfe behaupten, denn die dazugehörigen Messungen waren technisch ungewöhnlich schwierig und ergaben keineswegs solch sauberen Resultate, wie dies eben formuliert wurde. Statt der klaren und eindeutig interpretierbaren Eins mühte sich Chargaff mit Messergebnissen wie 0,98 oder 1,03 und den dazugehörigen Schwankungsbreiten für Fehler ab, denn Präzision ging einem Chemiker alter Schule, wie er es war, über alles.

Doch selbst wenn man einmal unterstellt, die Regeln wären mit der Klarheit der Eins in Cambridge gemeldet und verstanden worden, hätten Watson und Crick damit immer noch nicht sehr viel anfangen können. Zwar scheint im Rückblick der Schluss unausweichlich, dass aus den *Chargaff-Regeln* für die DNA folgt, dass sich A mit T und G mit C verbindet, doch dazu hätten Jim oder Crick wissen müssen, in welcher Form die Basen in einer Zelle vorliegen. Es braucht nicht eigens betont zu werden, dass sich beide in den Lehrbüchern der Chemie die Strukturformeln der Basen angesehen und auch abgezeichnet hatten – allein, es waren die falschen! Auch die Standardwerke können irren, was den Hinweis erlaubt, dass so genannte wissenschaftliche Tatsachen nicht unbedingt wichtiger sein müssen als phantasievolle Modelle (und wahrscheinlich vergänglicher sind als sie).

Eher zufällig erfuhr Watson, dass sich ringförmige Strukturen der Chemie, wie sie bei den vier Basen zu finden waren, durch elektronische Bewegungen innerhalb des Gerüstes wandeln und sich je nach zellulärer Umgebung zwischen zwei Formen entscheiden können, die als Enol- und Keto-Form bezeichnet werden. Jim kannte nur die Enolform aus den Lehrbüchern und suchte mit dieser vergeblich eine Antwort. Erst die Auskunft des Kristallographen Jerry Donohue (1920–1985) und des Chemikers Bill Cochran, deren Erfahrung ihnen intuitiv riet, der Lehrbuchweisheit zu misstrauen, dass die Basen in der Zelle wahrscheinlich in der Keto-Form vorliegen, brachten Watson auf die entscheidende Idee.

Mit diesen neuen Umrissen der Basen verzieht sich mit einem Mal der innere Nebel, um in einem Augenblick – mit einem Blick der Augen – etwas Wunderbares sichtbar werden zu lassen. Und Jim ist der Erste, der es sieht. Ein A-T-Paar und ein G-C-Paar haben dieselbe Gestalt, beide nehmen denselben Raum ein und weisen denselben Umriss auf. Und mit diesem Doppelpaar weiß das Forscherpaar auf einmal, wie die DNA aussieht. Plötzlich ist alles klar. In einem Augenblick entsteht die heute so berühmte Struktur: Die Basenpaare gestapelt innen, und die Zucker-Phosphat-Kette außen. Ein wunderbarer Moment der Wissenschaft, zugleich Höhe- und Wendepunkt ihrer Geschichte, den Watson in seinem Bericht über die Entdeckung der Doppelhelix so schildert:

> Als ich am nächsten Morgen als erster ins Büro kam [nachdem Watson am Abend zuvor mit ein paar Mädchen im Theater war], räumte ich schnell alle Papiere vom Schreibtisch, damit ich eine genügend große ebene Fläche hatte, um durch Wasserstoffbrücken zusammengehaltene Basenpaare zu bilden. Zu Anfang kam ich wieder auf die alte Voreingenommenheit für die Gleiches-mit-Gleichem-Theorie zurück, aber bald sah ich, dass sie zu nichts führte. Als Jerry kam, blickte ich auf, sah, dass es nicht Francis war, und begann die Basen hin und her zu schieben und jeweils auf eine andere, ebenfalls mögliche Weise paarweise anzuordnen. Plötzlich merkte ich, dass ein durch zwei Wasserstoffbindungen zusammengehaltenes Adenin-Thymin-Paar dieselbe Gestalt hatte wie ein Guanin-Cytosin-Paar, das durch wenigstens zwei Wasserstoffbrücken zusammengehalten wurde. Alle diese Wasserstoffbindungen schienen sich ganz natürlich zu bilden. Es waren keine Schwindeleien nötig, um diese zwei Typen von Basenpaaren in eine identische Form zu bringen. Ich rief Jerry und fragte ihn, ob er diesmal etwas gegen meine neuen Basenpaare einzuwenden habe.
>
> Als er verneinte, tat meine Seele solch einen Hüpfer, dass ich abzuheben meinte. Ich hatte das Gefühl, dass wir jetzt das Rätsel gelöst hatten, warum die Zahl der Purine immer genau der Zahl der Pyrimidine entsprach …. [Ihre Entsprechung] erwies sich plötzlich als notwendige Folge der doppelspiralförmigen Struktur der DNA. Aber noch aufregender war, dass dieser Typ von Doppelhelix eine Schema für die Autoreproduktion ergab, das viel befriedigender war als Gleiches-mit-Gleichem-Schema, das ich eine Zeitlang in Erwägung gezogen hatte. Wenn sich Adenin immer mit Thymin und Guanin immer mit Cytosin paarte, so bedeutete das, dass die Basenfolgen in den beiden verschlungenen Ketten komplementär waren. War die Reihenfolge der Basen in einer Kette gegeben, so folgte daraus automatisch die Basenfolge der anderen Kette. Es war daher begrifflich sehr einfach, sich vorzustellen, wie eine

einzige Kette als Gussform für den Aufbau einer Kette mit der komplementären Sequenz dienen konnte.

Als Francis erschien und noch nicht einmal ganz im Zimmer war, rückte ich schon damit heraus, dass wir die Antwort auf alle unsere Fragen in der Hand hatten. Zwar blieb er aus Prinzip ein paar Minuten lang bei seiner Skepsis, aber dann taten die gleich geformten AT- und GC-Paare die erwartete Wirkung.

Noch fehlten allerdings die Verbindung der Basenpaare mit dem Rückgrat der Helix und andere Kleinigkeiten, an denen alles scheitern konnte. Die Angst stieg erneut in Watson auf, und ihm war klar, „dass wir nicht am Ziel waren, bevor wir nicht ein vollständiges Modell gebaut hatten, in dem alle stereochemischen Kontakte einwandfrei waren. Und es lag auf der Hand, dass die Folgerungen, die sich daraus ableiten ließen, viel zu wichtig waren, als dass man es riskieren konnte, blinden Alarm zu schlagen. So war mir nicht recht wohl, als Francis zum Mittagessen in den ‚Eagle' hinüber flatterte und allen, die in Hörweite waren, verkündete, wir hätten das Geheimnis des Lebens entdeckt."

Professor und Direktor

Das Geheimnis des Lebens haben die beiden sicher nicht entdeckt, aber ihre Struktur hat sich als richtig erwiesen und alle Tests der Zeit bestanden. Der erste, der außerhalb von Cambridge von der Doppelhelix erfuhr, war Max Delbrück, der damals als Professor am California Institute of Technology in Pasadena arbeitete. Watson hat Delbrück noch am gleichen Tag, dem 12. März 1953, einen Brief geschrieben, um voller Stolz seinen Sieg zu verkünden. Zwar verehrte Watson Delbrück, seit er in Schrödingers *What is Life?* von dessen frühen Versuchen erfahren hatte, die Natur des Gens zu erkunden; aber er litt zugleich unter der Vorstellung, dass sein eigenes Gehirn nicht an das eines Delbrück heranreichte und er die Lösung der entscheidenden Frage anderen überlassen müsste. Diese alte Angst war jetzt ebenso vorbei wie die Angst vor Linus Pauling, der ebenfalls am CalTech arbeitete und sich vergeblich um die Struktur der DNA bemüht hatte. Watson konnte im Übrigen sicher sein, dass Delbrück nach dem Empfang des Briefes sofort zu Pauling gehen und ihm mitteilen würde, dass das Rennen entschieden war. Wie befreit konnte sich Watson fühlen, als die beiden großen Männer der Wissenschaft keinen Einwand gegen die Doppelhelix fanden und ihm stattdessen zu seinem Erfolg gratulierten. Delbrück lud ihn sogar ein, nach Cold Spring Harbor zu kommen, um dort sein Modell für die Erbsubstanz vorzustellen und die neue Antwort auf die Frage zu geben, „Was ist ein Gen?"

Watson hatte schon länger geplant, das Jahr 1954 in Delbrücks Laboratorium zu verbringen. So sehr er sich auch auf diese Zeit gefreut hatte, so deutlich wurde ihm bald, dass alle weiteren Arbeiten, die er als Forscher publizieren würde, weder den Rang noch die Reichweite der Doppelhelix erreichen könnten. Daher entschied er sich, das experimentelle Arbeiten aufzugeben und seine Funktion in der Wissenschaft neu zu bestimmen. Er wurde zuerst Lehrer der Biologie und ging bereits 1955 als Professor nach Harvard. Danach wurde er als Direktor der Forschung an das Cold Spring Harbor Laboratorium auf Long Island in New York berufen, das mit seinem über einhundertjährigen Bestehen für amerikanische Verhältnisse mittlerweile eine lange Geschichte hatte.

Das Rätsel des Lebens

Die Doppelhelix ist in dem oben geschilderten Moment natürlich noch nicht als konkretes und handgreifliches Modell aufgebaut, aber gedanklich in den Köpfen errichtet. Watson und Crick sehen sie ganz deutlich vor ihrem inneren Auge in die Höhe wachsen, und ihre Freude darüber bricht förmlich aus ihnen heraus. Sie rennen aus dem Laboratorium in ihre Stammkneipe um die Ecke und hätten einem zufälligen Passanten auf der Free Lane in Cambridge sicher keinen erhebenden Anblick geboten, denn die beiden Männer in ihrem Freudentaumel können beim besten Willen nicht zur Riege der Athleten gezählt werden, und vor allem Jims Art zu laufen sollte man nicht mit dem Laufstil eines Olympioniken beim Endlauf vergleichen. Und während die beiden ihre unfassbare Freude genießen, erlauben sie sich die kühne Behauptung, sie hätten das Geheimnis des Lebens gelöst. An dieser Stelle darf gelächelt werden, aber nur, um sich mitzufreuen und ebenfalls begeistert zu sein. Kritik ist hier jedenfalls völlig unangebracht. Denn zum einen stellt die Fähigkeit zur ausgelassenen und auslassenden Freude einen sympathischen Zug unserer Art dar, und in solch einem Fall braucht sich niemand unter Kontrolle zu haben, wenn alles friedlich verläuft. Zum zweiten aber könnte es ja sein, dass die beiden Recht haben – wenn auch ein wenig anders, als sie damals gedacht haben und viele Lehrbücher bis heute schreiben.

Denn könnte es nicht sein, dass Watson und Crick am 28. Februar 1953 tatsächlich ein Geheimnis des Lebens entdeckt haben, nämlich das Geheimnis, das in der Schönheit des Moleküls steckt? Die Doppelhelix löst nicht das Rätsel des Lebens. Die Doppelhelix ist es. Deshalb steht sie sowohl an der Wiege einer neuen Wissenschaft als auch einer anderen Kunst.

Die interdisziplinäre Wissenschaft

Bevor im Folgenden in Riesenschritten das restliche Jahrhundert der Genetik durcheilt wird, soll erneut der interdisziplinäre Charakter der neuen Biologie betont werden. Man kann die bisher erzählte Geschichte der Gene unter rein wissenschaftlichen Aspekten und etwas trocken wie folgt zusammenfassen:

Die *chemische* Natur der *biologisch* wirksamen Gene ist im Rahmen von *medizinischen* Forschungsarbeiten geklärt worden, die ihrerseits mit Hilfe von *bakteriologischen* Methoden durchgeführt worden sind. Die anschließende Aufklärung der *physikalischen* Struktur der Erbsubstanz ist durch die *mathematische* Auswertung *kristallographischer* Verfahren eingeleitet und durch den Rückgriff auf *biochemische* Modelle abgeschlossen worden.

Mit anderen Worten, die Genetik konnte mit der Entdeckung der Erbsubstanz und der Enthüllung ihrer phantastischen Form – der Doppelhelix – ihren ersten großen Höhepunkt feiern, weil ihre wissenschaftlichen Vertreter sich von Anfang an und sehr spontan aus dem engen Korsett der Einzeldisziplinen befreit hatten. Die Genforschung ist schon früh so interdisziplinär geworden, wie es viele Wissenschaften heute werden wollen, nachdem auch bei ihnen die Einsicht dämmert, dass es nicht die Probleme sind, die sich nach den Fächern richten, sondern dass nur umgekehrt der Schuh daraus wird, den die Wissenschaft braucht, um weiter gehen zu können.

Interdisziplinäres Vorgehen setzt die Bildung von Gruppen voraus, und in der Tat haben die Genetiker im Laufe der Zeit auch die Teamarbeit zur Meisterschaft gebracht, sodass die Geschichte der Genetik einen ersten Einblick in eine Sozialgeschichte der Wissenschaft bietet, in der Landesgrenzen nie eine Rolle gespielt haben und in der jede Geheimniskrämerei schon immer verpönt war. Die Gruppen sind erst noch klein – in den 1950er und 1960er Jahren haben Paare wie Watson und Crick Erfolg. Sie werden aber immer größer, und heute funktioniert die Genetik nur noch als Teamleistung. Die moderne Genforschung, die man vielleicht besser als „Molekulare Biomedizin" bezeichnen sollte, resultiert dabei nicht nur aus einem Zusammenwirken vieler Disziplinen, zu denen in jüngster Zeit vor allem die Informatik und die Computerwissenschaft viel beitragen. Sie stellt zudem eine Mischung aus Wissenschaft und Management dar, was nicht zuletzt dadurch bedingt und gefördert wird, dass die Gene seit einigen Jahren kommerzielle Anwendungen finden und immer mehr Unternehmen immer mehr Geschäfte mit ihnen tätigen – etwas, das in den 1950er und 1960er Jahren nicht einmal im Ansatz zu erkennen war.

Das Zeitalter der Gentechnik

In den 1960er Jahren haben überraschend viele Forscher der Genetik den Rücken gekehrt. Einige von ihnen waren der Ansicht, die grundlegenden Ideen seien schon erkundet worden, und deshalb wollten sie anderen Themen wie dem Nervensystem mehr Aufmerksamkeit widmen. Andere befürchteten, dass technisch keine Weiterentwicklung zu erwarten sei, und sie hielten die Hoffnung für utopisch, man könne jemals einzelne Gene in den Griff bekommen.

Doch bekanntlich soll man niemals „Nie" sagen, und am Ende der 1960er Jahre änderten sich mit einem Schlag alle Voraussetzungen für diese bisherige Beurteilung der Lage. Damals entdeckte der Schweizer Werner Arber (*1929) das, was heute als Werkzeuge der Gentechnik in aller Munde ist. Arber hatte zunächst nur wissen wollen, wie Bakterien sich vor Angriffen durch Viren schützen, und ihm war dabei aufgefallen, dass sie dazu überraschend einfach vorgingen: Sie zerlegten das genetische Material der Viren in kleine Stücke.

Bakterien, so stellte sich bald heraus, verfügen über ein Arsenal von molekularen Scheren, mit denen sie ihre Angreifer (genauer: deren genetisches Material) zerschnipseln können. Und diese Instrumente – will heißen, ihr Auffinden durch die Wissenschaft – brachte die Molekularbiologie in den folgenden Jahren nicht nur explosionsartig voran, sondern führte auch dazu, dass sie das Laboratorium verlassen und über die Klinik massiv in den Alltag eindringen konnte.

Zunächst ging es nur einen kleinen Schritt weiter: Anfang der 1970er Jahre bemerkten einige Kollegen von Arber, dass sich die von ihm beschriebenen und von den Bakterien produzierten Genfragmente auch wieder zusammensetzen ließen, und zwar unabhängig davon, aus welcher Zelle die DNA kam. Doch mit diesem Befund dauerte es nicht mehr lange, bis die Grundoperation der Gentechnik in den wissenschaftlichen Journalen nachzulesen war. 1973 verkündeten Herbert Boyer (*1936) und Stanley Cohen (*1922), dass sie Folgendes vermochten:

Sie konnten Gene aus Zellen herauslösen, in ein Reagenzglas überführen, hier präzise zerschneiden, anschließend die Stücke neu zusammensetzen („rekombinieren") und zuguterletzt sogar ein rekombiniertes Gen wieder in eine Zelle zurückschleusen, wo es dann tatsächlich wie erhofft biologisch funktionierte.

Bald konnte man Gene nach Wunsch in Bakterien (oder andere Zellen) einschmuggeln und dort mit ihnen wachsen und vermehren lassen. Jetzt ließen sich Gene nach Wahl in nahezu beliebiger Menge herstellen, und damit standen die Molekularbiologen zum einen vor einem kommerziellen Tor und zum anderen vor einer wissenschaftlichen Herausforderung. Hinter dem Tor lag ein Markt nicht nur für Gene, sondern auch (und vor allem) für die dazugehörigen Genprodukte, die ebenfalls in Zellen gezüchtet und als Medikamente verkauft werden konnten. Die beiden bekanntesten und berühmten Beispiele heißen Humaninsulin und Erythropoietin, wobei an dieser Stelle der Hinweis genügen muss, dass mit beiden Proteinen Milliardenumsätze gemacht werden.

Die wissenschaftliche Herausforderung bestand darin, die jetzt verfügbaren Gene zu analysieren, und dies gelang – wie nicht anders zu erwarten – bald und gut. Im Verlauf der 1970er Jahre entwickelten Wissenschaftler (später mit Nobelpreisen ausgezeichnete) Methoden, mit denen Gene so genau angeschaut werden konnten, wie es nur ging, nämlich Baustein für Baustein. Endlich konnte man sich den alten Traum erfüllen und die Sequenz von Genen – das heißt, die Reihenfolge ihrer chemischen Bausteine – bestimmen. Man konnte tatsächlich die biologische Information lesen, die in den Genen gespeichert war, was nichts anderes heißt, als dass man in der Lage war, die genetische Schrift des Lebens zu entziffern, und in der steckte die „chemische Individualität" der Organismen – also auch die des Menschen.

Allerdings gab es noch einige Hindernisse auf dem Weg zum Ziel. Denn aus der Tatsache, dass sich die Sequenz von irgendeinem Gen ermitteln ließ, das jemand in einem Reagenzglas hatte, folgte keineswegs, dass man wusste, wie man ein bestimmtes menschliches Gen dort hinein bekommen konnte. Man wusste ja nicht einmal, wie die Gene auf den Chromosomen in einer menschlichen Zelle liegen. Die Schwierigkeit bestand nicht nur darin, dass es sehr viel genetisches Material in einer Zelle unserer Körpers gibt und sich die Biochemiker mit diesen Mengen schwer tun. Der Faden des Lebens einer einzigen menschlichen Zelle misst immerhin fast zwei Meter, und selbst ein kleiner Hautfetzen enthält rund 1000 Zellen. Die Schwierigkeit lag vor allem darin, dass man zwar für alle möglichen Organismen genetische Karten hatte anfertigen können, aber nicht für den Menschen. Man wusste nur, dass sich die Menschen von anderen Organismen nicht unterscheiden und auch ihre Gene so einfach hintereinander auf den Chromosomen liegen, wie dies Perlen auf einer Kette tun (oder Smarties auf einem Schokoladenkuchen).

Die Genetiker hatten – wie erwähnt – genetische Karten für die Organismen anlegen können, bei denen es viele Mutationen gab, deren Träger man im Laborexperiment kreuzen konnte. Dieser Weg der klassischen Genetik bleibt beim Menschen versperrt, aber die Molekularbiologen fanden einen Ausweg, und zwar genau im Jahre 1980. In diesem Jahr publizierten vier Amerikaner – David Botstein, Raymond White, Mark Skolnick und Ronald W. Davies – eine Arbeit, in der sie zeigten, dass es möglich ist, mit den Werkzeugen der Gentechnik ein Karte der menschlichen Gene anzufertigen. Dazu nutzten sie eine Technik, die es erlaubte, die einzelnen Stücke (Fragmente) der Größe nach aufzutrennen, die gentechnische Scheren aus jedem genetischen Material herausschneiden. Beim Experimentieren mit dieser Methode war ihnen aufgefallen, dass es für jeden Menschen ein individuelles Muster gibt, wenn man sein Gene zuvor geeignet – mit einem passenden Werkzeug – zerlegt. Die Fragmente erwiesen sich als ausreichend vielgestaltig („polymorph"), um als Markierungen für die Chromosomen dienen zu können, und der Polymorphismus – so der Fachausdruck für die Vielgestaltigkeit der gentechnischen produzierten Schnipsel – erwies sich zum großen Glück der Genetiker als vererbbar. Nun waren alle Voraussetzungen erfüllt, um eine genetische Karte des Menschen anzufertigen. Und im Übrigen verstand man jetzt, wie die chemische Individualität eines Menschen zustande kommt, nämlich dadurch, dass die Gene eines Menschen polymorph sind. Die Moleküle, die uns einzigartig machen, sind die Gene. Sie sind so verschieden wie wir selbst.

Die neue Genetik

Mit der geschilderten Entdeckung des Jahres 1980 fingen die Wissenschaftler an, von einer neuen Genetik zu sprechen, da die menschlichen Gene nun genauso zugänglich wurden wie die von Fliegen und Mäusen. Das Interesse an der Genforschung nahm riesige Dimensionen an, mit der Folge, dass die verfügbaren Techniken immer weiter verbessert wurden. Ein besonderer Höhepunkt wurde in der Mitte der 1980er Jahre erreicht. Damals entdeckte ein Team, das unter der Leitung von Alec Jeffreys an der britischen Universität von Leicester arbeitete, wie man einen sogenannten „genetischen Fingerabdruck" anfertigen kann, mit dessen Hilfe Personen identifiziert werden können. Man macht dazu die unverwechselbare Vielgestaltigkeit ihrer Gene sichtbar.

Und zur gleichen Zeit wandelte eine Gruppe von Wissenschaftlern, die bei einem in Kalifornien beheimateten Unternehmen namens Cetus arbeiteten, die Idee eines ihrer Mitarbeiters in ein Verfahren um, mit dem sich ein vorgegebenes Stück DNA – also irgendein ein Genschnipsel, an dem wissenschaftliches oder kommerzielles Interesse besteht – in nahezu beliebiger Menge kopieren und somit vermehren lässt. Zwar ist der Mitarbeiter Kary Mullins alleine dafür mit einem Nobelpreis ausgezeichnet worden. Aber die vielen hunderte Millionen von Dollars, die ein Schweizer Pharmariese für die heute als „Polymerasekettenreaktion" bezeichnete Technik bezahlt hat, sind zurecht an das ganze Unternehmen geflossen.

Nebenbei sei bemerkt, dass die Sprache der neuen Genetik Englisch ist, weshalb das eben vorgestellte Verfahren unter Experten mit dem Kürzel PCR bezeichnet wird, hinter dem sich die drei Wörter *polymerase chain reaction* verbergen. Das viele Geld, das für die PCR ausgegeben worden ist, zahlte sich im Übrigen rasch aus, denn der damit bezeichnete Weg zur massenhaften Vermehrung eines gegebenen Stückchens DNA gehörte bald zum täglichen Brot all der Wissenschaftler, die an der großen Aufgabe mitarbeiteten, die sich die Genetik unter dem Stichwort Humanes Genomprojekt gestellt hatte. Damit war das Ziel gemeint, die Reihenfolge (Sequenz) sämtlicher Bausteine zu bestimmen, aus denen das genetische Material einer Zelle im menschlichen Körper besteht.

Die Aufgabe war gewaltig. Immerhin besteht die genannte Ansammlung aller Gene, die mit dem hübschen Wort „Genom" erfasst wird, aus rund drei Milliarden Bausteinen. Dies bedeutet, dass die komplette Sequenz eines Menschen – genauer: einer Zelle eines Menschen – auf Papier gedruckt so viel Platz benötigt wie eine ganze Bibliothek, bestehend aus Tausend Büchern mit jeweils tausend Seiten und dreitausend Buchstaben auf jeder Seite, die zudem eng bedruckt sein müssten (und zum Beispiel 50 Zeilen mit 60 Buchstaben umfasst). Natürlich wird niemand solch eine Bibliothek anlegen, aber es braucht nicht betont zu werden, dass diese Informationsfülle wunderbar auf einer CD-ROM Platz findet.

Der Mangel an Theorie

Das in der Mitte der 1980er Jahre vorgeschlagene und im Verlauf der 1990er Jahre durchorganisierte Humane Genomprojekt gilt seit 2003 offiziell als abgeschlossen. Inzwischen lassen sich komplette Genomsequenzen von allen möglichen Organismen in Maschinen fast im Stundentakt ermitteln, und die spannende Frage lautet, ob und wann jemand auftaucht, der in der Lage sein wird, eine Theorie aufzustellen, mit der all die Daten zusammenfassend verständlich gemacht werden können.

Welche Auswirkungen dies hätte, zeigt ein Blick zurück auf eine andere Wissenschaft: Die Genetik befindet sich in der Situation, in der die Kosmologie vor 100 Jahren war. Damals saßen überall in den Instituten Wissenschaftler, die als Messknechte den Himmel zu durchmustern hatten und all die Daten sammelten, die ihnen die Fernrohre lieferten. So war man zwar gut beschäftigt, aber Sinn machten alle diese Bemühungen erst in dem Augenblick, in dem Albert Einstein eine physikalische Theorie des Universums vorlegte. Er tat dies 1915 mit seiner Allgemeinen Relativitätstheorie, und seitdem können wir etwas zur Geschichte des Weltalls sagen und seine Dynamik verstehen.

Genau dies wollen die Biologen letztlich auch verstehen, nämlich die Geschichte des Lebens im Allgemeinen, die wir als Evolution bezeichnen („Phylogenese"), und die Geschichte des Lebens im Besonderen, die wir als Entwicklung bezeichnen („Ontogenese"). Doch noch fehlt ihnen dazu die theoretische Grundlage. Es stimmt natürlich, dass die genetische Durchmusterung im Rahmen des Humanen Genom-projekts in vollem Gange ist. Es fragt sich nur, ob demnächst ein Einstein der Gene auftauchen und die „Genomologie" auf dieselbe Weise zu einer exakten Wissenschaft machen wird, wie es mit der Kosmologie passiert ist. Was die genetisch ausgerichtete Biologie in Zukunft erwarten lässt, hängt weniger von der fortschreitenden sequenziellen Durchmusterung und mehr von dieser bislang noch ausbleibenden theoretischen Durchdringung ab. Das macht die Zukunft derzeit ziemlich unvorhersehbar.

12

Informationen in komplexen Welten
Eine Einheit in der Vielfalt der Disziplinen nach 1945

Das Informationszeitalter, das Menschen im frühen zweiten Jahrtausend generieren und erleben, hat etwa in der Mitte des 20. Jahrhunderts begonnen, womit genauer das Ende des Zweiten Weltkriegs gemeint ist. In der zweiten Hälfte der 1940er Jahre tauchte erst das Konzept der Information und bald auch der dazugehörige Begriff auf. Und beides geschah nicht nur in einer Naturwissenschaft – der Biologie der Vererbung, in die ein Physiker das Informationskonzept einführte –, sondern gleichzeitig auch in Arbeitsfeldern von Ingenieuren und Mathematikern, die auf den ersten Blick und von außen gesehen völlig andere Interessen verfolgten. In der Biologie suchte man mit einem neuen Zugang zu den Erbanlagen bessere und zeitgemäße Antworten auf die uralte Frage „Was ist Leben?" zu finden, und in der Nachrichtentechnik wollten die Forscher wissen, wie viele Störungen (Rauschen und Geräusche) ein Eingangssignal verträgt, um am Ende des Übertragungsweges von einem Empfänger noch verstanden werden zu können. Und während sich die dazugehörigen Ideen entwickelten und auf den damals noch ungewohnten Begriff der „Information" zuliefen, konstruierten Physiker und Ingenieure ein elektronisches Bauelement namens Transistor, das in den kommenden Jahrzehnten erlaubte, die Maschinen zu bauen, die immer mehr Informationen verarbeiten konnten.

Transistoren wurden zuerst in Radios eingesetzt und der Öffentlichkeit zugänglich. Die Transistorgeräte konnten in der Mitte der 1950er Jahre so klein und billig angeboten werden, dass Nachrichten und Musik aus aller Welt bald in jeden Hinterhof gelangten und dort von einer wachsenden Zahl von Menschen rezipiert wurden. Ein medialer Globalisierungsschub fand statt, ohne dass die heute allgegenwärtigen Trendforscher und Futurologen dies bemerkten oder gar so bezeichneten.

Techniker und Unternehmer nahmen den Transistor von Anfang an ernst. Sie ahnten nämlich, dass er sehr viel mehr konnte als Radioapparate verkleinern und ihren Empfang verbessern. Tatsächlich entstand mit den Transistoren die Informationstechnologie – die IT-Branche –, die im Laufe der Jahre nicht nur einige der reichsten Männer der Welt hervorbrachte – wie William B. Gates von der 1975 gegründeten Firma Microsoft –, sondern auch eine ganz neue Form der Ökonomie, nämlich die Netzwirtschaft. Diese Entwicklung wurde möglich, weil aus dem unscheinbaren kristallinen Verstärkerelement namens Transistor erst integrierte Schaltkreise und dann immer raffiniertere Mikroprozessoren zusammengesetzt wurden, in denen inzwischen auf engstem Raum nicht nur Millionen, sondern Milliarden von Transistoren untergebracht sind. Diese phantastische Menge von intelligent miteinander verbundenen Transistoren lieferte die Voraussetzung für das Funktionieren der immer zahlreicher werdenden Computer und Laptops, durch die eine zunehmende Zahl von Menschen nicht nur in der westlichen Welt in einem „weltweiten Netz", dem „World Wide Web", verbunden wurden. Durch das dazugehörige Internet lassen sich moderne Gesellschaften und ihre Mitglieder bereits jetzt derart umfassend mit Informationen versorgen, dass einige Intellektuelle unüberhörbar klagen, sie könnten die Fülle an Informationen nicht mehr in ihren Köpfen unterbringen und würden in der unentwegt auf sie einströmenden Informationsflut ertrinken (Kasten: Informationsmengen). Sie tun so, als ob das etwas Neues wäre, und haben vergessen, dass Menschen immer schon mehr Erfahrungen gesammelt und beschrieben haben, als ein Einzelner aufzunehmen imstande war.

Verändert das Internet das Denken?

Es soll die Frage des Jahres sein: Verändert das Internet das Denken? Ich halte es nicht einmal für das Thema des Tages. Das Denken verändert sich – was sonst? –, aber kaum durch das Internet und keinesfalls durch seine Datenmengen. Sie gibt es schon länger. Die klugen Köpfe, die hinter manch einer Zeitung stecken, sind gut beraten, auf technische Neuerungen gelassen zu reagieren. Beginnen wir mit einem Beispiel.

Schreiben mit Maschinen

Thomas Mann hat seine Manuskripte mit der Hand und einem Füllfederhalter geschrieben. Wie sein Biograph Klaus Harpprecht zu berichten weiß, hat der Dichter das von ihm Geschriebene erst in den Jahren des Ersten Weltkrieges in ein Büro getragen, um es von kundigen Damen mit Schreibmaschinen abtippen und Kopien anfertigen zu lassen. Dabei fällt auf, dass Thomas Mann die für schriftstellerisches Arbeiten sicher nicht unwichtige Technik, die damals als revolutionäre Erfindung gefeiert wurde, in keinem seiner Briefe auch nur durch ein einziges Wort kommentiert. Offenbar – so Harpprecht – nahm er „jede technische Neuerung mit völliger Selbstverständlichkeit" hin, „als könne sie die Sphäre des Geistes niemals berühren."

Mir scheint, dass Thomas Mann auf die heutigen Computertechnologien ähnlich reagieren würde. Er hätte sich ihrer mit größter Selbstverständlichkeit bedient, ohne auf den Gedanken zu verfallen, dass sie sein Denken verändern könnten. Und aus dieser Haltung heraus schätze ich die Frage, ob das Internet, das pars pro toto für die Computerwelt steht, das Denken verändert, für nicht besonders ergiebig ein. Die Antwort darauf erscheint mir in mancher Hinsicht sogar banal – jede neue Technik, jedes neue Medium, jeder neue Text, jeder neue Tag verändert mein Denken, da dieses Vermögen des Menschen so angelegt ist. Das Thema der Evolution ist die Anpassung, und mit dem Gehirn hat sie ein Organ hervorgebracht, das sich vorzüglich anpassen kann. Man kann auch sagen, das Gehirn ist im höchsten Maß flexibel oder plastisch, warum es niemanden wundern sollte, wenn Kinder, die am Computer spielen, ihre Hirnstrukturen anders ausprägen als Kinder, die Fußball spielen. Ob sie deshalb – später als Erwachsene – anders denken, ist eine ganz andere Frage.

Ästhetische Neugierde

In der Frage nach dem Einfluss von Computern auf Kinder, scheint mir das entscheidende Stichwort das Ästhetische zu sein – die Fähigkeit zur Wahrnehmung von Wirklichkeit. In aller Kürze ausgedrückt: Wir sind primär ästhetische Wesen, die im Kindesalter im Normalfall mit Sinneslust die Umwelt erkunden, die uns zur Verfügung steht. Das Problem der Schule besteht in meinen Augen darin, dass Kinder ästhetisch neugierig auf die Schule kommen, um begrifflich gelangweilt wieder nach Hause geschickt zu werden.

Wenn nun die natürliche Umwelt durch Computer und ihre Angebote ersetzt wird, verschwindet die verbleibende Form einer ästhetischen Erziehung, was deshalb zu einem Problem wird, weil – in den Worten von Joseph Brodsky – die Ästhetik die Mutter der Ethik ist. Hier könnte das Internet das moralische Vermögen der kommenden Generationen ändern, aber für so eine Behauptung braucht es mehr Wissen und mehr Platz, als dem Autor zur Verfügung stehen.

Zu viele Informationen

Wenn mir etwas Sorge bereitet, dann diese derzeit unabsehbaren Folgen, die der Verlust einer ästhetischen Dimension in der Erziehung mit sich bringen kann – was aber nicht neu und schon seit den 1950er Jahren angemerkt worden ist. Keine Angst macht mir hingegen, was Frank Schirrmacher beschwört, wenn er in seinem Buch *Payback* bekennt, „Mein Kopf kommt nicht mehr mit", und zwar mit den digitalen Datenmengen, die sich per Mausklick erschließen.

Wann ist denn jemals ein einzelner Kopf mit der Menge der produzierten Information in Texten oder Bildern mitgekommen? Jeder Besuch einer Buchhandlung und erst recht jeder Gang über eine Buchmesse lässt doch schon länger erkennen, dass ich niemals im Leben auch nur einen Bruchteil der verfügbaren Bücher lesen kann, und zwar auch dann nicht, wenn ich mich nur auf die Neuerscheinungen eines Jahres beschränke. Die Zahl der Bücher, die ich – zu meinem Bedauern – ungelesen lassen muss, wächst schneller als die Zahl, die ich lesen kann. Überdies kommen jede Woche und jeden Tag noch Zeitungen ins Haus, deren Feuilleton allein so umfangreich ist, dass ich unentwegt befürchten muss, wichtige Beiträge verpasst oder übersehen zu haben. Das Internet bringt an dieser Stelle nichts Neues, wobei ich die Bücherschwemme für mich persönlich positiv bewerte. Schließlich kann ich so alt werden, wie ich will, ich finde immer genug Stoff zum Lesen, und das stimmt mich froh.

Mich beunruhigt auch nicht die Feststellung, dass es mit dem Internet nicht mehr die Menschen sind, die den Informationen nachstellen, sondern dass es die Informationen sind, die den Menschen aufsuchen. Auch dies ist ein alter Hut, den Robert Musil von seinem *Mann ohne Eigenschaften* viel schärfer aussprechen lässt, indem er sagt, dass es im wissenschaftlichen Zeitalter nicht mehr die Menschen sind, die der Wahrheit nachjagen, sondern dass es die Wahrheit ist, die hinter den Menschen her ist. Was ist denn sonst mit dem wissenschaftlichen Zeitalter gemeint, in dem wir leben und in dem man – in Musils Worten – nicht nicht wissen wollen kann? Wissenschaft hat doch etwas mit einem inneren Zwang zu tun, auch wenn sie vielen Denkern äußerlich erscheint.

Zum Menschenbild

Wir nähern uns damit dem Thema, das auch in *Payback* eine Rolle spielt, und zwar der Frage nach dem Menschenbild, das sich unter einem digitalen Druck ändern soll. Mir scheint, dass in diesem Punkt tatsächlich eine Änderung im kollektiven Denken unserer westlichen Intellektuellen nachweisbar ist, die wir den Computern verdanken, aber dies hat nichts mit der Datenfülle im Internet zu tun.

Um diesen Wandel aufzuzeigen, sei zunächst daran erinnert, dass die Metaphern, die von Philosophen und anderen Denkern verwendet wurden und werden, um die geistigen Fähigkeiten von Menschen zu verstehen, stark an verfügbare Technologien geknüpft sind. Betrachten wir als Beispiel die Eigenschaft des Gehirns, die wir als Gedächtnis kennen. Als es die ersten großen Bibliotheken gab, war das Gedächtnis eine Bibliothek. Als die Photographie aufkam, wurde das Gedächtnis ein Bilderarchiv. Als die Bilder laufen lernten, wurde das Gedächtnis zu einem Film. Als der Computer in die Welt bzw. die Läden kam, wurde das Gedächtnis eine Speicherplatte. Und so weiter und so fort. Das klingt immer flott und modern, hat den Vorteil, die aktuellen Zuhörer nicht zu überfordern, bleibt aber selbstverständlich fragwürdig und unbefriedigend.

Seit nun die Computer in großer Zahl und kleinen Formaten auf den Schreibtischen ihren Platz finden, hat sich ein Sprachgebrauch verbreitet, der das Denken beeinflusst, ohne dass dies bemerkt würde oder zu rechtfertigen wäre. Gemeint ist die überstrapazierte und unkritische Verwendung des Begriffs Programm, wobei es mehr um die dazugehörige Tätigkeit des Programmierens geht. Programme hat es immer schon gegeben (für Reisen und Theaterabende etwa), aber das Programmieren durchsetzt unseren Alltag seit den späten 1960er Jahren, als der dazugehörige Beruf modisch wurde. Zwar kann man ganz sicher Computer programmieren (auch wenn die wenigstens von uns das vermögen), aber seit wir diese Maschinen haben, können bzw. wollen wir auch das Leben programmieren. Die modernen Zellbiologen reden inzwischen gedankenlos davon, Zellen neu- oder um- oder reprogrammieren zu können. Außerdem erfahren wir, dass das Leben in einem Entwicklungsprogramm entsteht, was ganz sicher Unsinn ist, und im Alltag soll alles Mögliche „vorprogrammiert" sein, was ebenso wenig zutrifft. Das Programmieren ist eine Vokabel, die viele Sünden des Denkens zudeckt, und dieses Versagen verdanken wir dem Computer.

Goethe hat uns im *Faust* vor solch einer Leichtfertigkeit gewarnt – „Denn eben wo Begriffe fehlen, da stellt ein Wort zur rechten Zeit sich ein". Aber wir scheinen tatsächlich zu meinen, mit dem Wort das Phänomen verstanden zu haben. Wir sehen dabei den Menschen als Maschine und vermischen unser Denken mit der Datenverarbeitung in Computern. Das sollten wir schleunigst ändern. Das Internet kann bleiben.

Informationsmengen Die Einheit der Information ist ein Bit – Ja oder Nein, 1 oder 0, An oder Aus. Acht Bits nennt man ein Byte, und diese Einheit dient als Basis für Computer, weil ein solches Byte ausreicht, um alle Buchstaben eines Alphabets (neben den Ziffern und Sonderzeichen) zu kodieren. Die ersten Computer schafften es, 1000 Bytes zu verarbeiten oder 1 Kilobyte (KB). Bald konnte man 1000 KB speichern, und das ist ein Megabyte (MB). 1000 MB werden zu einem Gigabyte (GB), 1000 GB sind ein Terabyte (TB), und 1000 TB ergeben ein Petabyte (PB). Die Internet-Suchmaschine Google verarbeitet in jeder Stunde ein PB. Für die Gesammelten Werke von Shakespeare reichen hingegen 5 MB Speicherplatz.

Viele Hundert Terabyte an Informationen müssen inzwischen zum Beispiel die Astronomen verwalten. Im Jahre 2000 wurde im amerikanisch1en Bundesstaat New Mexico ein modern ausgerüstetes Observatorium mit Teleskopen in Betrieb genommen, das die alte Aufgabe der Himmelsvermessung mit den neuen Methoden durchführte, die unser Zeitalter mit seinen Informationstechnologien zur Verfügung stellt. Im Rahmen dieses „Sloan Digital Sky Survey" sammelten die Astronomen und ihre Geräte – vor allem Computer – in den ersten Wochen mehr Daten ein als sämtliche Sternengucker in der langen vorausgegangenen Geschichte der Astronomie insgesamt, von den Babyloniern über die Griechen und die Meister des 17. Jahrhunderts (unter anderem Galileo Galilei und Johannes Kepler) bis hin zu den Zeitgenossen Albert Einsteins und darüber hinaus.

Ein zweites Beispiel: Wenn der neue Beschleuniger mit Namen LHC (Large Hadron Collider) am europäischen Forschungszentrum CERN in Genf in Betrieb ist und die angestrebten Energien erreicht, derentwegen er gebaut worden ist und mit deren Hilfe elementare Teilchen zertrümmert werden, um ihre innere Struktur zu erkunden, dann sammeln die dort arbeitenden Forscher mit ihren Computern jeden Tag (!) so viele Informationen ein, wie in 800 Mio. (!) Büchern mit einem Umfang von jeweils 400 Seiten untergebracht werden kann.

Eine zweite industrielle Revolution

Das Reden und Nachdenken über „Information", das uns heute so vertraut ist, begann kurz nach dem Ende des Zweiten Weltkriegs. Damals tauchten Überlegungen zu diesem Konzept und bald auch der Begriff selbst erst in der Wissenschaft vom Leben und dann in der Nachrichtentechnik auf. Um die Mitte des 20. Jahrhunderts fügten dann amerikanische Wissenschaftler um den Mathematiker Norbert Wiener (1894–1964) am legendären Massachusetts Institute of Technology (MIT) in Boston beide Aspekte zusammen und prognostizierten, dass die industrialisierte Welt sich auf dem Weg in eine Informationsgesellschaft befinde.

Sie begannen mit dem Entwurf von elektronischen Rechengeräten, die das Beschreiten dieses Wegs erleichtern sollten, und konstruierten Maschinen, die ihre Tätigkeit nach der Information richten konnten, die ihnen zufloss. Wiener ersann den Mechanismus, der früher noch mit „Rückkopplung" übersetzt wurde, heute aber auch auf Deutsch „Feedback" genannt wird. Er beschrieb sein Vorhaben in dem 1948 erstmals erschienenen (und seitenweise mit komplizierten mathematischen Formeln vollgestopften) Buch über die *Regelung und Nachrichtenübertragung in Lebewesen und Maschine*, dem er den Titel

Kybernetik (nach dem griechischen Wort für „Steuermann") gab. Darin begann er, einen Zusammenhang von „Information, Sprache und Gesellschaft" mehr als nur zu skizzieren, nämlich zu konstruieren. Wiener sah mit der Geburt der Information den Weg frei nicht nur hin zu neuen interdisziplinären Wissenschaften – der Kybernetik und der Molekularbiologie –, sondern auch hin zu einer neuen Gesellschaft. Forscher wie er sahen sich vielfach als Nachfolger der Helden der ersten Industriellen Revolution des 18. Jahrhunderts, zu denen nicht zuletzt James Watt gehörte. Ihm war es damals gelungen, einen Apparat wie die Dampfmaschine zu konstruieren, die den Menschen viele körperliche Arbeiten abnehmen konnte. Und in der Mitte der 1940er Jahre bestand nach Ansicht der Mathematiker und Ingenieure erstmals die Chance, Maschinen zu konstruieren, die für Menschen Berechnungen durchführten und andere intelligente Aufgaben übernehmen konnten. Wiener prägte für die Einführung der elektronischen Datenverarbeitung und der dazugehörigen Computer den Ausdruck „Zweite Industrielle Revolution", und er und seine Zeitgenossen konnten darin nur einen gesellschaftlichen Fortschritt sehen, denn „eine Zivilisation schreitet durch die Zahl der wichtigen Operationen voran, die [ihre Mitglieder] ausführen können, ohne darüber nachdenken zu müssen", wie Wiener einen wichtigen Tatbestand in seinem Buch *Mensch und Menschmachine* ausdrückte.

Die Zahl solcher Operationen steigt tatsächlich an, und zwar auch deshalb, weil jede einzelne Person sie inzwischen an ihrem „Personal Computer" durchführen kann, was eine spannende wissenschaftshistorische Frage mit sich bringt, nämlich die, wieso der kleine Laptop auf meinem Schreibtisch heute so unendlich viel mehr und unglaublich viel schneller rechnen und erledigen kann als die ersten klobigen Rechner, die nach dem Zweiten Weltkrieg gebaut worden sind und ganze Stockwerke brauchten, um Platz zu finden?

Das transistorische Zeitalter

Ein wesentlicher Teil der Antwort auf diese Frage liegt darin, dass die voluminösen und reparaturanfälligen Elektronenröhren in den ersten Rechenmaschinen der 1940er Jahre durch kleine und höchst zuverlässige Transistoren abgelöst wurden, und eigentlich könnten die Jahre mit diesen elektronischen Schaltelementen als transistorisches Zeitalter der menschlichen Geschichte bezeichnet werden.

Erfunden wurde das physikalische Bauprinzip für diese technischen Wunderdinger im Dezember 1947, und zwar in den Bell-Laboratorien in New Jersey. Hier versuchten drei in den 1950er Jahren mit dem Nobelpreis für ihr Fach ausgezeichnete Physiker – William Shockley, John Bardeen und

Walter Brattain – systematisch zu erforschen, was in den Jahren des Zweiten Weltkriegs eher nebenbei erkundet worden war, nämlich die Eigenschaften von Kristallen oder Festkörpern, die man Halbleiter nannte. Was in der Geschichte der Physik erst nur Unverständnis und Langeweile hervorgerufen hatte –as sollte man mit Elementen wie Silizium und Germanium anfangen, die manchmal elektrischen Strom leiteten und manchmal nicht –, war im Rahmen von Arbeiten mit militärischer Zielsetzung zur Radartechnik in den Blickpunkt des wissenschaftlichen Interesses gerückt. Man benötigte möglichst empfindliche Empfänger (Detektoren) für oftmals extrem schwache Signale, und eines Tages muss jemand unter den Physikern auf den Gedanken gekommen sein, dass Halbleiter genau diesem Zweck dienen konnten. Die Verwandlung vom Isolator zum Leiter setzte nämlich bei einigen Halbleiter-Kristallen höchst plötzlich ein, also schon bei geringsten Änderungen der äußeren Bedingungen – etwa der Temperatur oder der durch Strahlung zugeführten Energie –, und wenn man diese kleinen Schwankungen erkunden und vermessen wollte, konnte man ja Halbleiter als Detektoren einsetzen.

Nach ersten tastenden Bemühungen vor 1945 nahmen die – auch nach Kriegsende noch vom amerikanischen Militär finanzierten – Bell-Laboratorien die Entwicklung von Halbleitern in elektronischen Schaltern systematisch in Angriff, und als das Jahr 1947 aufhörte und 1948 begann, gab es den ersten Transistor. Die Bezeichnung Transistor ist ein englisches Kunstwort, das sich aus zwei Teilen zusammensetzt, aus *transfer* (Übertragung) und *resistance* (Widerstand) nämlich. So ein „Übertragungswiderstand" kann – bei geeigneter Bauweise – Strom abblocken oder verstärken. Er liefert nicht nur das, was die alte Elektronenröhre konnte, er kann dies auch besser und zuverlässiger, und er lässt sich darüber hinaus sehr viel kleiner und billiger herstellen.

Die zentrale Figur seiner Entwicklung stellte John Bardeen (1908–1991) dar. Als er seine Stelle bei den „Bell Labs" im Oktober 1945 antrat, traf er dort mit dem Experimentalphysiker Walter Brattain zusammen, der hier seit 1929 beschäftigt war. Ihre gemeinsame Aufgabe bestand darin, mit Halbleitern die elektronischen Effekte zu erzielen, die bislang mithilfe von Vakuumröhren – wie es sie bereits seit dem 19. Jahrhundert gab – erreicht wurden, in denen Strom durch geeignete Elemente (Kathode, Anode, Gitter) steuerbar gemacht wurde. Damit konnte man in der Praxis unter anderem Verstärker oder Empfänger konstruieren, also Radiogeräte bauen.

Die Suche nach Alternativen zur Vakuumröhre hatte schon früh die Aufmerksamkeit auf Halbleiter gelenkt, da sie zumindest so beeinflusst werden konnten, dass sie etwa als Gleichrichter agierten und Strom nur in eine Richtung durchließen. Dies wusste man bereits seit dem Ende des 19. Jahrhunderts. In der Folge lernten die Physiker, wie sich Halbleiter nach Wunsch herstellen ließen, und als Bardeen bei Bell anfing, konnte man endlich auch erklären, was in den Halbleitern passierte. Man nutzte zur Erklärung das so-genannte Bändermodell der Festkörperphysik, das durch die Quantenmecha-nik entstanden war und mit dessen Hilfe sich Zustände unterscheiden ließen, in denen die Elektronen Strom leiteten – im Leitungsband – oder nicht und an ihren Gitterplätzen – im Valenzband – verharrten. Die Physiker bemühten sich mit diesen Vorgaben, Situationen auszudenken und praktisch herzustel-len, in denen das Leitungsband eines Halbleiters leicht oder schwer zu füllen und dieser Vorgang von außen zu steuern war.

Der Siegeszug zur Informationsgesellschaft

Bei den Qualitäten des Halbleiterelements dauerte es nicht mehr lange, bis der Siegeszug der Transistoren einsetzte, die es bereits 1951 in Hörgeräten gab und mit denen seit 1958 die integrierten Schaltkreise gebaut werden, die wir als Mikrochips kennen und nutzen.

Es gilt zu beachten, dass die drei Erfinder des Transistors sich bei ihren Be-mühungen an der Quantenmechanik orientierten. Ohne ihre Kenntnis dieser neuartigen Wissenschaft wären sie keinen Schritt vorangekommen. Noch im 18. Jahrhundert hatte jemand eine Dampfmaschine konstruieren und im 19. Jahrhundert hatte jemand eine Eisenbahn bauen können, ohne die Gesetze der Thermodynamik zu kennen. In der zweiten Hälfte des 20. Jahrhunderts ging dies nicht mehr. Jetzt reichte es nicht, etwas zu wollen, jetzt musste man zunächst etwas wissen, um etwas grundlegend Neues bauen oder konstruie-ren zu können, wie die Erfindung des Transistors zeigt. Und wer dieses erste kleine Beispiel in einen großen Trend umwandeln will, könnte sagen, dass sich hier die Transformation zu erkennen gibt, die heute als ausgemacht und zukunftsweisend gilt, nämlich die Wandlung einer Industrie- in eine Infor-mationsgesellschaft.

Eine Welt voller Informationen

Die erste Theorie der Information geht auf das Jahr 1948 zurück, als der, wie manche anderen Pioniere des Informationszeitalters, an den Bell-Laborato-rien tätige Mathematiker Claude Shannon (1916–2001) darüber nachdachte, wie sich die Übertragung von Nachrichten besser bewerkstelligen ließe. Um definieren und messen zu können, was „besser" heißt, schlug Shannon vor, alle Zeichen in binärer Form darzustellen – also als Folge von 0 und 1 – und die Information einer solchen Zahlengruppe durch die Menge der benötigten

Stellen festzulegen. Er sprach von „binary digits", was als Bit abgekürzt wurde und in dieser Form Einzug in den sprachlichen Alltag hielt.

Die Idee der binären – zweiwertigen – Darstellung ist uralter Stoff für Mathematiker und auch immer schon für den Bau von Rechenmaschinen im Gespräch gewesen. Bereits im 17. Jahrhundert hat der große Gottfried Wilhelm Leibniz über binäre Codes nachgedacht und die Möglichkeit erwogen, Zahlen dual darzustellen.

Das Ziel von Shannon (in Kooperation mit Norbert Wiener) lag nicht nur darin, Möglichkeiten zu schaffen, mit denen Informationen gemessen werden konnten. Es galt auch, Informationen in elektronischen Schaltkreisen als Nachrichten übermitteln, und genau dafür waren die binären Einheiten gut zu gebrauchen: Da floss ein Strom – das zählte als 1; oder da floss kein Strom – das zählte als 0.

In seinen zwei Arbeiten mit dem Originaltitel *A Mathematical Theory of Communication* von 1948 (in der deutschen Übersetzung *Eine mathematische Theorie der Information*(!)) schlug Shannon vor, den Informationsgehalt einer Nachricht dadurch zu bestimmen, dass man sie erst binär ausdrückte und dann die Anzahl der Nullen und Einsen ermittelte. Man kann die Ziffern, mit denen wir gewöhnlich rechnen – also 0, 1, 2, 3, 4, 5, 6, 7, 8, 9 –, binär darstellen durch 0, 1, 10, 11, 100, 101, 110, 111, 1000, 1001, 1010. Man kann auch die Buchstaben, mit denen wir unsere Worte schreiben, binär darstellen, und zwar dadurch, dass man einen Code festlegt, nach dem dies geschieht. Unter einem Code versteht man eine Vorschrift, nach der zum Beispiel ein Zeichen (ein Buchstabe) in ein anderes Zeichen (eine Zahl) verwandelt wird, und den meisten fällt dabei der Morse-Code ein, bei dem aus Buchstaben eine Kombination aus langen und kurzen Impulsen wurde, mit denen telegrafiert werden konnte. In der modernen Computertechnologie wird häufig ein Code eingesetzt, der mit acht Bits operiert, weshalb man diese Einheit der Information aus historischen Gründen als Byte zusammenfasst. Wie sich nämlich herausstellte, reichen acht Bits (also 1 Byte) mit ihren 2 hoch acht, also 256 Möglichkeiten aus, um sämtliche Buchstaben und Zahlen nebst Sonderzeichen der Sprache (Anführungen, Doppelpunkte, …) zu kodieren, und damit können alle denkbaren Informationen einem Computer als elektrische Signale gegeben und von ihm empfangen werden. Damit war der Weg frei, den „American Standard Code for Information Interchange" – ASCII – zu konzipieren, der ab 1963 entwickelt und von 1967 an zum Standard wurde. Genauer muss gesagt werden, dass anfänglich nur 128 Zeichen kodiert werden sollten, wofür ein 7-Bit-Code reichte, der aber bald erweitert wurde. Zu den ursprünglichen 128 Zeichen gehörten neben dem Leerzeichen noch folgende Symbole:

! „ $ & ` ( ) * + , - . / 0 1 2 3 4 5 6 7 8 9 : ; < = > ?
@ A B C D E F G H I J K L M N O P Q R S T U
V W X Y Z [\ ] ^ _ ` a b c d e f g h i j k l m n o p q
r s t u v w x y z { | } ~

Als in der römischen Antike Cicero das Wort „Information" einführte, meinte es etwas, was man durch eine empfangene Nachricht weiß. Es ging ihm um das, was heute als Bedeutung eines Satzes bezeichnet wird, und das Merkwürdige ist, dass Shannon genau darauf verzichtete. Er schränkte sich ein und unternahm, was Naturwissenschaftler oft und gerne mit Erfolg durchführen, nämlich in einem engen Bereich qualitativ und quantitativ möglichst genau zu sein und das Komplexe und Komplizierte erst einmal auszuklammern. Shannon schrieb:

> Das fundamentale Problem der Kommunikation besteht darin, an einem Punkt eine Nachricht, die an einem anderen Punkt ausgewählt wurde, exakt oder näherungsweise wiederzugeben. Oft haben Nachrichten eine *Bedeutung*, das heißt, sie beziehen sich auf ein System oder sind korreliert mit einem System, das bestimmte physikalische oder konzeptuelle Entitäten besitzt. Diese semantischen Aspekte der Kommunikation sind für das technische Problem irrelevant.

Dank dieser Einschränkung gelang es Shannon, eine vollständige mathematische Theorie der Information zu entwickeln. Sie bot den Vorteil, unabhängig davon zu sein, in welcher Form die Information vorliegt – als Schrift, als Muster, als Bild oder wie auch immer. Die Information musste nur durch einen Code auf Nullen und Einsen zurückzuführen sein, und die dabei entstehenden Folgen galt es dann zu zählen.

Warum Shannon sich so beschränkte, lässt sich erkennen, wenn man den mathematischen Schritt ins Auge fasst, den Shannon gehen musste, um die Information so definieren zu können, dass sie sowohl in die Physik und ihre Geschichte passt als auch von einem Nachrichtentechniker bequem benutzt werden kann.

Es galt herauszufinden, wie sich die Zahl der Nachrichten, die aus einer Folge aus Einsen und Nullen bestehen, in den Griff bekommen ließ. Und die Antwort der Wissenschaft lautet, „durch den Logarithmus", wobei das aus dem griechischen stammende Wort so viel wie „Verhältniszahl" bedeutet. Logarithmen dienen der Wissenschaft dazu, Dinge ins Verhältnis zueinander zu setzen – etwa die Stärken von Erdbeben auf der Richterskala oder die Helligkeit von Sternen in Größenklassen. Und bei einer logarithmischen Auftragung kann man etwas, das anfänglich sehr schnell abläuft und gegen Ende langsamer wird, in zeitlich und dynamisch vergleichbare Stufen einteilen.

Aus diesem Grunde definierte Shannon den Informationsgehalt einer bestimmten Nachricht durch den Logarithmus der Anzahl der möglichen Nachrichten, wobei das Bit die Einheit der Information blieb. Damit drückte Shannon die Nähe der neuen Information zu der alten Entropie aus, die ebenfalls den Logarithmus brauchte, um zum Verstehen des Wechselspiels von Ordnung und Unordnung beitragen zu können. Und wenn dies auch Shannon selbst noch nicht sehen konnte, so zeigte sich aber mit seinem Ansatz, dass Information letztlich physikalisch ist, was die Physiker der Gegenwart ernst nehmen und zu einem neuen Weltbild auszubauen versuchen, wie ganz am Ende angesprochen wird.

Was ist Leben?

Das Konzept der Information tauchte in der Biologie auf, als ein Physiker am Ende des Zweiten Weltkriegs den Blick über den Zaun seiner Disziplin riskierte und sich der Frage zuwendete, „Was ist Leben?"

Die genetische Forschung – also das wissenschaftliche Bemühen um das Verständnis des Erbmaterials, für das man inzwischen den Namen Gene benutzte – lief damals auf Sparflamme. Verstanden war, dass sich bei Genen immer ein Stoff finden lässt, den die Chemiker seit dem 19. Jahrhundert als Nukleinsäuren kannten, und zwar genauer die Sorte, die mit den drei Buchstaben DNA abgekürzt wird. Bis heute ist daraus die berühmteste Abkürzung der Wissenschaft geworden. Und zwar deshalb, weil 1953 – in dem Jahr, in dem Stalin starb, Elisabeth II. Königin von England wurde und zum ersten Mal Menschen auf dem Mount Everest standen – erkannt wurde, wie herrlich gebaut diese DNA ist, nämlich als Doppelhelix mit einer lange Folge von Bausteinen in der Mitte, in der die genetische Information des Lebens steckt, wie wir heute sagen und wie es damals noch niemand auszudrücken wusste.

Mit „Information" ist das entscheidende Wort gefallen, ohne das die moderne Biologie unverständlich bliebe; sie hat es sich in derselben Zeit einverleibt, in der Wiener die Kybernetik der rückgekoppelten Maschinen entwarf und Shannon deren Kommunikation auslotete. In dem Büchlein *Was ist Leben?* formulierte der aus Österreich stammende und damals im irischen Exil lebende Erwin Schrödinger die zentrale Aufgabe der Gene bestehe darin, Information zu enthalten und weiterzugeben, um den Ordnungszustand, den das Leben in einem Organismus erreicht hat, in der nächsten Generation wiederentstehen lassen zu können. Sein bis heute immer wieder aufgelegtes Büchlein wurde zunächst zwar nicht von vielen Biologen gelesen. Es erregte aber die Aufmerksamkeit derjenigen, die in den kommenden Jahren für den großen Triumph der jetzt exakt werdenden Molekularbiologie sorgen sollten, eben die Entdeckung der Doppelhelix aus DNA durch Francis Crick und Amerikaners James Watson. Die von dem Duo vorgeschlagene Doppelhelix speichert ihre Information als Kette von sogenannten Basen, die das Alphabet des Lebens ergeben, wie man bald sagt, weil jetzt das Biologische als eine Welt des Austauschs von Informationen versteht – wie die Welt der Maschinen, die für uns rechnen und mit denen wir schreiben oder im Internet surfen.

In der historischen Tatsache, dass das Konzept Information gleichzeitig in der Sphäre der Maschinen und in der des Lebens triumphiert, liegt die Gefahr, dass andere Aspekte rasch und rücksichtslos von der einen Sphäre in die andere übertragen werden. Sehr verbreitet ist zum Beispiel die Vorstellung, dass im Leben, wenn es sich entwickelt und Formen annimmt, ein genetisches Programm ablaufe. Schließlich müssen auch die Computer anständig programmiert werden, wenn sie funktionieren sollen. An dieser Stelle wird die Ansicht vertreten, dass es zwar überall Informationen gibt, dass sie aber nicht immer einem Programm gehorchen. Im Leben jedenfalls ist es nicht so. Leben funktioniert nicht wie eine Maschine, es funktioniert eher wie ein Kunstwerk, das entworfen wird und das jeder selbst entwerfen kann – im Rahmen seiner Möglichkeiten.

Die Revolution der Informationstechnologie

Zurück zum Transistor: Das aus drei Schichten – einem Emitter, einem Kollektor und einer dazwischen liegenden Base – bestehende Gebilde namens Transistor war anfänglich noch ziemlich klobig. Es erfüllte aber sofort seinen Zweck, und bald begann der wahrhaft triumphale Siegeszug des Transistors in der Informationstechnologie, kurz IT genannt. Im 21. Jahrhundert sind Jahr um Jahr viele Trillionen Transistoren hergestellt und auf winzigen Prozessoren in informationsverarbeitende Computer eingebaut worden. Schon die Anfertigung einer Trillion Transistoren im Jahr bedeutet die Produktion von rund einer Million Transistoren in der Sekunde! Eine unbegreifliche Menge! Wie und wann es ist zu dieser Dynamik mit der nachfolgenden industriellen Revolution der Informationen gekommen?

Von den drei Wissenschaftlern, die 1956 als Erfinder des Transistors mit dem Nobelpreis für Physik ausgezeichnet worden sind, hat nur einer gesehen, dass in diesem elektronischen Bauelement ein ungeheures Wirtschafts- und Wachstumspotential steckte, und er hat konsequent nach dieser Einsicht gehandelt. Gemeint ist Bill Shockley, der die Bell Labs in den 1950er Jahren verließ, um eine eigene Firma zur Herstellung von Halbleitern zu gründen – „Shockley Semiconductor".

Es ging ihm und den Mitarbeitern des Unternehmens unter anderem darum, die Herstellung und Dotierung von Halbleitern wie Germanium und Silicium zu verbessern, was zum Beispiel bedeutete, sich um die Reinheit der Kristalle, die Genauigkeit der Abmessungen und die Zuverlässigkeit der Schichtung zu kümmern und zugleich das ganze Konstrukt immer kleiner werden zu lassen. Diese Miniaturisierung und die anderen Verbesserungen lagen nicht nur im Interesse des Militärs, das viele Aufträge vergab. Sie lagen zum Beispiel auch im Interesse der Hersteller (und Nutzer) von Hörgeräten, die ab 1951 mit Transistoren ausgestattet werden konnten und damit nicht nur erfreulich klein und also leicht tragbar wurden, sondern auch zuverlässiger funktionierten.

Shockley und sein Team machten sich mit Macht daran, Transistoren mit geringerem Gewicht und höherer Betriebssicherheit zu entwerfen – technisch gesprochen, wechselten sie das grundlegende Design des elektronischen Verstärkerelements vom Punkt- zum Flächentransistor. Um 1953 konnten sie geeignete Angebote machen, wobei sie als grundlegenden Halbleiter auf das Element Silizium zurückgreifen konnten, das reichlich zur Verfügung stand. Ihm verdanken wir den 1971 aufgekommenen Namen „Silicon Valley" für den Bereich im Süden der Bucht von San Francisco, in dem in den kommenden Jahrzehnten die Computerindustrie aufblühte.

Am Anfang von Silicon Valley gab es nur ein Stück Land, das die Gründerfamilie der Stanford-Universität in Kalifornien ihrer akademischen Heimstätte mit der Maßgabe vermacht hatte, es nicht zu verkaufen, sondern es wie auch immer zu nutzen. So kam es, dass in den 1930er Jahren der Dekan der Stanford-Universität junge Studenten wie William Hewlett und David Packard ermutigte, auf dem Gelände eigene Unternehmen – etwa eine Elektronikfirma – zu gründen, und die Universität stattete die Mutigen sogar mit dem passenden Startkapital aus. Nach dem Zweiten Weltkrieg wurden die Pläne zur Besiedlung des Tals durch die Einrichtung eines Stanford Industrial Parks erweitert, und Mitte der 1950er Jahre traf dann das Shockley-Team mit seinen Halbleitern und den ehrgeizigen Plänen ein. Das dazu gegründete Unternehmen funktionierte zwar nur bis 1957, aber die acht Personen, die sich in diesem Jahr von dem als Unternehmensleiter anscheinend unerträglichen Shockley trennten und ihr eigenes Unternehmen mit Namen „Fairchild Semiconductor" gründeten – sie wurde unter Insidern zunächst „Die acht Verräter" genannt –, blieben vor Ort und machten ihn bald riesengroß und weltbekannt. Wer ihre Namen zum ersten Mal liest, wird nicht unbedingt auf viele Bekannte stoßen – Julius Blank, Victor Grinich, Jean Hoerni, Eugene Kleiner, Jay Last, Gordon Moore, Robert Noyce und Sheldon Roberts –, aber dieses Schattendasein stellt oftmals das Schicksal von Wissenschaftlern oder

Ingenieuren dar, die eine verwöhnte Gesellschaft ihre Schuldigkeit tun und dann ohne weitere Beachtung gehen lässt.

Wer die oben angeführte Liste liest, wird vielleicht bei dem Namen Moore stutzen und sich an das erinnern, was in den Zeitungen oft als Mooresches Gesetz bezeichnet wird, obwohl es das weder ist noch sein kann. Es geht dabei vielmehr um die in der Mitte der 1960er Jahre von Moore in einem Vortrag aufgestellte (außerordentlich kühne und höchst optimistische) Prognose, dass die Zahl der Transistoren, die man auf einem Silizium-Chip unterbringen kann – und damit die Speicher- und Rechenkapazität eines Computers, der damit ausgestattet ist –, sich etwa alle achtzehn Monate verdoppeln wird. Kurz gesagt, Computer werden sehr rasch sehr viel besser, und das dauernd. Als Moore diese Prognose riskierte, wurde viel gelächelt. Aber heute lässt voller Verblüffung feststellen, dass sich sein „Gesetz" mindestens vierzig Jahre lang ziemlich genau bewährt hat, was eine fast unvorstellbare Bilanz bedeutet, wenn man ihre Konsequenzen konkret ausrechnet. Wenn sich nämlich eine Menge (oder etwas anderes) vierzig Jahre lang alle acht Monate verdoppelt, dann ergibt dies eine (exponentielle) Steigerung um den Faktor hundert Millionen. Und genau diese gigantische Zahl lässt sich tatsächlich für die Rechenleistung der Computer nachweisen – mit der praktischen Folge, dass heute in jedem einzelnen Mikrowellenherd oder in jeder noch so preiswerten Digitalkamera mehr Rechenkapazität vorhanden ist, als der ganzen Welt in den 1950er Jahren zur Verfügung stand, als Shockley ins Silicon Valley kam.

Der integrierte Schaltkreis

Eben fiel der Ausdruck Chip, den man inzwischen zwar allgemein kennt, der aber auch erst einmal eingeführt werden musste. Die Voraussetzungen dafür wurden 1958 geschaffen, als der amerikanische Ingenieur Jack Kilby das erfand, was heute integrierter Schaltkreis oder Mikrochip heißt – kurz Chip. Die ersten elektronischen Schaltungen bestanden noch aus einzelnen Transistoren, die auf einer sogenannten Leiterplatte angebracht und miteinander verbunden („zusammengeschaltet") wurden, um logische oder andere Operationen ausführen zu können. Als die Designer der dazugehörigen „circuits" dazu übergingen, immer mehr Transistoren zu kombinieren, bekamen diese Leiterplatten den schönen Namen Platine. Platinen bestehen aus einem isolierfähigen Material (einem Kunststoff), das mit schmalen leitfähigen Bahnen – zum Beispiel aus Kupfer – bestückt wird, in denen die Elektronen fließen und die dazugehörige Elektronik schaffen.

Diese Bauweise der Elektronik änderte sich entscheidend, als es dem für Texas Instruments tätigen Kilby gelang, *zwei* Transistoren (durch Golddrähte) funktionsfähig auf *einem* Stück Halbleiter zu verbinden, und im Silicon Valley zeigte sich der bereits erwähnte Robert Noyce ein Jahr später sogar in der Lage, dieses Integrieren „monolithisch" – mit einem Halbleiter, der aus einem einzigen Kristall bestand – durchzuführen. Die Herstellung solcher Chips erforderte zwar höchst raffinierte (unter anderem „fotolithografische") Verfahren. Doch diese Verfahrensschritte hatten die interdisziplinär agierenden und denkenden Ingenieure bei Fairchild Semiconductor in weiser Vorausschau bereits entwickelt, und so konnte das Unternehmen bald die Produktion von Chips perfektionieren, bei denen die Transistoren auf den Halbleiter – vorzugsweise Silizium – aufgeätzt werden, wie es heißt.

Anfang der 1960er Jahre war es dann soweit: Die erste Serienproduktion von integrierten Schaltkreisen lief an, auf denen zunächst nur rund ein Dutzend Transistoren untergebracht und verschaltet waren. Die Branche sprach dabei anfänglich von der „small scale integration", der zunächst die „middle scale" mit einigen hundert Transistoren folgte, bis Anfang der 1970er Jahre einige Tausend Transistoren auf einem Chip untergebracht werden konnten, was natürlich als „large scale integration" gefeiert wurde.

Zu dieser Zeit hatten sich Noyce und Moore bereits von Fairchild getrennt, um 1968 ihr eigenes Unternehmen zu gründen, das inzwischen unter dem Namen Intel – eine Zusammenziehung aus „Integrated electronics" – weltbekannt geworden ist und sich den heutigen Käufern eines PC gerne stolz zu erkennen gibt: „Intel inside". Als Noyce und Moore ihren erneuten Schritt in die Selbständigkeit taten, sahen sie zum einen, dass die Integration zunehmen würde. Tatsächlich konnten die Ingenieure in den 1980er Jahren bereits einige Hunderttausend Transistoren auf einem Chip unterbringen, was sinnreich und wenig überraschend „very large scale" genannt wurde. Das Intel-Duo verstand aber darüber hinaus auch, dass schon die „große Integration" mit ihren tausend Transistoren einen qualitativen Sprung in der Hardware – den Geräten und ihren Platinen – bedeutete. Solch ein Chip konnte nämlich nicht nur logisch verknüpfen, er konnte darüber hinaus Befehle geben und als Zentraleinheit eines Computers funktionieren. Er konnte als die „Central Processing Unit" (CPU) in Aktion treten, wie man heute sagt, in der das Rechen- und das Steuerwerk vereinigt sind, und deshalb bekamen diese integrierten Schaltkreise auch einen neuen Namen. Sie hießen von jetzt an Mikroprozessoren oder kürzer Prozessoren, und den Urvater all dieser „programmierbaren Logikschaltkreise", wie Intel sie nannte, stellte das Unternehmen im Jahre 1971 unter der Bezeichnung Intel 4004 vor. Entstanden war dieses Wunderwerk menschlicher Ingenieurskunst in einer grandiosen Teamleistung des ganzen Unternehmens, die von einer eher unwahrscheinlich wirkenden Zusammenarbeit inspiriert wurde, zu der Federico Faggin, ein italienischer Physiker und Computerwissenschaftler, Masatoshi Shima, ein japanischer Chemiker und Ingenieur, Stanley Mazor, ein amerikanischer Mathematiker und Designer, und Marcian E. Hoff, ein ebenfalls amerikanischer Elektroingenieur und Technologieberater beitrugen.

So wichtig die Beiträge der vier Genannten beim Design des Mikroprozessors auch waren – ihre logischen Vorgaben mussten erst einmal praktisch umgesetzt werden. Dazu bediente man sich einer Technologie, die in den 1950er Jahren bei Fairchild Semiconductor entwickelt worden war und sich MOS nannte, was für Metal Oxide Semiconductor steht. Dabei werden Phänomene ausgenutzt, die sich an der Schnittstelle zwischen einem Halbleiter (Silizium) und seiner Verbindung mit Sauerstoff (Siliziumdioxyd) – also an einer Oberfläche – abspielen und es erlauben, integrierte Schaltungen auf engstem Platz anzulegen. Bei Intel gab es eine eigene MOS-Entwicklungsgruppe unter Leitung von Leslie Vadasz, die aus rund fünfzig Köpfen bestand, und die mit den Anweisungen der vier Designer versorgt wurde. Anfang 1971 konnte das Team sein Ergebnis und damit das Objekt der Begierde einer neugierigen Öffentlichkeit präsentieren.

Dieser erste Mikroprozessor Intel 4004 enthielt auf einer Fläche von 50 mm² 2300 Transistoren, er arbeitete mit einem Takt von 108 Hz und konnte in Taschenrechnern eingesetzt werden oder Steuerungsaufgaben übernehmen, wie sie etwa bei Registrierkassen oder Münzwechslern anfallen. Bereits zwei Jahre später, 1973, bot Intel als Nachfolger den Prozessor 8008 an, der 3500 Transistoren enthielt, im 200 Hz-Takt operierte und so instruiert (programmiert) werden konnte, dass er in der Lage war, die Prozessführung von industriellen Produktionen zu übernehmen und zu steuern.

Um noch kompliziertere Aufgaben zu übernehmen, musste eine weitere Kenngröße der Prozessoren gesteigert werden, und zwar die sogenannte Verarbeitungsbreite. Damit meint man die maximale Zahl der Bits, mit der das Rechenwerk eines Computers während der durch den Takt vorgegebenen Zeiteinheit umgehen kann. Bei dem Intel-4004-Mikroprozessor lag diese Datenbreite noch bei 4 Bit – was die Ziffern im Namen vielleicht besser erklärt als die Zahl der verantwortlichen Designer. In dem Intel 8008 operierte – was wohl? – ein 8-Bit-Prozessor, und 1978 brachte das Unternehmen den Prozessor 8086 mit einer Verarbeitungsbreite von 16 Bit mit Hilfe von 200.000 Transistoren heraus. Von diesem Produkt brauchen wir nur noch ein kleinen Schritt zu gehen, um auf den Intel 8088 zu treffen, der 1981 herauskam und im historischen Kontext vor allem deshalb bemerkenswert ist, weil der Gigant IBM ihn auswählte, um damit seinen ersten Personal Computer (PC) auszustatten.

Personal Computer

Als IBM diesen Schritt unternahm, sah das traditionsreiche Unternehmen ziemlich alt aus, was an dramatischen Entwicklungen der 1970er Jahre lag, die unter anderem durch Namen wie Apple mit dem legendären Steve Jobs oder Microsoft mit dem knallharten Bill Gates zu kennzeichnen sind, um zwei der Topstars und ihre Unternehmen zu nennen. Sie konnten in der genannten Periode tätig werden, weil an ihrem Anfang die Chips zugleich sehr leistungsfähig und erstaunlich billig geworden waren. Der günstige Preis fand sich in Produkten wie erschwinglichen Taschenrechnern wieder, die bald weniger als 100 $ kosteten und zu Massenartikeln wurden.

Man muss sich dies kurz klarmachen: Eine Generation (dreißig Jahre) nach dem ganze Zimmer ausfüllenden und hohe Kosten verursachenden Riesen ENIAC gab es billige Rechner, die man locker in eine Tasche stecken konnte und die trotzdem sehr viel mehr Berechnungen erledigten, zumal auch noch schneller und zuverlässiger Damit war die Zeit gekommen oder die Herausforderung entstanden, mehr mit den Prozessoren zu machen. Bald tauchte der erste PC auf, der Altair 8800 hieß und noch ohne Tastatur angeboten wurde, was ihn nicht sehr „benutzerfreundlich" machte. Der Elektroingenieur Ed Roberts hatte den Altair 8800 im Jahre 1974 entwickelt und ein Jahr später per Anzeige in dem Magazin „Popular Electronics" angeboten, aber nicht als funktionierenden Apparat, sondern als Bausatz. Die Herausgeber der Zeitung betonten zwar, dass es sich bei dem Angebot nicht um einen „aufgemotzten Taschenrechner" handelte, sondern um einen „vollwertigen Computer, dessen Performance (Leistungsqualität) sich mit kommerziellen Mikrocomputern messen kann". Doch anfangen, konnte man mit dem Rechner praktisch nichts, weshalb seine – trotz aller Mängel doch rund zweitausendmal verkaufte – Urversion auch spurlos verschwunden ist.

Der Altair 8800 bleibt aber für die Geschichte der Informationstechnologie wichtig, und zwar deshalb, weil er Bastler und Tüftler ansprach und unter den damaligen Teenagern, die mit der Musik der Beatles in der Flower-Power Zeit den 1960er Jahren groß geworden waren, diejenigen zu Taten animierte, die kreativ und mutig zugleich waren und an einen unbegrenzten Fortschritt glaubten. Die ersten, die mit den Computer spielten, sahen aus wie Hippies, und scherten sich nicht, auch mal ein Studium an einer Eliteuniversität abzubrechen. Es gab genug anderes zu tun. So zum Beispiel auch für William (Bill) Gates und Paul Allen, die dem Altair-Anbieter Roberts einen Brief schrieben, in dem sie ihn fragten, ob er an einer Software Interesse habe, mit deren Hilfe man die damals populäre Programmiersprache BASIC auf seinem Computer einsetzen konnte. Sie schrieben diesen Brief, obwohl sie den Apparat ihrer Begierde – den Altair 8800 – im Gegensatz zu dem dort eingesetzten Prozessor zu diesem Zeitpunkt noch gar nicht zu Gesicht bekommen hatten.

Der kaum 20jährige Bill Gates war ehrgeizig. Er veröffentlichte seine *Software Notes* und wollte den kompaktesten Code für die Prozessoren schreiben, die in dem komischen Kasten mit seinen Platinen steckten und deren Prozessordesign er genau analysiert hatte. Gates wurde einer der Programmierer für den Altair, er entwarf für ihn eine BASIC-Version, und damit begann ein Aufstieg, der ihn schließlich zum reichsten Mann der Welt machen sollte.

Übrigens: Gates machte seine Umwelt sofort unmissverständlich darauf aufmerksam, dass nicht nur die Geräte, sondern ebenso die Software eine Ware darstellten, die bezahlt zu werden hatten. Software wurde nun nicht mehr einfach mit den Geräten mitgeliefert. Ab jetzt hatte sie ihren eigenen Preis. Und die Tatsache, dass man Software einfach kopieren kann, bedeutete nicht länger, dass dies erlaubt war oder akzeptiert wurde. In diesem Punkt war der Unternehmer Gates von Anfang an knallhart.

Dies hat sich für ihn wie für viele andere Programmierer ausgezahlt mit dem Ergebnis, dass es heute, Anfang des 21. Jahrhunderts, viele Millionen professionelle Programmierer gibt, die Software entwickeln. Als der Begriff Software aufkam – 1958 kann man ihn zum ersten Mal in einem Aufsatz des Mathematiker John Tukey von der Princeton Universität lesen –, galten die damit gemeinten Befehle für Routineaufgaben von Rechengeräten noch nicht unbedingt als eigenständiger Beitrag zum Computer. Diese Zeiten haben sich inzwischen dramatisch verändert.

Der Weg ins Netz

Im Wechselspiel von Wissenschaft und Wirtschaft wurden immer bessere Computer und Computerprogramme entwickelt, und während die Elektronikunternehmen immer neue Maschinen zur Informationsverarbeitung auf den Markt brachten, wurde neben dem Beruf des Programmierers auch der des Informationsmanagers erstrebenswert. In diesem Zusammenhang erhielt die Wissenschaft auch eine neue Disziplin, die seit dem 26. Februar 1968 im deutschen Sprachraum offiziell als „Informatik" geführt wird.

Im Wintersemester 1969/70 richtete die Universität Karlsruhe einen Studiengang ein, der es Studierenden erlaubte, ein Diplom in Informatik zu erwerben. Bald darauf wurden erste Fakultäten für Informatik eingerichtet, und damit hatte die wissenschaftliche Erkundung der Verarbeitung von Informationen ihren akademischen Ort gefunden.

Wer sich fragt, was in der Informatik vor sich geht, sollte zunächst den schon länger zirkulierenden Satz zur Kenntnis nehmen, dass es darin so wenig um Computer geht wie in der Astronomie um Teleskope. Die neue Disziplin erkundet vielmehr, wie zum Beispiel Rechenanlagen große Datenmengen verwalten und sichern können, wie mehrere Computer untereinander kommunizieren können und wie die Informationsverarbeitung in den Alltag – zum Beispiel in den Haushalt – eindringt und ihn verändert. Informatiker versuchen unterdessen, neue Rechenverfahren (Algorithmen) für die verfügbaren Geräte zu ersinnen und generelle Grenzen der Rechenleistungen von Maschinen zu erkunden, die sie dann, wenn sie sie gefunden haben, gerne überwinden. Und sie entwerfen schließlich Expertensysteme, womit Programme gemeint sind, die auf einen bestimmten Gegenstand hin entworfen werden (wie etwa auf das Wetter oder das Gesundheitswesen), und den in diesen Bereichen tätigen Menschen alle die Auskünfte geben, die bis dahin nur den größten Experten auf ihrem jeweiligen Gebiet zur Verfügung standen.

Natürlich können Informatiker noch mehr. Zu ihrer Disziplin gehören von Anfang an sowohl die Mathematik, die unter anderem Programmiersprachen und Rechenverfahren liefert, als auch die Elektrotechnik, die Geräte und Schaltelemente hervorbringt. Zur Informatik gehört aber inzwischen noch etwas anderes, nämlich das Verständnis für das gigantische Gebilde, das inzwischen als weltweites Informationsnetzwerk existiert und weiter wächst und genau so heißt, nämlich „weltweites Netz" oder „World Wide Web", das allgemein abgekürzt als „www" bekannt ist. Entstanden ist dieses Web im Jahre 1989 an der europäischen Großforschungsanlage CERN in Genf. Von staatlicher Seite zur allgemeinen Verwendung freigegeben wurde es am 6. August 1991. Wenige Jahre später schon war fast jeder Computer (ob als kleiner „personal" Computer oder als ein supergroßer) mit jedem anderen verbunden, und so konnte entstehen und mächtig werden, was man heute Internet nennt. Dieses Wort fügt die beiden englischen Ausdrücke „interconnected network" zusammen, und es wird manchmal synonym zum Web verwendet, was historisch nicht gerechtfertigt ist. Beide Vernetzungen haben nämlich ihren Ausgang von völlig verschiedenen Startpositionen genommen, und in beiden Fällen haben die Verantwortlichen bei ihrem Tun ein anderes Ziel anvisiert.

Das riesige Internet – mit so beliebten Diensten wie der elektronischen Post E-Mail – hat sich aus einem eher kleinen ARPANET entwickelt, das 1969 als Projekt des amerikanischen Verteidigungsministeriums begonnen hat. Zuständig dafür war eine als „Advanced Research Project Agency" (ARPA) benannte Arbeitsgruppe, was den oben genannten Namen erklärt. Die Aufgabe dieser Gruppe bestand darin, die damals an Universitäten und anderen Forschungseinrichtungen verfügbaren Computer zusammenzuschalten, um die insgesamt als knapp eingestuften Rechenkapazitäten zu erhöhen. Es galt also, die Computer miteinander zu verbinden und ihre Nutzer miteinander kommunizieren zu lassen, und dies taten sie bald per E-Mail. Eine solche Nachricht wurde als elektronisches Signal an eine Person geschickt, die an einem Rechner saß, und die Post erreichte ihr Ziel, indem man ihr den Namen des Empfängers und eine Adresse für die Maschine voranstellte. Zwischen diesen beiden Informationen schob man das bis dahin mehr oder weniger ungenutzte Zeichen @ ein, so wie wir es bis heute machen, zum Beispiel in epfischer@t-online.de. Der elektronische Austausch klappte von Anfang an, und er wurde von den Computernutzern begeistert aufgenommen. Bereits 1971 wurden per E-Mail mehr Daten übertragen als durch irgendwelche anderen Dienste, und schon bald war deutlich, dass man in kurzer Zeit ganz neue Organisationsformen und Verarbeitungswege für Informationen in einem weltweiten Netz finden musste.

Eine Lösung, die sich damals in der Softwareentwicklung abzeichnete, stellte ein Betriebssystem namens Unix dar, das von vielen Benutzern angewendet werden konnte, die an verschiedenen Geräten wie Laptops, Servern, Mobiltelefonen oder Supercomputern saßen. Unix wurde im August 1969 in den Bell-Laboratorien unter anderem von Ken Thompson, Dennis Ritchie und Douglas McIllroy entwickelt. Nach diesen Anfängen haben andere Programmierer inzwischen – seit den frühen 1990er Jahren – ein anderes Betriebssystem namens Linux geschaffen, das modular aufgebaut ist, unter unterschiedlichen Bedingungen zu einer unterschiedlichen Zusammenstellung der Software führt und in aller Welt Freunde und Anwendung gefunden hat. Wir lassen die mit den Namen Unix und Linux verbundenen Prozesse und die dazugehörigen heftigen Auseinandersetzungen im Hintergrund auf sich beruhen, um zum Web im Vordergrund zu kommen, das allgemein zugänglich ist und von sehr vielen Menschen täglich aufgerufen und ausgenutzt wird.

Der Grundgedanke des www tauchte – wie so vieles – unmittelbar nach dem Zweiten Weltkrieg auf. Man kann ihn in einem Aufsatz finden, den der amerikanische Ingenieur und Politikberater Vannevar Bush im Jahre 1945 in der Zeitschrift „The Atlantic Monthly" veröffentlichte und in dem er sich Gedanken über die Frage machte, auf welche Weise wir in Zukunft unser Denken organisieren und stützen. „As we may think" lautet die Überschrift, unter der sich Bush in seiner Phantasie eine Maschine namens Memex vorstellte, in der alles, was in welcher Form auch immer publiziert worden ist, verfügbar ist und auf unseren Zugriff wartet.

Memex operiert heute elektronisch und real und heißt Internet oder Web. Seine Konkretisierung verdanken wir dem Engländer Tim Berners-Lee, der eigentlich nichts Kompliziertes, sondern nur etwas einleuchtend Einfaches wollte. Er wollte einfach in der Lage sein, Forschungsergebnisse und Ideen mit Kollegen auszutauschen, und zwar mit Hilfe der Computer, an denen doch alle den ganzen Tag über saßen. Es ging Berners-Lee darüber hinaus auch darum, wissenschaftliche Aufsätze oder Texte überhaupt miteinander zu verflechten und beim Lesen zwischen ihnen hin und her wechseln zu können, vor allen Dingen, wenn es darin um ähnliche Fragen oder Probleme ging.

Konkret ausgedrückt: Wer in einem Artikel las und dort einen Begriff von besonderem Interesse fand – etwa „Linux" oder „Standardmodell" oder „Nobelpreis", sollte durch einfaches Anklicken – der grafischen Benutzeroberfläche sei Dank – in einen anderen Text gelangen können, der dazu mehr Angaben machte oder eine Erklärung liefern konnte. Berners-Lee nannte diese Texte, deren Informationen netzartig verbunden waren und wie beschrieben mit passender Software verknüpft werden konnten, Hypertexte, und er schlug vor, relevante Dokumente mit Querverweisen auszustatten, mit Hyperlinks, wie man heute sagt. Er entwarf eine Software, um das Hypertext-System für die Kollegen an den Computern abrufbar zu machen. Sie steckt in den Buchstaben http, die „Hypertext Transfer Protocol" abkürzen und als „Übertragungsprotokoll" den verschiedenen Computers verraten, wie sie sich verständigen und als www funktionieren können.

Mit dem Web startete Berners-Lee eine Initiative, die möglichst vielen Menschen den Zugang zu dem Universum an Dokumenten ermöglichen sollte, das die Menschheit im Laufe der Jahre geschaffen hat. Und tatsächlich steht uns allen heute das ganze expandierende Universum der Informationen zur Verfügung, und man könnte denken, dass sich die Menschen damit einen Traum erfüllt haben. Doch wie nicht anders zu erwarten, werden inzwischen Stimmen laut, die hier eher von einem Alptraum sprechen.

In der Literatur haben viele Autoren schon länger von einer universellen Bibliothek geträumt, deren Bände das ganze Universum des Wissens enthalten und dem Suchenden durch Verweise Zugang zu ihm verschaffen. Was sich früher in freundlich raffinierten Träumen phantasievoller Schriftsteller zeigte, ist durch clevere Programmierer und interdisziplinär orientierte Wissenschaftler zu einem funktionierenden Netzwerk namens Internet geworden. Man geht nicht mehr in Bibliotheken, sondern „online", wie man gerne sagt, man wählt sich in das Netz ein und hat auf diese Weise Zugang zu einem System, in dem ganz sicher mehr Informationen stecken, als ein Kopf aufnehmen kann. Während sämtliche Bücher, die der Katalog der amerikanischen Library of Congress auflistet, insgesamt rund 15 Terabytes an Information enthalten, hat das Internet im Jahre 2009 täglich Daten im Umfang von fast 500 Petabytes transportiert (zur Erinnerung: ein Petabyte hat 1000 Terabyte!) – wobei freilich anzumerken ist, dass der Löwenanteil der Informationen in Form von Videofilmen abgerufen wird. Wie diese Menge in den kommenden Jahren zunehmen wird, kann man nur raten – und sich gleichzeitig auch fragen, wer mit diesen Datenmengen etwas anfangen kann. Wann fangen sie an, die Menschen zu langweilen?

Ein neuer Informationsbegriff

Historisch betrachtet war Information von Anfang an zweigeteilt. Sie gehörte stets zu einem Subjekt, das durch eine Auskunft informiert wird, und sie steckte ebenso in einem Objekt, das durch eine Anweisung seine Form bekommt und also in diesem Sinne wörtlich informiert wird. Information erzeugt Information und ist damit etwas, das zugleich vorliegt und wirkt. Information ist Prozess und Ergebnis zugleich, und sie erinnert auf diese Weise an den doppelten Charakter, der in dem Begriff Bildung steckt, mit dem zugleich ein Vorgang, das Bilden, und ein Ergebnis, das Gebildete, gemeint sind. „Information" bezeichnet das offene Wechselspiel zwischen Subjekten und Objekten, das unsere (informative) Wirklichkeit ausmacht. Menschen haben an beiden Enden des Feldes zu tun, wobei sie erst in den letzten Jahren die Information dort hin- und einführen konnten, wo sie eigentlich hingehört, nämlich in das Innerste der Welt und damit in die Physik der atomaren Sphäre und ihre Grundlegungen. Wenn Naturvorgänge vermessen werden, entnehmen wir ihnen Information, das war so und das ist so. Aber diese Variable taucht in der Beschreibung (Theorie), mit der wir diese Abläufe zu verstehen und zu nutzen hoffen, bislang noch an keiner einzigen Stelle selbst auf. Dabei kennen wir doch nur die Natur, die wir in Experimenten bislang befragt haben, und die auf unsere Fragen geantwortet und uns dabei Informationen geliefert hat. Information muss also eine konkrete (physikalische) Eigenschaft des Wirklichen sein. Dies ist längst bekannt, ohne dass es freilich bis heute zu den nötigen Konsequenzen bei der Formulierung der physikalischen Grundgesetze geführt hat.

Künftig werden wir Information auf keinen Fall so verstehen, wie es im Alltag geschieht, wenn wir uns über den Verlauf einer Opernaufführung oder das Ergebnis eines Fußballspiels informieren. Die „neue Information" könnte das Prinzip der Natur sein, welches im Austausch (durch Wechselwirkung) das Wirkliche ermöglicht und mehr oder weniger dazu neigt, sich in ihm aus- und in es einzudrücken. Im Zentrum der einzubringenden „Information" steckt die Form, die wir – in der Natur, im Leben und in der Kunst – oft gerne betrachten und bewundern, ohne zu fragen, wie sie zustande kommt. Klar ist nur, dass eine Form keine kausale Erklärung verträgt. Sie ist vielmehr der kreative Ausdruck eines informativen Universums, in der eine kausale Determiniertheit jederzeit durchbrochen werden kann – durch uns Menschen zum Beispiel.

Wenn Menschen Information durchgreifend verstehen und einsetzen können, fügen sich viele Einzelwissenschaften neuartig zusammen. In vielen von ihnen geht es ja um die Übertragung von Information – die physikalische durch Licht, die biologische durch molekulare Strukturen, die sprachliche durch Symbole. Es gilt zu verstehen, wie nicht nur die Welt uns Informationen liefert, sondern wie auch die Informationen selbst zur Welt führen. Information ist immer wieder das, was Information erzeugt, wie mehrfach erwähnt wurde.

Es hat lange gedauert, bis Menschen gelernt haben, dass der Kosmos ein *Uni*versum ist. Als im antiken Griechenland der „Kosmos" erfunden wurde, teilten die Philosophen die Welt in zwei Hälften auf. Dieses „*Duo*versum" wurde durch den Mond in eine sub- und eine supralunare Sphäre getrennt. Es dauerte bis in die Tage der frühen Neuzeit, um zu erkennen und zu akzeptieren, dass in beiden Sphären die gleichen Elemente zu finden sind, die zudem den gleichen Gesetzen unterliegen. Wie gesagt, es hat mehr als tausend Jahre gedauert, bis die Einheit im Kosmos verstanden war. Es ist trotzdem nicht nötig, dass wir erneut solange brauchen, um eine andere unnötige Zweiteilung aufzuheben, nämlich die zwischen dem, was wirklich der Fall ist, und dem, was wir darüber sagen können. Das Ding-an-sich steckt in den Informationen, die zu ihm führen. Menschliche Beobachter müssen sie aber erst in die Welt hineinlegen, die dann eine Einheit in der Art wird, wie es das Universum geworden ist.

Die letzten beiden großen Umwälzungen der Physik – die Relativitätstheorie und die Quantenmechanik – haben beide auf ihre Weise mit der Information zu tun. Albert Einstein nutzte 1905 das damals beste Pendant der Information, die Entropie, um zu einer neuen Theorie des Lichts zu gelangen. Und in der Quantenmechanik zeigte es sich, dass Objekte erst dann bestimmt werden, wenn Beobachter Informationen mit ihnen austauschen. Beide Wissenschaften kennen inzwischen Erhaltungssätze für die Information, die bei allem, was passiert, insgesamt erhalten bleibt. Wenn sich das Konzept der Information durchgehend bewährt, dann könnte mit seiner Hilfe jene einheitliche Theorie entstehen, die Wissenschaftler schon lange suchen.

Anhang: Eine kleine Chronik der Information

1945   Erwin Schrödingers *Was ist Leben?*; das „Hypertext-Konzept"
1947   Der Transistor wird erfunden; die Idee der Kybernetik
1948   Claude Shannons *Theorie der Kommunikation* mit dem Bit
1951   Die erste Firma zieht in das Tal, das bald „Silicon Valley" wird
1953   Die Doppelhelix wird als Struktur der DNA beschrieben; Shockley Semiconductor liefert den ersten modernen Flächentransistor

1956	Das Byte wird eingeführt; die Idee einer „Künstlichen Intelligenz"; Elektronische Datenverarbeitung (EDV) der 2. Generation mit Fortran und Algol
1957	Gründung von „Fairchild Semiconductor"; das Wort „Informatik" wird geprägt
1958	Jack Kilby konstruiert einen integrierten Schaltkreis (Flipflop)
1959	Robert Noyce meldet einen aus einem einzigen Substrat gefertigten integrierten Schaltkreis zum Patent an
1965	EDV der 3. Generation mit integrierter Schaltungen; das Begriff „Hypertext" kommt auf; das Moorsche Gesetz
1968	Informatik als Wissenschaft begründet; Gründung von Intel; die Idee des Laptops zirkuliert
1969	Das Arpanet wird entwickelt;IBM entkoppelt Preise für Hard- und Software; eine Unix-Version wird entwickelt
1971	Intel stellt den Mikroprozessor Intel 4004 mit 23.000 Transistoren und 4-Bit-Datenbreite vor – den Urvater aller Prozessoren, der in Taschenrechnern und zur Steuerung von elektronischen Geräten eingesetzt werden konnte; der Name „Silicon Valley" wird geprägt
1972	EDV-Geräte der 4. Generation mit hochintegrierten Schaltungen
1973	Intel 8008-Mikroprozessor mit 8-Bit-Datenbreite, der erstmals programmiert werden kann
1974	Der erste PC („personal computer") Altair 8800 kommt auf den Markt
1975	Bill Gates gründet Microsoft; IBM bringt den ersten tragbaren Computer heraus (IBM 500), der 25 kg wiegt; die GUI (Graphical User Interface) aus dem PARC (Palo Alto Research Center) von Xerox
1976	Steve Jobs und Steve Wozniak gründen Apple Computer, um Apple I zu vermarkten
1977	Das Programm WORDSTAR
1979	Der Intel 8088 Prozessor mit 29.000 Transistoren, der später in die IBM-PCs eingebaut wird; Steve Jobs lernt die grafische Benutzeroberfläche kennen; die erste Version der Programmiersprache C++ wird vorgestellt (Bjarne Stroustrup)
1980	EDV-Geräte der 5. Generation mit sogenannten wissensbasierten Systemen; das Konzept einer Biokybernetik und die Idee von Hyperlinks
1981	Das MS-DOS Betriebssystem von Microsoft; Xerox Star mit erster grafischer Benutzeroberfläche; der Intel-8088-Prozessor
1982	Das Wort Internet kommt in Umlauf; das Magazin TIME wählt der Computer zur „Persönlichkeit des Jahres"
1983	Das Arpanet wird in einen militärischen und zivilen Bereich aufgeteilt – damit gibt es das Internet; MS Word kommt auf den Markt
1984	Der Apple Macintosh kommt auf den Markt
1987	Apple bringt der Macintosh heraus und begründet den PC-Boom
1989	Das World Wide Web (WWW) wird entwickelt
1991	Das WWW operiert am CERN; erste 2.5 Zoll Festplatte mit 100 MB Speicherkapazität; Apple bringt das erste echte Mac-Notebook heraus (PowerBook)
1992	Durchbruch von Microsoft mit Windows 3.1; das Konzept eines Quantenbits (Qubit) wird vorgeschlagen (Ben Schumacher)
1993	Bei WWW gibt es den ersten grafikfähigen Browser; HTML-1
1994	Intel entwickelt CPUs (Central Processing Units) speziell für Notebooks (Laptops); Peter Shor entdeckt einen Quantenalgorithmus, der große Zahlen faktorisieren kann

1997   Erster Einsatz des sogenannten Riesen-Magnetowiderstandes (Giant Mag-
        netoresistive Effect, GMR) – bei Festplatten: im November erste Festplatte
        mit GMR-Leseköpfen von IBM mit 16,8 GB; die knapp 100 Mio. Basenpaare
        umfassende Sequenz des Fadenwurms ist entziffert; der Grover-Suchalgo-
        rithmus wird vorgeschlagen
1998   Larry Page entwirft den PageRank-Algorithmus als Suchmaschine (Google);
        Bruce Kane schlägt das Konzept eines Qubits – eines Quantenbits – vor, das
        mit dem Spin von Elektronen operiert
1999   Anton Zeilinger stellt „Zeilingers Prinzip" vor: Jedes elementare Teilchen
        trägt ein Bit an Information
2000   Intel-Pentium-4-Prozessor mit 42 Mio. Transistoren
2001   Ein Computer mit sieben Qubits funktioniert
2003   Intel-Pentium-Prozessor mit 125.000.000 Transistoren
2006   Microsoft-Betriebssystem Vista; erste 2.5 Zoll Notebook-Festplatte mit
        160 GB
2007   Erste Terabyte-Festplatte von Hitachi; Apple bringt das iPhone heraus
2008   Gründung eines Nationalen Genforschungsnetzwerks in den USA und eines
        International Cancer Genome Consortium (ICGC)

Epilog

„Was alle angeht, können nur alle lösen"

Die Naturwissenschaft hat sich im Laufe der hier erzählten Geschichte von einer unbemerkten Idee – „Wissen ist Macht" – zu einem einflussreichen Gestaltungsfaktor für Gegenwart und Zukunft entwickelt. Sie hat dabei so viel Macht gewonnen, dass man geneigt ist, die traditionelle Form der Gewaltenteilung in Exekutive, Legislative und Judikative um einen vierten Mitspieler zu erweitern. Die Naturwissenschaften mit dem Angebot ihrer technischen Möglichkeiten sind zu einer vierten Gewalt im Staat geworden, die man Konzeptive nennen könnte, auch wenn diese Zuweisung eher auf die Medien angewendet wird, etwa in dem Film von Denis Gansel mit dem Titel „Die vierte Macht". Auf jeden Fall sind die Naturwissenschaften zu einer Macht geworden, auch wenn diese ohne ein Mandat ausgeübt wird, und so kommt es zu vielen Überlegungen, wie sie in das demokratische Ganze des Gemeinwesens eingefügt werden können.

In seinem Drama *Die Physiker* drückt Friedrich Dürrenmatt das Grundbedürfnis aufgeklärter Menschen in westlichen Gesellschaften aus, wenn er einer der handelnden Personen die Worte in den Mund legt, „Was alle angeht, können nur alle lösen", indem sie sich entscheiden. Nun sind die Ergebnisse der Wissenschaft tatsächlich etwas, das alle angeht. Doch so einleuchtend die dramatische Formulierung klingt, an und in ihr scheint etwas zu fehlen, und zwar das Verstehen von oder das Verständnis für die Wissenschaft, die alle angeht, weil sie zu allen gehört und eine innere Qualität von Menschen in einer kultivierten Zivilgesellschaft ausmacht. „Was alle angeht, sollten alle verstehen, um die dazugehörigen und jeweils entstehenden Fragen lösen zu können", wäre die sinnvollere Variante für den öffentlichen Umgang mit der Wissenschaft, die vor allem am Anfang wichtig ist: „Was alle angeht, sollten alle verstehen", auch wenn es große Mühe macht. Wer Wissenschaft erkunden und sich auf sie einlassen will, nimmt sich keine Aufgabe vor, die nebenbei erledigt werden kann. Wer Wissenschaft betreibt, kann das nur mit innerer Leidenschaft und mit dem Einsatz seines Lebens tun, und wer Wissenschaft verstehen will, muss sich ähnlich engagieren. Es lohnt sich. Wissenschaft gehört doch auf jeden Fall zur Geschichte der europäischen Menschen, sie kommt aus ihrem Innen und beherrscht das Außen. Menschen verfügen über die Fähigkeit des wissenschaftlichen Vorgehens, und so werden sie diese Qualität nutzen. Sie machen dabei ihre Geschichte – seit vielen hundert Jahren und sicherlich auch weiterhin in allen kommenden Zeiten. Wissenschaft ist das, was nie fertig wird und ein offenes Abenteuer der Menschheit bleibt. Wir Menschen können uns nicht von ihr lösen, aber an ihr festhalten.

***

Weiterführende Literatur

Arendt H (1974) Über die Revolution, 2. Aufl. Piper, München

Atmanspacher H, Primas H, Wertenschläger-Birkhäuser E (Hrsg) (1995) Der Pauli-Jung-Dialog und seine Bedeutung für die moderne Wissenschaft. Springer, Berlin

Bachmaier H, Fischer EP (Hrsg) (1991) Glanz und Elend der zwei Kulturen. Universitätsverlag Konstanz

Berlin I (1998) Die Revolution der Romantik. In: Wirklichkeitssinn – Ideengeschichtliche Untersuchungen. Berlin Verlag, Berlin

Binswanger HC (1985) Geld und Magie. Weitbrecht Verlag, Stuttgart

Bloom H (2000) Shakespeare – Die Erfindung des Menschlichen. Berlin Verlag, Berlin

Butterfield H (1957) The origin of modern science, 2. Aufl. New York

Cohen IB (1994) Revolutionen in der Naturwissenschaft. Suhrkamp, Frankfurt a. M.

Di Trocchio F (1998) Newtons Koffer. Campus, Frankfurt a. M.

Einstein A (1993) Gesammelte Werke, Bd 5. Princeton University Press, Princeton

Fischer EP (1995) Die aufschimmernde Nachtseite der Wissenschaft. Libelle Verlag, Lengwil

Fischer EP (2000) An der Grenze des Denkens. Herder, Freiburg

Fischer EP (2010) Die Charité. Siedler, München

Goldsmith B (2010) Marie Curie – Die erste Frau der Wissenschaft. Piper, München

Gould SJ (1992) Die Entdeckung der Tiefenzeit. dtv, München

Greene B (2006) Das elegante Universum. Goldmann, München

Holton G (1988) The scientific imagination. Cambridge University Press, Cambridge (Mass)

Jacob F (1988) Die innere Statue. Ammann, Zürich

Jonas H (1987) Technik, Medizin und Ethik – Praxis des Prinzips Verantwortung. Suhrkamp, Frankfurt a. M.

Heisenberg W (1969) Der Teil und das Ganze. Piper, München

Nipperdey T (1995) Deutsche Geschichte 1866–1918, Bd 1 – Arbeitswelt und Bürgergeist, München 1990; Bd 2 – Machtstaat vor die Demokratie. C. H. Beck, München

Osterhammel J (2009) Die Verwandlung der Welt – Eine Geschichte des 19. Jahrhunderts. C. H. Beck, München

Pauli W (1984) Physik und Erkenntnistheorie. Vieweg, Braunschweig

Pauli W (1979) Wissenschaftlicher Briefwechsel mit Bohr, Einstein, Heisenberg u. a. Mehrere Bände. Springer, Berlin

Karl P Ausgangspunkte. Hoffmann und Campe, Hamburg

Portmann A (1973) Vom Lebendigen. Suhrkamp, Frankfurt a. M.

Rossi P (1997) Die Geburt der modernen Wissenschaft in Europa. C. H. Beck, München

Weber M (2002) Schriften 1894–1922. In: von Dirk Kaesler (Hrsg). Kröner, Stuttgart

Wiener N (1963) Kybernetik. Econ Verlag, Düsseldorf

Wiener N (1964) Mensch und Menschmaschine. Athenäum, Frankfurt a. M.

Index

Printing: Ten Brink, Meppel, The Netherlands
Binding: Stürtz, Würzburg, Germany